EXCEL을 이용한

제2판

기초통계학

남천현 · 김환중

머리말

당초 본서 집필의 목적은 통계학의 기초개념과 그 기초개념을 손쉽게 해결해주는 엑셀활용을 전달하는 데 있었다. 통계문제를 해결해주는 SAS, SPSS 등의 여러 가지 전문통계패키지가 있지만, 일단 가격이 만만치 않고 사용법 또한 까다로워 통계학을 기초적 수준에서 접근하려는 학생들에게 많은 부담으로 여겨진다. 그런 의미에서 볼 때, 엑셀을 이용한 통계처리는 매우 편리하고 접근가능성이 높다. 요즘 PC에 가장 기본적으로 깔려 있는 응용프로그램은 아마도 워드프로세서와 엑셀일 것이다. 정보기술이 일상생활, 기업활동, 학문활동 등에 미친 영향은 이루 말할 수 없다. 엑셀의 출현은 그중에서도 가장 중요한 영향을 미친 요인 중의 하나라는 것을 부인하는 사람은 없을 것이다.

수만 개 또는 수십 만 개의 데이터에 대한 기술통계량을 한치의 오차도 없이, 피곤한 기색도 없이, 불평 한마디 없이, 척척 해결주는 엑셀을 볼 때마다 기가 차기도 하고, 고맙기도 하고, 때론 미안하기도 하다. 표본의 평균, 표준편차, 분위수 등과 같은 간단한 기술통계량뿐 아니라 상관분석, 회귀분석, 분산분석에 이르기 까지 통계적 해결의 범위가 매우 다양하다. 물론 통계분야의 문제만 해결해주는 것은 아니다. 수학, 재무, 데이터베이스, 정보, 공학 등 다양한 분야의 문제를 해결해준다. 이렇게 중요한 엑셀을 제대로 활용하지 못한다는 것은 매우 불행한 일일 것이다. 예를 들어 기업에서 성과분석을 하는 데 있어 아직도 종이에 표를 그려가면서 계산기를 두드리는 곳이 있는가 하면, 엑셀을 이용해 아주 짧은 시간에 정확한 보고서를 작성하는 곳이 있다. 두 기업의 경쟁력은 이미 결판이 난 것이다.

엑셀에서 통계문제를 해결하는 방법은 통계함수마법사를 이용하는 방법과 통계데이터분석을 이용하는 두 가지가 있다. 전자는 함수를 이용하여 단일의 문제를 해결하는 것이고, 후자는 프로그램코딩을 통해 복합적 문제를 해결하는 것이다. 본서에서는 단원별로 통계학개념을 설명하고 예제를 제시하였으며, 아울러 그러한 예제를 엑셀로 해결하는 방법을 제시하였다. 따라서 독자들은 먼저, 통계의 기본적 개념을 이해하고, 둘째, 예제를 통해 개념의 활용을 이해한 다음, 셋째, 예제에 대한 엑셀해법을 이해하면 쉽게 통계학을 정복할 수 있을 것이다.

본서의 초판이 발행된 지 불과 1년 6개월 만에 제2판을 출간하게 되었다. 상당수의 통계학서적이 초판 발행으로 끝나는 경우가 허다한데, 본서는 짧은 시간에 제2판을 출간하게 되었다. 이 모든 것이 다 독자들의 사랑과 관심의 덕분이라 생각하며 깊은 감사의 뜻을 전한다. 아마도 엑셀을 이용한 통계문제의 해결이 독자들의 마음을 움직이지 않았나 사료된다. 앞으로도 여기에 자만하지 않고 독자들에게 더 가까이 다가가 더 나은 개정판을 준비하도록 하겠다. 본 제2판에서는 초판의 내용 중 일부를 개정하고 아울러 해답편을 추가하였다. 초판에서 해답편을 추가하지 않은 이유는 과제물해결에 있어 독자들의 자발적인 해결능력을 발휘하게 하려는 의도 때문이었으나, 해답편을 요구하는 독자들의 문의가 쇄도하여 이를 결국 수용하게 되었다.

끝으로 본서의 집필과정에서 많은 도움을 주신 동료 교수님들께 진심으로 감사드린다. 아울러 아낌없는 지원을 해주신 신영사 권영섭 사장님과 직원일동에게도 감사의 뜻을 전한다.

2011년 2월

저자 일동

차 례

제 1 장 통계학이란?

제 2 장 표와 그림을 이용한 자료의 정리

제 3 장 수치를 이용한 자료의 정리

제 4 장 확률과 확률분포

제 5 장 이산확률분포

제 6 장 연속확률분포

제 7 장 표본분포

제 8 장 통계적 추론

제 9 장 모평균에 관한 추정

제10장 모평균에 대한 가설검정

제11장 모비율에 대한 추정과 가설검정

제12장 모분산에 대한 추정과 가설검정

제13장 분산분석

제14장 상관분석

제15장 단순회귀분석

제16장 다중회귀분석

제17장 비모수통계분석

제 1장

통계학이란?

1.1 통계학이란 무엇인가?

많은 사람들이 통계학(statistics)이란 단어만 들어도 복잡한 계산, 숫자들의 나열, 그래프 등을 연상하고 통계학은 골치 아픈 학문이라고 결론짓고 만다. 이는 어쩌면 당연한 현상인지도 모른다. 그러나 또 우리가 현대사회를 잘 살아나가기 위해서는 여러 가지 숫자나 도표, 예를 들면 물가지수, 종합주가지수, 정당의 선호도, 후보의 지지율, GNP, GDP, 시청률 등과 같이 신문지상에 나오는 여러 가지 수치들이 의미하는 바를 잘 이해하고 활용할 줄 알아야 한다. 그러나 우리가 일상에서 접하는 정보의 양은 너무도 방대하여 이를 모두 소화하는 것은 불가능하다. 또한 어떤 통계자료가 올바른 것이고, 어떤 자료가 그릇된 것인지를 파악하기도 쉽지 않은 일이며 이러한 정보의 잘못된 사용은 우리를 상당한 혼란과 불행에 처하게 할 수도 있을 것이다. 그러므로 현대사회를 현명하게 대처하기 위해서 우리는 부정확한 정보로부터 자신을 보호하고 올바른 의사결정을 하기 위하여 통계학의 기본개념을 이해하는 것은 필수적이다.

통계학이란 주어진 자료(data)에 근거하여 여러 가지 자연현상 또는 사회현상에 대한 보편타당한 과학적인 추론과 불확실한 미래를 대비하기 위하여 합리적인 의사결정을 도출하는 학문이다. 그렇다면 통계학의 역할과 목표는 무엇인가? 이제 통계학은 단순히 자료의 나열에 그치는 것이 아니라, 자료를 효과적으로 수집하는 방법, 수집된 자료를 합리적으로 해석하는 방법 그리고 자료로부터 올바른 결론을 유도하는 방법을 총체적으로 다루는 것이다.

> 통계학은 자료의 수집과정을 설계하고, 자료를 요약하고 해석하여, 결론을 도출해내거나 일반화하는 전체적인 원리와 방법론을 제공해 주는 학문이다.

자료를 요약하고 요약한 결과를 이용하여 결론을 이끌어내기 위해서는 우선 자료를 수집해야 한다. 자료수집방법에는 새로이 자료를 수집하거나 과거에 이미 수집된 자료를 이용하는 두 가지 방법이 있다. 과거의 자료는 별도의 비용을 들이지 않고 손쉽게 이용가능하다는 이점이 있지만 이를 이용할 때에는 상당한 주의를 요구한다. 왜냐하면, 과거의 상황이 현실과 부합되는 경우가 그렇게 많지 않기 때문이다.

따라서 과거의 자료가 유용하지 않은 경우에는, 자료를 새로 수집하여야 할 것이다. 자료수집방법에는 관찰과 실험이 있다. 관찰(observation)이란 수동적인 자료수집방법으로 관찰자는 관찰대상에 어떠한 조작(또는 처치)도 가하지 않고 자료를 수집한다. 반면에, 실험(experiment)은 적극적인 자료수집방법으로 실험자는 실험대상을 가급적이면 완벽하게 통제한 상태에서 실험하여 자료를 얻고자 하는 방법이다.

관찰은 사회과학 분야에서 자료를 수집하기 위해 주로 사용하는 방법으로 흔히 통계조사(survcy)라고 한다. 실험은 자연과학 분야에서 자료를 수집하기 위해 주로 사용하는 방법으로 비교실험(comparative experiment)이라고도 불린다.

수집된 자료를 이용하여 객관적이고 과학적인 통계적 결론을 내리기 위해서는, 자료의 수집단계에서부터 조사자나 실험자 또는 통계학자의 주관적인 의사가 개입되어서는 안될 것이다. 따라서 자료수집단계에서 가장 핵심적인 것은 랜덤화(randomization)로서, 랜덤화의 개념은 자료에 대한 주관적 간섭을 배제하여 객관적 결론을 유도하려는 원리로서, 랜덤한 방법으로 수집되지 않은 자료는 타당성과 신뢰성이 없으므로 통계분석에서 아무 쓸모가 없게 되므로 주의하여야 한다.

1.2 모집단과 표본

이 절에서는 자료수집에 관련된 몇 가지 용어에 대해 알아보기로 하자. 먼저 다음의 예를 생각해 보자.

어떤 휴대폰 제조회사에서 새로운 휴대폰을 개발하고자 할 때, 새 휴대폰에 대한 요구사항을 미리 알아보고자 하는 것은 의미 있는 일일 것이다. 이때, 모든 소비자를 대상으로 요구사항을 조사하는 것은 시간적으로나 경제적으로 바람직하지 못할 것이다. 왜냐하면, 수개월에 걸친 조사기간으로 인하여 조사가 끝났을 때에는 첨단의 새 제품이 이미 개발, 출시되어 있을 것이므로 요구도 조사의 의미가 없어질 것이며 또한 모든 소비자를 조사하느라 지불된 막대한 조사비용은 휴대폰 원가를 인상시키는 요인이 될 것이다. 그리고 모든 소비자를 조사하는 과정에서 조사원의 불성실과 태만, 집계과정에서의 사무착오, 소비자의 비협조 등의 요인으로 인한 조사결과의 부정확성 또한 무시할 수 없을 것이다. 따라서 전체 소비자의 일부를 추출하여 그들의 요구사항을 정확히 조사함으로써, 전체 소비자의 요구사항을 파악하는 것이 효율적일 것이다.

전구를 생산하는 회사에서 전구의 평균수명을 알아보기 위해 제조되는 모든 전구를 수명이 다할 때까지 켜놓는 시험을 한다고 하면 모든 사람들이 바보같은 행동이라고 비웃을 것이다. 왜냐하면 수명시험에 전구를 모두 사용하면 시장에 내다 팔 전구가 없을 것이기 때문이다. 이 경우에도 생산된 전구 중 일부만 선택하여 그 선택된 전구만으로 수명시험을 하고 이 결과를 이용하여 전체 전구의 수명을 추측하는 것이 현명할 것이다.

위의 예에서 알 수 있듯이 모든 소비자의 휴대폰 요구사항이나 그 회사에서 생산된 모든 전구의 수명과 같이 관심의 대상이 되는 모든 개체의 관측값이나 측정값의 집합을 모집단(population)이라 하고 모집단에서 실제로 추출된 관측값이나 측정값의 집합을 표본(sample)이라 한다.

> 모집단 : 관심의 대상이 되는 모든 개체의 관측값이나 측정값의 집합.
>
> 표　본 : 모집단에서 통계조사를 위하여 실제로 추출된 관측값이나 측정값의 집합으로 모집단의 일부이다.

예제 1.1

모 대학교 경영학과 학생들의 한 달 용돈의 평균을 알아보고자 한다. 경영학과 학생은 모두 600명이고 그중에서 60명의 학생을 뽑아서 조사를 실시하려고 한다. 이때 모집단과 표본은 무엇인가?

풀이 –

모집단은 경영학과 학생 600명의 한 달 용돈이며, 표본은 추출된 60명의 한 달 용돈이다.

모집단을 구성하는 구성원의 총수에 따라 모집단은 유한모집단과 무한모집단으로 구분된다. 유한모집단(finite population)은 구성원의 총수가 유한개일 경우를 가리키며 **예제** 1.1에서의 경영학과 학생의 용돈, 모든 소비자의 요구사항 등이 바로 유한모집단의 예이다. 무한모집단(infinite population)은 구성원의 총수가 무한개일 경우를 가리키며, 위의 전구의 예에서 모집단은 그 공장에서 생산되는 모든 전구의 수명이며, 이는 과거부터 미래에 생산될 모든 전구의 수명이므로 무한모집단의 예이다.

대부분의 통계이론은 무한모집단을 가정하는데, 이는 유한모집단이라고 하더라도 모든 소비자의 요구사항 조사의 예처럼 구성원의 총수가 매우 크면 통계적 처리에 큰 차이가 없기 때문이다.

1.3 기술통계학과 추측통계학

통계분석 분야는 크게 두 가지로 나뉜다. 첫 번째는 표나 그림 또는 대표값, 산포의 크기 등을 통하여 수집된 자료의 특성을 쉽게 파악할 수 있도록 자료를 정리・요약하는 방법을 다루는 기술통계학(descriptive statistics) 분야이고, 두 번째는 표본이 포함하고 있는 정보를 분석하여 모집단의 여러 가지 특성에 대하여 과학적으로 추론하는 추측통계학(inferential statistics) 분야이다.

기술통계학 :	수집된 자료의 특성을 쉽게 파악할 수 있도록 자료를 정리 · 요약하는 방법을 다루는 분야
추측통계학 :	표본이 포함하고 있는 정보를 분석하여 모집단의 여러 가지 특성에 대하여 과학적으로 추론하는 분야

기술통계학이 주로 사용되는 경우는 주로 모집단 전체를 조사하여 자료의 양이 방대한 경우이다. 예를 들어, 직종별 임금수준의 변화 추이, 서울시의 가구당 연간소득의 추이를 알아보고자 하는 경우 등은 자료의 양이 너무 방대하여 자료의 전반적인 내용을 쉽게 파악하기 어려울 것이다. 따라서 이러한 경우에 자료를 정리 · 요약해야 할 필요성이 대두된다. 기술통계학에서는 막대그래프, 파이차트 등과 같은 그래프를 이용하는 분석방법과 평균, 중앙값, 분산 등 수치화된 기술통계량을 사용하는 분석방법이 있다. 이 두 가지 분석방법은 독립적으로 사용되는 것은 아니고 상호보완적으로 사용된다.

모집단의 일부로서 실제로 관측된 표본을 이용하는 경우에는 추측통계학이 사용된다. 이때는 모집단을 잘 대표하는 표본을 추출하여 분석함으로써 모집단에 대한 결론을 도출한다. 물론 이러한 과정에서도 기술통계학이 보조적으로 사용된다.

앞에서 언급했듯이 기술통계학에서는 모집단 전체를 자료로 다루거나 또는 모집단의 일부인 표본을 자료로 갖는다. 모집단 전체를 자료로 갖는 경우에는 기술통계학의 분석방법을 이용하여 얻은 결과로 모집단의 특성에 대한 결론을 내릴 수 있는 반면에, 모집단의 일부인 표본을 자료로 다루는 경우는 표본으로부터 얻은 결과를 토대로 하여 추측통계학의 분석방법을 이용하여 통계적 추론을 하게 된다.

본 교재의 2장, 3장에서는 기술통계학을 다루며, 그 외의 나머지 부분에서는 추측통계학에 관련된 내용을 다룰 것이다.

1.4 통계학과 컴퓨터

여러 학문에서 그렇듯이 컴퓨터의 발전은 통계학에도 많은 영향을 주었다. 과거에 컴퓨터가 보편화되기 이전에는 자료의 수가 많은 경우에 이를 수집・요약・분석하는 작업은 국가기관이나 거대기관, 또는 대기업이 아니면 감히 꿈도 꿀 수 없었을 뿐만 아니라 자료의 개수가 적은 경우에도 복잡한 계산이 요구되는 통계분석을 손으로 하는 것은 거의 불가능했다. 그러나 PC의 보급이 보편화되면서 컴퓨터를 이용하여 손쉽게 통계분석을 할 수 있게 되었다.

특히 컴퓨터를 이용하여 다음의 여러 가지 작업을 효율적으로 할 수 있게 되었다.

- ○ 대량의 자료입력 및 저장
- ○ 신속한 통계처리
- ○ 정확한 계산
- ○ 통계분석비용의 절감

컴퓨터의 소프트웨어적 측면에서도 자료를 처리하고 분석해주는 통계패키지의 발달로 인하여 이제 대량의 자료도, 매우 복잡한 통계분석방법도 신속・정확하게 처리할 수 있게 되었다. 현재 일반적으로 사용되고 있는 통계패키지 프로그램으로는 SPSS(Statistical Package for Social Science), SAS(Statistical Analysis System), MINITAB 그리고 BMDP(Biomedical Computer Program) 등이 있다.

SPSS는 원래 사회과학에 사용되는 통계패키지로 개발되었고, SAS는 통계전문가를 위한 통계패키지로, 그리고 BMDP는 의학분야에서 주로 사용되는 통계패키지였으나 지금은 위에 나열된 통계패키지의 기능이 서로 별 차이가 없어져서 모든 분야에서 사용되고 있으며, 통계분야의 비전문가들도 손쉽게 사용할 수 있도록 개발되었다.

제2장

표와 그림을 이용한 자료의 정리

2.1 서 론

자료가 주어지면 우리는 자료를 요약·분석하여 전체적인 경향을 파악하고자 하거나 새로운 사실을 알아내고자 한다. 그러나 단순히 나열된 자료를 보면서 경향을 파악하거나 새로운 사실을 알아내는 일은 불가능하다. 예를 들면, 증권시장 객장에 여러분이 앉아 있다고 생각해 보자. 증권시황판에 나열된 숫자들을 보고 어느 회사의 주식을 살 것인지 팔 것인지를 결정할 수 있을까? 이는 불가능할 것이다. 따라서 자료가 포함하고 있는 정보를 쉽고 빠르게 파악할 수 있도록 자료를 정리·요약할 필요가 있는 것이다.

이 장에서는 시각적인 방법, 즉 〈표〉와 [그림]을 이용하여 주어진 자료를 정리하고 요약하는 방법을 배우고자 한다. 자료를 요약하는 방법은 자료의 종류에 따라 다르므로 먼저 자료를 종류에 따라 구분하는 방법을 배우고, 종류별로 자료를 정리·요약하는 방법을 공부해 보자.

2.2 자료의 종류

자료는 일반적으로 질적자료와 양적자료의 두 가지 종류로 나뉜다.

질적자료(qualitative data)는 범주형자료(categorical data)라고도 하는데, 자료의 값이 숫자로 표시되지 않고 몇 개의 범주(category) 또는 항목의 형태로 나타나는 자료를 말한다. 예를 들어 성별(남, 여), 선호도(나쁘다, 보통이다, 좋다), 교육수준(중졸 이하, 고졸, 대졸, 석사학위 이상), 혈액형(O, A, B, AB), 지역(서울, 경기, 강원, 충청, 전라, 경상, 제주) 등의 자료이다. 질적자료는 자료값의 크기에는 관심이 없고 내용이 관심의 대상이므로 질적자료라고 하는 것이다. 질적자료는 필요에 따라 숫자화될 수 있다. 예를 들면, 성별 자료에서 남자는 1, 여자는 2와 같이 숫자화할 수 있다. 그러나 이때 숫자의 크기는 아무 의미가 없으며 단지 편의상 정한 약속에 불과할 뿐이다. 질적자료는 주로 사회과학 분야의 설문조사에서 자주 사용되며, 품질관리 분야에서 생산된 제품을 합격, 불합격으로 분류할 때에도 나타난다.

질적자료는 다시 명목자료(nominal data)와 순위자료(ordinal data)로 분류할 수 있다. 선호도에 관한 자료에서 "매우 좋다", "좋다", "보통이다", "싫다", "매우 싫다"라는 5개의 범주가 주어진다면 이 5가지 범주에는 의미상으로 순서가 존재한다. 이와 같이 범주간에 의미상의 순서가 존재하면, 이러한 자료를 순위자료라 한다. 교육수준에 관한 자료도 순위자료에 속한다. 반면에 성별, 혈액형, 지역에 관한 자료는 범주간에 의미상의 순서가 없으므로 이러한 자료를 명목자료라고 한다.

질적자료(범주형자료) : 자료의 값이 숫자로 표시되지 않고 몇 개의 범주 또는 항목의 형태로 나타나는 자료

· 명목자료 : 질적자료에서 범주간에 의미상의 순서가 없는 자료

· 순위자료 : 질적자료에서 범주간에 의미상의 순서가 존재하는 자료

양적자료(quantitative data)는 자료가 수치로 측정되며, 이때 숫자는 질적자료와는 달리 자료의 속성을 그대로 나타낸다. 예를 들면 길이, 무게, 온도, 압

력, 전구의 수명, 한 달 용돈, 시험성적 등과 같은 자료가 양적자료이다. 양적자료는 경우에 따라 질적자료의 형태로 변환될 수 있다. 예를 들어 시험성적 자료에서 90~100점을 A, 80~89점을 B, 70~79점을 C, 60~69점을 D, 60점 미만을 F로 바꾸면 질적자료로 변환된다. 이와 같이 변환하는 과정을 집단화(grouping)라고 하며, 이렇게 변환된 자료를 집단화된 자료(grouped data)라고 부른다.

> 양적자료 : 자료가 수치로 측정되며, 이때의 수치는 질적자료와는 달리 자료의 속성을 그대로 나타내는 자료

또한 자료는 이산형자료와 연속형자료로 분류될 수 있다. 주사위의 눈금, 교통사고 건수, 혈액형 등과 같이 자료의 값의 종류를 하나씩 셀 수 있는 자료를 이산형자료(discrete data)라고 하며, 길이, 무게, 시험성적 등과 같이 자료의 값의 종류를 하나씩 셀 수 없는 자료를 연속형자료(continuous data)라고 한다.

> 이산형자료 : 자료의 값의 종류를 하나씩 셀 수 있는 자료
> 연속형자료 : 자료의 값의 종류를 하나씩 셀 수 없는 자료

위에서 언급한 성별, 길이, 무게, 시험성적, 혈액형 등과 같이 하나 이상의 자료값을 가지는 것을 변수(variable)라고 한다. 성별, 혈액형과 같이 질적자료값을 갖는 변수를 질적변수(qualitative variable)라 하며, 길이, 무게, 시험성적 등과 같이 양적변수값을 갖는 변수를 양적변수(quantitative data)라 한다.

2.3 질적자료의 정리

이 절에서는 질적자료에 대하여 각 범주에 속하는 자료값의 개수를 헤아려 요약하고 그림을 작성함으로써 전체 자료에서 각 범주가 차지하는 비율을 파악하거나 범주들을 비교하는 방법을 공부해 보자.

1. 도수분포표

질적자료의 경우 각 범주가 나타나는 빈도수를 도수(frequency)라 하며, 도수를 전체 자료의 총수로 나눈 비율을 상대도수(relative frequency)라 한다. 질적자료에서 범주와 그 범주에 대응하는 도수와 상대도수를 나열하여 표로 작성한 것을 도수분포표(frequency table)라고 한다.

예제 2.1

자동차회사에서 자동차의 색상에 대한 선호도를 조사하였다. 소비자 500명을 랜덤하게 추출하여 설문조사하였다. 500명 중에서 흰색 180명, 검정색 60명, 은색 75명, 빨강색 45명, 진녹색 50명, 회색 90명이었다. 이 조사결과에 대한 도수분포표를 작성하라.

풀이 —

1열과 2열에 범주와 각 범주에 대응하는 도수를 배열하고 3열에는 각 범주의 도수를 전체 자료의 총수 500으로 나눈 값인 상대도수를 배열한다(〈표 2.1〉).

〈표 2.1〉 자동차 색상의 선호도에 대한 도수분포표

색 상	도 수	상대도수
흰 색	180	0.36
검 정 색	60	0.12
은 색	75	0.15
빨 강 색	45	0.09
진 녹 색	50	0.10
회 색	90	0.18
합 계	500	1.00

상대도수는 다음과 같은 방법으로 구할 수 있다.

흰 색 : 180÷500＝0.36

검정색 : 60÷500＝0.12

〈표 2.1〉을 통하여 흰색을 가장 선호하며 빨강색과 진녹색에 대한 선호도가 가장 낮다는 것을 알 수 있다. 자동차회사는 자동차 제작시에 이러한 통계를 이용할 것이다.

2. 막대그래프

막대그래프(bar chart)는 각 범주에서의 도수의 크기를 막대형태로 나타낸 그래프이다. 즉, 그래프의 한 축에는 도수에 대한 눈금을 그리고, 또 다른 축에는 범주를 나열한다. 막대그래프를 통하여 자료의 분포상태를 시각적으로 쉽게 파악할 수 있다. [그림 2.1]은 〈표 2.1〉의 도수분포표를 막대그래프로 나타낸 것이다.

그림 2.1
예제 2.1의 도수분포표

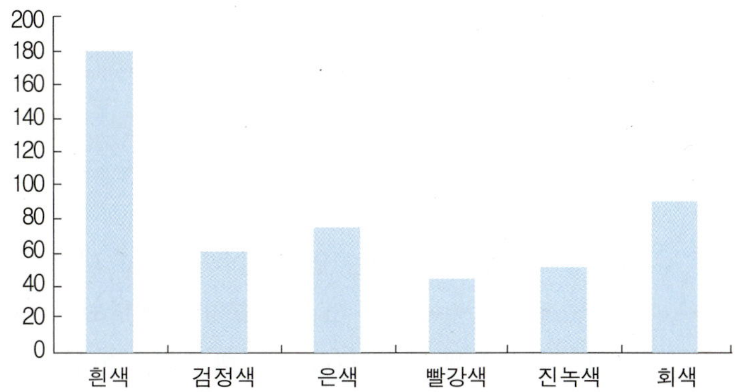

위의 [그림 2.1]에서 막대의 순서는 임의로 바꿀 수 있다. 예를 들어 흰색, 회색, 은색, 검정색, 진녹색, 빨강색의 순서로 막대그래프를 그려도 상관없다.

만약, 전체에서 각 범주가 차지하는 비율에 관심이 있다면, 세로축에 도수 대신 상대도수를 사용하기도 한다. 도수를 이용하든 상대도수를 이용하든 막대그래프의 모양은 같게 된다.

■ 엑셀2007을 이용한 막대그래프 작성법

아래 화면과 같이 값을 입력하고 A1셀부터 B7셀까지를 선택한다.

	A	B
1	색상	도수
2	흰 색	180
3	검정색	60
4	은 색	75
5	빨강색	45
6	진녹색	50
7	회 색	90

삽입 메뉴를 클릭한 후 세로막대형을 선택하면 세로막대형 그래프들의 종류가 나타난다. '2차원 세로 막대형' 중 '묶은 세로 막대형'을 선택하면 [그림 2.1]과 같은 그래프가 그려진다.

3. 원형그래프

원형그래프(pie chart)는 먼저 원을 그리고 이 원을 범주의 개수만큼 몇 개의 조각으로 나누는데, 각 조각의 크기는 해당되는 범주의 상대도수에 비례하게 한다. 각 조각에 범주의 값과 상대도수를 기입한다. 이 그래프는 보통 신문이나 잡지 등에서 많이 볼 수 있으며, 이 그래프를 통하여 전체에 대한 각 범주의 비율을 쉽게 파악할 수 있다. 그러나 범주간의 도수를 비교하거나 도수크기의 차이를 파악할 때에는 그 내용을 명확하게 파악하기 힘든 경우가 많다.

예제 2.2

〈표 2.1〉의 자료를 이용하여 원형그래프를 그려보자. 원의 각도는 360°이므로 각 범주에 해당하는 조각의 크기는 다음과 같다.

흰 색 : 0.36×360°=129.6°
검정색 : 0.12×360°= 43.2°
은 색 : 0.15×360°= 54.0°
빨강색 : 0.09×360°= 32.4°
진녹색 : 0.10×360°= 36.0°
회 색 : 0.18×360°= 64.8°

위의 결과를 이용하여 원형그래프를 그려보면 [그림 2.2]와 같다.

그림 2.2
예제 2.1의 자료에 대한 원형그래프

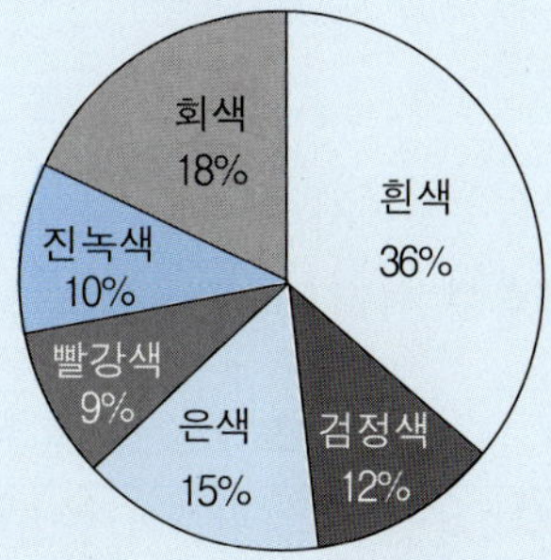

4. 파레토그림

이탈리아의 경제학자 파레토(Vilfredo Pareto, 1843~1923)는 국가전체 부(wealth)의 대부분을 전 인구의 소수가 점유하고 있다는 것을 발견하였다. 명목자료에서 전체의 대부분을 차지하는 소수를 찾는 것이 문제의 해결이나 해석에 도움을 주는 경우가 있다. 이렇게 다수를 점유하고 있는 소수의 범주를 찾는 데 파레토그림이 사용된다.

파레토그림(pareto diagram)은 막대그래프의 일종으로 먼저 상대도수의 크기가 큰 순서대로 범주를 왼쪽에서 오른쪽으로 나열하면서 배치한다. 다음으로 크기 순서대로 배열된 범주에서 누적상대도수를 구하여 그림에서 누적도수를 각 범주의 막대 위에 중앙을 표시하고 그 점들을 연결한다. 이렇게 함으로써 상대도수가 증가하는 정도와 도수의 크기가 큰 범주들이 차지하는 비율을 쉽게 파악할 수 있다. 파레토그림에서 범주의 순서는 도수의 크기에 따라 바뀌므로 순위자료와 같이 범주의 순서가 의미가 있는 자료에서는 파레토그림을 사용하는 것이 바람직하지 않다.

파레토그림을 통하여 어떤 범주가 중요한 범주인지를 쉽게 파악할 수 있으므로 문제파악의 수단으로 많이 사용된다. 예를 들면, 어떤 제품의 불량원인이나 현상은 여러 가지가 있겠으나 불량건수나 손실금액의 대부분은 이 중 극히 적은 수의 불량항목에 기인한다는 점을 이 파레토그림을 통해서 밝히고, 어떤 문제부터 개선해 나가는 것이 좋은가를 알 수 있다. 즉, 파레토그림은 다수의 경미한 항목(trivial many)보다는 소수의 중요한 항목(vital few)부터 관심을 갖고 조치를 취해야 함을 가르쳐 준다.

예제 2.3

〈표 2.2〉에는 어떤 공정에서 발생한 불량품의 수가 불량항목별로 집계되어 있다. 이 표의 자료를 이용하여 파레토그림을 그려보자.

〈표 2.2〉 불량항목별 불량품의 수

불량항목(범주)	불량품의 수(도수)	상대도수	누적상대도수
치 수	150	0.50	0.50
긁 힘	72	0.24	0.74
마 무 리	51	0.17	0.91
형 상	18	0.06	0.97
기 포	9	0.03	1.00
합 계	300	1.00	

풀이 —

파레토그림을 그려보면 [그림 2.3]과 같다. [그림 2.3]에 의하여 불량항목으로 치수가 50%를 점하고 있고, 긁힘과 함께 전체 불량의 74%를 차지하고 있으며 그 외의 불량은 소수를 차지하고 있음을 한눈에 알 수 있다. 따라서 불량을 줄이려면 먼저 치수불량과 긁힘불량에 대한 원인을 찾아 해결해야 한다.

그림 2.3 불량항목별 불량품의 수에 대한 파레토그림

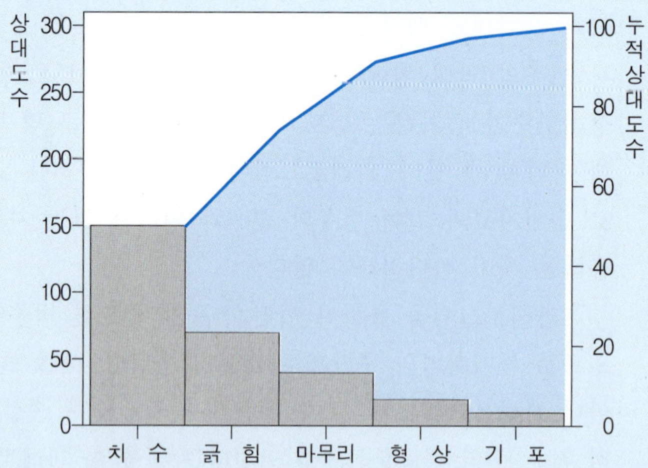

2.4 이산형자료의 요약

앞에서 배웠듯이 관측된 양적자료의 값의 종류를 셀 수 있는 경우 그 자료를 이산형자료라 한다. 이때 보통 자료값의 종류가 적은 경우에는 질적자료를 요약하는 기법을 사용하고, 자료값의 종류가 많은 경우에는 다음 절에서 소개되는 연속형자료를 요약하는 기법을 사용한다. 즉, 자료값의 종류가 많지 않은 경우에는 도수분포표, 막대그래프, 원형그래프 등을 이용할 수 있다. 그러나 이산형자료는 질적자료로서 자료값의 크기가 의미가 있으므로 파레토그림과 같이 범주의 순서를 바꾸는 기법의 사용은 피해야 한다.

예제 2.4

한 학기 동안 보건통계학 강의시간에 결석한 학생의 수를 매시간 기록한 결과가 다음과 같다.

1	3	3	1	1	3	0	3	2	3
2	1	1	1	2	4	1	1	1	1
1	2	1	3	2	1	1	0	5	1
0	1	4	2	0	1	2	2	1	1

위의 자료에 대한 도수분포표, 막대그래프, 원형그래프를 만들어 보아라.

풀이 —

결석한 학생의 수에 대하여 발생한 도수를 세고 각 도수를 전체 도수의 합(40)으로 나누어 상대도수를 계산하여 도수분포표를 만들면 〈표 2.3〉과 같다.

〈표 2.3〉 결석학생수에 대한 도수분포표

결석학생의 수	도 수	상대도수
0	4	0.100
1	19	0.475
2	8	0.200
3	6	0.150
4	2	0.050
5	1	0.025
합 계	40	1.000

원형그래프를 그리려면 〈표 2.3〉의 상대도수를 이용하여 결석학생의 수별로 각도를 계산하여야 한다. 이때 각도는 (상대도수)×360°로 얻어진다. 예를 들면,

$$\text{결석학생의 수}=0 : 0.100\times 360°=36°$$

이와 같이 하여 각도를 구하여 원형그래프를 그리면 [그림 2.4]와 같다. [그림 2.4]의 원형그래프를 통하여 매시간 결석학생의 수가 1, 2, 3명인 경우가 대부분이며, 특히 1인 경우가 가장 많음을 알 수 있다.

그림 2.4
결석학생수에 대한 원형그래프

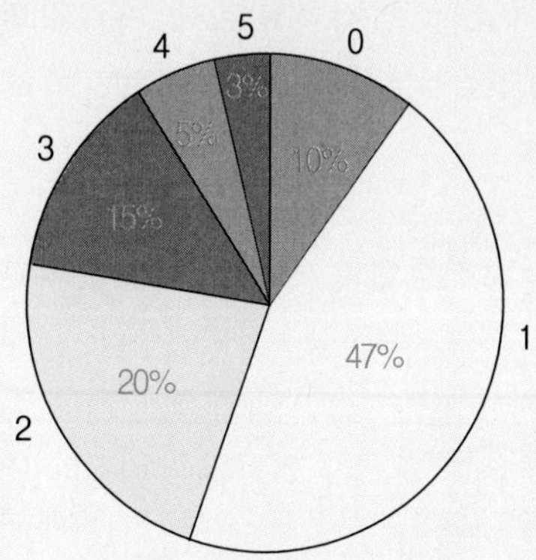

그림 2.5
결석학생수에 대한 막대그래프

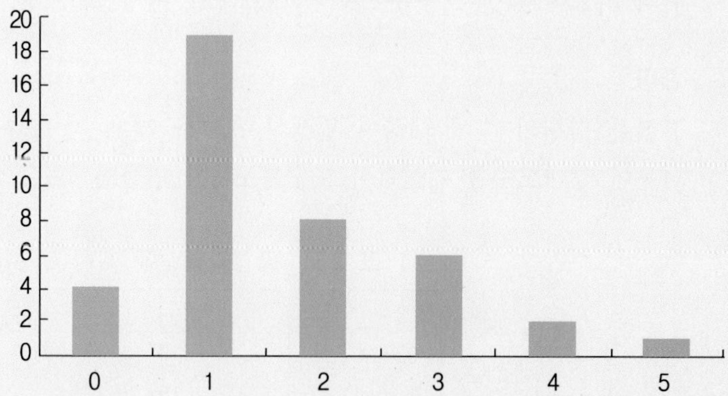

결석학생수에 대한 도수를 비교하기 위해서는 막대그래프를 그려보는 것이 바람직하다. [그림 2.5]의 막대그래프를 통해서도 결석학생수가 1명인 경우가 가장 많고 그 다음은 2명이고 4, 5명이 결석할 가능성은 매우 작음을 알 수 있다.

■ **엑셀2007을 이용한 표 및 그래프의 작성**

위의 자료에 대한 도수분포표, 막대그래프를 엑셀2007을 이용하여 작성해 보면 다음과 같다.

① 아래 그림과 같이 결석학생수와 계급의 값을 입력한다. 결석학생수의 값은 A2셀부터 A31셀까지 입력한다.

	A	B	C
1	결석생 수	계급	
2	1	0	
3	3	1	
4	3	2	
5	1	3	
6	1	4	
7	3	5	
8	0		
9	3		

② 데이터메뉴의 데이터분석을 클릭한 후 대화상자에서 히스토그램을 선택한다.

③ 입력범위에는 A2셀부터 A31셀까지를, 계급구간에는 B2셀부터 B7셀까지를 입력하고 '누적백분율'과 '차트출력'을 선택한 후, [확인] 단추를 클릭하면, 아래와 같은 결과가 나온다.

계급	빈도수	누적 %
0	4	10.00%
1	19	57.50%
2	8	77.50%
3	6	92.50%
4	2	97.50%
5	1	100.00%
기타	0	100.00%

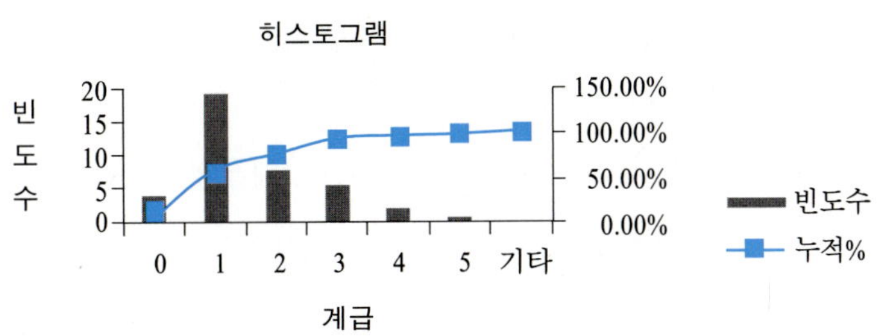

2.5 연속형자료의 요약

양적자료에서 자료의 값의 종류를 하나씩 셀 수 없는 자료를 연속형자료라 한다. 키, 몸무게, 매출액 등이 대표적인 연속형자료이다. 연속형자료에서는 도수분포표, 히스토그램, 상대도수다각형, 줄기-잎 그림 등이 주로 사용된다. 또한 이산형자료도 자료값의 종류가 많은 경우에는 연속형자료를 요약하는 기법을 사용한다.

1. 도수분포표

질적자료에서는 각 자료값의 종류에 따라 도수를 세어 도수분포표(frequency table)를 작성하였다. 그러나 연속형자료에서는 자료값의 종류가 매우 많기 때문에 질적자료에서와 같이 도수분포표를 만들 수 없다. 따라서 연속형자료에서 도수분포표를 만들려면, 먼저 모든 자료값들의 범위를 구하고 그 범위를 적당한 개수의 계급(class)으로 나눈다. 계급의 개수는 자료에 포함된 자료값의 총수에 따라 결정하며, 보통 5~20개까지의 계급을 선택한다. 자료의 개수가 많으면 많을수록 계급의 개수도 많아지는 것이 상례이다. 양적자료의 계급은 질적자료의 범주에 해당한다.

연속형자료에서의 도수분포표 작성방법

1. 자료값들의 최대값과 최소값을 찾아 (범위)=(최대값−최소값)을 구한 후 그 범위를 자료값의 크기에 따라 적당한 개수의 계급으로 나눈다. 계급의 개수는 5~20개 정도 되도록 한다.
2. 자료값의 범위를 계급의 개수로 나누어 얻은 값보다 조금 큰 값을 계급의 폭으로 정한다. 즉,

   $$(\text{범위}) \div (\text{계급의 개수})$$

   를 계산하여 자료값의 최소단위까지 끊어 올린다.
3. 첫번째 계급의 시작점은

   $$(\text{최소값}) - \frac{1}{2} \times (\text{자료값의 최소단위})$$

로 정한다. 그 다음 계급의 시작점은 2단계에서 구한 계급의 폭을 이전 계급의 시작점에 더하여 구한다.

4. 각 계급구간에 속하는 자료값의 수를 세어 계급의 도수를 구한다.
5. 각 계급의 도수를 전체 자료값의 개수로 나누어 계급의 상대도수를 구한다.

예제 2.5

다음 자료는 통계학개론 수강학생 40명의 키를 측정한 자료이다. 이 자료를 이용하여 도수분포표를 작성하여라.

(단위 : cm)

184	167	164	155	180	176	168	160	161	157
180	183	170	170	185	170	165	170	168	154
173	152	173	165	163	160	163	178	151	171
168	163	165	178	165	170	168	187	150	174

풀이 —

먼저 최소값과 최대값을 조사하면

$$(\text{최소값})=150,\ (\text{최대값})=187$$

이므로

$$(\text{범위})=187-150=37$$

이다. 만약 계급의 개수를 6으로 하면

$$37\div 6=6.16\cdots$$

이므로, 자료값의 최소단위*인 1단위까지 끊어 올려 계급의 폭을 7로 한다. 따라서 첫번째 계급의 시작점을 계산하면

$$150-\frac{1}{2}\times 1=149.5$$

이므로 첫번째 계급의 시작점은 149.5이다. 다음 계급의 시작점은 149.5+7=156.5임을 알 수 있다. 이와 같이 하여 〈표 2.4〉와 같은 도수분포표를 작성할 수 있다.

* 자료값의 최소단위 : 이 예제에서는 관측값 184, 167, …이므로 자료값의 최소단위가 1이

다. 만약 관측값을 소수점 첫째자리까지 관측한 경우라면, 예를 들면 193.9, 167.2, …인 경우에는 자료값의 최소단위는 0.1이 된다.

〈표 2.4〉 통계학개론 수강학생들의 키에 대한 도수분포표

계 급	도 수	상대도수
149.5～156.5	5	0.125
156.5～163.5	7	0.175
163.5～170.5	15	0.375
170.5～177.5	5	0.125
177.5～184.5	6	0.150
184.5～191.5	2	0.050
합 계	40	1.000

〈표 2.4〉의 도수분포표를 통하여 163.5cm와 170.5cm 사이에 가장 많은 학생이 몰려있음을 알 수 있다.

■ **엑셀2007을 이용하여 연속형자료의 도수분포표 작성해보기**

① 아래 그림과 같이 키와 계급의 값을 입력한다. 키의 값은 A2셀부터 A41셀까지 입력한다. 이때 계급의 값으로는 각 계급의 최대값을 입력한다.

	A	B
1	키	계급
2	184	156.5
3	180	163.5
4	173	170.5
5	168	177.5
6	167	184.5
7	183	191.5
8	152	
9	163	
10	164	

② 데이터메뉴의 데이터분석을 클릭한 후 대화상자에서 히스토그램을 선택한다.

③ 입력범위에는 A2셀부터 A41셀까지를, 계급구간에는 B2셀부터 B7셀까지를 입력하고 '누적백분율'과 '차트출력'을 선택한 후, [확인] 단추를 클릭하면, 다음과 같은 결과가 나온다.

계급	빈도수	누적 %
156.5	5	12.50%
163.5	7	30.00%
170.5	15	67.50%
177.5	5	80.00%
184.5	6	95.00%
191.5	2	100.00%
기타	0	100.00%

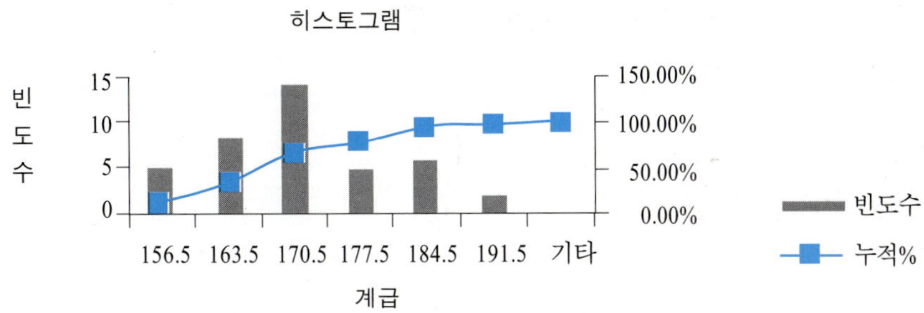

위의 예제에서 보듯이 계급의 개수 또는 계급의 폭을 정하는 문제는 특별한 법칙이 있는 것은 아니다. 계급의 개수가 너무 적으면 계급구간의 폭이 너무 커져서 자료는 간략하게 요약되지만 너무 많은 정보를 잃어버린다. 반면에, 계급의 개수가 너무 많으면 계급구간의 폭이 너무 작아져서 각 계급구간의 도수에서 어떤 경향을 찾기 힘들어지므로 자료요약의 의미가 약해진다. 계급의 개수를 5~20개 사이에서 선택하는 것은 일반적으로 그 정도의 계급의 개수에서 분포의 경향이 나타나기 때문이다. 따라서 자료에서 분포의 경향이 잘 드러나도록 계급의 개수를 선택하도록 한다.

2. 히스토그램

연속형자료에서도 도수분포표를 기초로 하여 각 계급에 대하여 질적자료에서의 막대그래프와 같은 형태의 그림을 그릴 수 있는데 이를 히스토그램(histogram)이라 한다. 히스토그램을 통하여 각 계급구간 사이의 도수를 비교할 수도 있으며 계급구간에 따른 도수변화의 경향, 즉 자료의 분포를 알 수 있다.

먼저 히스토그램은 수평축 위에 계급구간을 표시하고 그 위로 막대를 그리는데 막대의 높이는 상대도수를 계급구간의 폭으로 나눔으로써 구할 수 있다. 즉,

(막대의 높이)=(상대도수)÷(계급의 폭)

이렇게 구한 히스토그램의 전체 면적은 1이 된다는 것을 명심해야 한다. 즉, 전체 막대넓이의 합은 1이다. [그림 2.6]은 예제 2.5의 통계학개론 수강학생의 키에 관한 히스토그램이다.

그림 2.6
예제 2.5의 자료에 대한 히스토그램

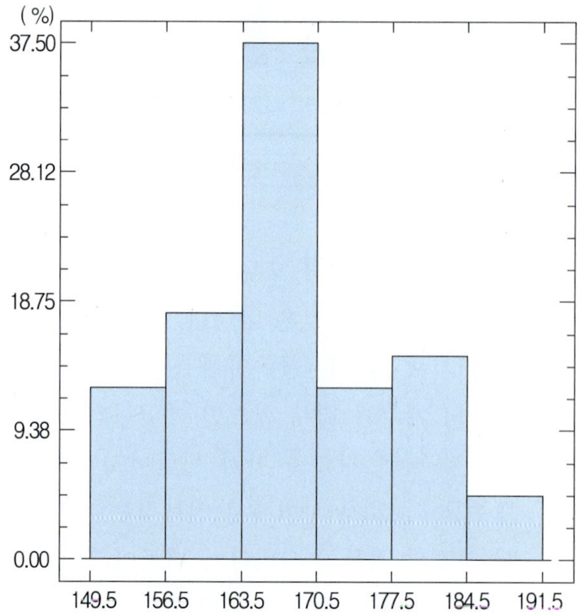

[그림 2.6]의 히스토그램에서 보듯이 각 계급의 폭은 일정하게 하는 것이 바람직하다. 그러나 때에 따라서는 각 계급의 폭을 다르게 할 필요가 있다. 예를 들면, 자료값이 집중적으로 몰려 있는 구간은 계급의 폭을 다른 계급보다 좁게 함으로써 그 구간에서의 분포의 형태를 보다 구체적으로 알 수 있게 할 수 있고, 자료값이 드물게 흩어져 있는 구간에서는 계급의 폭을 넓게 함으로써

충분한 수의 자료값을 포함하게 할 수도 있다.

[그림 2.7]은 **예제 2.5**의 자료를 이용하여 계급의 폭을 변화시켜 가면서 히스토그램을 그리기 위하여 그려본 그림이다. 이렇게 함으로써 분포의 형태를 잘 나타내는 히스토그램을 그려볼 수 있는 것이다.

그림 2.7 (a) 계급의 폭이 3인 경우

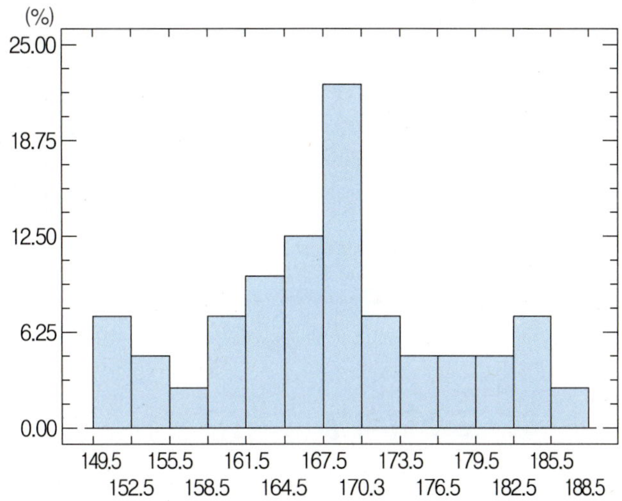

그림 2.7 (b) 계급의 폭이 4인 경우

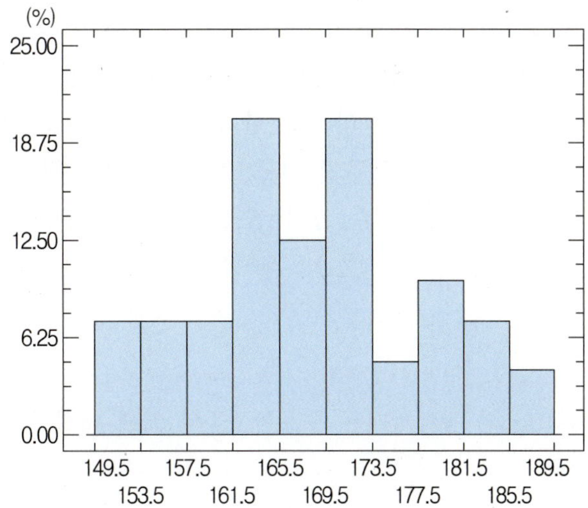

그림 2.7 (c) 계급의 폭이 5인 경우

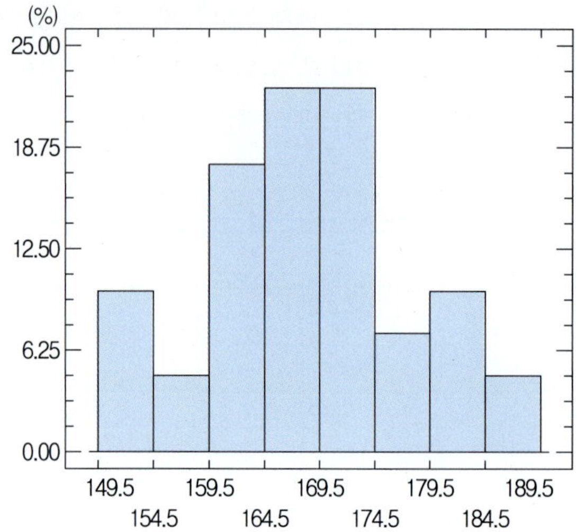

3. 도수다각형

도수다각형(frequency polygon)은 히스토그램에서 각 계급의 막대 상단의 중앙점을 직선으로 연결하여 그린 것이다. 이때 왼쪽 시작점과 오른쪽 끝점은 첫 번째 계급의 시작점과 마지막 계급의 끝점으로부터 각각 「1/2×(계급의 폭)」만큼 떨어진 수평축 위의 점이 되게 한다. 히스토그램과 같이 도수다각형의 면적도 1이 됨을 유의하여야 한다. 도수다각형은 히스토그램 위에 그리기도 하고 도수다각형만 그리기도 한다. 도수다각형을 이용하면 자료값의 집중된 정도, 집중된 위치, 치우친 정도, 꼬리부분의 두터움 등 분포의 상태를 히스토그램보다 쉽게 파악할 수 있다. 또한 자료값의 변화에 따라 도수 또는 상대도수의 변화를 잘 알 수 있으며 두 개 이상의 자료를 비교하는 데에도 용이하다.

예제 2.6

예제 2.5의 통계학개론 수강학생들의 키에 대한 자료를 가지고 도수다각형을 그려보아라.

풀이 —

히스토그램에서 각 계급의 막대 상단의 중앙점을 직선으로 연결하여 도수분포표를 그려보면 [그림 2.8]과 같다.

그림 2.8
예제 2.5의 자료에 대한 도수다각형

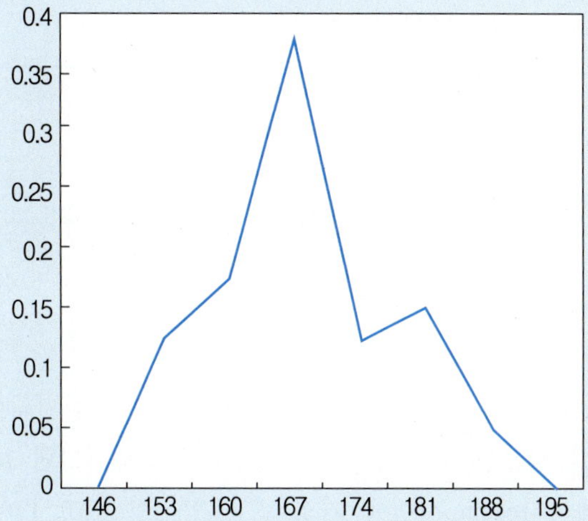

4. 줄기-잎 그림

앞에서 공부한 히스토그램이나 도수다각형은 자료의 분포를 쉽게 파악할 수 있게 해주지만 각 자료값이 갖고 있는 정보를 잃어버리는 단점이 있다. 이와 같은 단점을 보완해 주는 그림이 줄기-잎 그림(stem-and-leaf plot)이다. 줄기-잎 그림은 자료의 분포를 시각적으로 쉽게 파악할 수 있게 하면서 각 자료값을 유지할 수 있는 자료요약법이다.

줄기-잎 그림을 그리기 위하여 먼저 자료값을 앞 단위와 뒷 단위로 나눈다. 그리고 앞 단위를 줄기라 하고 뒷 단위를 잎이라고 하며 줄기-잎 그림을 그린다.

줄기-잎 그림의 작성법

1. 전체 자료값을 보고 앞 단위와 뒷 단위를 정한다.
2. 앞 단위를 줄기로 하여 순서대로 세로로 배열하고 그 옆에 수직선을 그린다.
3. 뒷 단위를 잎으로 하여 자료값을 앞 단위 오른쪽에 가로로 배열한다.
4. 각 줄기에서 잎 부분의 값을 작은 숫자가 왼쪽에 오도록 크기순서대로 재배열한다.

예제 2.7

예제 2.5의 통계학개론 수강학생의 키에 대한 자료를 가지고 줄기-잎 그림을 그려보아라.

풀이 —

키의 단위는 센티미터로 키는 세 자릿수로 표현된다. 따라서 첫 두 자리를 줄기로, 끝자리를 잎으로 하여 줄기-잎 그림을 그리면 [그림 2.9]와 같다. [그림 2.9]를 통하여 160cm에서 169cm 사이에 가장 많은 학생이 있고 170cm에서 179cm 사이에 그 다음으로 많은 학생이 있음을 알 수 있다.

그림 2.9 통계학개론 수강학생의 키에 대한 줄기-잎 그림

〈1단계〉		〈2단계〉		〈3단계〉	
15		15	574210	15	012457
16		16	7480158530383558	16	0013334555578888
17		17	600003381804	17	000001334688
18		18	40357	18	03457

[그림 2.9]의 줄기-잎 그림은 계급의 폭이 10인 히스토그램과 유사한 형태임을 알 수 있다. 그러나 줄기-잎 그림은 히스토그램이 가지고 있지 않은 두 가지 장점을 가지고 있다. 첫 번째는 언제든지 원래의 자료값을 줄기-잎 그림으로부터 다시 얻을 수 있다는 점이다. 두 번째는 줄기-잎 그림은 자료값을 크

기순으로 나열하는 것을 용이하게 해주며, 따라서 특정 자료값의 위치(예를 들면, 중앙값)를 쉽게 구할 수 있다는 점이다. 줄기-잎 그림의 단점은 자료값의 개수가 많은 경우에는 부적합하다는 점이다. 따라서 자료값의 개수가 많은 경우에는 히스토그램을 사용하는 것이 편리하다.

줄기-잎 그림을 그릴 때, 줄기의 폭은 임의로 정할 수 있다. [그림 2.10]은

$$150-(150\sim155),\ 150+(156\sim160),\ 160-(160\sim165),\ \cdots$$

등과 같이 줄기의 폭을 5로 하여 그린 줄기-잎 그림이다.

그림 2.10
줄기의 폭이 5인 줄기-잎 그림

15−	0124
15+	57
16−	00133345555
16+	78888
17−	000001334
17+	688
18−	0345
18+	7

이와 같이 줄기-잎 그림에서 줄기의 폭은 도수분포표나 히스토그램의 계급 폭에 해당되며, 줄기의 폭이 너무 작아도 안되고 너무 커도 좋지 않다. 또한 잎의 값이 두 자리 이상인 경우에는 쉼표를 사용하여 잎의 값들을 구분시켜 주는 것이 좋다.

연습문제

1. 다음의 자료들이 질적자료인지 혹은 양적자료인지를 분류하여라.

(1) 매일의 주식거래량
(2) 10대의 공중전화에서 하루 동안 거는 국제통화의 수
(3) 100명의 자가용 보유자들이 가장 선호하는 승용차의 이름
(4) 500명의 시청자들이 가장 좋아하는 뉴스 진행자의 이름
(5) 어떤 기업의 지난 10년 동안의 월별 매출액
(6) 어떤 대학교의 각 학과별 취업률
(7) 혈액형
(8) 대통령에 대한 선호도 (매우 좋다, 좋다, 그저 그렇다, 싫다, 아주 싫다)
(9) 어느 대학교 신입생의 출신 고등학교
(10) 출근에 소요되는 시간

2. 어느 대학교의 학생 500명을 대상으로 그 대학의 구내식당에 대한 여론조사를 한 결과 다음과 같았다. 물음에 답하여라.

구내식당의 음식에 만족한다 : 150명
구내식당의 음식에 만족하지 않는다 : 250명
잘 모르겠음 : 100명

(1) 위의 자료는 질적자료인가, 양적자료인가?
(2) 자료의 분포상태를 잘 나타내는 두 가지 이상의 적절한 그림을 그려보아라.

3. 서울시의 어느 한 아파트에 거주하는 60세내의 가구에 대하여 최근 10년간 구입한 자동차 대수를 조사했더니 다음과 같았다. 물음에 답하여라.

1	2	0	1	0	3	1	2	1	1
4	1	1	1	2	2	1	1	1	2
1	3	0	1	1	1	2	1	2	1
2	1	2	2	1	1	0	3	2	1
2	1	1	1	2	2	2	1	1	1

(1) 위의 자료는 질적자료인가, 양적자료인가?

(2) 이 자료를 이용하여 막대그래프나 히스토그램을 그리려고 한다. 어떤 그림이 더 타당하다고 생각하는가?

(3) 도수분포표를 작성하고 (2)에서 결정한 그림을 그려보아라.

4. 전력회사가 50명의 고객에게 "정전시 발생되는 문제는 전적으로 개인이 해결해야 한다"라는 약관에 대하여 조사한 결과가 다음과 같았다.

1. 전적으로 동의한다	2. 약간 동의한다
3. 약간 반대한다	4. 전적으로 반대한다

4	2	1	3	3	2	4	2	1	1
2	2	2	2	1	3	4	1	4	4
1	3	2	4	1	4	3	3	1	1
1	2	1	1	4	4	4	4	4	1
2	2	2	4	4	4	1	3	4	2

위 설문에 대한 도수분포표를 작성하고 원형그래프와 막대그래프를 그려라.

5. 통계학과 학생 40명의 키를 측정한 결과가 다음과 같다. 물음에 답하여라.

182	167	166	159	178	176	169	163	166	181
171	182	172	186	171	166	170	168	154	173
174	166	160	162	161	179	147	162	170	166
165	178	171	169	183	149	168	177	170	163

(1) 계급의 수를 5로 하여 도수분포표를 작성하여라.

(2) 위의 도수분포표를 이용하여 히스토그램을 그려보아라.

(3) (2)에서 구한 히스토그램을 이용하여 상대도수다각형을 그려라.

(4) 줄기의 수가 5인 줄기-잎 그림을 그리고, (2)의 히스토그램과 비교하여라.

(5) 줄기의 수가 10인 줄기-잎 그림을 그리고, (4)의 줄기-잎 그림과 비교하여라.

6. 다음은 우리나라 30대 기업체의 1년 매출액에 관한 자료이다.

(단위 : 억원)

2361	171	213	233	83	296
515	172	285	275	158	306
3441	445	266	924	129	549
77	1008	336	225	173	5163
180	578	437	719	1357	803

(1) 계급의 수를 6으로 하여 도수분포표를 작성하라.

(2) 위의 도수분포표를 이용하여 히스토그램을 그려라.

(3) 매출액이 1,000억원 이하인 기업은 전체의 몇 퍼센트인가?

(4) 자료가 집중된 부분을 세분화하고 그렇지 못한 부분은 계급간격을 넓게 잡아서 (2)의 히스토그램보다 좀더 구체적인 히스토그램을 그려보고 (2)의 히스토그램과 비교하여라.

7. 공사장에서 발생하는 안전사고에 대한 연구에서, 사고유형을 조사한 결과가 다음과 같았다.

사고유형	추락사고	화 상	열사병	타박상	부주의	기 타	합 계
건 수	330	260	220	200	40	90	1,140

(1) 상대도수를 포함하는 도수분포표를 작성하여라.

(2) 원형그래프와 막대그래프를 그려라.

(3) 파레토그림을 그려보아라.

8. 자동차 생산회사에서 어느 특정 차종에서 발생하는 결함을 조사하기 위하여 정비업소들을 통하여 조사한 결과 다음과 같은 자료를 얻었다.

결함의 종류	발생건수
차 체	75
보조장비(에어컨, 라디오 등)	55
전 기	15
전동장치	10
엔 진	5

(1) 원형그래프와 막대그래프를 그려라.

(2) 파레토그림을 그려라.

9. 어느 대학교 학생들의 신장을 다음과 같은 범주로 나누었다.

(단위 : cm)

173 미만,	173 ~ 181,	181 ~ 189,	189 이상

범주를 위와 같이 설정했을 때, 나타날 수 있는 문제점을 기술하여 보아라.

10. 다음은 어느 소아과 병원에서 진료를 받기 위하여 기다리는 시간을 조사한 결과이다.

(단위 : 분)

35	22	63	6	49	19	15	83	46	49
16	31	24	36	68	42	57	64	29	8
32	23	47	21	51	7	40	19	16	46
108	33	55	32	22	36	25	27	37	58
39	10	42	28	72	13	51	45	77	16

(1) 기다리는 시간이 15분 이하인 환자의 수와 55분 이상인 환자의 수를 계산할 수 있도록 히스토그램을 작성하라.

(2) 위 자료의 줄기-잎 그림을 그려보고 (1)의 히스토그램과 비교하라.

(3) 기다리는 시간이 30분 이상 60분 미만인 환자는 몇 명인가?

제3장

수치를 이용한 자료의 정리

3.1 서 론

우리는 제2장에서 도표나 그림으로 자료를 정리하는 방법을 공부하였다. 그림이나 도표는 관측된 자료의 분포형태를 시각적으로 빠르고, 쉽게 전달해 주는 장점이 있는 반면에 계급의 수나 줄기의 수 등이 작성자의 주관적인 판단에 좌우되어 하나의 자료에 여러 개의 그림이나 표가 나올 수 있어 자료의 분석에 일관성과 객관성이 결여될 수 있다는 단점이 있다. 또한 자료가 모집단이 아니고 표본인 경우에는 표본자료로부터 얻은 그림이나 도표가 모집단의 그림이나 도표에 얼마나 가까운지를 알 길이 없다. 이러한 단점을 보완하기 위하여 자료를 객관적으로 설명할 수 있는 수치측도가 그림, 도표와 함께 더불어 널리 사용된다.

자료의 특성을 잘 나타내는 수치측도로는 자료가 어떤 값을 중심으로 분포되어 있는가를 나타내는 중심위치의 측도와, 자료가 각 중심위치값으로부터 얼마나 넓게 흩어져 있는가를 나타내는 측도, 어떤 특정한 자료값이 자료 전체에서 어느 위치에 있는지를 알려주는 상대적 위치의 측도 등이 있다. 이 장에서 다루는 내용들은 대부분 양적자료에 이용된다는 것을 유의해야 할 것이다.

3.2 중심위치의 측도

중심위치의 측도로는 평균(mean), 중앙값(median), 최빈값(mode) 등이 있으며, 이 중 평균과 중앙값이 가장 많이 쓰이고 있다.

1. 평 균

평균(mean)은 중심위치의 측도 중에서 가장 많이 사용되며, 모든 자료값의 합을 자료값의 개수로 나누어 구한다. 평균은 양적자료에만 사용되며, 우리가 관측한 값을 x_1, x_2, $\cdots$, x_n이라 표기할 때 다음과 같이 정의된다.

$$\text{평균} = \frac{x_1 + x_2 + \cdots + x_n}{n}$$

예를 들면, 자료값이 7, 6, 8, 8, 4, 9이면 평균은

$$\frac{7+6+8+8+4+9}{6} = 7.0$$

이 된다. 주어진 자료가 모집단이면, 평균은 보통 μ로 표기되며, 표본인 경우에는 $\bar{x}$로 표기된다. μ는 그리스 문자로서 '뮤'라고 읽으며, $\bar{x}$는 '엑스 바'라고 읽는다. 모집단의 평균을 모평균(population mean), 표본의 평균을 표본평균(sample mean)이라 부른다.

모평균 : μ 표본평균 : $\bar{x}$

모집단과 표본을 구별하기 위하여, 통상적으로 모집단의 자료의 수를 N, 표본의 자료의 수를 n이라 하며, 이때의 모평균과 표본평균의 정의는 다음과 같다.

$$\mu = \frac{x_1 + x_2 + \cdots + x_N}{N} = \frac{1}{N}\sum_{i=1}^{N} x_i$$

$$\bar{x} = \frac{x_1 + x_2 + \cdots + x_n}{n} = \frac{1}{n}\sum_{i=1}^{n} x_i$$

대부분의 경우 자료는 표본이므로 특별한 언급이 없으면 평균은 표본평균을 의미하며 $\bar{x}$ 로 표기할 것이다.

예제 3.1

예제 2.5의 통계학개론 수강학생 40명의 키의 평균을 구해보자.

풀이 —

$$\bar{x} = \frac{x_1 + x_2 + \cdots + x_n}{n} = \frac{1}{40}(184 + 167 + \cdots + 174)$$

$$= 168.1$$

▪ 엑셀2007을 이용한 평균 계산

예제 3.1을 엑셀을 이용하여 계산하여 보자. 다음과 같이 A1:D10에 데이터를 입력하고 C12에 데이터의 평균값을 입력하고자 한다. C12를 선택한 다음, 함수마법사 통계에서 AVERAGE을 선택하고 [확인] 버튼을 클릭하면 아래와 같은 창이 나타나는데, 여기에 데이터범위(A1:D10)를 입력하고 [확인] 버튼을 클릭하면 C12에 평균값이 입력된다.

	A	B	C	D
1	184	180	173	168
2	167	183	152	163
3	164	170	173	165
4	155	170	165	178
5	180	185	163	165
6	176	170	160	170
7	168	165	163	168
8	160	170	178	187
9	161	168	151	150
10	157	154	171	174
11				
12		평균		

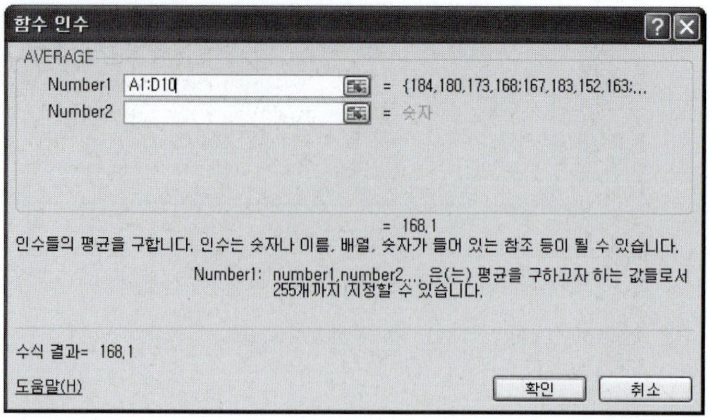

표본평균은 추측통계학에서도 아주 중요한 역할을 한다. 그러나 평균은 다른 대부분의 자료값보다 아주 극단적으로 작은 값이나 큰 값이 있을 때, 이러한 값의 영향을 많이 받는다. 다음의 예를 들어 보자.

예제 3.2

어느 보험회사의 보험설계사 6명의 한 달 수입이 다음과 같다.

(단위 : 만원)

95	78	115	400	85	88

풀이 —

평균을 구해보면 $\bar{x}=143.5$만원임을 알 수 있다. 그러나 6명 중 5명은 이 평균값보다 적은 수입을 벌고 있어 이때의 평균은 중심위치의 적절한 측도가 될 수 없다. 만약, 아주 극단적으로 큰 값 400을 제외하고 5명의 수입의 평균을 구해보면 92.2만원이다. 즉, 표본평균은 매우 극단적인 값의 영향을 많이 받는다는 것을 알 수 있다.

이와 같이 자료에 극단적인 값이 존재할 때에는 그 극단적인 값을 버리고 난 나머지 자료로부터 구한 평균이 오히려 더 큰 의미를 가진다. 이러한 극단적인 값을 이상점(outlier)이라 부른다.

평균이 이상점에 큰 영향을 받는 반면에 다음에 배우는 중앙값은 별로 영향을 받지 않는다.

2. 중앙값

중앙값(median)은 자료를 크기순서로 배열할 때 가운데 위치하는 값이며 양적 자료에 주로 사용된다. 구하는 방법을 정리하면 다음과 같다.

> 중앙값 : 자료의 수를 n이라 할 때, 자료를 크기순으로 배열할 때 중앙값은 다음과 같다.
>
> i) n이 홀수이면 $\frac{(n+1)}{2}$번째 자료값
>
> ii) n이 짝수이면 $\frac{n}{2}$번째와 $\frac{n}{2}+1$번째 자료값의 평균

위의 정의에 의하면, 50% 이상의 자료값이 중앙값보다 크거나 같고 50% 이상의 자료값이 중앙값보다 작거나 같게 된다. 즉, 전체 자료를 반으로 나누는 경계값이다.

예제 3.3

예제 3.2의 자료를 이용하여 중앙값을 구해보자.

풀이 —

먼저, 자료를 크기순으로 나열하면

78 85 88 95 115 400

과 같다. $n=6$, 즉 자료의 수가 짝수이므로 $\frac{6}{2}=3$번째와 $\frac{6}{2}+1=4$번째 자료값의 평균이 중앙값이므로

$$\text{중앙값}=\frac{88+95}{2}=91.5$$

임을 알 수 있다. 이때 이상점 400을 제외하고 중앙값을 구해보면 $n=5$, 즉 자료의 수가 홀수이므로 $\frac{5+1}{2}=3$번째 자료값이 중앙값이므로

$$\text{중앙값}=88$$

이 된다. 즉 극단값을 제외하는 경우나 제외하지 않는 경우나 중앙값은 별로 차이가 없음을 알 수 있다.

■ 엑셀2007을 이용한 중앙값 계산

예제 3.3을 엑셀을 이용하여 계산하여 보자. 다음과 같이 B1:B6에 데이터를 입력하고 B7에 중앙값을 입력하고자 한다. B7을 선택하고, 함수마법사의 통계에서 MEDIAN을 선택하고 [확인] 버튼을 클릭하면 아래와 같은 창이 나타나는데, 여기에 데이터범위(B1:B6)를 입력하고 [확인] 버튼을 클릭하면 B7에 중앙값이 입력된다.

	A	B
1		78
2		85
3		88
4		95
5		115
6		400
7	중앙값	

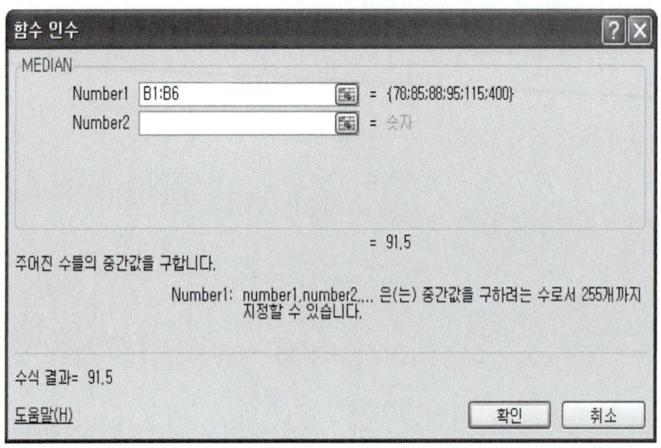

위의 예에서 본 바와 같이 중앙값은 이상점에 민감하지 않으므로, 자료에 이상점이 존재할 때에는 평균보다 중심위치의 측도로서 더 큰 의미를 갖는다.

3. 최빈값

최빈값(mode)은 자료 중 가장 자주 나오는 값으로 정의되며 질적자료와 양적자료의 이산형자료에 주로 사용된다. 연속형자료에서는 동일한 값이 다시 나오는 경우가 많지 않으므로 원자료에서 최빈값을 구하는 것은 크게 의미가 없다. 따라서 연속형자료에서는 도수분포표로 자료를 그룹화하여 최대의 도수를 갖는 계급의 중앙값을 최빈값으로 정한다.

예를 들면 **예제 2.1**의 자동차의 색상 선호도조사에서의 최빈값은 흰색임을 알 수 있다. 또한 **예제 2.4**의 한 학기 동안 보건통계학 강의시간에 결석한 학생의 수에 관한 자료에서는 최빈값이 1임을 알 수 있다.

예제 3.4

예제 2.5의 통계학개론 수강학생 40명의 키를 측정한 자료에서 최빈값을 구하라.

풀이 —

〈표 2.4〉의 도수분포표를 보면 163.5~170.5 계급에서 도수가 15로 가장 크다. 따라서 그 계급의 중앙값은 167이므로 최빈값은 167이 된다.

위의 예에서 〈표 2.4〉와 다른 방법으로 계급을 정하면 다른 최빈값이 나온다는 것을 쉽게 알 수 있다. 하나의 자료에 대해 여러 개의 최빈값이 나올 수 있다는 것은 바람직하지 않다. 따라서 연속형자료에서는 최빈값을 거의 사용하지 않는다.

3.3 자료의 흩어진 정도에 관한 측도

앞 절에서 설명한 중심위치의 측도만으로 자료의 분포에 대한 정보를 충분히 얻었다고 할 수 있을까? 다음과 같은 예를 생각해 보자. 평균깊이가 80cm인 수영장에 키가 105cm인 어린이가 수영을 한다고 하자. 과연 이 어린이는 안전하게 수영을 할 수 있을까? 만약, 수영장의 가장 얕은 곳의 깊이가 50cm이고 가장 깊은 곳의 깊이가 110cm라면 이 어린이는 결코 안전하게 수영을 할 수 없을 것이다. 즉, 수영장의 평균깊이뿐만 아니라 수영장의 깊이가 얼마만큼 변하고 있는지도 알아야 할 것이다. 따라서 중심위치에 관한 측도와 더불어 자료의 흩어진 정도를 측정하기 위한 측도가 필요하다. 이 절에서는 흩어진 정도의 측도로 분산, 표준편차, 범위, 사분위수 등을 공부해보자.

1. 분산과 표준편차

자료가 얼마나 흩어져 있는가를 측정하기 위해 가장 널리 사용되는 것이 분산과 표준편차이다. 먼저 각 자료값이 자료의 중심위치로부터 떨어진 정도, 즉 각 자료값에서 중심위치의 측도까지의 거리를 고려해보자. 평균을 중심위치의 측도로 사용할 때 각 자료값과 평균의 차를 편차(deviation)라고 한다.

> 자료값이 $x_1, x_2, \cdots, x_n$ 이고 평균이 $\bar{x}$ 일 때, 자료값 x_i 에 대한 편차는 x_i 의 편차=(자료값)−(평균)$=x_i-\bar{x}$

예를 들어 다음의 자료를 생각해 보자.

5 8 7 6 8 3 2 4 9 8

위 자료의 평균은 6이고 각 관측값의 편차는

−1 2 1 0 2 −3 −4 −2 3 2

이다. 먼저 자료값들이 자료의 중심위치로부터 떨어진 정도를 측정하기 위하여 편차의 합을 생각해 볼 수 있다. 그러나 편차의 합은 항상 0이 되어 사용할 수 없다. 왜냐하면,

$$
\begin{aligned}
\text{편차의 합} &= (x_1-\bar{x})+(x_2-\bar{x})+\cdots+(x_n-\bar{x}) \\
&= (x_1+x_2+\cdots+x_n)-n\times\bar{x} \\
&= (x_1+x_2+\cdots+x_n)-n\times\frac{1}{n}(x_1+x_2+\cdots+x_n) \\
&= 0
\end{aligned}
$$

이기 때문이다.

> 자료값이 $x_1, x_2, \cdots, x_n$ 이고 평균이 $\bar{x}$ 일 때, 각 자료값에 대한 편차의 합은 항상 0이다. 즉,
>
> $$\sum_{i=1}^{n}(x_i-\bar{x})=0$$

편차의 합 대신에 편차의 제곱합을 사용하는 것이 분산과 표준편차이다. 편차의 제곱합은 자료의 수가 증가하면 무한정 증가하게 되므로 편차의 제곱합을 자료의 개수로 나누어 사용하는데 이를 분산(variance)이라 한다. 자료가 모집단 전체일 때의 분산을 모분산(population variance)이라 부르며, 일반적으로 σ^2으로 표기하며 '시그마 제곱'이라 읽는다. 반면에, 자료가 표본일 때의 분산을 표본분산(sample variance)이라 부르며 통상 s^2으로 표기한다.

모 분 산 : $\sigma^2 = \frac{1}{N}\sum_{i=1}^{N}(x_i - \mu)^2$

표본분산 : $s^2 = \frac{1}{n-1}\sum_{i=1}^{n}(x_i - \bar{x})^2$

위의 표본분산의 공식에서 자료의 개수 n으로 나누지 않고 $n-1$로 나눈 이유는 제7장에서 설명할 것이다. 다만, 통계적인 이유로 인하여 n으로 나누는 것보다는 $n-1$로 나누는 것이 더 좋다는 것만은 알아두자.

분산의 단위는 자료값의 단위의 제곱으로 자료값의 단위와 일치하지 않는다. 그러나 분산의 양의 제곱근은 자료값의 단위와 일치하는데 이를 표준편차(standard deviation)라 한다. 자료가 모집단 전체일 때의 표준편차를 모표준편차(population standard deviation)라 부르며, 일반적으로 σ로 표기한다. 반면에, 자료가 표본일 경우의 표준편차를 표본표준편차(sample standard deviation)라 부르며 통상 s로 표기한다.

모 표 준 편 차 : $\sigma = \sqrt{\frac{1}{N}\sum_{i=1}^{N}(x_i - \mu)^2}$

표본표준편차 : $s = \sqrt{\frac{1}{n-1}\sum_{i=1}^{n}(x_i - \bar{x})^2}$

평균과 마찬가지로, 대부분의 경우에 자료는 표본이므로 특별한 언급이 없으면 분산과 표준편차는 표본분산과 표본표준편차를 의미하며 s^2, s로 표기할 것이다.

예제 3.5

앞에서 나온 10개 자료의 분산과 표준편차를 구해보자.

풀이 —

평균이 6이라는 것과 아래의 〈표 3.1〉을 이용하여 분산과 표준편차를 구한다.

〈표 3.1〉 편차와 편차의 제곱

자료값	편　차	편차의 제곱
5	5−6=−1	1
8	8−6= 2	4
7	7−6= 1	1
6	6−6= 0	0
8	8−6= 2	4
3	3−6=−3	9
2	2−6=−4	16
4	4−6=−2	4
9	9−6= 3	9
8	8−6= 2	4
합　계	0	52

$$분산=\frac{1}{10-1}\times 52 \fallingdotseq 5.78$$

$$표준편차=\sqrt{\frac{1}{10-1}\times 52} \fallingdotseq \sqrt{5.78} \fallingdotseq 2.40$$

이 된다.

■ 엑셀2007을 이용한 분산 및 표준편차 계산

예제 3.5를 엑셀을 이용하여 계산하여 보자. 다음과 같이 B1:B10에 데이터를 입력하고 B11에는 분산 그리고 B12에는 표준편차를 입력하고자 한다. B11을 선택하고, 함수마법사의 통계에서 VAR을 선택하고 [확인] 버튼을 클릭하면 아래와 같은 창이 나타나는데, 여기에 데이터범위(B1:B10)를 입력하고 [확인] 버튼을 클릭하면 B11에 분산값이 입력된다. 표분편차는 B12를 선택하고, 함수마법사의 통계에서 STDEV를 선택하고 나머지 절차는 동일하다.

	A	B	C
1		5	
2		8	
3		7	
4		6	
5		8	
6		3	
7		2	
8		4	
9		9	
10		8	
11	분산		
12	표준편차		

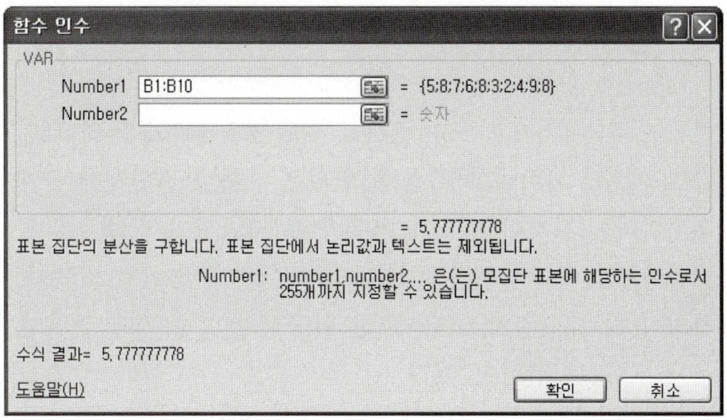

분산과 표준편차를 계산할 때 다음의 간편식을 이용하면 편리하다.

분산과 표준편차의 간편식 : $s^2 = \dfrac{1}{n-1}\left\{\sum_{i=1}^{n} x_i^2 - n(\bar{x}^2)\right\}$

$$s = \sqrt{s^2}$$

예제 3.6

이제 위에 주어진 간편식을 이용하여 〈표 3.1〉의 자료의 분산을 구해보자.

풀이 —

$n=10$, $\bar{x}=6$이므로 $\sum_{i=1}^{10} x_i^2$의 값만 계산하면 된다.

$$\sum_{i=1}^{10} x_i^2 = 5^2 + 8^2 + \cdots + 8^2$$

$$= 25 + 64 + \cdots + 64 = 412$$

$$s^2 = \frac{1}{n-1}\left\{\sum_{i=1}^{n} x_i^2 - n(\bar{x}^2)\right\} = \frac{1}{10-1}(412 - 10 \times 6^2)$$

$$= \frac{1}{9}(412 - 360) = \frac{52}{9} = 5.78$$

2. 범 위

범위(range)는 자료를 크기순서로 나열했을 때 가장 작은 값(최소값)과 가장 큰 값(최대값)의 차이를 의미한다. 범위는 손쉽고 간편하게 구할 수 있으며 해석이 용이하다는 장점이 있으나 자료의 두 극단적인 값(최소값과 최대값)에 의해서만 결정되므로 중간에 있는 자료값들이 어떻게 흩어져 있는가 하는 것이 전혀 고려되지 않는 단점이 있다. 또한 이상점이 있을 경우 범위는 그 이상점의 영향을 크게 받는 단점이 있다.

자료의 범위 : 범위 = 자료의 최대값 − 자료의 최소값

예제 3.7

〈표 3.1〉의 자료의 범위를 구해보자.

풀이 ―

최소값은 2, 최대값은 9이므로

범위 = 9 − 2 = 7

이 된다.

3. 사분위수범위

범위의 단점을 보완한 것이 사분위수범위(interquartile range)이다. 사분위수범위를 정의하기 이전에 사분위수에 대해 먼저 알아보자. 사분위수(quartile)는 자료를 크기순으로 나열할 때, 자료를 4등분하는 수이며, 전체의 4분의 1이 되는 수를 제1사분위수라 하며, 전체의 4분의 3이 되는 수를 제3사분위수라 한다. 제1사분위수를 Q_1, 제3사분위수를 Q_3 으로 표기한다. 앞에서 배운 중앙값은 전체 자료를 반으로 나누는 경계값이므로 전체의 4분의 2에 해당하는 수이므로 제2사분위수에 해당하며 Q_2 로 표기한다. 그리고 사분위수범위는 제3사분위수와 제1사분위수의 차이로 정의되며 IQR 로 표기한다.

사분위수범위 : $IQR =$ 제3사분위수 − 제1사분위수

$$= Q_3 - Q_1$$

사분위수범위는 자료에 이상점이 존재해도 분산이나 표준편차보다 그 영향을 덜 받으나, 중앙값의 경우와 마찬가지로 모집단의 특성에 대한 추론이 어렵기 때문에 널리 사용되지는 않는다.

예제 3.8

〈표 3.1〉의 자료에서 제1사분위수 Q_1, 제3사분위수 Q_3, 사분위수범위 IQR 을 각각 구해보자.

풀이 —

먼저 자료를 크기순으로 나열하면

2 3 4 5 6 7 8 8 8 9

와 같다. 먼저 자료를 2등분하는데 자료의 수가 짝수이므로

2 3 4 5 6		7 8 8 8 9

와 같이 2등분된다. 이제 Q_1은 작은 쪽 반의 중앙값, 즉 4가 되며, Q_3은 큰 쪽 반의 중앙값, 즉 8이 된다. 따라서

$Q_1=4,\ Q_3=8,$

$IQR=Q_3-Q_1=8-4=4$

임을 알 수 있다.

자료의 개수가 홀수이면 다음 예제와 같은 방법으로 IQR을 구한다.

예제 3.9

〈표 3.1〉의 자료에서 자료값 8을 1개 제외하여 제1사분위수 Q_1, 제3사분위수 Q_3, 사분위수범위 IQR을 각각 구해보자.

풀이 —

먼저 자료를 크기순으로 나열하면

$$2 \quad 3 \quad 4 \quad 5 \quad 6 \quad 7 \quad 8 \quad 8 \quad 9$$

와 같다. 8을 1개 제외하였으므로 자료의 수는 $n=9$가 되었다. 즉, 자료의 수가 홀수인 경우에는 자료를 2등분할 때 중앙값을 양쪽 등분에 모두 포함시킨다. 즉, 중앙값이 6이므로 6을 양쪽 등분에 모두 포함시키면

2 3 4 5 6		6 7 8 8 9

와 같이 된다. 따라서 $Q_1=4$, $Q_3=8$, $IQR=4$임을 알 수 있다.

4. 변동계수

표준편차, 범위, 사분위수범위 등은 자료의 흩어진 정도를 나타내는 측도이다. 그러나 이러한 측도가 흩어진 정도를 비교하기에 적당하지 않은 경우가 있다. 예를 들면, 단위가 다르거나 중심위치가 매우 다른 두 개 이상의 분포를 비교하고자 할 때, 이들 측도를 사용하는 것은 바람직하지 않다. 이러한 경우에, 상대적으로 흩어진 정도를 측정하기 위한 측도가 변동계수(coefficient of variation)이고 보통 CV로 표기한다. 변동계수는 평균에 대한 상대적 흩어진 정도를 백분율(%)로 나타낸다.

$$\text{변동계수 : } CV = \frac{\text{표준편차}}{\text{평균}} \times 100$$

예제 3.10

〈표 3.1〉의 자료에서 CV를 구하여라.

풀이 —

$\bar{x}=6,\ s=2.40$이므로

$$CV = \frac{\text{표준편차}}{\text{평균}} \times 100 = \frac{2.40}{6} \times 100 = 40(\%)$$

이다.

변동계수는 단위가 없으므로 무게와 길이처럼 서로 다른 단위 사이의 흩어진 정도를 비교할 수 있다.

3.4 자료의 상대적 위치에 관한 측도

고등학교 3학년 학생들이 본인이 진학하고자 하는 대학의 입학시험에 합격하기 위해서는 대학수학능력시험성적이 우수하여야 한다. 이때 수험생들이 관심을 갖는 것은 자신의 점수뿐만 아니라 자기의 시험성적이 '어느 위치에 해당하는가'일 것이다. 즉, 시험성적의 절대점수보다는 상대점수가 중요한 경우이다. 이러한 경우 어떤 특정한 자료값이 주어진 자료의 어떤 위치에 있는가를 알 수 있도록 해주는 상대적 위치의 측도가 주어진다면 매우 편리할 것이다.

상대적 위치의 측도로는 사분위수, 백분위수(percentiles), Z-점수(Z-score) 등이 있다. 사분위수는 이미 배웠으므로 이 절에서는 백분위수와 Z-점수에 대해 공부하기로 한다.

1. 백분위수

백분위수(percentiles)는 사분위수의 개념을 더욱 확장한 것으로 크기순서에 따라 나열한 자료값들을 백등분하는 값을 일컫는다. 즉, 제p 백분위수(p-th percentile)란 자료값을 p%와 $(100-p)$%로 나눌 수 있는 값이다. 백분위수는 자료의 수가 보통 30 이상인 경우에 사용한다.

> 백분위수 : 제p 백분위수(p-th percentile)는 자료값 중 p%가 그 값보다 작거나 같고 $(100-p)$%가 그 값보다 크거나 같은 수이다.

참고로 제1사분위수, 중앙값, 제3사분위수는 각각 제25백분위수, 제50백분위수, 제75백분위수에 해당한다.

예제 3.11

통계학개론 중간고사 성적이 다음과 같다. 이 자료를 보고 제30백분위수와 제90백분위수를 구하여라.

81	76	69	73	82	63	73	81	87	89
84	49	81	76	91	68	83	69	64	72
92	83	58	58	48	95	60	72	88	68
97	74	80	79	89	81	66	53	79	77

풀이 —

먼저 이 자료를 크기순서대로 나열하면

48	49	53	58	58	60	63	64	66	68
68	69	69	72	72	73	73	74	76	76
77	79	79	80	81	81	81	81	82	83
83	84	87	88	89	89	91	92	95	97

이 된다. 먼저 제30백분위수를 구해보자. 전체 자료의 수가 40이므로 제30백분위수보다 작은 자료값의 수는

$$40\times\frac{30}{100}=12\text{개}$$

이고, 제30백분위수보다 큰 자료값의 수는

$$40 \times \frac{(100-30)}{100} = 28\text{개}$$

이다. 따라서 제30백분위수는 12번째와 13번째 자료값의 중앙값이라 할 수 있으므로

$$\frac{69+69}{2} = 69\text{점}$$

임을 알 수 있다. 다음으로 제90백분위수를 구해보면, 제90백분위수보다 작은 자료값의 수는 40×90/100=36개이고, 제90백분위수보다 큰 자료값의 수는 40×(100−90)/100=4개이다. 따라서 제90백분위수는 36번째와 37번째 자료값의 중앙값이라 할 수 있으므로

$$\frac{89+91}{2} = 90\text{점}$$

임을 알 수 있다. 따라서 90점 이상을 받은 학생은 자기 점수가 상위 10% 이내에 속함을 알 수 있다.

■ 엑셀2007을 이용한 백분위수 계산

예제 3.11을 엑셀을 이용하여 계산하여 보자. 다음과 같이 A1:D10에 데이터를 입력하고(화면의 편의상 열과 행을 바꿔서 데이터를 나열했음) C12에는 30분위수 그리고 C13에는 90분위수를 입력하고자 한다. 30분위수는 먼저 C12를 선택하고, 함수마법사의 통계에서 PERCENTILE을 선택하고 [확인] 버튼을 클릭하면 아래와 같은 창이 나타나는데, Array에 데이터범위(A1:D10)를 입력하고, K에 30을 입력한 뒤 [확인] 버튼을 클릭하면 C12에 30분위수가 입력된다. 90분위수도 역시 C13을 선택하고 마찬가지 방법으로 처리한다.

	A	B	C	D
1	81	84	92	97
2	76	49	83	74
3	69	81	58	80
4	73	76	58	79
5	82	91	48	89
6	63	68	95	81
7	73	83	60	66
8	81	69	72	53
9	87	64	88	79
10	89	72	68	77
11				
12		30백분위		
13		90백문위		

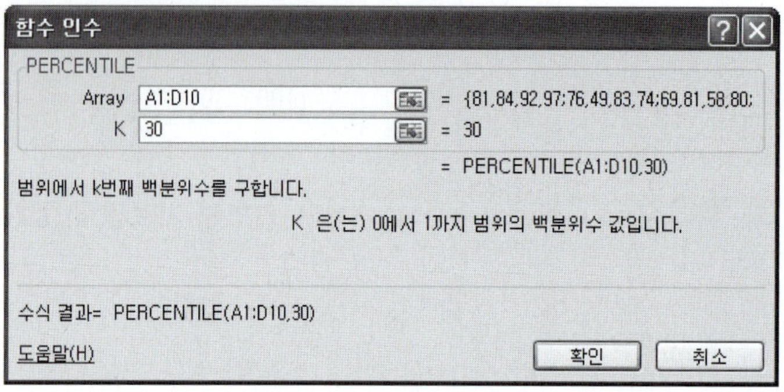

2. Z-점수

Z-점수(Z-score)는 어떤 특정한 자료값이 평균으로부터 표준편차의 몇 배만큼 떨어져 있는가를 나타내는 값이다. Z-점수는 다음과 같이 정의된다.

> Z-점수 : 자료값을 x 라 할 때,
>
> (ⅰ) 자료가 모집단일 경우 : $Z=\dfrac{x-\mu}{\sigma}$
>
> (ⅱ) 자료가 표본일 경우 : $Z=\dfrac{x-\bar{x}}{s}$

예제 3.12

예제 3.11의 통계학개론 중간고사 성적에서 91점의 Z-점수를 구하여라.

풀이 —

이 자료는 통계학개론 수강학생 전체의 자료이므로 자료가 모집단인 경우에 속하므로 모평균과 모표준편차를 구해보면,

$$\mu=75,\ \sigma=12.2$$

이다. 따라서 91의 Z-점수는

$$Z=\frac{x-\mu}{\sigma}=\frac{91-75}{12.2}=1.31$$

이다. 즉 91점은 평균 75점으로부터 표준편차의 1.31배만큼 떨어져 있다.

Z-점수는 수학능력시험의 표준점수 계산에도 사용된다. Z-점수를 이용하여 난이도가 다른 과목간의 점수를 비교할 수 있다. 따라서 수학능력시험에서 시험의 난이도가 낮은 선택과목을 선택하여 획득한 점수와 난이도가 높은 과목의 점수를 각각 Z-점수로 변환하여 비교할 수 있다.

3.5 상자그림

제2장에서 공부한 줄기-잎 그림은 자료에 대한 대략적인 정보를 한눈에 알아볼 수 있도록 하는 장점이 있으나 중앙값, 사분위수 등의 값을 손쉽게 알아볼 수 없는 단점이 있다. 반면에 앞 절에서 배운 중심위치의 측도와 흩어진 정도에 대한 측도들은 분포에 대한 여러 가지 특성을 잘 설명하지만 자료 전체의 모양을 시각적으로 보여주지 못하는 단점이 있다.

이러한 단점들을 극복하기 위하여 제시된 것이 상자그림(box plot)이다. 상자그림은 줄기-잎 그림에 함축된 정보를 토대로 다섯 가지 자료요약방법, 즉 최소값, Q_1, 중앙값, Q_3, 최대값을 가지고 그림을 그린 것이다. 상자그림을 이용하여 주로 분포의 대칭성, 분포의 양쪽 꼬리부분의 집중도, 이상점의 유무 등을 쉽게 탐지할 수 있다.

상자그림은 제1사분위수 Q_1과 제3사분위수 Q_3을 상자로 연결한 다음 중앙값에서 수직선을 긋고, 최대값과 최소값을 상자와 직선으로 연결하여 작성하는데 자세한 과정은 다음과 같다.

> 상자그림 작성방법 :
>
> i) Q_1과 Q_3을 네모난 상자로 연결한다.
> ii) 중앙값의 위치에 수직선을 긋는다.
> iii) $IQR = Q_3 - Q_1$을 계산한다.
> iv) 아래 경계값 $Q_1 - 1.5 \times IQR$과 위 경계값 $Q_3 + 1.5 \times IQR$을 계산한 후 $(Q_1 - 1.5 \times IQR,\ Q_3 + 1.5 \times IQR)$ 구간 밖에 위치하는 자료값을 이상점으로 판정하고 * 로 표시한다.
> v) 이상점이 아닌 자료값 중 최소값을 Q_1과 직선으로 연결하고 최대값을 Q_3과 연결한다.

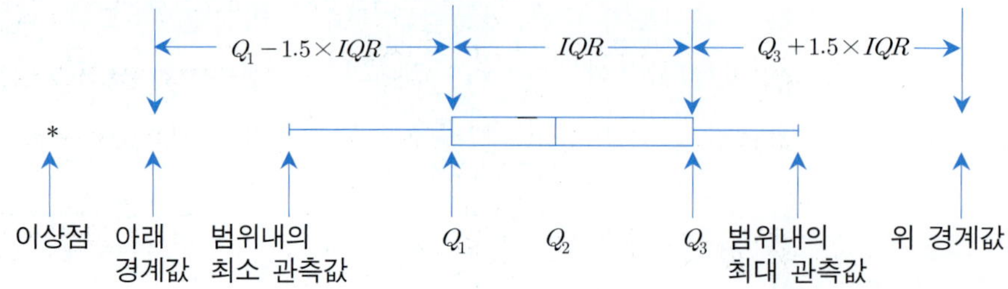

그림 3.1 상자그림의 구성요소

[그림 3.1]은 상자그림의 이해를 돕기 위하여 상자그림의 구성요소를 표시하여 보았다. 이 그림을 보면 상자그림은 상자와 상자에 연결된 선으로 이루어져 있으므로 상자-수염 그림(box-whisker plot)이라고도 한다.

예제 3.13

예제 3.11의 통계학개론 중간고사 성적을 이용하여 상자그림을 그려보아라. 이상점이 나타나도록 하기 위해 자료값 48을 40으로 수정한다고 가정하자.

풀이 —

먼저 상자그림을 그리기 위해서는 사분위수와 중앙값을 구하여야 한다. 자료의 수가 40이므로, 자료를 크기순으로 나열했을 때, 중앙값은 20번째 자료와 21번째 자료의 중앙값이므로

$$\text{중앙값} = \frac{76+77}{2} = 76.5$$

이다. 제1사분위수는 작은 쪽 반의 중앙값이므로 10번째 자료와 11번째 자료의 중앙값이므로

$$Q_1 = \frac{68+68}{2} = 68$$

이다. 제3사분위수는 큰 쪽 반의 중앙값이므로 30번째 자료와 31번째 자료의 중앙값이므로

$$Q_3 = \frac{83+83}{2} = 83$$

이다. 따라서 사분위수범위는

$$IQR = Q_3 - Q_1 = 83 - 68 = 15$$

이다. 따라서 아래와 위 경계값을 계산하면,

$$Q_1 - 1.5 \times IQR = 68 - 1.5 \times 15 = 68 - 22.5 = 45.5$$
$$Q_3 + 1.5 \times IQR = 83 + 1.5 \times 15 = 83 + 22.5 = 105.5$$

이다. 위쪽 경계값 105.5보다 큰 값이 없으므로 최대값 97과 Q_3을 직선으로 연결한다. 최소값 40은 아래 경계값 45.5보다 작으므로 이상점이라 판정하고 *로 표시한다. 그 다음으로 작은 자료값은 49인데 이 값은 아래 경계값보다 크므로 이 값과 Q_1을 연결한다.

그림 3.2
통계학개론 성적에 대한 상자그림

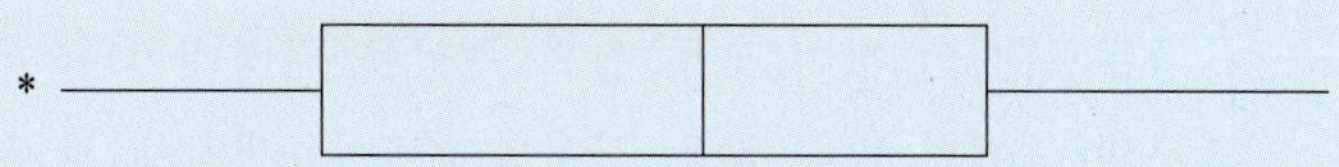

이 상자그림을 통하여 중앙값의 위치는 제3사분위수쪽으로 약간 치우쳐 있으며 왼쪽 꼬리선이 오른쪽 꼬리선보다 좀더 길다는 것을 알 수 있다. 즉, 이 자료는 왼쪽으로 길게 늘어져 있는 비대칭 분포이다. 또한 이상점이 하나 있으며 이상점이 있을 경우에는 특별히 주의하여 자료분석을 해야 하며, 이상점을 자료에서 제거한 후 분석하는 것이 바람직한 경우가 많다.

상자그림은 이와 같이 분포의 다양한 특성을 하나의 그림에 함축시킨 것으로 자료의 중심위치, 흩어진 정도 이외에도 분포의 대칭성, 분포의 집중도, 이상점의 존재유무 등을 파악할 수 있다. 또한 여러 개의 상자그림을 나란히 배열함으로써 여러 개의 분포를 동시에 비교할 수 있다.

3.6 이변량 자료의 요약

제2장과 제3장의 앞 절에서는 하나의 특성에 대한 자료를 도표나 그림 또는 수치로 요약·정리하는 방법을 배웠다. 그러나 조사대상으로부터 둘 또는 그 이상의 특성을 동시에 측정하는 경우가 많다. 예를 들면, 조사대상 학생에게서 키와 몸무게를 동시에 측정하는 경우이다. 즉, 측정하는 특성이 두 개이므로 이러한 자료를 이변량 자료라고 한다. 이러한 이변량 자료인 경우에는 두 개의 특성을 동시에 분석하는 것이 합리적일 것이다. 이 절에서는 두 특성에 관한 자료를 도표로 요약하고 해석하는 방법을 소개한다.

1. 분할표

두 특성의 값이 모두 질적 속성을 나타내거나 이산형 속성을 가지면서 특성값의 종류가 많지 않은 경우의 자료를 생각해 보자. 즉 각 조사대상에서 두 개의 특성이 관측되어 자료가 각각의 특성값에 따라 동시에 분류된다. 예를 들면, 1,000명의 성인을 랜덤하게 추출한 후 정당의 선호도(A정당, B정당)와 이념성향(보수, 중도, 진보)에 따라 분류할 수 있으며, 또한 직업(성직자, 교원, 회사원, 자영업자)과 흡연여부(흡연, 비흡연)에 따라 조사대상을 분류할 수 있을 것이다. 이와 같이 두 특성의 값에 따라 분류된 도수분포표를 분할표(contingency table)라고 한다.

하나의 특성 A가 r개의 값 A_1, A_2, $\cdots$, A_r을 갖고, 또 다른 하나의 특성 B가 c개의 값 B_1, B_2, $\cdots$, B_c를 갖는다고 하자. 특성 A 값들은 행으로, 특성 B들은 열로 배치하면, 각 칸은 특성 A와 특성 B의 교차점으로 정의된다. 관측한 자료값들은 이 칸 중의 하나에 속하므로 각 칸에 속하는 자료의 수를 합하여 〈표 3.2〉와 같은 도수표를 얻는데 이를 $r \times c$ 분할표라 한다. 분할표는 특성이 하나인 경우의 도수분포표에 해당한다.

〈표 3.2〉 $r \times c$ 분할표

	B_1	B_2	$\cdots$	B_c	합 계
A_1	N_{11}	N_{12}	$\cdots$	N_{1c}	$N_{1.}$
A_2	N_{21}	N_{22}	$\cdots$	N_{2c}	$N_{2.}$
$\vdots$	$\vdots$	$\vdots$		$\vdots$	
A_r	N_{r1}	N_{r2}	$\cdots$	N_{rc}	$N_{r.}$
합 계	$N_{.1}$	$N_{.2}$	$\cdots$	$N_{.c}$	N

여기서,

N_{ij} =특성 A가 A_i이고 특성 B가 B_j인 경우의 도수
$N_{i.}$ =특성 A가 A_i인 경우의 도수
$N_{.j}$ =특성 B가 B_j인 경우의 도수
N =전체 자료의 개수

이다.

예제 3.14

다음의 〈표 3.3〉은 200명의 남학생과 100명의 여학생에게 국어, 영어, 수학 세 과목의 선호도를 조사한 결과를 정리한 분할표이다. 상대도수에 의한 분할표를 구하라.

〈표 3.3〉 성별에 따른 과목선호도 조사결과의 분할표

	국어	영어	수학	합계
남자	54	72	74	200
여자	42	48	10	100
합계	96	120	84	300

풀이 —

각 도수를 표본의 크기 300으로 나누어 구한 상대도수에 의한 분할표는 〈표 3.4〉와 같다.

〈표 3.4〉 〈표 3.3〉의 자료에 대한 상대도수분할표

	국어	영어	수학	합계
남자	0.18	0.24	0.25	0.67
여자	0.14	0.16	0.03	0.33
합계	0.32	0.40	0.28	1.00

상대도수를 이용하면 성별에 따른 과목선호도의 분포상태가 보다 명확히 나타난다. 예를 들면 〈표 3.4〉에서 남자이면서 수학을 좋아하는 학생이 전체 300명 중의 25%를 차지하며 여자이면서 수학을 좋아하는 학생이 3%에 지나지 않는다는 것을 알 수 있다.

두 특성의 값이 연속형인 경우에도 각 특성에 대하여 자료값의 범위를 몇 개의 계급으로 나누어 분할표를 작성할 수 있다.

2. 산점도

제2장에서 특성이 하나인 경우의 연속형자료를 요약·정리하기 위하여 도수다각형, 히스토그램 등의 그림을 사용하였다. 특성이 두 개인 경우의 연속형자료를 그림으로 요약·정리하기 위한 방법이 산점도(scatter plot)이다.

두 연속형 특성을 동시에 측정하는 경우를 생각해 보자. 예를 들면, 하나의 특성은 키이고, 또 다른 하나의 특성이 엄지손가락의 길이인 경우를 가정해 보자. 이때 키나 엄지손가락의 길이 각각의 특성에 관심이 있는 경우에는 제2장에서 배운 방법을 사용하여 분석을 할 수 있을 것이나. 그러나 두 특성을 동시에 고려하는 질문도 할 수 있을 것이다. 예를 들면,

1) 키와 엄지손가락의 길이는 연관성이 있을까?
2) 연관성이 있다면, 키와 엄지손가락 길이 사이에는 어떤 관계가 있을까? 즉, 키가 크면 엄지손가락의 길이도 길까?

두 특성 사이의 관계를 분석하기 위하여, 하나의 특성을 수평축에 놓고 다른 하나의 특성을 수직축에 놓은 후에 각 자료값의 짝을 좌표 위에 표시하여 그린 그림을 산점도라 한다.

예제 3.15

어느 회사에서 공장가동률과 순이익 사이에 어떤 관련이 있는지를 분석하기 위하여 유사한 규모의 12개 공장을 조사하여 다음과 같은 자료를 얻었다. 공장가동률과 순이익 사이의 산점도를 그려보아라.

공장가동률(%)	50	57	61	68	77	80	82	85	89	91	95	99
순이익(단위 : 억원)	25	62	31	46	73	45	61	116	100	142	161	161

풀이 —

공장가동률을 수평축에 순이익을 수직축으로 설정한 후 자료값을 좌표 위에 배치하면 [그림 3.3]과 같다. [그림 3.3]으로부터 공장가동률이 높은 공장이 순이익도 높다는 것을 알 수 있다. 또한 공장가동률이 대략 85% 이상인 경우 순이익이 매우 급격하게 상승함을 알 수 있다. 따라서 [그림 3.3]의 산점도로부터 공장가동률과 순이익이 단순한 직선관계가 아님을 알 수 있다.

그림 3.3
공장가동률과 순이익 사이의 산점도

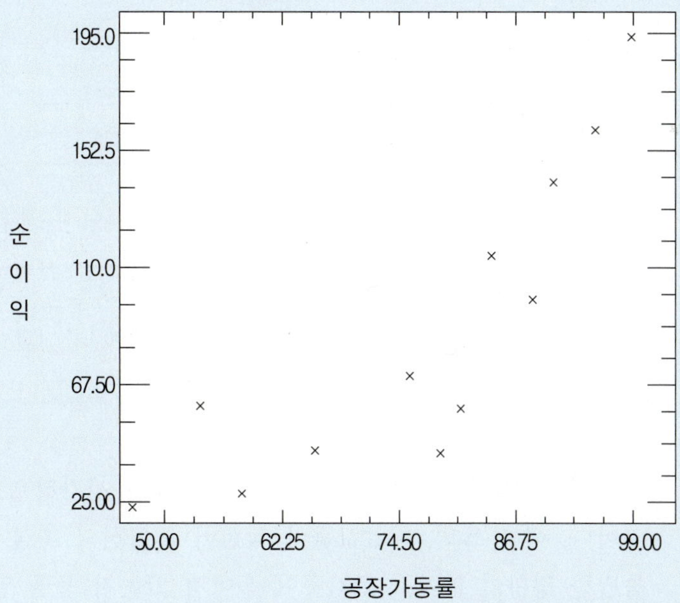

■ **엑셀2007을 이용한 산점도 그려보기**

아래 그림과 같이 공장가동률과 순이익의 값을 입력한다. 공장가동률의 값은 A2셀부터 A13셀까지, 순이익의 값은 B2셀부터 B13셀까지 입력한다. A1셀부터 B13셀까지 드래깅한 후 삽입메뉴의 차트에서 분산형 중 표식만 있는 분산형을 선택하면 아래와 같은 산점도가 그려진다.

1	공장가동률	순이익
2	50	25
3	57	62
4	61	31
5	68	46
6	77	73
7	80	45
8	82	61
9	85	116
10	89	100
11	91	142
12	95	161
13	99	161

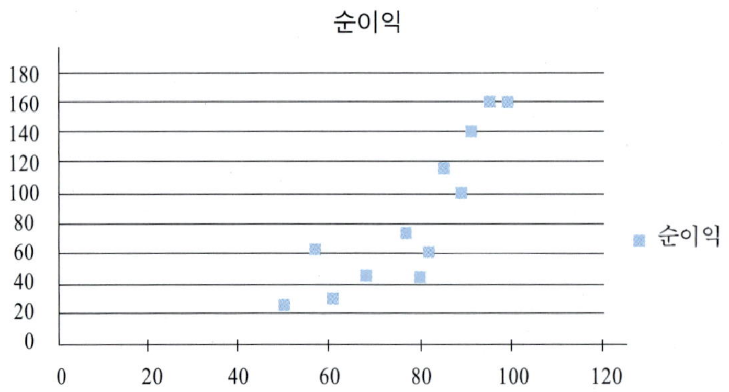

산점도를 통하여 두 특성 사이의 관계를 시각적으로 대략 파악할 수 있을 것이다. 예를 들면, 자료값들이 직선이나 곡선의 띠를 형성하고 있는지, 또는 특별한 경향이 없이 자료값들이 흩어져 있는지 등을 알 수 있다.

3. 상관계수

앞에서 배운 산점도를 통하여 연속형자료값을 갖는 두 특성 사이의 관계를 대략적으로 파악할 수 있었다. 그러나 산점도에 의해 파악된 관계는 객관성이 부족하다. 따라서 두 특성간의 관계를 객관적인 수치로 표현하기 위한 방법이 요구되며 이 방법 중에 대표적인 것이 상관계수(correlation coefficient)이다.

두 특성에 대한 자료값이 모집단 전체일 경우에는 모상관계수(population correlation coefficient)라 하고 보통 ρ 라고 표기하며 제4장에서 그 정의를 배울 것이다. 여기에서는 두 특성에 대한 자료값이 표본인 경우에는 표본상관계수(sample correlation coefficient)라 하며 r 이라 표기한다. 두 특성을 편의상 변수로 표현하면, 하나의 특성을 X, 나머지 다른 특성을 Y라 하자. 두 특성의 자료값이 $(x_1,\ y_1),\ (x_2,\ y_2),\ \cdots,\ (x_n,\ y_n)$ 이고, $\overline{x}=\frac{1}{n}\sum_{i=1}^{n}x_i$, $\overline{y}=\frac{1}{n}\sum_{i=1}^{n}y_i$, $s_{xx}^2=\sum_{i=1}^{n}(x_i-\overline{x})^2$, $s_{yy}^2=\sum_{i=1}^{n}(y_i-\overline{y})^2$, $s_{xy}^2=\sum_{i=1}^{n}(x_i-\overline{x})(y_i-\overline{y})$라 할 때 표본상관계수는 다음과 같이 정의된다.

> 표본상관계수 :
>
> 두 특성의 자료값이 $(x_1,\ y_1),\ (x_2,\ y_2),\cdots,\ (x_n,\ y_n)$ 이라 할 때, 표본상관계수는 다음과 같이 계산된다.
>
> $$r=\frac{s_{xy}^2}{s_{xx}\cdot s_{yy}}$$

표본상관계수를 계산할 때, s_{xx}, s_{yy}, s_{xy}^2 를 다음과 같이 정리하여 계산하면 더 쉽게 구할 수 있다.

$$s_{xx}=\sqrt{\sum_{i=1}^{n}x_i^2-\frac{1}{n}\left(\sum_{i=1}^{n}x_i\right)^2}=\sqrt{\sum_{i=1}^{n}x_i^2-n\overline{x}^2}$$

$$s_{yy}=\sqrt{\sum_{i=1}^{n}y_i^2-\frac{1}{n}\left(\sum_{i=1}^{n}y_i\right)^2}=\sqrt{\sum_{i=1}^{n}y_i^2-n\overline{y}^2}$$

$$s_{xy}^2=\sum_{i=1}^{n}x_iy_i-\frac{1}{n}\left(\sum_{i=1}^{n}x_i\right)\left(\sum_{i=1}^{n}y_i\right)=\sum_{i=1}^{n}x_iy_i-n\overline{x}\,\overline{y}$$

표본상관계수는 위의 식으로 계산되고, 두 특성 사이의 직선관계의 정도를 나타내며 다음과 같은 의미를 갖는다.

1) 표본상관계수 r은 두 특성의 연관성을 나타내는 측도이다. 연관성이 양이면 표본상관계수의 값도 양의 값을 갖는다.
2) 표본상관계수 r은 항상 -1과 1 사이의 값을 갖는다.
3) 표본상관계수의 극단적인 값 $r=-1$과 $r=1$은 완전한 직선관계를 의미한다. $r=-1$인 경우에는 모든 자료가 기울기가 음인 직선 위에 놓여 있고, $r=1$인 경우에는 모든 자료가 기울기가 양인 직선 위에 위치하고 있음을 의미한다.
4) 표본상관계수 r은 산점도에서 점들이 직선에 얼마나 가까이 모여 있는가를 나타내는 측도이다. 즉, r은 일반적인 연관성을 측정하는 것이 아니라 직선관계를 측정하는 측도이다. 구체적으로,
   i) $r>0$: 산점도에서 점들이 기울기가 양인 직선의 주변에 흩어져 있다.
   ii) $r<0$: 산점도에서 점들이 기울기가 음인 직선의 주변에 흩어져 있다.
   iii) $|r|=1$: 산점도에서 점들이 완전한 직선관계이다.
   iv) $r=0$: 산점도에서 점들 사이에는 직선관계가 존재하지 않는다.

   따라서 r의 절대값이 커질수록 점들이 직선에 가까이 모여 있음을 의미하며, r의 부호는 이 직선의 기울기의 부호와 같다. 또한 r의 값이 0에 가까울수록 점들의 직선관계가 매우 약하다([그림 3.4] 참조).
5) 평균이나 표준편차와 같이 상관계수도 이상점의 영향을 많이 받는다.
6) 표본상관계수의 단위는 없다. 따라서 표본상관계수를 이용하여 단위가 다른 여러 자료의 직선관계의 정도를 비교할 수 있다.

예제 3.16

예제 3.15의 자료를 이용하여 공장가동률과 순이익 사이의 상관계수를 계산해 보아라.

공장가동률(%)	50	57	61	68	77	80	82	85	89	91	95	99
순이익(단위 : 억원)	25	62	31	46	73	45	61	116	100	142	161	161

풀이 —

$\bar{x}=77.83,\ \bar{y}=85.25$이므로

$$s_{xx}=\sqrt{\sum_{i=1}^{n}x_i^2-n\bar{x}^2}=\sqrt{75400-12\times(77.83)^2}=\sqrt{2703.67}=52.0$$

$$s_{yy}=\sqrt{\sum_{i=1}^{n}y_i^2-n\bar{y}^2}=\sqrt{114083-12\times85.25^2}=\sqrt{26872.25}=163.9$$

$$s_{xy}^2=\sum_{i=1}^{n}x_iy_i-n\bar{x}\bar{y}=86942-12\times77.83\times85.25=7321.9$$

$$r=\frac{s_{xy}^2}{s_{xx}\cdot s_{yy}}=\frac{7321.9}{52.0\times163.9}=0.86$$

■ 엑셀2007을 이용한 상관계수 계산

먼저 A열과 B열에 공장가동률 및 순이익을 차례로 입력한다. 이때 A1과 B1에는 각각 데이터 이름, 즉 공장가동률 및 순이익을 입력한다. 그런 다음 메뉴에서 [데이터 > 데이터분석 > 상관분석]을 실행하면 다음과 같은 초기 입력화면이 나타나는데, 입력범위에는 A1:B13을 입력하고, 데이터 방향에는 열을 선택하고, 첫째 행 이름표 사용을 선택하고, 마지막으로 출력범위를 입력한 다음 [확인] 버튼을 클릭하면 분석결과가 나타난다.

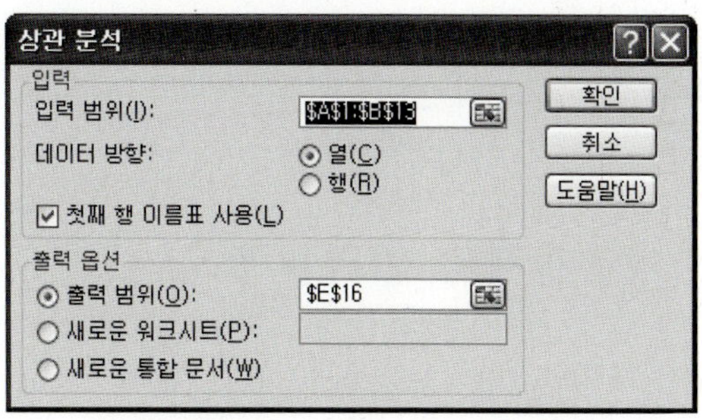

	공장가동률	순이익
공장가동률	1	
순이익	0.858605148	1

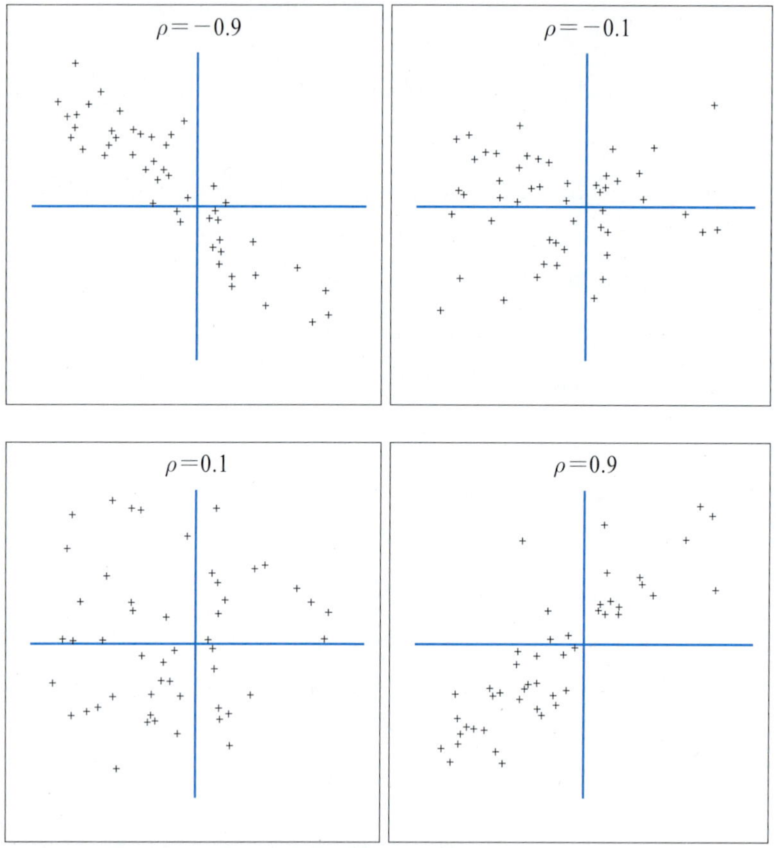

그림 3.4
상관계수에 따른 분포의 형태

4. 상관관계와 인과관계

자료를 분석할 때, 주의해야 할 점은 두 특성 사이의 상관계수의 값이 크다는 것이 두 특성 사이에 강한 인과관계가 항상 존재한다는 것을 의미하지는 않는다는 것이다. 예를 들어, 한 주일 동안에 발생한 독감환자의 수와 아이스크림 판매량 사이의 상관계수가 음으로 나타났다고 하자. 만약 두 특성 사이에 인과관계가 존재한다면 아이스크림을 많이 먹으면 독감을 예방할 수 있다고 주장할 것이다. 만약 이런 주장을 한다면 많은 사람들의 비웃음을 살 것이다. 여기서 우리가 고려해야 할 사항은 기온이다. 기온이 높아지면 자연스레 아이스크림의 판매량도 증가할 것이며 독감환자의 수는 감소하게 될 것이고 기온이 낮아지면 아이스크림의 판매량도 감소할 것이며, 독감환자의 수는 증가하게 되므로 두 특성 사이의 상관계수는 음의 값을 가질 것이다. 즉, 두 특성 사이의 높은 상관계수의 값은 기온의 높고 낮음에 따른 결과이지 결코 두 특성 사이의 인과관계 때문인 것은 아니라는 것이다. 이때 기온과 같이 두 특성, 즉 아이스크림의 판매량과 독감환자의 수에 영향을 미치는 특성을 잠재특성이라고 한다.

따라서 두 특성 사이에 인과관계가 존재하는지를 파악하기 위해서는 통계적 추론보다는 상식이나 그 분야에서의 전문적인 지식을 활용해야 한다.

연습문제

1. 다음 문장을 읽고 옳으면 '○'표, 틀리면 '×'표를 한 후 틀린 곳을 지적하라.

(1) 중앙값을 계산할 때에는 자료의 모든 값들을 고려해야 한다.

(2) 자료의 분포형태가 오른쪽이나 왼쪽으로 기울어졌을 때, 중앙값으로 자료의 중심을 나타내는 것이 더 바람직할 경우가 많다.

(3) 어떤 구간들에 대한 빈도수로 이루어진 자료에서는 최빈값이 자료의 중심을 나타내는 데 많이 사용된다.

(4) 자료에서 매우 크거나 작은 값은 중앙값에 큰 영향을 미친다.

(5) 표본분산은 자료의 관찰값과 같은 척도를 갖는다.

(6) 표본분산은 자료의 모든 관찰값과 그 평균 사이의 거리의 평균을 말한다.

(7) 범위의 단점은 거의 모든 관찰값 사이의 흩어진 정도를 무시한다는 점이다.

2. 다음의 자료에 대하여 답하여라.

63	75	78	90	60	50	72	92	70	60
81	64	82	70	82	90	84	54	90	84

(1) 도수분포표, 막대그래프를 그리고 줄기-잎 그림을 그려라.

(2) 평균과 중앙값을 구하라.

(3) 상자그림을 그리고, 사분위수범위를 구하라.

(4) 표본분산과 표본표준편차를 계산하여라.

3. 다음 각 자료들로부터 $\bar{x}$, s^2 그리고 범위를 구하라.

(1) 13, 5, 2, 7, 10

(2) 22, 18, 15, 25

(3) 8, 0, 14, 2, 10, 6

4. 20명의 공장근로자들을 임의로 추출하여 월임금을 조사한 결과 다음과 같다.

(단위 : 만원)

145	255	150	190	220	160	320	200	180	185
197	250	195	171	186	139	195	180	165	170

(1) $\bar{x}$ 와 s 를 구하라.

(2) 월임금 220만원인 사람의 z 점수는 얼마인가?

5. 다음의 집단화된 자료를 보고 물음에 답하여라.

0.0 ~ 1.0	2
1.0 ~ 2.0	5
2.0 ~ 3.0	10
4.0 ~ 5.0	8
6.0 ~ 7.0	6
7.0 ~ 8.0	2

(1) 표본평균과 표본표준편차를 각각 구하라.

(2) 중앙값과 사분위수를 각각 구하라.

6. 다음은 지난 한 달 동안 정전되었던 시간을 기록한 자료이다. 다음 물음에 답하여라.

(단위 : 시간)

1.5	3.0	1.0	1.5	2.5	2.0	2.0	1.5	1.0	10.0	1.0

(1) 표본평균과 중앙값을 구하라.

(2) 표본평균과 중앙값 중에서 어느 것이 정전된 시간을 더 잘 나타내는가?

7. 다음은 어느 자동차회사 판매사원 8명의 한 달 수입을 조사한 결과이다.

(단위 : 만원)

195	275	250	3500	550	850	375	230

(1) 한 달 수입의 평균과 중앙값을 구하라.

(2) 두 개의 값 중에서 어느 것이 중심위치를 측정하는 데 적당한가? 그리고 그 이유는 무엇인가?

8. 다음 자료는 경쟁관계에 있는 두 회사 A, B에 고용된 영업사원들의 임금의 평균과 중앙값이다.

(단위 : 만원)

	A회사	B회사
평 균	250	230
중앙값	220	240

임금은 직업능력에 따라 결정되고 직원들의 전반적인 자질은 두 경쟁회사가 같다고 할 때 다음 물음에 답하라.

(1) 능력이 뛰어난 영업사원은 어느 회사를 택하면 좀더 많은 수입을 얻겠는가? 그 이유를 설명하라.
(2) 평범한 능력을 가진 영업사원이 좀더 많은 보수를 받는 회사는 어디인가? 그 이유를 설명하라.

9. 다음 자료를 보고 문제에 답하여라.

2.5	1.5	1.8	1.3	1.7

(1) 편차 $(x_i - \bar{x})$를 계산하고, 합이 0이 됨을 보여라.
(2) 분산과 표준편차를 계산하라.

10. 전염병 조사연구 중 40명의 기증자들의 모유에서 다음과 같은 유기염색체 자료를 얻었다. 측정된 자료는 가장 낮은 것에서부터 높은 순서로 배열하였다.

28	44	51	53	54	54	61	63	63	65
68	70	72	75	83	95	96	97	101	105
111	115	115	115	115	126	127	134	145	152
154	182	190	197	197	282	322	322	342	520

(1) 중앙값, 사분위수, 사분위수범위를 구하라.
(2) 제30백분위수와 제20백분위수를 구하라.

11. 동일업종의 두 경쟁회사에 종사하는 특정 직급의 연간 임금총액이 다음과 같이 요약되었다고 한다.

(단위 : 만원)

	최소값	Q_1	중앙값	Q_3	최대값
회사 A	1,840	2,500	2,930	3,140	3,730
회사 B	2,060	2,750	3,220	3,670	4,280

(1) 회사 A의 총 임금총액에 대한 상자그림을 작성하라.
(2) 회사 B의 총 임금총액에 대한 상자그림을 작성하고, 두 회사의 총 임금총액의 분포를 비교하라.

12. 다음 물음에 답하여라.

(1) $\bar{x}=590$, $s=210$일 때 $x=450$의 Z-값을 구하라.
(2) Z-값$=2.4$, $\bar{x}=310$, $s=60$일 때 원자료값 x를 계산하라.

13. 다음은 야구, 축구, 배구 및 농구 등의 네 가지 구기종목에 대한 선호도를 파악하고자 여성 100명과 남성 200명을 각각 표본추출하여 조사한 자료를 정리한 분할표이다. 상대도수에 의한 분할표를 작성하라.

성 별	선호종목				소 계
	야 구	농 구	배 구	축 구	
여 성	30	15	20	35	100
남 성	65	40	30	65	200
소 계	95	55	50	100	300

14. 어느 제약회사에서는 멀미약을 새로 개발하였는데 약의 효능을 시험하기 위하여 멀미환자 300명에게 새로 개발된 신약과 심리적인 효과만을 주기 위하여 가짜약을 랜덤하게 나누어주었다.

	멀미의 정도(강도)				합 계
	안 함	약하게 함	보통으로 함	심하게 함	
신 약	64	52	25	7	
가짜약	28	47	49	28	
합 계					

(1) 주변의 합을 구하여 위의 표를 완성하라.
(2) 신약과 가짜약 각각에 대해 각 멀미 정도의 상대도수를 구하라.
(3) 신약과 가짜약의 효과를 비교 설명하라.

15. 다음은 음식점의 종업원 수와 매출액을 나타내는 자료이다.

종업원 수(x)	3	4	4	5	6	6	7	8	9	9
매 출 액(y)	5	9	12	9	14	16	22	18	23	22

(1) 음식점의 종업원 수와 매출액 사이의 산점도를 구하라.
(2) 음식점의 종업원 수와 매출액의 상관계수를 구하라.

16. 다음 자료는 어느 해 미스코리아 후보들의 신장과 몸무게를 적은 것이다.

신 장(cm)	170	175	172	171	170	173	172	175	172	180
몸무게(kg)	50	53	51	52	51	55	55	51	51	59

(1) 미스코리아 후보들의 신장과 몸무게 사이의 산점도를 구하라.
(2) 미스코리아 후보들의 신장과 몸무게의 상관계수를 구하라.

17. 다음의 상관계수값들에 가장 적합한 산점도를 짝지어 보라.

(1) $r=-0.3$ (2) $r=0.1$ (3) $r=0.9$

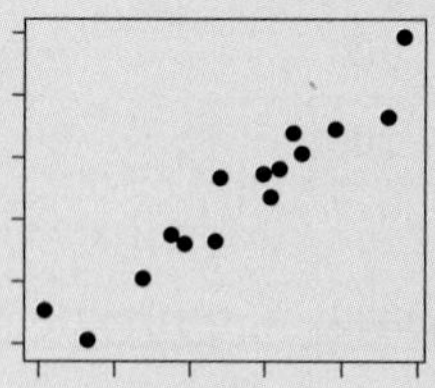

(a)

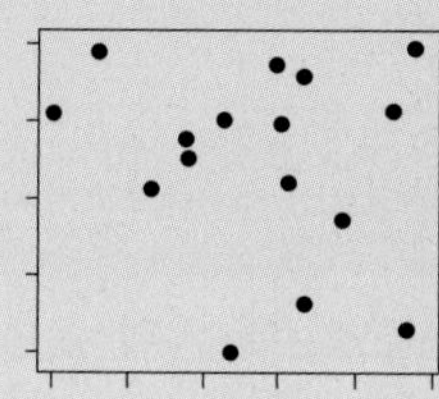

(b)

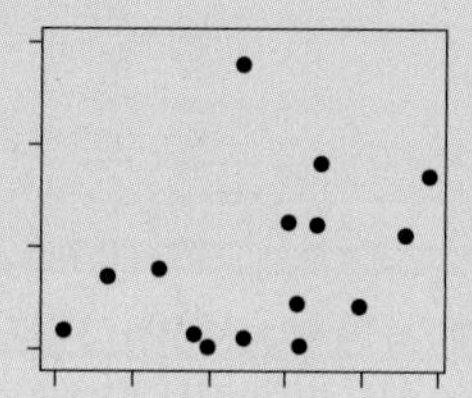

(c)

제4장

확률과 확률분포

4.1 서 론

제3장에서 우리는 그림이나 도표 또는 수치를 이용하여 자료를 요약·정리하는 방법에 대해 공부하였다. 그러나 현대의 통계학에서는 추출된 표본을 이용하여 통계적 추론을 실시함으로써 모집단에 대한 보다 과학적이고 합리적인 정보를 얻고자 한다. 이러한 통계적 추론을 전개하기 위해서는 기본적으로 확률이론을 필요로 한다. 따라서 이 장에서는 확률에 대해 먼저 공부해 보자.

우리는 일상생활에서 확률이란 말을 많이 사용한다. 확률이란 어떤 사건이 일어날 가능성이 어느 정도인지를 측정하여 준다. 예를 들면 다음과 같은 것이 있다.

1) 오늘 비가 올 확률이 80%이다.
2) 동전을 던질 때 앞면이 나올 확률이 0.5이다.
3) A선수가 안타를 칠 확률이 0.32이다.

확률의 역사는 도박에서 비롯되었다고 알려져 있다. 프랑스의 수학자 Pascal(1623~1662)과 Fermat(1601~1665) 등에 의해 연구되기 시작하였고 18세기에 들어서서 Laplace(1749~1827)와 De Moivre(1667~1754)에 의해 많은 발전을 하였다. 특히 Laplace는 확률론을 도박 이외에 천문학에도 응용함으로써 확률론이 여러 학문에 응용될 수 있음을 보여주었다. 오늘날에 이르러서 확률론은 경영학, 경제학, 의학, 생물학, 전기 · 전자공학, 심리학 등 여러 분야에 널리 사용되고 있다.

4.2 확률의 정의

"하나의 동전을 던질 때 앞면이 나올 확률이 0.5이다"라는 주장을 어떻게 할 수 있을까? 먼저, 동전을 무수히 많이 던져 앞면이 나타나는 횟수를 세어보면 앞면이 나오는 비율이 0.5에 근접함을 알 수 있을 것이다. 따라서 이러한 실험으로 동전의 앞면이 나올 확률이 0.5임을 알 수 있다.

이와 같이 확률(probability)이란 똑같은 실험을 무수히 많이 반복할 때 어떤 사건이 발생하는 비율로 정의된다. 즉, n 회 반복실험에서 어떤 사건이 k 번 일어났다면 상대도수는 $r_n = k/n$ 이다. 이때 n 이 충분히 크면 r_n 은 어떤 특정한 값에 가까워지며 이 극한값을 어떤 사건이 일어날 확률로 정의하는 것이다. 확률에 대한 상대도수의 극한적 개념의 예로 앞의 4.1절에서 "A선수가 안타를 칠 확률이 0.32이다"가 있다.

그러나 확률을 계산하기 위하여, 항상 무수히 많은 실험을 하여야 한다는 것은 매우 어렵고 불편한 일일 것이다. 예를 들면, 동전을 던질 때 앞면이 나올 확률을 구하는, 보다 편리한 방법을 생각해 보자. 동전을 던질 때 동전의 앞면과 뒷면이 나올 가능성은 동일하고 앞면과 뒷면 이외의 면이 나타날 가능성은 없으므로 무수히 많은 실험을 하면 앞면과 뒷면이 반반씩 나올 것으로 예상된다. 따라서 앞면이 나올 확률은 0.5라고 할 수 있다.

위와 같이 계산되는 확률의 정의를 Laplace에 의한 확률의 고전적 정의라 한다. 확률의 고전적 정의에 대해 알아보기 이전에 몇 가지 필요한 확률용어들에 대해 알아보자.

먼저 통계실험이나 조사에서 모든 가능한 실험결과들의 집합을 표본공간(sample space)이라 한다. 표본공간은 보통 S 로 표기한다. 그리고 모든 가능한 실험결과를 표본공간의 원소라 하고 w_1, w_2, ⋯ 이라 표기한다. 또한 표본공간의 부분집합으로 어떤 특성을 갖는 실험결과들의 모임을 사상(event)이라 한다. 사상은 보통 A, B, C 등과 같은 영어 대문자로 표기한다.

예제 4.1

한 개의 주사위를 던질 때, 짝수가 나올 가능성을 알아보고자 한다. 이때 표본공간과 짝수가 나올 사상을 구해보자.

풀이 —

표본공간 $S=\{1, 2, 3, 4, 5, 6\}$이고 짝수가 나올 사상 $A=\{2, 4, 6\}$이다.

이때 확률에 대한 고전적 정의는 다음과 같다.

> **확률의 고전적 정의 :**
> 표본공간의 모든 원소가 일어날 가능성이 모두 동일할 경우에 사상 A의 확률은
>
> $$P(A)=\frac{\text{사상 } A\text{에 속하는 원소의 개수}}{\text{표본공간의 전체 원소의 개수}}$$
>
> 로 정의된다.

위의 정의에 의해 우리는 확률에 대한 몇 가지 특성을 유추해낼 수 있다. 우선 확률은 0과 1 사이의 값을 갖는다. 또한 표본공간을 하나의 사상이라고 하면 이 사상은 반드시 일어나므로 확률은 1이 된다. 그리고 어떤 사상의 확률이 0이라는 것은 그 사상은 절대 일어나지 않는다는 것을 의미한다.

> **확률의 법칙 :**
> 1) 모든 사상 A에 대하여 $0 \le P(A) \le 1$
> 2) $P(A)=\sum_{\omega_i \in A} P(\omega_i)$
> 3) $P(S)=\sum_{\omega_i \in S} P(\omega_i)=1$

이외에도 확률은 수학적 공리에 의한 방법으로도 정의될 수 있으나 본 교재에서는 다루지 않기로 한다.

예제 4.2

두 개의 동전을 던지는 실험에서 한 개의 동전만 앞면이 나올 확률을 구하라.

풀이

먼저 한 개의 동전만이 앞면일 사상을 A라 하자. 이때 이 실험의 표본공간은

$$S=\{(앞면, 앞면), (앞면, 뒷면), (뒷면, 앞면), (뒷면, 뒷면)\}$$

이다. 또한 한 개의 동전만이 앞면일 사상은

$$A=\{(앞면, 뒷면), (뒷면, 앞면)\}$$

이다. 따라서 한 개의 동전만이 앞면일 사상이 일어날 확률은

$$P(A)=\frac{사상\ A에\ 속하는\ 원소의\ 개수}{표본공간의\ 전체\ 원소의\ 개수}=\frac{2}{4}$$

예제 4.3

한 쌍의 연인이 둘 사이에 텔레파시가 통하는지를 알아보기 위해 실험을 하였다. 각자 1, 2, 3, 4, 5가 쓰인 카드 5장씩을 갖고 있는 상태에서 여자가 카드를 한 장 선택한 후 남자에게 텔레파시를 보낸 후 남자가 여자와 동일한 카드를 선택하면 텔레파시가 통한다고 결론을 내리기로 하였다. 둘 사이에 텔레파시가 통할 확률을 구하라.

풀이

먼저 표본공간을 구해보면 다음과 같다.

여자가 선택한 카드	남자가 선택한 카드	여자가 선택한 카드	남자가 선택한 카드
1	1	3	4
1	2	3	5
1	3	4	1
1	4	4	2
1	5	4	3
2	1	4	4
2	2	4	5

2	3	5	1
2	4	5	2
2	5	5	3
3	1	5	4
3	2	5	5
3	3		

둘 사이의 카드가 일치할 사상, 즉 텔레파시가 통하는 사상을 B라 하면

$$B = \{(1,\ 1),\ (2,\ 2),\ (3,\ 3),\ (4,\ 4),\ (5,\ 5)\}$$

이므로, 한 쌍의 연인 사이에 텔레파시가 통할 확률은 다음과 같다.

$$P(B) = \frac{\text{사상 } B\text{에 속하는 원소의 개수}}{\text{표본공간의 전체 원소의 개수}} = \frac{5}{25} = \frac{1}{5}$$

4.3 확률의 법칙

앞 절에서 하나의 사상의 확률을 구하는 방법을 알아보았다. 그러나 어떤 사상이 여러 다른 사상들과 관련되어 있을 경우에는 그 확률을 구하기 위해 그 사상과 관계있는 다른 사상들의 확률을 이용하는 것이 쉬운 경우가 많이 있다. 이 절에서는 사상들의 기본연산인 여사상, 합사상, 곱사상과 확률계산에 자주 사용되는 확률법칙에 대해 공부해 보자.

먼저 사상들의 기본적인 연산에는 다음과 같은 것들이 있다.

여 사 상 : 사상 A의 여사상은 표본공간 S에는 속하나 A에는 포함되지 않는 사상으로 A^C로 표기된다.

합 사 상 : 사상 A와 사상 B의 합사상은 A에 포함되거나 B에 포함되는 사상으로 $A \cup B$로 표기된다.

곱 사 상 : 사상 A와 사상 B의 곱사상은 A와 B에 동시에 포함되는 사상으로 $A \cap B$로 표기된다.

배반사상 : 사상 A와 사상 B가 서로 배반인 사상은 A와 B가 동시에 일어날 수 없는 사상으로 $A \cap B = \phi$이 성립한다.

그림 4.1
$A \cup B$의
벤다이어그램

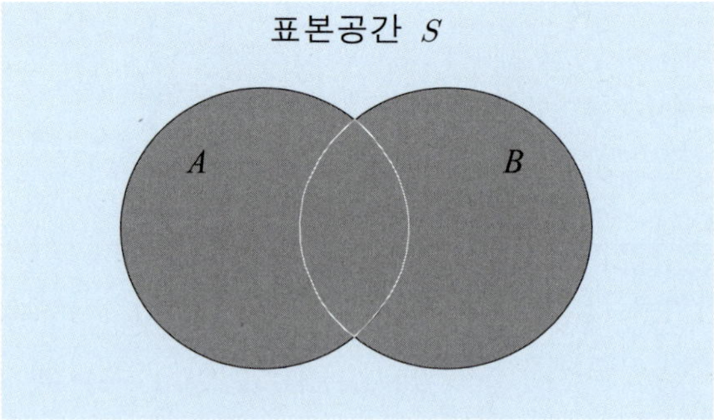

그림 4.2
$A \cap B$의
벤다이어그램

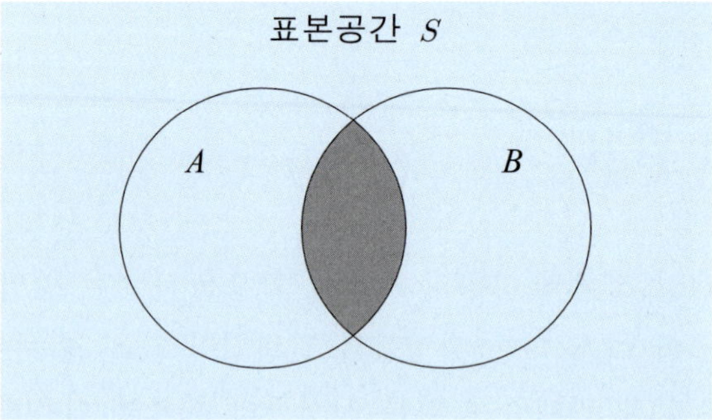

그림 4.3
서로 배반인
사상의
벤다이어그램

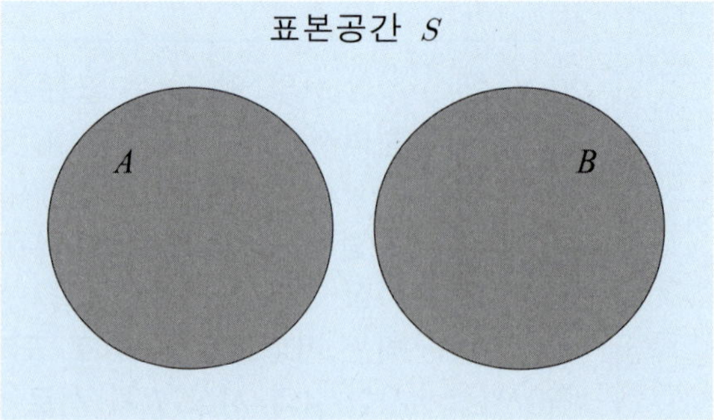

확률의 기본법칙을 이용하여 여사상과 합사상 등의 확률을 구하는 데 유용한 확률법칙을 알아보자.

> **확률에 관한 성질 :**
> (1) 여사상의 법칙 : $P(A^C) = 1 - P(A)$
> (2) 합사상의 법칙 : $P(A \cup B) = P(A) + P(B) - P(A \cap B)$
> (3) $A \subset B$ 이면 $P(A) \le P(B)$

합사상의 법칙에서 사상 A와 B가 서로 배반사상이라면 곱사상 $A \cap B = \phi$이므로 확률의 기본성질에 의해 $P(A \cap B) = P(\phi) = 0$이 되므로

$$P(A \cup B) = P(A) + P(B)$$

가 된다.

예제 4.4

두 개의 주사위를 동시에 던지는 실험에서 다음의 확률을 구해보자.

① 두 주사위의 합이 5일 사상을 A라 할 때, 사상 A의 확률을 구하라.
② 두 주사위 중 적어도 하나의 눈금이 1이 나올 사상을 B라 할 때, 사상 B의 확률을 구하라.
③ 사상 A와 B는 서로 배반인가?
④ 사상 A와 B의 합사상의 확률을 구하라.

풀이 —

먼저 표본공간을 구해보면,

$$\begin{aligned} S = \{&(1, 1), (1, 2), (1, 3), (1, 4), (1, 5), (1, 6),\\ &(2, 1), (2, 2), (2, 3), (2, 4), (2, 5), (2, 6),\\ &(3, 1), (3, 2), (3, 3), (3, 4), (3, 5), (3, 6),\\ &(4, 1), (4, 2), (4, 3), (4, 4), (4, 5), (4, 6),\\ &(5, 1), (5, 2), (5, 3), (5, 4), (5, 5), (5, 6),\\ &(6, 1), (6, 2), (6, 3), (6, 4), (6, 5), (6, 6)\} \end{aligned}$$

과 같다.

① 사상 $A=\{(1, 4), (2, 3), (3, 2), (4, 1)\}$이므로

$$P(A)=\frac{4}{36}=\frac{1}{9}$$

② 사상 $B=\{(1, 1), (1, 2), (1, 3), (1, 4), (1, 5), (1, 6), (2, 1), (3, 1), (4, 1), (5, 1), (6, 1)\}$이므로

$$P(B)=\frac{11}{36}$$

③ $A\cap B=\{(1, 4), (4, 1)\}\neq\phi$이므로 사상 A와 B는 서로 배반이 아니다.

④ $P(A\cap B)=\frac{2}{36}$이므로

$$P(A\cup B)=P(A)+P(B)-P(A\cap B)$$
$$=\frac{4}{36}+\frac{11}{36}-\frac{2}{36}=\frac{13}{36}$$

4.4 조건부확률과 독립성

두 개 이상의 사상이 있을 때, 한 사상의 발생 여부가 다른 사상의 발생가능성에 영향을 미치는 경우가 있다. 예를 들면, 4.3절의 **예제 4.4**에서 두 주사위의 눈금의 합이 5인 사상 A의 확률은 $P(A)=1/9$이었다. 만약 두 주사위 중 하나의 눈금이 1이 나오는 사상 B가 일어났다고 가정할 때, A의 확률은 얼마이겠는가? 사상 B가 일어났다면 B^C에 속하는 결과는 일어날 수 없기 때문에 사상 B를 모든 가능한 결과의 집합, 즉 표본공간으로 간주할 수 있다. 따라서 사상 B가 일어났다는 조건하에서 A의 확률은

$$\frac{\text{사상 } A\text{와 } B\text{의 곱집합의 원소의 개수}}{\text{사상 } B\text{의 원소의 개수}}=\frac{2}{11}$$

와 같다. 따라서 B가 일어났다는 조건하에서 A가 일어날 확률은 "$P(B)$에 대한 $P(A\cap B)$의 비(ratio)"로써 정의된다. 즉, 사상 B가 일어났다는 조건하에서

A가 발생할 확률을 B가 주어졌을 때 A의 조건부확률이라 하며 $P(A|B)$로 나타내고 다음과 같이 정의한다.

> 조건부확률의 정의 :
> B가 주어졌을 때, A의 조건부확률은
> $$P(A|B) = \frac{P(A \cap B)}{P(B)} \quad (\text{단, } P(B) > 0)$$

예제 4.5

치과협회에서 학생들이 치과에 오는 것에 대해 두려움을 느끼는지 조사하였더니 그 결과가 다음과 같았다.

	초등학생	중학생	고등학생
두려움을 느낀다	0.14	0.10	0.06
두려움을 느끼지 않는다	0.26	0.24	0.20

랜덤하게 학생 한 명을 추출하여 조사할 때, 다음 확률을 구하라.

① 이 학생이 두려움을 느낄 확률은?

② 이 학생이 초등학생일 확률은?

③ 이 학생이 초등학생이면서 두려움을 느낄 확률은?

④ 이 학생이 초등학생이거나 두려움을 느낄 확률은?

⑤ 추출된 학생이 초등학생이라는 사실이 알려져 있을 때, 이 학생이 두려움을 느낄 확률은?

풀이 —

먼저 두려움을 느끼는 사상을 A, 초등학생이라는 사상을 B라 하자.

① 이 학생이 두려움을 느낄 확률 :

$P(A) = 0.14 + 0.10 + 0.06 = 0.30$

② 이 학생이 초등학생일 확률 :

$P(B) = 0.14 + 0.26 = 0.40$

③ 이 학생이 초등학생이면서 두려움을 느낄 확률 :

$P(A \cap B) = 0.14$

④ 이 학생이 초등학생이거나 두려움을 느낄 확률 :

$$P(A \cup B) = P(A) + P(B) - P(A \cap B)$$
$$= 0.30 + 0.40 - 0.14 = 0.56$$

⑤ 추출된 학생이 초등학생이라는 사실이 알려져 있을 때, 이 학생이 두려움을 느낄 확률 :

$$P(A|B) = \frac{P(A \cap B)}{P(B)} = \frac{0.14}{0.40} = 0.35$$

$P(A) > 0$, $P(B) > 0$이면 조건부확률의 정의로부터 다음의 곱셈법칙이 성립함을 알 수 있다.

곱셈법칙 : $P(A) > 0$, $P(B) > 0$이면

$$P(A \cap B) = P(A|B)P(B) = P(B|A)P(A)$$

예제 4.6

주머니 안에 빨간 구슬이 5개, 파란 구슬이 3개 있다. 랜덤하게 구슬을 두 개 꺼낼 때, 첫 번째 구슬은 빨간색, 두 번째 구슬은 파란색일 확률을 구하라(단, 꺼낸 구슬은 다시 집어넣지 않는다(비복원추출)).

풀이 —

먼저 첫 번째 구슬이 빨간색인 사상을 A, 두 번째 구슬이 파란색인 사상을 B라 하면 구하고자 하는 확률은 $P(A \cap B)$이므로 위의 확률의 곱셈법칙에 의해 $P(A \cap B) = P(A) \cdot P(B|A)$가 된다. 빨간 구슬은 8개 중 5개이므로 $P(A) = 5/8$이고 $P(B|A)$는 다음과 같이 구한다. 즉 사상 A가 발생했으므로 남은 구슬은 빨간 구슬 4개와 파란 구슬 3개가 된다. 따라서 남아있는 7개의 구슬 중에서 파란 구슬을 꺼낼 확률 $P(B|A)$는 3/7이 된다. 따라서

$$P(A \cap B) = P(A)\,P(B|A) = \frac{5}{8} \times \frac{3}{7} = \frac{15}{56}$$

사상 A의 확률은 사상 B가 조건으로 주어졌을 경우와 그렇지 않을 경우

가 일반적으로 다르다. 즉, $P(A|B)$와 $P(A)$는 서로 다른 경우가 많다. 그런데 때로는 $P(A|B)=P(A)$인 경우가 있다. 즉, 사상 B가 일어났다는 조건이 사상 A의 발생 확률에 전혀 영향을 주지 못하는 경우이다. 그러면, 이것의 의미는 무엇인가? 예를 들면, 하나의 동전을 두 번 던지는 실험에서 처음 시행에서 앞면이 나오는 사상을 A, 두 번째 시행에서 앞면이 나오는 사상을 B라 하면,

$$P(B)=0.5,\ P(B|A)=0.5$$

이다. 즉, $P(B)=P(B|A)=0.5$이다.

위 예에서 두 확률이 같은 이유는 첫 번째로 동전을 던져 앞면이 나오는 사상이 두 번째로 동전을 던져 앞면이 나오는 사상에 어떠한 영향도 미치지 않기 때문이다. 이런 의미에서 만약 어떤 두 사상 A와 B 사이에 $P(A|B)=P(A)$ 또는 $P(B)=P(B|A)$인 관계가 성립하면 A와 B는 서로 독립(mutually independent)이라고 한다. 이 등식을 곱셈법칙에 대입하면 다음이 성립한다.

> 독립사상 :
>
> 두 사상 A와 B가 다음 중 어느 하나를 만족할 때 사상 A와 사상 B는 서로 독립(mutually independent)이라고 한다.
>
> $$P(A\cap B)=P(A)\cdot P(B)$$
> $$P(A|B)=P(A)$$
> $$P(B|A)=P(B)$$

예제 4.7

예제 4.6에서 꺼낸 구슬을 다시 집어넣고 추출하는 경우(복원추출)의 확률을 구하라.

풀이 —

각 추출마다 $P(A)=\frac{5}{8}$, $P(B)=\frac{3}{8}$으로 일정하다. 또한 첫 번째 추출결과가 두 번째 추출에 영향을 주지 않고 서로 독립이므로

$$P(A\cap B)=P(A)\,P(B|A)=P(A)\,P(B)=\frac{5}{8}\times\frac{3}{8}=\frac{15}{64}$$

일반적으로 **예제 4.6** 과 **4.7** 에서 보았듯이 복원추출의 경우에는 매번 추출의 결과가 서로 독립이지만, 비복원추출의 경우에는 서로 독립이 아니다. 서로 독립이 아닌 두 사건을 서로 종속(mutually dependent)이라고 한다.

만약 A, B, C 3개의 사상이 있는 경우에 3개의 사상이 서로 독립이 되기 위해서는 다음이 성립해야 한다.

① $P(A \cap B) = P(A) \cdot P(B)$
② $P(A \cap C) = P(A) \cdot P(C)$
③ $P(B \cap C) = P(B) \cdot P(C)$
④ $P(A \cap B \cap C) = P(A) \cdot P(B) \cdot P(C)$

표본공간을 몇 개의 배반사상들의 합사상으로 나타낼 수 있을 때 이러한 배반사상들의 모임을 표본공간의 분할(partition)이라고 한다([그림 4.4] 참조).

그림 4.4
표본공간의 분할

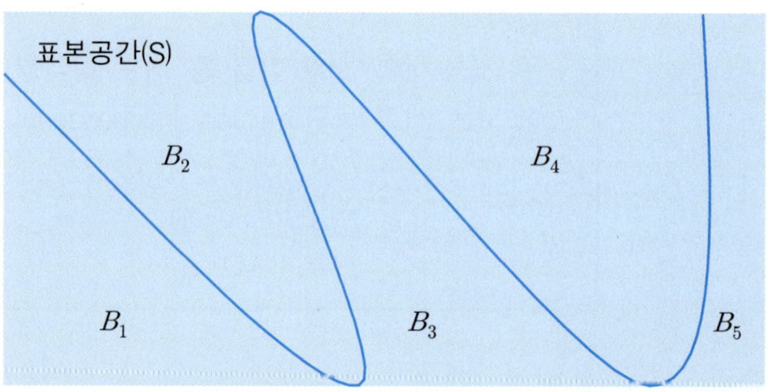

표본공간의 분할은 한 가지로만 유일하게 결정되는 것은 아니다. 예를 들면, 경영학과 신입생(표본공간)을 남·여로 분할할 수도 있으며 출신시도별로 분할할 수도 있을 것이다.

표본공간뿐만 아니라 임의의 사상도 몇 개의 배반사상에 의해 분할될 수 있다. 예를 들면, 경영학과 신입생 중 1명을 추출할 때, 추출된 학생이 염색을 한 학생일 사상은 남자이면서 염색을 한 학생과 여자이면서 염색을 한 학생으로 분할할 수 있을 것이다.

그림 4.5
표본공간의 분할과 사상 A의 분할

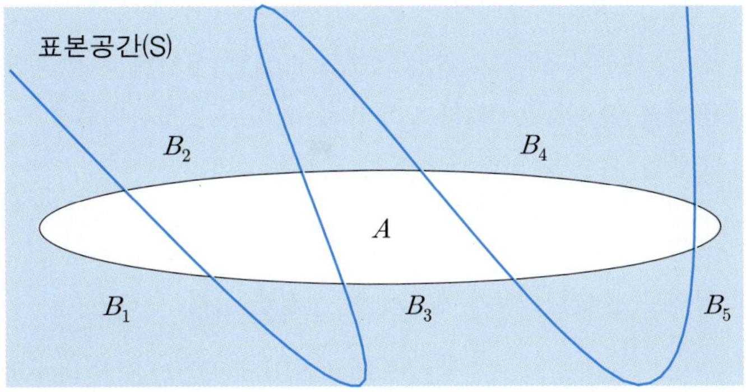

[그림 4.5]를 보면 임의의 사상 A 가 5개의 배반사상 B_1, B_2, ⋯, B_5에 의해 분할되어 있음을 알 수 있다. 이를 식으로 표현하면 다음과 같다.

$$A = (A \cap B_1) \cup (A \cap B_2) \cup (A \cap B_3) \cup (A \cap B_4) \cup (A \cap B_5)$$

그리고 $A \cap B_1$, $A \cap B_2$, ⋯, $A \cap B_5$는 배반사상이므로 합사상의 법칙에 의하여

$$P(A) = P(A \cap B_1) + P(A \cap B_2) + P(A \cap B_3) + P(A \cap B_4) + P(A \cap B_5)$$

이다. 이때 곱셈법칙을 적용하여 정리하면 다음과 같다.

$$P(A) = P(B_1)P(A|B_1) + P(B_2)P(A|B_2) + P(B_3)P(A|B_3) + P(B_4)P(A|B_4) + P(B_5)P(A|B_5)$$

이와 같이 곱셈법칙과 사상의 분할을 이용하여 임의의 사상의 확률을 계산하는 공식을 총확률공식이라 한다.

> 총확률공식 :
> 사상 $B_1, B_2, \cdots, B_n$ 이 표본공간에 대한 분할이라면 임의의 사상 A 의 확률 $P(A)$는 다음과 같이 계산할 수 있다.
> $$P(A) = P(B_1)P(A|B_1) + P(B_2)P(A|B_2) + \cdots + P(B_n)P(A|B_n)$$

예제 4.8

어느 TV제조회사에서는 B_1, B_2 두 개의 공장에서 TV를 생산하고 있다. B_1공장에서 전 생산량의 60%를, B_2공장에서 40%를 생산하고 있으며 B_1공장의 불량률은 3%, B_2공장의 불량률은 5%라고 알려져 있다. 이 회사제품을 임의로 뽑았을 때 이 TV가 불량품일 확률을 구하라.

풀이 —

임의로 추출한 TV가 불량품일 사상을 A라고 하면,

$$P(A|B_1)=0.03,\ P(A|B_2)=0.05$$

이고

$$P(B_1)=0.60,\ P(B_2)=0.40$$

이므로 총확률공식에 의하면

$$\begin{aligned}P(A)&=P(B_1)P(A|B_1)+P(B_2)P(A|B_2)\\&=0.60\times0.03+0.40\times0.05=0.038\end{aligned}$$

이므로 이 TV가 불량품일 확률은 0.038이 된다.

예제 4.8에서 만약 임의로 뽑은 TV가 불량품이었을 때, 이 TV가 B_1공장에서 생산되었을 확률을 구해보자.

$$\begin{aligned}P(B_1|A)&=\frac{P(B_1\cap A)}{P(A)}=\frac{P(B_1)P(A|B_1)}{P(A)}\\&=\frac{0.60\times0.03}{0.038}=0.474\end{aligned}$$

임을 알 수 있다. B_1 공장에서 생산되었을 확률이 0.60에서 0.474로 바뀐 것은 그 제품이 불량품이었다는 사실을 알고 있었기 때문이다. 즉, B_1 공장에서 생산될 확률이 0.60이었지만 B_1 공장의 불량률이 0.03으로 B_2 공장보다 낮기 때문에 B_1 공장에서 생산되었을 확률이 0.474로 감소한 것이다. B_1 공장에서 생산될 확률 $P(B_1)=0.60$을 사전확률(prior probability)이라 하며, $P(B_1|A)=0.474$

를 사후확률(posterior probability)이라 한다.

위에서 확률을 구한 식을 정리해 보면 다음과 같다.

$$P(B_1|A) = \frac{P(B_1 \cap A)}{P(A)} = \frac{P(B_1)P(A|B_1)}{P(B_1)P(A|B_1) + P(B_2)P(A|B_2)}$$

위의 식은 베이즈정리(Bayes Theorem)의 특수한 경우이다.

> **베이즈정리 :**
>
> 사상 $B_1, B_2, \cdots, B_n$ 이 표본공간에 대한 분할이라면 임의의 사상 A 에 대하여 다음 식이 성립한다.
>
> $$P(B_k|A) = \frac{P(B_k)P(A|B_k)}{P(B_1)P(A|B_1) + \cdots + P(B_n)P(A|B_n)}, \quad k=1, 2, \cdots, n$$

예제 4.9

통계학과 학생을 학년별로 나누어 보았더니 1학년이 35%, 2학년이 30%, 3학년이 20%, 4학년이 15%였다. 통계학과 학생들을 대상으로 전공의 만족도에 대해 조사하였더니 1학년의 40%, 2학년의 50%, 3학년의 70%, 4학년의 90%가 전공에 대해 만족한다고 응답하였다. 통계학과 학생 1명을 뽑아 조사하였더니 이 학생이 전공에 대하여 만족한다고 대답하였다. 이때 이 학생이 4학년일 확률을 구하라.

풀이

뽑힌 학생이 1, 2, 3, 4학년일 사상을 각각 B_1, B_2, B_3, B_4라 하고 전공에 대해 만족한다는 사상을 A라 하자. 먼저,

$$\begin{aligned} P(A) &= P(B_1)P(A|B_1) + P(B_2)P(A|B_2) \\ &\quad + P(B_3)P(A|B_3) + P(B_4)P(A|B_4) \\ &= 0.35 \times 0.40 + 0.30 \times 0.50 + 0.20 \times 0.70 + 0.15 \times 0.90 \\ &= 0.565 \end{aligned}$$

그리고 전공에 만족하면서 4학년일 확률은

$$\begin{aligned} P(A \cap B_4) &= P(B_4)P(A|B_4) \\ &= 0.15 \times 0.90 = 0.135 \end{aligned}$$

이므로, 구하는 확률은

$$P(B_4|A)=\frac{P(B_4)\,P(A|B_4)}{P(B_1)\,P(A|B_1)+\cdots+P(B_4)\,P(A|B_4)}$$

$$=\frac{0.135}{0.565}=0.239$$

즉, 전공에 대해 만족해하는 통계학과 학생 중 4학년일 확률은 약 24%이다.

4.5 확률변수와 확률분포

통계조사나 실험의 결과로 얻어진 자료는 키, 몸무게 등과 같이 양적자료인 경우도 있으며 혈액형, 학점 등과 같이 질적자료인 경우도 있다. 특히 가능한 결과가 질적자료인 경우에는 그 표본공간과 어떤 사상의 확률을 표현하는 것이 매우 복잡하거나 어려운 경우가 많다. 이러한 경우에는 표본공간의 각 원소에 실수값을 대응시키는 방법이 간단하고 편리할 것이다.

예제 4.10

두 개의 동전을 던져 나오는 결과를 관측하는 실험에서 표본공간은

$$S=\{(\text{앞면, 앞면}), (\text{앞면, 뒷면}), (\text{뒷면, 앞면}), (\text{뒷면, 뒷면})\}$$

이며, 각 원소의 확률은

$$P((\text{앞면, 앞면}))=P((\text{앞면, 뒷면}))=P((\text{뒷면, 앞면}))$$
$$=P((\text{뒷면, 뒷면}))=0.25$$

임을 알 수 있다. 이때 두 개의 동전을 던져 나오는 앞면의 개수에 대한 확률을 구하면

$$P(\text{두 개의 동전을 던져 나오는 앞면의 개수}=0)$$
$$=P((\text{뒷면, 뒷면}))=0.25$$
$$P(\text{두 개의 동전을 던져 나오는 앞면의 개수}=1)$$
$$=P((\text{앞면, 뒷면}))+P((\text{뒷면, 앞면}))=0.50$$

P(두 개의 동전을 던져 나오는 앞면의 개수$=2$)
$=P$((앞면, 앞면))$=0.25$

이렇게 표본공간과 사상의 확률을 표현하는 것은 매우 복잡하므로 다음과 같이 표본공간의 각 원소에 실수값을 대응시켜 보자. 먼저,

X((앞면, 앞면))$=2$
X((앞면, 뒷면))$=X$((뒷면, 앞면))$=1$
X((뒷면, 뒷면))$=0$

으로 함수 X를 정의하면, X는 두 개의 동전을 던져 나오는 앞면의 개수를 나타낸다고 할 수 있을 것이다. 따라서 두 개의 동전을 던져 나오는 앞면의 개수에 대한 확률은

$$P(X=0)=0.25,\ P(X=1)=0.50,\ P(X=2)=0.25$$

로 확률에 대한 표현이 매우 간결해진다.

위의 예에서 함수 X는 표본공간 S에서 정의된 실수값 함수이며 표본공간 위에서의 확률을 실수확률로 대응시켜준다. 이와 같이 표본공간 S에서 정의된 실수값 함수를 확률변수(random variables)라 하며, 결과가 X의 값 x에 대응될 때, "X는 x값을 취한다"고 한다. 확률변수는 반드시 X, Y, Z 등과 같이 대문자로 표기하며 소문자 x, y, z 등은 확률변수가 취하는 구체적인 값을 나타낸다.

표본공간 S에서 정의된 확률변수 X의 값에 따라 확률이 어떻게 변하는가를 표나 수식으로 나타낸 것을 확률변수 X의 확률분포(probability distribution) 또는 간단히 분포라고 한다. 이때 확률분포에 나타난 확률의 합은 항상 1이다.

확률변수와 확률분포 :
표본공간 S에서 정의된 실수값 함수를 확률변수라 하며 확률변수 X의 값에 따라 확률이 어떻게 흩어져 있는가를 나타내는 표나 수식을 확률변수 X의 확률분포라고 한다. 이때 확률분포에 나타난 확률의 합은 항상 1이다.

예제 4.11

예제 4.10에서 확률변수 X의 확률분포는 다음과 같다.

〈표 4.1〉 확률변수X의 확률분포

x	0	1	2
$P(X=x)$	0.25	0.50	0.25

확률변수 X가 취할 수 있는 값의 개수가 유한(finite)하거나 x_1, x_2, x_3, $\cdots$로 셀 수 있을 때, X를 이산확률변수(discrete random variable)라고 한다. 반면에 확률변수 X가 취할 수 있는 값을 하나씩 셀 수 없는 경우, 즉 확률변수 X가 어떤 구간 내의 모든 값을 취할 수 있을 때, X를 연속확률변수(continuous random variable)라고 한다.

예제 4.12

다음의 여러 확률변수가 이산확률변수인지 연속확률변수인지를 구분하라.

i) 52장의 트럼프카드에서 5장을 뽑을 때 킹 카드의 수
ii) 축구선수 박지성이 한 게임에서 넣을 수 있는 골의 수
iii) 전구의 수명
iv) 신생아의 몸무게
v) 자동차 세일즈맨이 한 달 동안 판매할 자동차의 수
vi) 학교까지 등교하는 데 걸리는 시간
vii) 어느 농구팀 농구선수의 키
viii) 우리 집에 하루 동안 걸려온 전화통화 수

풀이 —

이산확률변수 : i, ii, v, viii
연속확률변수 : iii, iv, vi, vii

이산확률변수 X가 x값을 취하는 확률을 $P(X=x)$ 또는 $p(x)$라고 표기하며 $p(x)$를 확률변수 X의 확률질량함수(probability mass function)라 한다.

확률질량함수의 성질 :

이산확률변수 X의 확률질량함수 $p(x)$에 대하여 다음이 성립한다.

(1) $0 \le p(x) \le 1$

(2) $\sum_{\text{모든 } x} p(x) = 1$

(3) $P(a < X \le b) = \sum_{a < x \le b} p(x)$

확률질량함수의 성질 (3)으로부터, X의 확률분포는 확률질량함수 $p(x)$를 이용하여 쉽게 구할 수 있다. 따라서 X의 확률분포는 확률질량함수에 의해 결정된다는 것을 알 수 있다.

예제 4.13

작업치료학과 신입생 중에 여학생이 15명이 있다. 15명 중 5명은 남녀공학고등학교 출신이고 나머지 10명은 여자고등학교 출신이었다. 여학생 3명을 랜덤하게 뽑을 때, 그중에서 남녀공학고등학교 출신의 수를 X라 할 때, X의 확률분포를 구하라.

풀이 —

X가 취할 수 있는 값은 0, 1, 2, 3이므로 X는 이산확률변수이다. 따라서 X의 확률질량함수를 구하면 다음과 같다.

$$p(0) = P(X=0) = \frac{\binom{10}{3}\binom{5}{0}}{\binom{15}{3}} = \frac{120}{455} = \frac{24}{91}$$

$$p(1) = P(X=1) = \frac{\binom{10}{2}\binom{5}{1}}{\binom{15}{3}} = \frac{225}{455} = \frac{45}{91}$$

$$p(2) = P(X=2) = \frac{\binom{10}{1}\binom{5}{2}}{\binom{15}{3}} = \frac{100}{455} = \frac{20}{91}$$

$$p(3) = P(X=3) = \frac{\binom{10}{0}\binom{5}{3}}{\binom{15}{3}} = \frac{10}{455} = \frac{2}{91}$$

이를 정리하면 다음과 같은 X의 확률분포표를 얻을 수 있다.

x	0	1	2	3
$p(x)$	$\frac{24}{91}$	$\frac{45}{91}$	$\frac{20}{91}$	$\frac{2}{91}$

예제 4.14

두 개의 주사위를 던져 나오는 눈금의 합을 확률변수 Y의 값이라고 할 때, Y의 확률분포를 구하라.

풀이 —

표본공간의 원소의 총수는 36개이고 확률변수 Y가 취하는 값이 4인 경우는 {(1, 3), (2, 2), (3, 1)}이므로 Y가 취하는 값이 4인 확률은 $\frac{3}{36}$이다. 이런 방법으로 확률을 구하여 정리한 확률분포표는 다음과 같다.

y	2	3	4	5	6	7	8	9	10	11	12
$p(y)$	$\frac{1}{36}$	$\frac{2}{36}$	$\frac{3}{36}$	$\frac{4}{36}$	$\frac{5}{36}$	$\frac{6}{36}$	$\frac{5}{36}$	$\frac{4}{36}$	$\frac{3}{36}$	$\frac{2}{36}$	$\frac{1}{36}$

4.6 기대값과 분산

제3장에서 표본의 중심을 나타내는 대표적인 수치로 표본평균을, 흩어진 정도를 나타내는 수치로 표본표준편차에 대해 공부하였다. 모집단에서도 이에 대응하는 특성값으로 모평균과 모표준편차가 있다. 이 절에서는 확률변수의 대표값인 모평균과 모표준편차를 구하는 방법을 공부해보자.

1. 기대값

먼저, 앞의 **예제 4.10**에서 공부했던 두 개의 동전을 던져 나오는 앞면의 개수를 관측하는 실험을 다시 생각해보자. 매번 두 개의 동전을 던질 때마다 앞면의 개수가 관측될 것이다. 던지는 횟수를 무한히 반복하면 무수히 많은 X의 값이 관측될 것이다. 가령 1,000번을 던졌더니 0의 값이 260번, 1의 값은 520번, 2의 값은 220번이 관측되었다고 하자. 그러면 표본평균은

$$\bar{x} = 0 \times \frac{260}{1,000} + 1 \times \frac{520}{1,000} + 2 \times \frac{220}{1,000} = 0.960$$

이다. 위 식에서 $\frac{260}{1,000}$, $\frac{520}{1,000}$, $\frac{220}{1,000}$은 각각 X가 0, 1, 2인 경우의 상대도수이다. 실험을 무한히 계속하면 이 상대도수들은 각각 〈표 4.1〉의 $p(0)$, $p(1)$, $p(2)$로 접근하는 수가 될 것이다. 따라서 상대도수 대신에 $p(0)$, $p(1)$, $p(2)$값을 대입하면 다음 식을 얻을 수 있다.

$$\begin{aligned} & 0 \times p(0) + 1 \times p(1) + 2 \times p(2) \\ & = \sum_{x=0}^{2} xp(x) = 0 \times 0.25 + 1 \times 0.5 + 2 \times 0.25 = 1 \end{aligned}$$

위 식은 확률분포의 평균, 즉 모평균이며 확률변수 X의 평균이라고 한다. 즉, 확률변수 X의 평균은 1이다.

확률변수 X의 평균은 위에서 보았듯이 X가 취할 수 있는 모든 값에 그 값을 취할 확률을 곱한 후 이를 모두 합한 것과 같다. 확률변수 X의 평균을 확률변수 X의 기대값(expected value 또는 expectation)이라 하며 $E[X]$라고 표기한다. 또한 확률변수의 평균은 해당 모집단의 평균과 같다는 의미에서 보통 μ라고 표기한다.

> **확률변수의 기대값(평균) :**
> 이산확률변수 X의 확률질량함수를 $p(x)$라 하면
> $$\mu = E[X] = \sum_{\text{모든 } x} xp(x)$$

예제 4.15

어느 복권은 100,000번부터 699,999번까지 60만매를 1개조로 하고 1조부터 5조까지 5개조, 총 300만매를 발행한다. 복권당첨상금과 해당 복권수는 다음과 같다.

(단위 : 천원)

등 위	당첨상금	발행매수	당첨확률
1등	100,000	1	1/3,000,000
행운상	1,000	4	4/3,000,000
다행상	1,000	9	9/3,000,000
2등	10,000	3	3/3,000,000
3등	1,000	10	10/3,000,000
4등	3	9,000	9,000/3,000,000
5등	1	120,000	120,000/3,000,000
6등	0.5	900,000	900,000/3,000,000
합 계			1.000

한 장의 복권을 구입할 때 기대되는 복권당첨상금을 구하라.

풀이 —

한 장의 복권에 대한 상금을 X라 하면, 확률변수의 X의 평균은

$$\begin{aligned}\mu=E[X]&=100,000\times\frac{1}{3,000,000}+1,000\times\frac{4}{3,000,000}\\&+1,000\times\frac{9}{3,000,000}+10,000\times\frac{3}{3,000,000}\\&+1,000\times\frac{10}{3,000,000}+3\times\frac{9,000}{3,000,000}\\&+1\times\frac{120,000}{3,000,000}+0.5\times\frac{900,000}{3,000,000}\\&=\frac{750,000,000}{3,000,000}=250\end{aligned}$$

즉 이 복권의 한 장의 기대값은 250원이다. 이는 복권 한 장을 구입하면 기대되는 상금이 250원이라는 의미이다. 실제로 250원을 상금으로 받을 수는 없으나 수없이 많은 복권을 구입했을 때 평균적으로 복권 한 장당 250원의 상금을 받는 셈으로 그 정도의 상금을 기대할 수 있다는 의미에서 기대값이라고 부르는 것이다.

예제 4.16

어떤 프로야구 선수가 한 게임에서 치는 안타수와 그 확률을 조사하였더니 다음 표와 같았다. 이 선수가 한 게임에서 치는 평균 안타수를 구해보자.

x	0	1	2	3	4
$p(x)$	0.30	0.35	0.20	0.10	0.05

풀이 —

먼저 야구선수가 한 게임에서 안타를 치는 횟수를 X라 하면 X의 기대값을 구하는 문제와 같으므로

$$\mu = E[X] = 0\times0.30+1\times0.35+2\times0.20+3\times0.10+4\times0.05$$
$$=1.25$$

즉 이 선수는 한 게임에 평균적으로 1.25개의 안타를 칠 것으로 기대된다.

2. 분산과 표준편차

확률변수 X의 기대값 $E[X]$는 확률분포의 중심을 나타내는 수치이다. 따라서 확률분포의 흩어진 정도를 측정하기 위한 측도가 필요하며 이것이 분산과 표준편차이다.

확률변수 X의 분산은 X와 μ의 차이의 제곱, 즉 $(X-\mu)^2$의 평균으로 정의된다. 확률변수 X의 분산도 모집단의 분산과 똑같으므로 보통 σ^2으로 표기되거나 Var(X)라 표기되기도 한다. 또한 확률변수 X의 표준편차는 분산의 제곱근이며 σ 또는 SD(X)로 표기된다.

확률변수의 분산과 표준편차 :

이산확률변수 X의 확률질량함수를 $p(x)$라 하면

$$\sigma^2 = \mathrm{Var}(X) = E[(X-\mu)^2] = \sum_{\text{모든 } x}(x-\mu)^2 p(x)$$

$$\sigma = \mathrm{SD}(X) = \sqrt{\sigma^2}$$

예제 4.17

예제 4.16에서 확률분포의 분산과 표준편차를 구하라.

풀이 —

위의 분산공식에 대입하면,

$$\begin{aligned}\sigma^2 &= \sum_{\text{모든 } x} (x-\mu)^2 p(x) \\ &= (0-1.25)^2 \times 0.30 + (1-1.25)^2 \times 0.35 + (2-1.25)^2 \times 0.20 \\ &\quad + (3-1.25)^2 \times 0.10 + (4-1.25)^2 \times 0.05 \\ &= 1.2875 \\ \sigma &= \sqrt{1.2875} = 1.1347\end{aligned}$$

예제 4.17에서와 같이 분산을 계산할 때, 각 확률변수의 값에 대한 편차의 제곱을 구하는 것은 매우 번거로우므로 다음과 같은 간편식을 이용하여 분산을 계산한다.

분산계산의 간편식 :

$$\sigma^2 = E[(X-\mu)^2] = \sum_{\text{모든 } x} x^2 p(x) - \mu^2$$

예제 4.18

예제 4.16에서 확률분포의 분산을 간편식을 이용하여 구하라.

풀이 —

위의 간편식을 이용하면

$$\begin{aligned}\sigma^2 &= \sum_{\text{모든 } x} x^2 p(x) - \mu^2 \\ &= \{0^2 \times 0.30 + 1^2 \times 0.35 + 2^2 \times 0.20 + 3^2 \times 0.10 + 4^2 \times 0.05\} - 1.25^2 \\ &= 1.2875\end{aligned}$$

4.7 두 확률변수의 결합분포

1. 결합확률분포

지금까지 우리는 하나의 확률변수만 있는 경우를 다루었다. 그러나 많은 경우에 두 개 이상의 확률변수의 값을 동시에 관측하게 된다. 예를 들면, 신체검사에서 사람의 키와 몸무게를 동시에 측정한다든지 생산성과 임금인상률을 동시에 조사하는 경우 등을 생각해 볼 수 있다. 이 절에서는 두 개의 확률변수를 동시에 고려할 때 두 변수 사이의 확률관계를 나타내는 방법에 대해 공부해 보자.

예를 들어, 한 가구의 연수입과 자녀수의 확률적 관계가 다음과 같이 관측되었다.

〈표 4.2〉 연수입과 자녀수의 확률적 관계

연수입 \ 자녀수	0	1	2	3
2,000만원 미만	0.03	0.10	0.23	0.04
2,000~5,000만원	0.04	0.08	0.15	0.03
5,000만원 초과	0.04	0.12	0.11	0.03

〈표 4.2〉를 통하여 두 확률변수 연수입과 자녀수의 관계를 파악할 수 있다. 〈표 4.2〉와 같이 두 개 이상의 확률변수가 동시에 취할 수 있는 값에 확률을 대응시킨 것을 결합확률분포(joint probability distribution)라 한다. 또한 X, Y가 모두 이산확률변수이고, X가 취할 수 있는 값을 x_1, x_2, $\cdots$, Y가 취할 수 있는 값을 y_1, y_2, $\cdots$로 나타낼 때, (X, Y)가 취하는 값 (x_i, y_j) 각각에 $P(X=x_i, Y=y_j)$를 대응시키는 관계를 (X, Y)의 결합확률질량함수라고 한다. 예를 들면, 연수입을 나타내는 확률변수를 X, 자녀수를 나타내는 확률변수를 Y라 하면, 연수입이 2,000만원 미만은 $X=1$, 연수입이 2,000~5,000만원은 $X=2$, 연수입이 5,000만원 초과는 $X=3$이라 할 때, 연수입이 2,000~5,000만원이면서 자녀가 2명일 확률이 0.15라는 것을 다음과 같이 표기한다.

$$P(X=2,\ Y=2)=0.15$$

또한 〈표 4.2〉를 통하여 연수입의 분포와 자녀수의 분포도 쉽게 구할 수 있다. 예를 들면, 연수입이 2,000만원 미만일 확률은

$$P(X=1)=0.03+0.10+0.23+0.04=0.40$$

이며 연수입이 2,000~5,000만원일 확률은

$$P(X=2)=0.04+0.08+0.15+0.03=0.30$$

연수입이 5,000만원 초과일 확률은

$$P(X=2)=0.04+0.12+0.11+0.03=0.30$$

이다. 따라서 연수입의 분포를 구하면 〈표 4.3〉과 같다.

〈표 4.3〉 연수입의 확률분포

x	1	2	3
$P(X=x)$	0.40	0.30	0.30

같은 방법으로 자녀수에 대한 확률분포를 구할 수 있다.

〈표 4.4〉 자녀수의 확률분포

y	0	1	2	3
$P(Y=y)$	0.11	0.30	0.49	0.10

〈표 4.3〉과 〈표 4.4〉처럼 두 확률변수의 결합분포로부터 얻은 한 변수의 확률변수의 분포를 주변확률분포(marginal probability distribution)라 한다.

즉, 〈표 4.3〉은 확률변수 X의 주변확률분포표이며, 〈표 4.4〉는 확률변수 Y의 주변확률분포표이다.

예제 4.19

한 개의 동전을 세 번 던질 때 나타나는 앞면의 수를 X, 처음 던져 앞면이 나오면 $Y=1$, 그렇지 않으면 $Y=0$이라 하자. (X, Y)의 결합확률분포를 구하고 X와 Y 각각의 주변확률분포를 구하라.

풀이 —

먼저 표본공간을 구해보면,

$S=${(앞면, 앞면, 앞면), (앞면, 앞면, 뒷면),
(앞면, 뒷면, 앞면), (뒷면, 앞면, 앞면),
(앞면, 뒷면, 뒷면), (뒷면, 앞면, 뒷면),
(뒷면, 뒷면, 앞면), (뒷면, 뒷면, 뒷면)}

이다. X가 취할 수 있는 값은 0, 1, 2, 3이고 Y가 취할 수 있는 값은 0, 1이다. 이때 (X, Y)의 결합확률은 다음과 같이 구한다. 먼저 $X=0$이고, $Y=0$인 경우는 (뒷면, 뒷면, 뒷면)인 경우이므로

$$P(X=0,\ Y=0)=\frac{1}{8}=0.125$$

이다. 또한 $X=1$이고, $Y=0$인 경우는 (뒷면, 앞면, 뒷면), (뒷면, 뒷면, 앞면)인 경우이므로

$$P(X=1,\ Y=0)=\frac{2}{8}=0.25$$

이다. 따라서 이러한 방법으로 (X, Y)의 결합확률분포를 구하면 다음 표와 같다.

y \ x	0	1	2	3
0	0.125	0.250	0.125	0.000
1	0.000	0.125	0.250	0.125

그리고 X의 주변확률밀도함수는

x	0	1	2	3
$P(X=x)$	0.125	0.375	0.375	0.125

이며, Y의 주변확률밀도함수는

y	0	1
$P(Y=y)$	0.500	0.500

이다.

2. 공분산과 상관계수

두 확률변수 사이의 관계를 나타내는 기본적인 측도로 공분산(covariance)과 상관계수(correlation coefficient)가 있다. 만약 두 변수 X와 Y가 서로 연관성이 없다면 X와 Y의 공분산과 상관계수는 0의 값을 갖게 된다.

두 개의 확률변수 X, Y의 기대값을 μ_X, μ_Y라 할 때, 두 변수의 값의 상호 변화경향을 측정하기 위해 $E[(X-\mu_X)(Y-\mu_Y)]$를 사용한다. 만약 두 변수 X, Y 사이에 X가 커지면 Y도 커지는 경향이 있는 경우라면 X가 μ_X보다 크면 Y도 μ_Y보다 크고, 또한 X가 μ_Y보다 작으면 Y도 μ_Y보다 작게 될 가능성이 클 것이다. 따라서 $E[(X-\mu_X)(Y-\mu_Y)]$는 양의 값을 가질 가능성이 커질 것이다. 반면 두 변수 X, Y 사이에 X가 커지면 Y가 작아지는 경향이 있는 경우라면 X가 μ_X보다 크면 Y는 μ_Y보다 작고, 또한 X가 μ_X보다 작으면 Y는 μ_Y보다 크게 될 가능성이 클 것이므로 $E[(X-\mu_X)(Y-\mu_Y)]$는 음의 값을 가질 가능성이 커질 것이다. 또한 두 변수 X, Y가 상호간에 관련성이 거의 없다면 $(X-\mu_X)(Y-\mu_Y)$는 양의 값과 음의 값을 가질 가능성이 거의 반반이 될 것이므로 $E[(X-\mu_X)(Y-\mu_Y)]$는 0에 가까운 값을 갖게 될 것이다.

즉, $E[(X-\mu_X)(Y-\mu_Y)]$는 X, Y가 동시에 변화하는 방향관계의 측도이고 이를 X와 Y의 공분산(covariance)이라 하며 Cov(X, Y)로 표기한다.

> 두 확률변수의 공분산 :
>
> 두 확률변수 X와 Y의 공분산은
>
> $$\begin{aligned}\mathrm{Cov}(X,\ Y) &= E[(X-\mu_X)(Y-\mu_Y)] \\ &= \sum_{\text{모든 } x}\sum_{\text{모든 } y}(x-\mu_X)(y-\mu_Y)P(X=x,\ Y=y)\end{aligned}$$

위의 공분산 계산 공식은 분산의 경우와 마찬가지로 다음과 같은 간편식을 가진다.

공분산의 간편식 :

$$\begin{aligned}\mathrm{Cov}(X, Y) &= E[XY] - \mu_X \mu_Y \\ &= \sum_{\text{모든 } x} \sum_{\text{모든 } y} xy\,P(X=x,\ Y=y) - \mu_X \mu_Y\end{aligned}$$

예제 4.20

예제 4.19에서 두 확률변수 X와 Y의 공분산을 구하라.

풀이 —

먼저 X의 기대값 μ_X와 Y의 기대값 μ_Y를 구하면

$$\mu_x = E[X] = 0 \times 0.125 + 1 \times 0.375 + 2 \times 0.375 + 3 \times 0.125 = 1.50$$

$$\mu_y = E[Y] = 0 \times 0.500 + 1 \times 0.500 = 0.500$$

이고 $E[XY]$를 계산하면

$$\begin{aligned}E[XY] &= 0 \times 0 \times 0.125 + 0 \times 1 \times 0.000 + 1 \times 0 \times 0.250 + 1 \times 1 \times 0.125 \\ &\quad + 2 \times 0 \times 0.125 + 2 \times 1 \times 0.250 + 3 \times 0 \times 0 + 3 \times 1 \times 0.125 \\ &= 1.000\end{aligned}$$

이므로

$$\mathrm{Cov}(X,\ Y) = 1.000 - 1.50 \times 0.500 = 0.250$$

위의 예제처럼 공분산이 양수이면 두 확률변수가 서로 같은 방향으로 증가하거나 감소하는 경향이 있음을 알 수 있다. 즉, 하나의 확률변수가 평균보다 큰 값을 가지면 다른 하나의 확률변수도 평균보다 큰 값을 가지는 경향이 있다는 것이다.

두 확률변수 X와 Y의 공분산은 X와 Y가 취하는 값의 단위에 의존한다. 즉 키를 측정할 때, cm단위로 측정할 때의 공분산과 m단위로 측정할 때의 공분산이 서로 다른 값을 갖게 되는 불편함이 있다. 이를 제거하기 위해 공분산

을 두 확률변수 X와 Y의 표준편차의 곱으로 나누는데, 이를 상관계수(correlation coefficient)라 하며 $\mathrm{Corr}(X, Y)$ 또는 ρ로 표기한다.

> 두 확률변수의 상관계수 :
>
> 두 확률변수 X와 Y의 상관계수는
>
> $$\rho = \mathrm{Corr}(X, Y) = \frac{\mathrm{Cov}(X, Y)}{\mathrm{SD}(X) \cdot \mathrm{SD}(Y)} = \frac{\mathrm{Cov}(X, Y)}{\sigma_X \cdot \sigma_Y}$$

예제 4.21

예제 4.19에서 두 확률변수 X와 Y의 상관계수를 구하라.

풀이 —

먼저 X의 분산과 Y의 분산을 구하면

$$\sigma_X^2 = 0^2 \times 0.125 + 1^2 \times 0.375 + 2^2 \times 0.375 + 3^2 \times 0.125 - 1.5^2$$
$$= 3.000 - 2.250 = 0.750$$
$$\sigma_Y^2 = 0^2 \times 0.500 + 1^2 \times 0.500 - 0.5^2 = 0.250$$

이므로 X와 Y의 상관계수는

$$\rho = \mathrm{Corr}(X, Y) = \frac{\mathrm{Cov}(X, Y)}{\sigma_X \sigma_Y} = \frac{0.250}{\sqrt{0.750}\ \sqrt{0.250}} = 0.577$$

상관계수의 절대값 $|\mathrm{Corr}(X, Y)|$이 1에 가까운 값을 가지면, X와 Y 사이에는 강한 직선관계가 존재하며, 0에 가까운 값을 가지면 직선관계가 존재하지 않고 X와 Y 사이에는 거의 관계가 없거나 곡선관계가 존재한다는 의미이다. 따라서 공분산과 상관계수에서 반드시 유의할 점은 이들이 두 확률변수의 직선관계의 정도를 측정하는 측도라는 점이다.

4.8 두 확률변수의 독립

4.4절에서 두 사상 A와 B가 $P(A \cap B) = P(A) \cdot P(B)$를 만족할 때 사상 A와 사상 B는 서로 독립이라고 정의하였다. 이를 확률변수에 적용하여, 두 이산확률변수 X, Y가 x, y를 취하는 사상, 즉 $\{X = x\}$와 $\{Y = y\}$가 서로 독립인 사상이면,

$$P(X = x,\ Y = y) = P(X = x)\,P(Y = y)$$

이 성립한다. 다시 말하면 두 확률변수 X, Y 사이에 위 식이 성립하면 두 확률변수 X, Y는 서로 독립이라고 한다. 이를 달리 표현하면, X, Y의 모든 값 $(x,\ y)$에 대하여

$$p(x,\ y) = p_X(x)\,p_Y(y)$$

이 성립하면 두 확률변수 X, Y는 서로 독립이다. 여기에서

$$p(x,\ y) = P(X = x,\ Y = y),\ p_X(x) = P(X = x),\ p_Y(y) = P(Y = y)$$

두 확률변수의 독립 :

두 확률변수 X, Y의 모든 값 $(x,\ y)$에 대하여

$$P(X = x,\ Y = y) = P(X = x)\,P(Y = y)$$

또는

$$p(x,\ y) = p_X(x)\,p_Y(y)$$

이 성립하면, 두 확률변수 X, Y는 서로 독립이라고 한다.

예제 4.22

하나의 동전을 세 번 던질 때 X를 처음 두 번 던져서 나온 앞면의 수, Y를 세 번째에 나온 앞면의 수, Z를 세 번 던져서 나온 앞면의 총수라 할 때, X, Y는 서로 독립인가? 또한 Y, Z는 서로 독립인가?

풀이 —

먼저 X, Y의 결합확률분포를 구하면 다음과 같다.

x \ y	0	1	2	합 계
0	0.125	0.250	0.125	0.500
1	0.125	0.250	0.125	0.500
합 계	0.250	0.500	0.250	1.000

X, Y의 결합확률분포표를 보면 모든 (x, y)에 대하여 $p(x, y) = p_X(x)\,p_Y(y)$이 성립하므로 X, Y는 서로 독립임을 알 수 있다. 다음으로 Y, Z의 결합확률분포를 구하면 다음과 같다.

y \ z	0	1	2	3	합 계
0	0.125	0.250	0.125	0.000	0.500
1	0.000	0.125	0.250	0.125	0.500
합 계	0.125	0.375	0.375	0.125	1.000

반면에 Y, Z의 결합확률분포표를 보면 모든 (y, z)에 대하여 $p(x, y) = p_X(x)p_Y(y)$이 항상 성립하지 않는다는 것을 알 수 있다. 예를 들면,

$$p(0,\ 0) = 0.125,\ p_Y(0) = 0.500,\ p_Z(0) = 0.125$$

이므로

$$p(0,\ 0) = 0.125 \neq p_Y(0) \times p_Z(0) = 0.500 \times 0.125 - 0.0625$$

따라서 Y, Z는 서로 독립이 아니다.

또한 두 확률변수 X, Y가 서로 독립이면 다음이 성립한다.

$$E[XY] = E[X]\,E[Y]$$

따라서 위의 공식에 의해, 두 확률변수 X, Y가 서로 독립이면 X, Y의 공분산과 상관계수는 0의 값을 갖게 된다.

서로 독립인 두 확률변수의 상관계수 :
두 확률변수 X, Y가 서로 독립이면,

$$\mathrm{Cov}(X, Y) = 0$$
$$\mathrm{Corr}(X, Y) = 0$$

이때 한 가지 주의할 점은 공분산이나 상관계수가 0의 값을 갖더라도 항상 두 확률변수 X, Y가 서로 독립인 것은 아니라는 것이다.

연습문제

1. 다음 문장을 읽고 옳으면 'ㅇ'표, 또한 틀리면 '×'표를 한 후 틀린 곳을 지적하라.

(1) 주관적 확률은 일종의 추측에 불과할 수도 있다.
(2) 만약 두 사상이 배반사상이면, 한 사상의 발생이 다른 사상의 발생에 영향을 주지 않는다.
(3) 만약 두 사상 A, B가 배반사상이면, $P(A \cup B) = P(A) + (B)$이다.
(4) 두 개의 사상 $P(A)$, $P(B)$가 서로 종속이면, A와 B사상이 동시에 일어날 확률은 $P(A) \cdot P(B)$이다.

2. 동전을 세 번 던지는 실험을 할 때, 다음 질문에 답하라.

(1) 표본공간을 구하라.
(2) 앞면이 두 번 나올 확률을 구하라.

3. 다음 표현에 해당하는 확률값을 아래에서 선택하라.

(a) 0.95	(b) 0.03	(c) 4.0	(d) −0.2	(e) 0.2	(f) 0.5	(g) 0

(1) 절대 발생하지 않는다.
(2) 매우 자주 발생한다.
(3) 발생할 가능성이 절반 정도이다.
(4) 가끔씩 드물게 발생한다.
(5) 발생할 가능성이 거의 없다.
(6) 틀린 표현이다.

4. 저금통에 십원짜리 동전이 7개, 백원짜리 동전이 10개, 오백원짜리 동전이 3개 있다. 저금통에서 한 개의 동전을 꺼낼 때 다음 확률을 구하라.

(1) 오백원짜리일 확률은?
(2) 백원짜리일 확률은?

5. A, B, C 3명이 라면을 먹은 후, 다음과 같은 방법으로 라면값을 지불하기로 결정하였다. 3명 모두 동전을 한 번씩 던져서 모두 같은 면이 나오면 똑같이 나누어 내기로 하고, 만약 같지 않다면 나머지 두 사람과 다른 면이 나온 사람이 돈을 내기로 한다. 다음의 확률을 계산하라.

(1) 모두 똑같이 지불할 확률
(2) A가 모두 지불할 확률

6. 어느 날 헌혈을 한 사람이 30명이었는데 그들의 혈액형을 조사한 결과가 다음 표와 같았다. 이 30명의 사람 중 한 사람을 임의로 선택하였을 때 다음의 확률을 계산하라.

혈 액 형	O	A	B	AB	합 계
사 람 수	6	10	12	2	30

(1) 혈액형이 A일 확률을 구하라.
(2) 혈액형이 A이거나 AB일 확률을 구하라.
(3) 혈액형이 O가 아닐 확률을 구하라.

7. 컴퓨터회사에서 신입사원 1명을 선발하려고 한다. 네 명의 신청자 중 서류전형으로 한 명을 뽑으려 하는데 그들의 특징은 다음과 같다.

(a) 컴퓨터공학전공, 남자, 평점 3.3	(b) 수학전공, 남자, 평점 4.2
(c) 컴퓨터공학전공, 여자, 평점 3.7	(d) 전자공학전공, 남자, 평점 3.8

(1) 다음 세 사상을 나타내는 벤다이어그램을 그려라.
A : 공학전공을 뽑는다.
B : 평점이 3.5 이상인 사람을 뽑는다.
C : 남자를 뽑는다.
(2) 사상 $A \cup B$, $A \cap B$ 의 구성원은 무엇인가?
(3) 사상 A와 B는 서로 배반인가?
(4) 사상 A와 B는 서로 독립인가?

8. 다음 벤다이어그램에 나타난 확률을 이용하여 다음 사상의 확률을 구하라.

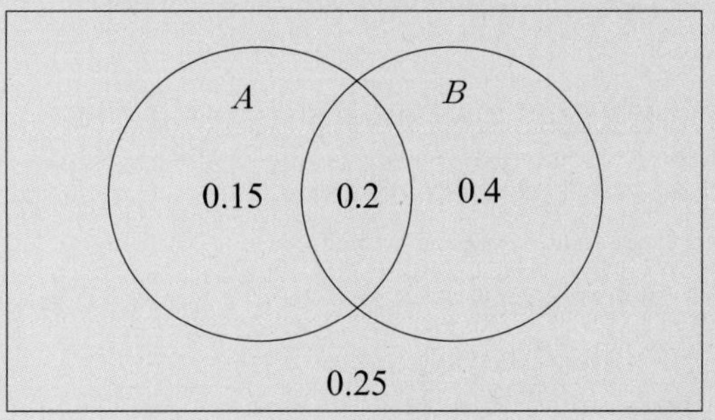

(1) A가 일어나지 않는다.

(2) A는 일어나고, B는 일어나지 않는다.

(3) A와 B 중 한 사건만 일어난다.

9. $P(A)=0.5$, $P(B)=0.6$, $P(A\cap B)=0.20$일 때 다음의 확률을 구하라.

(1) A가 일어났을 때 B가 일어날 조건부확률

(2) A가 일어나지 않았을 때 B가 일어날 조건부확률

10. 흰공 4개와 빨간공 6개가 있는 주머니에서 비복원추출로 두 개의 공을 뽑는다. 다음 사상의 확률을 구하라.

(1) A={흰색 공이 첫 번째에 뽑힌다}

(2) B={흰색 공이 두 번째에 뽑힌다}

(3) 두 사상은 독립인가? 만약, 독립이라면 그 이유는 무엇인가?

11. 어느 여성단체에서 지난 해 결혼한 여성들에 대하여 조사하였더니, 65%가 25세 이후에 결혼하였으며 그 중 70%가 학력이 대졸 이상이라 한다. 또한, 25세 이전에 결혼한 여성 중 40%가 대졸 이상의 학력을 소유하고 있었다. 지난 해에 결혼한 여성 한 명을 랜덤하게 선택할 때, 다음 물음에 답하여라.

(1) 그 여성의 학력이 대졸 이상일 확률을 구하라.

(2) 선택된 여성의 학력이 대졸 이상이었다면 25세 이후에 결혼했을 확률을 구하라.

12. 어느 대학 경영학과 학생 중 60%가 남학생이고 나머지는 여학생이라고 한다. 또한 남학생 중에서 담배를 피우는 비율은 40%이고, 여학생 중에서 담배를 피우는 비율은 10%라고 한다. 경영학과 학생 중 랜덤하게 한 명을 뽑을 때, 다음 물음에 답하여라.

(1) 그 학생이 흡연자일 확률을 구하라.

(2) 선택된 학생이 흡연자라면 이 사람이 남학생일 확률을 구하라.

(3) 선택된 학생이 흡연자라면 이 사람이 여학생일 확률을 구하라.

13. 다음의 각 확률변수가 이산확률변수인지 연속확률변수인지를 밝혀라.

(1) 한 보험생활설계사가 하루에 판매하는 보험상품의 수

(2) 한 개인병원에 외래환자들이 도착하는 시간간격

(3) 한 도시에서 하루에 발생하는 교통사고 건수

(4) 식당에서 음식 주문 후 기다리는 시간

(5) 한 식품점에서 판매하는 무 한 개의 무게

(6) 어떤 축구선수의 통산 골수

(7) 어느 치과병원을 찾는 환자의 충치수

(8) 어느 카센터의 수리공이 엔진오일을 교체하는 데 소요되는 시간

14. 다음은 확률변수 X의 확률분포이다.

x	확 률
0	0.25
1	0.15
2	
3	0.20
4	0.05

(1) 확률분포가 되도록 빈칸을 채워라.

(2) 확률변수 X의 기대값을 구하라.

(3) 확률변수 X의 분산과 표준편차를 구하라.

15. 다섯 장의 카드에 −2, −1, 0, 1, 2의 숫자가 적혀 있고, 그 중 한 장을 임의로 뽑는다고 할 때, 다음 물음에 답하여라.

(1) 뽑힌 카드에 적힌 숫자를 X라 할 때, X의 확률분포를 구하라.

(2) 뽑힌 카드에 적힌 숫자의 제곱을 Y라 할 때, Y의 확률분포를 구하라.

(3) 확률변수 Y의 기대값을 구하라.

(4) 확률변수 Y의 분산과 표준편차를 구하라.

16. 한 건설공사에서, 어떤 건설업자가 그 공사를 입찰받게 되면, 200만원의 순이익을 얻게 되고, 입찰받지 못하면 30만원의 손해를 보게 된다고 하자. 또한 그 공사의 입찰에 참여한 건설업체의 수는 10개이고, 이 회사들이 낙찰받을 확률은 모두 같다고 할 때, 기대이익은 얼마가 되겠는가?

17. 어느 보험회사에서는 교통사고가 발생하면 보험가입자에게 100만원을 보상해 준다. 교통사고를 당할 확률이 0.005일 때, 기대보상액을 구하라. 만약 보험료가 6,000원이라면, 이 보험회사의 기대이익은 얼마이겠는가?

18. 확률변수 X를 동전을 세 번 던졌을 때 나온 앞면의 수라고 할 때, 다음 물음에 답하여라.

(1) 확률변수 X의 확률분포를 구하라.

(2) 확률변수 X의 기대값과 분산을 구하라.

19. 두 개의 상자가 있는데, 그중 첫 번째 상자에는 100개의 제품이 있는데, 그중 10개가 불량품이다. 두 번째 상자에는 80개의 제품이 들어 있고, 그중 12개가 불량품이다. 각 상자에서 랜덤하게 하나씩의 제품을 뽑았고 각각의 추출은 독립적으로 이루어졌다. X는 추출된 두 제품 중 불량품의 개수라고 할 때, 확률변수 X의 확률분포를 구하라.

20. 위의 문제 19에서와 다르게 추출하였다. 먼저 상자를 임의로 하나를 선택하고, 선택된 상자로부터 두 개의 제품을 비복원추출하였다. Y는 추출된 두 제품 중 불량품의 개수이다. 확률변수 Y의 확률분포를 구하라.

21. 하나의 주사위를 두 번 던지는 시행에서 X와 Y를 각각

X = 두 번의 시행에서 짝수가 나온 횟수

Y = 두 번의 시행에서 3의 배수가 나온 횟수

라 할 때 다음 각 물음에 답하라.

(1) X와 Y의 결합확률분포를 구하라.

(2) X와 Y의 주변확률분포를 각각 구하라.

(3) X와 Y의 공분산과 상관계수를 각각 구하라.

(4) X와 Y는 서로 독립인가?

22. 두 확률변수 X와 Y의 결합확률분포가 다음과 같다.

y \ x	1	2	3
0	$\frac{2}{20}$	$\frac{1}{20}$	$\frac{3}{20}$
5	$\frac{3}{20}$	$\frac{1}{20}$	$\frac{4}{20}$
10	$\frac{2}{20}$	$\frac{3}{20}$	$\frac{1}{20}$

(1) X와 Y의 주변확률분포를 구하라.

(2) X와 Y의 평균과 분산을 각각 구하라.

(3) X와 Y의 공분산과 상관계수를 구하라.

(4) X와 Y는 서로 독립인가?

23. 확률변수 X가 다음과 같은 확률분포를 따른다. 이때, 이 모집단에서 2개의 확률표본 X_1, X_2를 추출할 때, X_1과 X_2의 결합분포를 구하라.

x	0	1	2
$f(x)$	0.5	0.4	0.1

24. 아침, 저녁으로 2교대 근무를 하는 공장이 있다. X를 아침 근무조의 결근자 수, Y를 저녁 근무조의 결근자 수라 할 때, X와 Y는 다음과 같은 결합확률분포를 갖는다고 하자. 다음 물음에 답하여라.

y \ x	0	1	2	3
0	0.05	0.05	0.10	0.00
1	0.05	0.10	0.25	0.10
2	0.00	0.15	0.10	0.05

(1) X와 Y의 주변확률분포를 구하라.
(2) X와 Y의 평균과 분산을 각각 구하라.
(3) X와 Y의 공분산과 상관계수를 구하라.
(4) X와 Y는 서로 독립인가?

제5장

이산확률분포

5.1 서 론

이산확률변수의 확률분포를 이산확률분포라 한다. 이산확률분포 중에서 흔히 접할 수 있으며 통계적 추론을 전개할 때 중요한 역할을 하는 분포로는 이항분포, 초기하분포, 기하분포, 포아송분포 등이 있는데, 이 분포들은 실험의 결과가 오직 두 가지 결과만을 갖는 경우에 적용할 수 있는 확률분포들이다. 제5장에서는 이들 분포 중 이항분포와 포아송분포에 대하여 공부해 보자.

5.2 이항분포

이항분포(binomial distribution)는 이산확률분포 중에서 가장 기본적이고 중요한 분포이다.

우리는 실험의 결과가 두 가지로만 나오는 경우를 흔히 볼 수 있다. 예를 들면, 제품의 검사결과는 양품과 불량품으로 나누어지고, 시험의 결과는 합격과 불합격으로, 동전을 던지면 앞면과 뒷면으로 나누어지는 경우 등이 있다. 이와 같이 실험의 가능한 결과가 두 가지이며, 반드시 둘 중의 하나만 일어나는 실험을 베르누이시행(Bernoulli trial)이라 한다. 베르누이시행의 두 가지 결과를 일반적으로 성공(Success, S)과 실패(Failure, F)라고 부른다.

> 베르누이시행 :
> (1) 각 시행은 성공(S)과 실패(F) 두 가지 결과만을 갖는다.
> (2) 각 시행에서 성공확률은 $P(S)=p$로, 실패확률은 $P(F)=q(=1-p)$로 그 값이 일정하다.
> (3) 각 시행은 서로 독립이고, 각 시행의 결과가 다른 시행의 결과에 영향을 미치지 않는다.

성공확률이 p인 베르누이시행을 n회 반복할 때, 성공횟수를 X라 하면, X의 확률분포를 시행횟수 n, 성공률 p인 이항분포라 하며 X를 이항확률변수(binomial random variable)라 한다. 또한 $X \sim B(n, p)$로 표기한다.

> 이항확률변수 :
> (1) n회의 베르누이시행이 독립적으로 시행된다.
> (2) 각 베르누이시행에서 성공확률은 p로 일정하다.
> (3) 이항확률변수는 이러한 베르누이시행의 반복에서 성공횟수이다.

n회의 베르누이시행에서 X가 성공횟수를 나타내는 확률변수라고 할 때, 성공횟수가 x일 확률을 구하는 방법을 생각해 보자. 예를 들어 $n=5$인 경우를 생각해 보자. 이때의 모든 가능한 경우는 2×2×2×2×2=32가지이며, X가 취할 수 있는 값은 0, 1, ⋯, 5이며, 성공을 S, 실패를 F라 표기할 때 다음과 같은 표를 얻을 수 있다.

X	0	1	2	3	4	5
가능한 결과	FFFFF	FFFFS FFFSF FFSFF FSFFF SFFFF	FFFSS FFSFS FSFFS SFFFS FFSSF FSFSF SFFSF FSSFF SFSFF SSFFF	FFSSS FSFSS SFFSS FSSFS SFSFS SSFFS FSSSF SFSSF SSFSF SSSFF	FSSSS SFSSS SSFSS SSSFS SSSSF	SSSSS
확 률	p^0q^5	p^1q^4	p^2q^3	p^3q^2	p^4q^1	p^5q^0
경우의 수	$1=\binom{5}{0}$	$5=\binom{5}{1}$	$10=\binom{5}{2}$	$10=\binom{5}{3}$	$5=\binom{5}{4}$	$1=\binom{5}{5}$

예를 들어 $X=3$의 확률을 구해보면, $X=3$이 되는 각 결과의 확률은 p^3q^2이고, 이때의 경우의 수는 $\binom{5}{3}=10$이므로 $X=3$일 확률은

$$P(X=3)=\binom{5}{3}p^3q^2$$

이다. 이런 방법으로 $n=5$일 때 성공횟수 X의 분포를 구하면 다음 표와 같다.

X	0	1	2	3	4	5
$p(x)$	$\binom{5}{0}p^0q^5$	$\binom{5}{1}p^1q^4$	$\binom{5}{2}p^2q^3$	$\binom{5}{3}p^3q^2$	$\binom{5}{1}p^4q^1$	$\binom{5}{0}p^5q^0$

일반적으로 n회의 베르누이시행에서 성공횟수를 나타내는 이항확률변수 X가 취하는 값의 범위는 0, 1, ⋯, n이다. 이때 x회 성공했다면 $(n-x)$회는 실패하게 될 것이므로 이때의 경우의 수는 $\binom{n}{x}$이고 각 경우의 확률은 $p^xq^{(n-x)}$이므로 X가 x일 확률은

$$P(X=x)=\binom{n}{x}p^xq^{(n-x)}$$

임을 알 수 있다.

> 이항분포 :
> 베르누이시행횟수가 n, 성공확률이 p일 때의 성공횟수를 X라 하면 X의 확률질량함수는
> $$P(X=x)=p(x)=\binom{n}{x}p^x q^{(n-x)}, \quad x=0, 1, \cdots, n$$

예제 5.1

주사위를 5번 던질 때 2 이하의 주사위의 눈금이 2회 나올 확률을 구하라.

풀이 —

베르누이시행횟수 n=5이고, 주사위의 눈금이 2 이하이면 성공(S), 3 이상이면 실패(F)이므로 성공확률 $p=\frac{2}{6}=\frac{1}{3}$이다. 그러므로

$$P(X=2)=\binom{5}{2}\left(\frac{1}{3}\right)^2\left(\frac{2}{3}\right)^3=10\times\frac{8}{243}=0.33$$

이항분포에서 n이 커지면 확률계산이 매우 복잡하고 어려워진다. 따라서 부록의 〈표 2〉의 이항분포의 누적확률분포표를 사용한다. 누적확률이란 어떤 한 값 x까지의 확률을 모두 더한 확률을 말한다. 예를 들면 예제 5.1의 X=2까지의 누적확률이란

$$P(X\le 2)=\sum_{x=0}^{2}P(X=x)=\binom{5}{0}\left(\frac{1}{3}\right)^0\left(\frac{2}{3}\right)^5+\binom{5}{1}\left(\frac{1}{3}\right)^1\left(\frac{2}{3}\right)^4$$
$$+\binom{5}{2}\left(\frac{1}{3}\right)^2\left(\frac{2}{3}\right)^3=\frac{32}{243}+\frac{80}{243}+\frac{80}{243}=\frac{192}{243}$$

이다. 부록의 〈표 2〉에는

$$P(X\le c)=\sum_{x=0}^{c}P(X=x)$$

의 확률들이 n, p, c의 여러 가지 값에 대하여 주어져 있다. 이 표와 확률의 성질을 이용하여 X에 관한 여러 가지 확률을 구할 수 있다. 예를 들면, a, b가 양의 정수일 때,

$$P(a \le X \le b) = P(X \le b) - P(X \le a-1)$$
$$P(X = a) = P(X \le a) - P(X \le a-1)$$
$$P(X \ge a) = 1 - P(X \le a-1)$$

이 성립하므로 부록 〈표 1〉의 누적확률분포표를 이용하여 여러 가지 확률을 구할 수 있다.

예제 5.2

어떤 회사제품의 불량률이 5%로 알려져 있다. 이 회사제품 20개를 검사할 때, 다음 물음에 답하여라.

① 불량품의 개수가 2개 이상일 확률을 구하라.
② 불량품의 개수가 2개 이상 5개 미만일 확률을 구하라.
③ 불량품의 개수가 3개일 확률을 구하라.

풀이 —

X가 불량품의 개수를 나타내는 확률변수라면, X는 $n=20$, $p=0.05$인 이항분포를 따르므로

$$P(X \ge 2) = 1 - P(X \le 1) = 1 - 0.736 = 0.264$$
$$P(2 \le X < 5) = P(X < 5) - P(X \le 1) = P(X \le 4) - P(X \le 1)$$
$$= 0.997 - 0.736 = 0.261$$
$$P(X = 3) = P(X \le 3) - P(X \le 2) = 0.984 - 0.925$$
$$= 0.059$$

■ 엑셀2007을 이용한 이항분포 확률계산

예제 5.2를 엑셀을 이용하여 계산하여 보자.

① 불량품의 개수가 2개 이상일 확률을 구하라.

$P(X \ge 2) = 1 - P(X \le 1)$이므로 먼저 엑셀에 다음과 같이 입력한다.

A1	B1	C1
1		=A1−B1

B1에는 $P(X \le 1)$을 입력해야 하는데 다음과 같이 한다. 함수마법사 통계에서 BINOMDIST를 선택하면 다음과 같은 대화창이 나타난다. Number_s에 성공횟수

(여기서는 1), Trials에는 총시행횟수(20), Probability_s에는 불량률(0.05), Cumulative에는 누적확률이면 true, 단위확률이면 false인데 여기서는 누적확률이므로 true를 입력한다. 그런 다음 하단의 [확인] 버튼을 클릭하면 C1에 확률값이 계산된다.

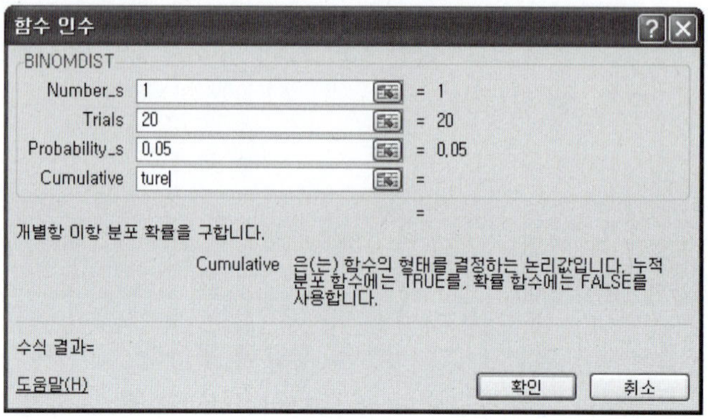

② 불량품의 개수가 2개 이상 5개 미만일 확률을 구하라.

$P(2 \leq X < 5) = P(X \leq 4) - P(X \leq 1)$이므로 먼저 엑셀에 다음과 같이 입력한다.

A1	B1	C1
		=A1−B1

A1에는 $P(X \leq 4)$ 값을 입력하고 B1에는 $P(X \leq 1)$ 값을 입력해야 한다. $P(X \leq 4)$값은 위의 대화창의 Number_s에 4를 입력하고 여타의 방법은 위와 동일하다. 마찬가지 방법으로 B1에 $P(X \leq 1)$을 입력하면 $P(2 \leq X < 5)$의 확률값이 C1에 계산된다.

이항분포를 따르는 확률변수 X의 평균과 분산을 구해보면

$$E(X) = np$$
$$\mathrm{Var}(X) = npq$$

임을 보일 수 있다. 따라서 X의 표준편차는 다음과 같다.

$$\mathrm{SD}(X) = \sqrt{npq}$$

> 이항분포의 평균, 분산, 표준편차 :
> 확률변수 X가 시행횟수 n, 성공확률 p인 이항분포를 따를 때,
> 평 균 : $E(X)=np$
> 분 산 : $\mathrm{Var}(X)=npq$
> 표준편차 : $\mathrm{SD}(X)=\sqrt{npq}$

예제 5.3

예제 5.2에서 X의 평균과 분산을 구하라.

풀이 —

평균 : $E(X)=np=20\times0.05=1.0$

분산 : $\mathrm{Var}(X)=npq=20\times0.05\times0.95=0.95$

5.3 포아송분포

베르누이시행횟수가 n, 성공확률이 p인 이항분포에서 n이 어느 정도 이상 커지면 확률의 계산이 너무 복잡하고 어려워진다. 예를 들면, 어느 한 대학생이 이동전화기를 갖고 있는데 평균적으로 1시간에 1통의 전화를 받는다고 한다. 이때 이 학생이 1시간 동안 전화를 2통 이상 받을 확률을 구해보자. 만약 1분 동안 2통 이상의 전화가 오지 않는다고 가정할 때 1분 단위로 전화가 오면 성공, 전화가 오지 않으면 실패라고 정의하고 매분 전화가 오는 시행이 서로 독립이라면 60회의 베르누이시행이 되며 평균 $np=60\times p=1$이므로 성공확률은 $p=\dfrac{1}{60}$인 이항분포에서 2회 이상 성공할 확률을 구하는 문제와 같게 된다. 즉,

$$P(X\geq 2)=1-P(X\leq 1)=1-\binom{1}{60}\left(\frac{1}{60}\right)^{0}\left(\frac{59}{60}\right)^{60}-\binom{60}{1}\left(\frac{1}{60}\right)^{1}\left(\frac{59}{60}\right)^{59}$$
$$=1-(0.364792+0.370975)=1-0.735767=0.264233$$

이 확률계산은 첫째, 매우 복잡하며 다음으로 다음과 같은 문제점을 내포하고 있다. 먼저, 전화가 1분 동안 2통 이상 오지 않는다는 가정은 실제와는

약간 거리가 있으며, 이와 같이 연속된 시간 또는 공간상에서 일어나는 사건은 매순간마다 일어날 수 있다. 예를 들면, 매 30초마다, 또는 10초마다 전화가 오는 시행을 가정하면 시행횟수는 120회 또는 360회 등으로 아주 많아지며 성공확률은 $\frac{1}{120}$ 또는 $\frac{1}{360}$으로 매우 작아지기 때문에 확률계산은 더욱 복잡해지고 어려워진다. 이러한 문제는 실제 우리 주위에서 흔히 접하는 현상들의 확률문제로서 이러한 문제를 다루기 위한 확률분포가 이 절에서 공부할 포아송분포(poisson distribution)이다.

포아송분포는 앞에서 보았듯이 매 순간 사건이 일어날 수 있어서 시행횟수 n이 아주 크고 사건이 일어날 확률이 매우 작은 경우에 이항분포의 근사분포로 사용되는 분포이며 포아송분포를 따르는 예로는, 우리 집에 매일 걸려오는 전화횟수, 화장지 한 장당 발생하는 결점의 수, 통계학개론 책 1쪽당 발생하는 오자의 수, 축구 1경기당 발생하는 패스 실패의 수 등이 있다. 이를 좀더 체계화하여 정리하면 다음 세 가지 가정이 만족될 때 포아송분포가 성립한다.

포아송분포의 세 가지 가정 :

1) 임의의 구간에서 사건의 평균발생횟수는 그 구간의 길이에만 영향을 받는다.
2) 아주 짧은 순간에 2회 이상의 사건이 발생할 확률은 거의 0에 가깝다.
3) 임의의 한 구간에서 일어난 사건의 횟수는 중복되지 않는 다른 구간에서 일어나는 사건의 횟수에 영향을 미치지 않는다.

위의 세 가지 가정이 만족되어 포아송분포가 성립할 경우, 사건의 발생횟수를 나타내는 확률변수 X가 평균이 m인 포아송분포를 따를 때, X의 확률질량함수는 다음과 같다.

포아송분포 :

확률변수 X가 평균이 m인 포아송분포를 따를 때, X의 확률질량함수는

$$P(X=x)=p(x)=\frac{e^{-m}m^x}{x!}, \quad x=0,\ 1,\ 2,\ \cdots$$

포아송분포의 확률계산은 부록 〈표 2〉의 누적포아송분포표를 이용하여 계산한다. 누적포아송분포표에는 m의 값에 따라 음이 아닌 정수 c에 대하여 $P(X \leq c)$의 값이 주어져 있다.

예제 5.4

앞의 이동전화기에 걸려오는 전화횟수가 평균이 1인 포아송분포를 따른다면 1시간 동안 2통 이상의 전화가 걸려올 확률을 구하라.

풀이 —

$m=1$인 누적포아송분포표를 이용하여 계산하면

$$P(X \geq 2) = 1 - P(X \leq 1) = 1 - 0.736 = 0.264$$

이고 확률질량함수를 이용하여 계산하면

$$P(X \geq 2) = 1 - P(X \leq 1) = 1 - \frac{e^{-1}1^0}{0!} - \frac{e^{-1}1^1}{1!}$$
$$= 1 - 2 \times e^{-1} = 0.735759 = 0.264241$$

■ 엑셀2007을 이용한 포아송분포 확률계산

예제 5.4를 엑셀을 이용하여 계산하여 보자. $P(X \geq 2) = 1 - P(X \leq 1)$이므로 먼저 엑셀에 다음과 같이 입력한다.

A1	B1	C1
1		=A1−B1

B1에는 $P(X \leq 1)$을 입력해야 하는데 다음과 같이 한다. 함수마법사 통계에서 POISSON을 선택하면 다음과 같은 대화창이 나타난다. X에 사건의 수(여기서는 1), Mean에 평균(여기서는 1) 그리고 Cumulative에는 true(누적확률일 경우에는 true, 단위확률일 경우에는 false)를 입력하고 하단의 [확인] 버튼을 클릭하면 C1에 확률값이 입력된다.

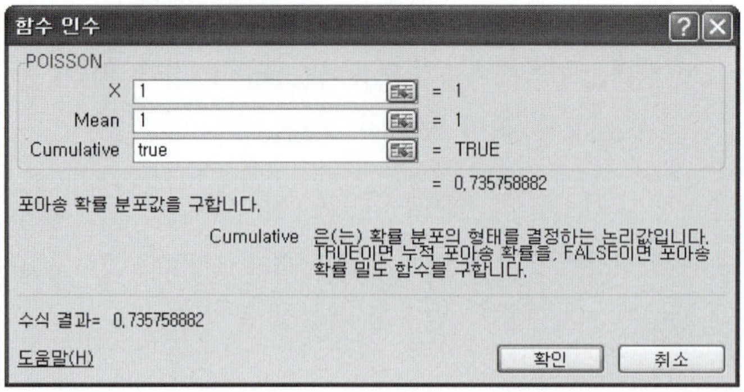

예제 5.4의 결과를 이항분포를 이용하여 계산한 결과와 비교하여 보면 그 결과값이 거의 같음을 알 수 있다. 만약, 분할구간을 1분 단위가 아니라 30초나 10초 단위로 분할한 이항분포에서 확률을 계산하여 얻은 값과 포아송분포에서 계산한 값의 차이는 더 작아질 것이다.

실제로 수학적으로도 이항분포의 확률질량함수에서 시행횟수 n이 커지는 동시에 p는 작아지면서 평균 $np(=m)$값이 일정하면 이항분포의 확률질량함수는 포아송분포의 확률질량함수에 가까워진다.

일반적으로 이항분포에서 n이 20 이상이고 p가 0.05 이하이면 이항분포를 포아송분포에 근사시켜 확률계산을 한다.

예제 5.5

어느 대학교 회계학과에서는 신입생 중 2%는 졸업을 하지 못하고 중도탈락한다고 한다. 신입생 100명을 선발하였는데 100명 모두 중도탈락하지 않고 무사히 졸업할 확률을 구하라.

풀이 —

추출된 각 학생은 졸업(F)하거나 중도탈락(S)하는 둘 중의 하나이고 성공확률 $p=0.02$로 일정하므로 베르누이시행이다. 확률변수 X를 100명 중 중도탈락하는 학생의 수라 하면 X는 $n=100$, $p=0.02$인 이항분포를 따른다고 할 수 있다. 그러나 $n \geq 20$이고 $p \leq 0.05$이므로 포아송분포를 이용하여 근사적으로 확률을 계산한다. 따라서 $np=100 \times 0.02=2.0$이므로 X는 평균이 2.0인 포아송분포를 근사적으로 따른다고 할 수 있다. 그러므로 부록의 누적포아송분포표를 이용하여 확률을 계산하면

$$P(X=0)=0.135$$

평균이 m인 포아송분포를 따르는 확률변수 X의 분산을 구해보면

$$\mathrm{Var}(X) = m$$

이다. 즉 포아송분포는 평균과 분산이 다같이 m인 분포임을 유의해야 한다. 따라서 표준편차는

$$\mathrm{SD}(X) = \sqrt{m}$$

이다.

> **포아송분포의 평균, 분산, 표준편차 :**
> 확률변수 X가 평균이 m인 포아송분포를 따를 때,
> 평　　균 : $E(X) = m$
> 분　　산 : $\mathrm{Var}(X) = m$
> 표준편차 : $\mathrm{SD}(X) = \sqrt{m}$

연습문제

1. 다음의 상황이 베르누이시행인지를 판정하여라.

(1) 바퀴벌레에게 살충제를 살포하고 1시간 후에, 바퀴벌레의 죽음 여부를 기록한다.
(2) 초등학교 1학년 학생에게 줄넘기를 시킨 후, 줄넘기 횟수를 기록한다.
(3) 서울역에서 기차가 정시에 출발하는지를 기록한다.
(4) 슈퍼마켓 계산대에서 기다리는 시간을 기록한다.

2. 각각 1, 2, 3, 4, 5가 쓰인 5장의 숫자 카드가 있다. 다음의 상황이 베르누이시행인지를 판정하고, 만약 베르누이시행이면 성공확률 p를 구하라.

(1) 5장의 카드에서 랜덤하게 한 장의 카드를 뽑아서 나온 숫자를 기록한다.
(2) 5장의 카드에서 랜덤하게 한 장의 카드를 뽑아서 나온 숫자가 3인지를 기록한다.
(3) 5장의 카드에서 랜덤하게 두 장의 카드를 뽑아서 나온 숫자의 합을 기록한다.
(4) 5장의 카드에서 랜덤하게 두 장의 카드를 뽑아서 나온 숫자의 합이 6인지를 기록한다.

3. 6개의 흰색 구슬, 9개의 노란색 구슬이 들어있는 주머니에서 구슬을 뽑아 그 구슬이 흰색 구슬인지를 기록하는 시행을 5번 계속한다. 다음의 각 추출방법이 베르누이시행인지 밝히고 베르누이시행이라면 p값을 구하라.

(1) 구슬을 뽑은 후 다시 주머니 속에 집어넣고 다시 뽑는다(복원추출).
(2) 뽑힌 구슬을 다시 주머니 속에 집어넣지 않고 계속 뽑는다(비복원추출).

4. X가 $n=5$, $p=0.4$인 이항확률변수일 때 X의 확률분포표를 만들어라.

5. 연습문제 4에서 다음 각 확률을 구하라.

(1) $P(X \leq 3)$ (2) $P(X > 3)$ (3) $P(2 < X \leq 4)$

6. 성공확률 $p=1/4$인 베르누이시행에 대하여 다음의 질문에 답하라.

(1) 3번의 시행이 모두 성공할 확률은?
(2) 처음에 실행한 3번이 실패하였을 때, 다음의 3번의 시행이 모두 성공할 확률은?
(3) 3번의 시행 중 첫번째 시행만 성공할 확률은?

7. 어느 항공회사는 자기 회사 비행기가 정시에 도착할 확률이 90%라고 한다. 이 회사 비행기 15대 중 2대 이하가 정시에 도착하지 못할 확률은?

8. 대기오염으로 어느 도시의 가로수가 제대로 성장하지 못할 확률이 20%라고 할 때, 20그루의 가로수를 랜덤하게 선택하였을 때, 다음 물음에 답하여라.

(1) 선택된 가로수 중 6그루의 가로수가 제대로 성장하지 못할 확률은?
(2) 4그루 이하의 가로수가 제대로 성장하지 못할 확률은?
(3) 선택된 20그루의 가로수 중 제대로 성장하지 못하는 가로수의 수에 대한 기대값을 구하라.
(4) 제대로 성장하지 못하는 가로수의 수에 대한 분산을 구하라.

9. 통계학과 3학년 학생 중 30%가 장학금을 받는다고 하자. 통계학과 3학년 12명을 선택하였을 때, 다음 물음에 답하여라.

(1) 12명 중 4명 이상의 학생이 장학금을 받을 확률은?
(2) 선택된 12명 중 장학금을 받을 학생의 기대 인원수는?
(3) 장학금을 받는 학생의 수에 대한 분산을 구하라.

10. 위암이 초기 상태에서 발견되어 수술할 경우, 5년 후의 생존율이 80%라고 한다. 20명의 위암 초기 환자를 수술하고 5년 후에 생존자를 조사하였다. 다음 물음에 답하여라.

(1) 15명의 환자가 생존할 확률은?
(2) 6명이 5년 이내에 사망했을 확률은?
(3) 8명 이상 15명 이하의 사람이 생존할 확률은?
(4) 20명의 환자 중 생존자의 수에 대한 기대값을 구하라.
(5) 20명의 환자 중 생존자의 수에 대한 분산과 표준편차를 구하라.

11. 포아송분포를 따르는 확률변수 X에 대해 다음 확률을 구하라.

(1) $m=3$일 때 $P(X=2)$
(2) $m=4$일 때 $P(3 \leq X \leq 7)$
(3) $m=0.5$일 때 $P(X>2)$

12. 50분간의 강의시간에 이동전화기 수신음이 평균 3회 울린다고 한다. 다음 물음에 답하여라.

(1) 50분간의 강의시간에 이동전화기 수신음이 한 번도 울리지 않을 확률은?
(2) 50분간의 강의시간에 이동전화기 수신음이 2회 이상 4회 이하 울릴 확률은?

13. 어느 주유소는 평균 1분에 1.2대꼴로 자동차가 기름을 넣으러 온다고 하자. 이때 어느 특정한 1분 동안 다음의 확률을 구하라.

(1) 1대 이하가 기름을 넣으러 온다.
(2) 1대 이상 3대 이하가 기름을 넣으러 온다.
(3) 2대 이상이 기름을 넣으러 온다.

14. 어느 회사에서 결근자의 수를 조사하였더니 하루에 평균 1.8명꼴이었다. 어느 특정한 하루에 결근자의 수를 조사하는 경우에 다음 확률을 구하라.

(1) 결근자가 1명도 없다.
(2) 결근자의 수가 2명 이하이다.

15. 우리나라에서 왼손잡이의 비율은 4%라고 알려져 있다. 100명 중 왼손잡이가 5명 이상일 확률을 구하라. 단, 이항분포의 포아송 근사를 이용하라.

16. 과거의 경험이 의하면 신용카드 사용자 중 5%는 카드대금을 3개월 이상 연체하는 신용불량자라고 한다. 20명의 신용카드 사용자를 랜덤하게 추출하였을 때 그중 적어도 한 명 이상의 신용불량자가 포함될 확률을 이항분포를 이용하여 구하라. 그리고 포아송분포를 이용하여 그 확률을 구하고 이항분포를 이용한 경우의 결과와 비교하여 보아라.

제6장

연속확률분포

6.1 서 론

제5장에서는 이산확률분포 중에서 가장 기본적이고 실제로 자주 사용되는 이항분포와 포아송분포에 대해 공부하였다. 이 장에서는 확률변수가 취하는 값을 하나씩 셀 수 없는 경우, 즉 확률변수가 어떤 구간 내의 모든 값을 취할 수 있는 연속확률변수의 확률분포인 연속확률분포를 나타내는 방법과 연속확률분포 중에서 가장 중요하고 자주 사용되는 정규분포에 대하여 공부하기로 하자.

6.2 확률밀도함수

실험의 측정대상이 양적인 경우에는 확률변수가 주어진 구간의 모든 값을 가질 수 있으므로 이산확률분포에서처럼 확률변수가 취하는 값을 모두 나열하여 그 확률값을 대응시키는 방법은 불가능하다. 예를 들면, 우리나라 성인 남자의 키를 조사하여 그 확률분포를 나타내는 경우를 생각해 보자. 확률변수 X가 우리나라 성인 남자의 키를 나타낸다고 하면, X는 0cm 이상의 값을 가질 것이므로 X가 취하는 값의 범위는 $(0, \infty)$이고 이 구간 내에 포함되는 실수값의 개수는 무한히 많다. 따라서 X가 이 구간 중의 임의의 값 x를 취하게 될 확률은 항상 $P(X=x)=0$이다. 예를 들면, 추출된 한 성인의 키가 180cm일 확률은 0인 것이다. 여기에 대해 많은 학생들이 의구심을 가질 것이다. 왜냐하면 실제로 우리 주위에 키가 180cm인 사람이 많기 때문이다. 그러나 키가 180cm라는 것은 그 사람의 키가 대략 180cm 정도라는 것을 의미하지 정확히 180cm라는 것은 아니다. 그리고 "180cm"의 수학적 의미는 179.5cm 이상, 180.5cm 미만의 키를 대표하는 값으로 이러한 의미에서 확률 $P(X=180)$을 계산하지 않고 확률 $P(179.5 \leq X < 180.5)$을 계산하는 것이다.

그러면 연속확률변수의 확률분포를 나타내는 방법을 생각해 보자. 다음의 예를 보면서 생각해 보자.

예제 6.1

우리나라 성인 남자의 키를 조사하기 위하여 100명을 랜덤하게 뽑아 그들의 키를 측정한 후 상대도수를 이용한 히스토그램을 그려보았더니 [그림 6.1]과 같았다.

그림 6.1 100명에 대한 상대도수 히스토그램 (계급구간의 폭 = 4cm)

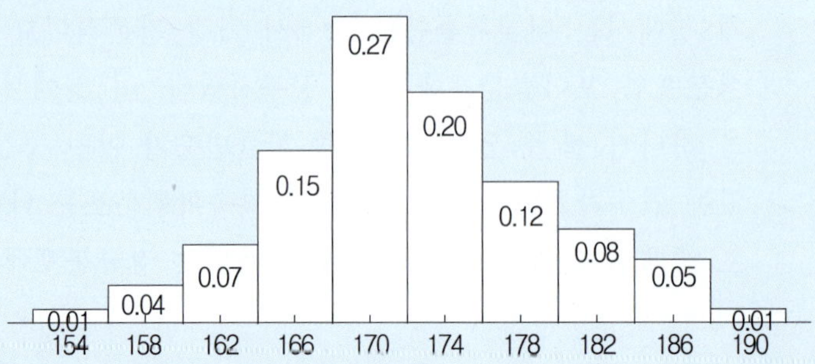

이번에는 모집단에 대한 보다 더 상세한 정보를 얻기 위하여 1,000명을 뽑아 그들의 키를 측정한 후 계급의 폭을 좀더 세분화한 상대도수 히스토그램을 그려보았더니 [그림 6.2]와 같았다.

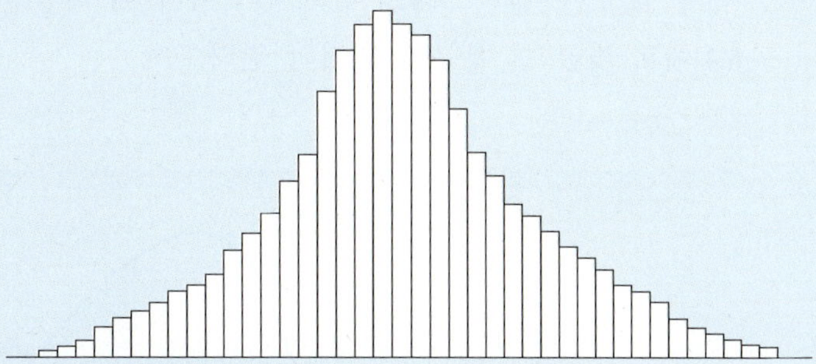

그림 6.2
1,000명의 상대도수 히스토그램 (계급구간의 폭 = 1cm)

100명인 경우의 히스토그램과 비교해보면 1,000명인 경우의 히스토그램이 모집단의 분포형태에 가까워짐을 알 수 있다. 이와 같이 표본의 크기를 무한히 늘리면서 계급의 폭을 계속 줄여가면서 상대도수 히스토그램을 그려가면, 결국에는 [그림 6.3]과 같은 형태의 부드러운 곡선의 형태를 갖는 그래프가 될 것이다. 유의할 점은 그래프 내의 면적은 반드시 1이라는 것이다.

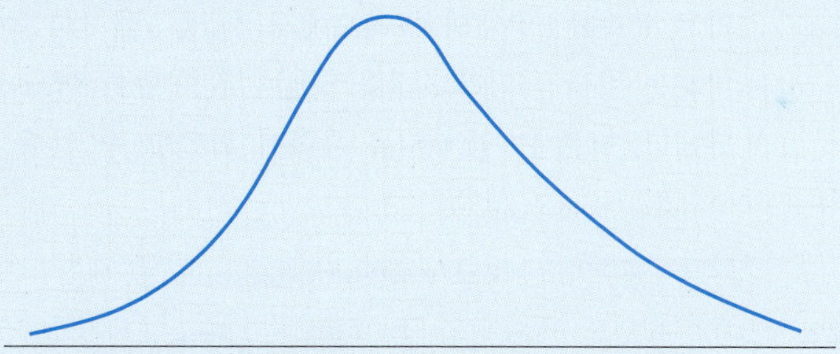

그림 6.3
상대도수 히스토그램의 극한

[그림 6.3]은 우리나라 성인 남자의 키에 대한 모집단의 분포라고 생각할 수 있으며 연속확률변수 X를 우리나라 성인 남자의 키를 나타내는 확률변수라 하면 X의 확률분포는 [그림 6.3]과 같다.

연속확률분포에서 서로 다른 두 값 a, b 사이의 확률, 즉 $P(a \le X \le b)$는 두 점 a, b 사이의 그래프 밑의 면적이며 이 확률을 그림으로 살펴보면 [그림 6.4]에서 빗금 친 부분의 면적과 같다.

그림 6.4
$P(a \le X \le b)$

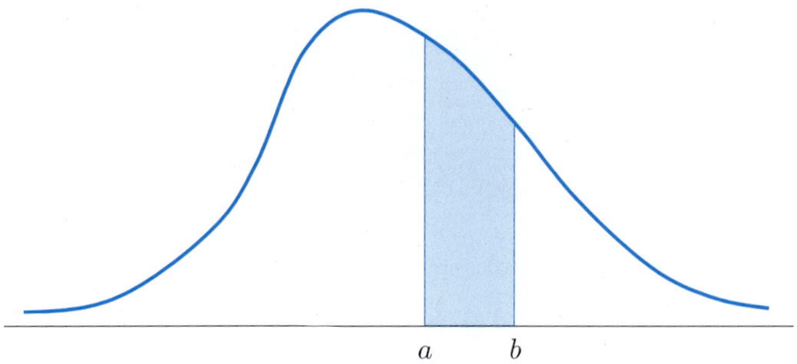

[그림 6.4]에서 b가 a에 가까워지면 빗금 친 부분의 면적은 점점 0에 가까워진다. 즉, 앞에서 배웠듯이 X가 a값을 가질 확률, $X = a$일 확률은 0이다. 따라서 연속확률분포의 그래프에서 한 점 a에서의 높이는 a값을 취할 확률을 의미하는 것이 아니라 a값을 중심으로 확률이 어느 정도 밀집되어 있는가를 나타낸다. 이는 [그림 6.5]를 통하여 확인할 수 있다.

그림 6.5
a 근방의 확률과 b 근방의 확률

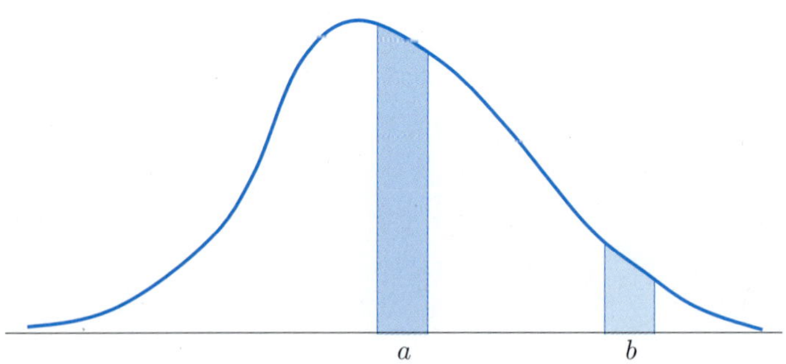

[그림 6.5]에서 a에서의 그래프의 높이가 b보다 높으며 a근방에서의 확률이 b근방에서의 확률보다 더 크다는 것을 빗금 친 면적을 비교해 보면 쉽게 알 수 있다. 따라서 한 점에서의 그래프의 높이는 그 점 주위에 확률의 밀집 정도를 나타낸다. 이러한 의미에서 위와 같은 연속확률분포의 그래프를 갖는 함수를 연속확률변수의 확률밀도함수(probability density function)라 한다. 만약 연속확률변수가 X이면 확률밀도함수는 $f(x)$라 표기한다. 따라서 서로 다른 두 값 a, b 사이의 확률을 확률밀도함수 $f(x)$로 나타내면

$$P(a \leq X \leq b) = \int_a^b f(x)\,dx$$

이다. 마지막으로 확률밀도함수의 그래프의 전체 면적은 항상 1임을 명심하자.

6.3 정규분포

1. 정규분포와 그 성질

정규분포(normal distribution)는 연속확률분포의 일종으로 통계학에서 가장 많이 사용되며 가장 중요한 분포이다. 정규분포는 [그림 6.6]과 같이 종을 엎어놓은 모양이며 좌우대칭의 형태를 갖는다.

그림 6.6
정규분포

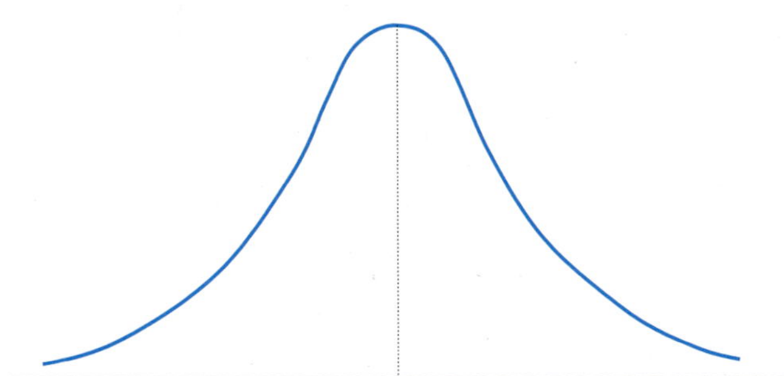

정규분포는 처음 프랑스의 수학자 De Moivre(1667~1754)에 의해 발견되었으며 그 후 Laplace(1749~1827)에 의해 천문학 등에 이용되었다. 특히 Gauss(1777~1855)는 정규분포의 함수식을 측정치의 오차에 대한 확률분포로서 수리적으로 유도하였으며 물리학과 천문학 등에 폭넓게 이용하였다. 이러한 연유로 정규분포를 가우스분포(Gaussian distribution) 또는 오차분포라고 하기도 한다.

확률변수 X의 평균이 μ이고, 표준편차가 σ인 정규분포의 확률밀도함수는 다음과 같다.

> **정규분포의 확률밀도함수 :**
> 확률변수 X가 평균이 μ이고, 표준편차가 σ인 정규분포의 확률밀도함수는
>
> $$f(x) = \frac{1}{\sqrt{2\pi}\,\sigma} e^{-\frac{(x-\mu)^2}{2\sigma^2}}, \quad -\infty < x < \infty$$

위의 확률밀도함수의 공식에서, π는 원주율로 약 3.1415927의 값을 갖는 상수이며 e는 약 2.71828의 값을 갖는 상수이다.

확률변수 X가 평균이 μ이고, 표준편차가 σ인 정규분포를 따를 때 $X \sim N(\mu,\ \sigma^2)$이라 표기한다. 정규분포의 모양은 평균과 분산의 값에 따라 달라지며, 그 모양의 변화 형태는 [그림 6.7]과 같다.

그림 6.7 (a) 평균이 같고 분산이 다른 경우

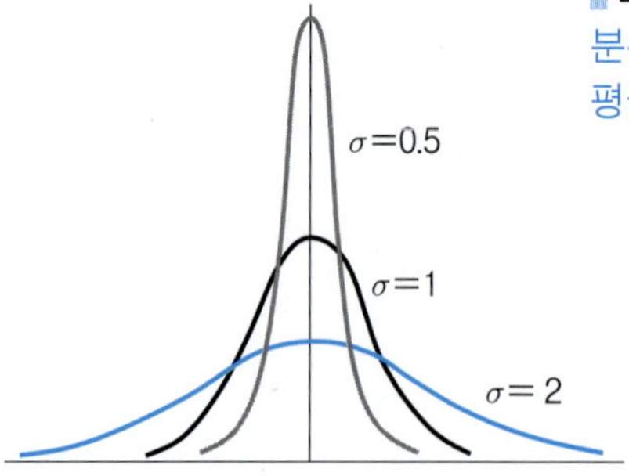

그림 6.7 (b) 분산이 같고 평균이 다른 경우

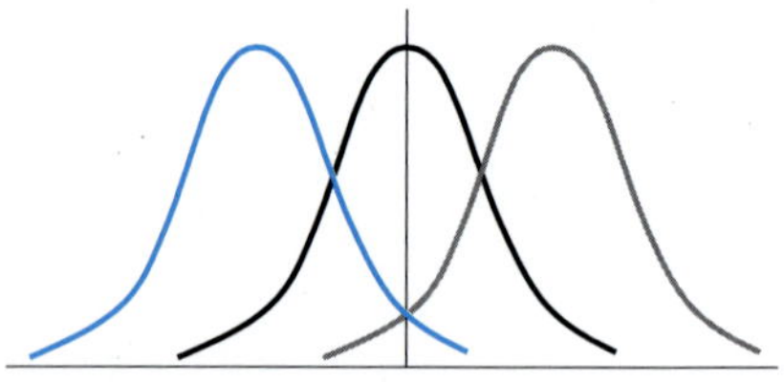

[그림 6.7 (a)]는 평균은 모두 같지만 분산이 다른 세 개의 정규분포를 비교한 것이다. 분산이 크면 분포가 넓게 퍼져있는 형태이며 작으면 평균을 중심으로 뾰쪽한 형태를 한다. 즉, 분산의 값이 작을수록 평균 근처에 많은 확률이 집중되어 있음을 알 수 있다. [그림 6.7 (b)]는 분산은 모두 같지만 평균이 다른 경우의 그림이다. 세 분포의 모양은 모두 같지만 평균에 따라 중심위치가 변화함을 알 수 있다. 이 그림을 통해서도 평균은 분포의 중심위치를 결정하며 분산은 분포의 형태를 결정함을 알 수 있다.

일반적으로 X가 평균이 μ이고, 표준편차가 σ인 정규분포를 따를 때, X가 평균 μ로부터 $\pm\sigma$, $\pm 2\sigma$, $\pm 3\sigma$ 사이에 있을 확률은 다음과 같다.

X가 평균이 μ이고, 표준편차가 σ인 정규분포를 따를 때,

$$P(\mu-\sigma < X < \mu+\sigma) = 0.683$$
$$P(\mu-2\sigma < X < \mu+2\sigma) = 0.954$$
$$P(\mu-3\sigma < X < \mu+3\sigma) = 0.997$$
$$P(X < \mu) = P(X > \mu) = 0.500$$

즉, 정규분포는 다음과 같은 성질을 갖는다. 우선, 평균 μ를 중심으로 좌우대칭이므로 X가 평균 μ보다 클 확률이 0.5이고 작을 확률도 0.5이다. 또한 평균 μ에서 확률밀도함수의 함수값이 가장 크고 μ로부터 멀어지면서 확률밀도함수의 함수값이 급속히 작아져서 μ를 중심으로 $\pm 3\sigma$ 이내의 확률이 99.7%로 집중되어 있다. [그림 6.8]은 위의 확률식을 그림으로 표현한 것이다.

그림 6.8
표준편차 단위의 구간 확률

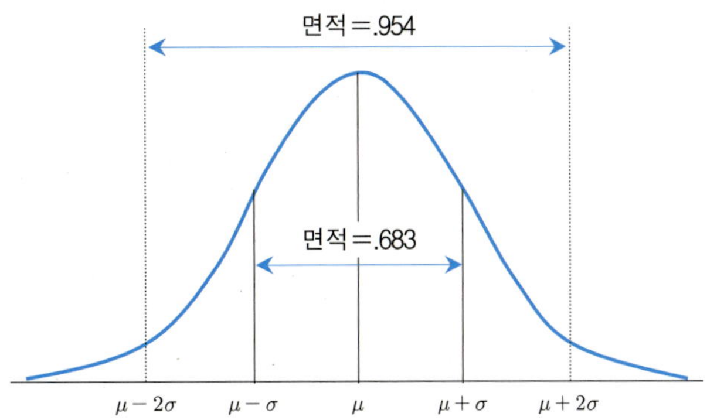

2. 정규분포의 확률계산

정규확률변수가 특정한 범위의 값을 취할 확률을 계산하기 위하여 매번 확률밀도함수 그래프에서 해당 부분의 면적을 계산하는 것은 매우 번거롭고 어려운 일이다. 확률계산을 위한 가장 편리한 방법은 평균과 분산의 모든 값에 대한 확률표를 만들어 놓는 것이다. 그러나 이것은 불가능하다. 왜냐하면 모든 경우의 확률표를 만들려면 백과사전 수십권 분량을 필요로 하기 때문이다. 그런데 다행히도 정규분포를 따르는 정규확률변수는 확률변수에서 평균을 뺀 후 표준편차로 나누면 항상 평균이 0이고 표준편차가 1인 정규분포를 따른다는 특성을 갖고 있으므로 우리는 이를 이용하여 확률계산을 편리하게 할 수 있다. 즉, 확률변수 X가 평균이 μ이고, 표준편차가 σ인 정규분포를 따를 때,

$$Z = \frac{X - \mu}{\sigma}$$

는 항상 평균이 0이고 표준편차가 1인 정규분포를 따른다. 이러한 확률변수 Z를 표준정규확률변수(standard normal random variable)라 하고 Z의 분포, 즉 평균이 0이고 표준편차가 1인 정규분포를 표준정규분포(standard normal distribution)라 한다. 이와 같이 일반적인 정규분포를 표준정규분포로 변환하는 과정을 표준화(standardization)라고 한다. 표준정규확률변수는 일반적으로 Z로 표기한다. 표준정규분포의 그래프는 [그림 6.9]와 같다.

그림 6.9
표준정규분포

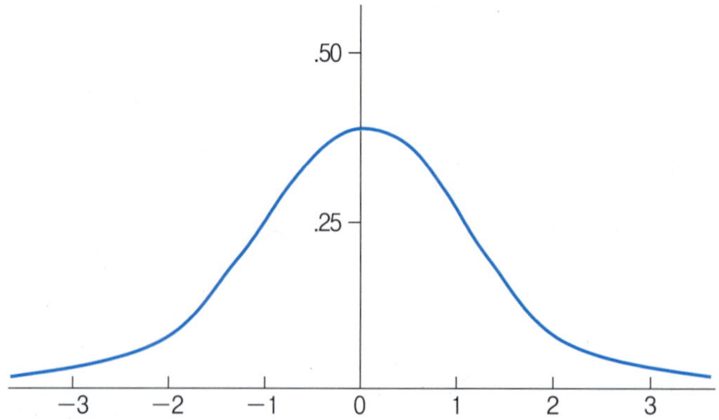

> X가 평균이 μ이고, 표준편차가 σ인 정규분포를 따를 때,
> $$Z=\frac{X-\mu}{\sigma}$$
> 는 표준정규분포 $N(0, 1)$을 따른다.

부록의 〈표 3〉에는 표준정규분포에 대하여 각 Z-값의 오른쪽부분의 면적인 $P(Z>z)$이 수록되어 있으며, 이 표를 이용하여 모든 정규분포에 대한 확률을 계산할 수 있다. 먼저 이 표의 이용방법을 설명하면, 예를 들어서 z가 1.96보다 클 확률을 구하려면 먼저 세로축의 1.9행과 가로축의 0.06열의 교차점의 값을 찾으면 된다. 즉, $P(Z>1.96)=0.025$이다. $P(Z>z)=\alpha$를 만족하는 z의 값을 z_α로 표기하고, 이를 표준정규분포의 제$100(1-\alpha)$백분위수 또는 $(1-\alpha)$분위수(quantile)라고 한다.

[그림 6.10]은 표준정규분포에서 z_α의 위치를 나타내고 있다. 일반적으로 주어진 구간 (a, b)의 확률은 다음과 같이 구할 수 있다.

$$P(a<Z<b)=P(Z>a)-P(Z>b)$$

또한 Z가 b보다 작을 확률, 즉 $P(Z<b)$을 구하면

$$P(Z<b)=1-P(Z>b)$$

그림 6.10
z_α의 위치

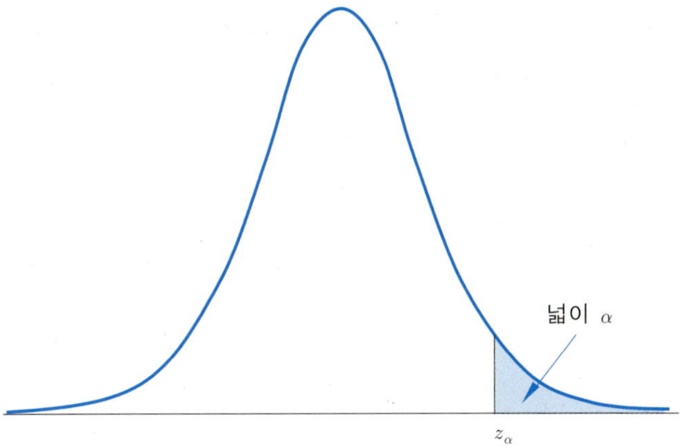

또한 표준정규분포는 0을 중심으로 좌우대칭이므로

$$P(Z<0)=0.5$$
$$P(Z<-z)=P(Z>z)$$

이 성립한다. 또한 연속확률변수에서는 한 점의 확률값이 항상 0이므로 다음 식이 성립한다.

$$P(a<Z<b)=P(a\le Z\le b)=P(a<Z\le b)=P(a\le Z<b)$$

$$P(a<Z<b)=P(Z>a)-P(Z>b)$$
$$P(Z<b)=1-P(Z>b)$$
$$P(Z<0)=P(Z>0)=0.5$$
$$P(Z<-z)=P(Z>z)$$
$$P(a<Z<b)=P(a\le Z\le b)=P(a<Z\le b)=P(a\le Z<b)$$

예제 6.2

표준정규분포표를 이용하여 다음 확률을 계산해 보자.

① $P(Z\ge -1.96)$

② $P(0<Z<1.5)$

③ $P(-1.96\le Z\le 1.96)$

풀이 —

① 표준정규분포가 0을 중심으로 좌우대칭이므로 $P(Z\ge -1.96)=P(Z\le 1.96)$이 성립한다. 따라서

$P(Z\le 1.96)=1-P(Z>1.96)=1-0.025=0.975$

② $P(0<Z<1.5)=P(0<Z)-P(1.5<Z)=0.5-0.0668=0.4332$

③ $P(-1.96\le Z\le 1.96)=1-P(Z\le -1.96)-P(Z\ge 1.96)$이고 표준정규분포의 좌우대칭성을 이용하면, $P(Z\le -1.96)-P(Z\ge 1.96)$이므로

$$\begin{aligned}1-P(Z\le -1.96)-P(Z\ge 1.96)&=1-2\times P(Z\ge 1.96)\\&=1-2\times 0.025=0.950\end{aligned}$$

■ **엑셀2007을 이용한 표준정규분포의 확률계산**

예제 6.2를 엑셀을 이용하여 계산하여 보자.

① $P(Z \geq -1.96)$

$P(Z \geq -1.96)$은 $1-P(Z<-1.96)$으로 표시할 수 있으므로 먼저 엑셀에 다음과 같이 입력한다.

A1	B1	C1
1		=A1−B1

B1에는 $P(Z<-1.96)$을 입력해야 하는데 다음과 같이 한다. 함수마법사 통계에서 NORMSDIST를 선택하면 다음과 같은 대화창이 나타난다. 여기 Z에 −1.96을 입력하고 [확인] 버튼을 클릭하면 $P(Z \geq -1.96)$의 확률값이 계산된다.

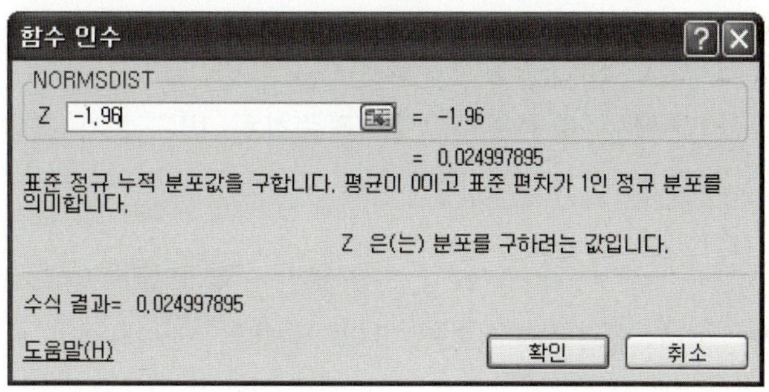

② $P(0< Z<1.5)$

$P(0< Z<1.5)=P(0< Z)-P(1.5< Z)$이므로 함수마법사 통계에서 NORMSDIST를 선택한 후 Z에 각각 0, 1.5를 입력하여 $P(0< Z)$과 $P(Z<1.5)$의 확률을 계산한다.

예제 6.3

다음을 만족시키는 z값을 구하라.

① $P(-z \leq Z \leq z)=0.90$

② $P(Z>z)=0.10$

풀이 —

① $P(-z \le Z \le z) = 1 - P(Z \le -z) - P(Z \ge z)$이므로 $P(Z \le -z) + P(Z \ge z) = 0.10$이 성립한다. 또한 표준정규분포의 좌우대칭성에 의해 $P(Z \le -z) = P(Z \ge z)$이므로 $2 \times P(Z \ge z) = 0.10$, 즉 $P(Z \ge z) = 0.05$이다. 그런데 표준정규분포표에 의하면 $P(Z \ge 1.64) = 0.0505$이고 $P(Z \ge 1.65) = 0.0495$이다. 따라서 $P(Z \ge z) = 0.05$을 만족시키는 z 값은 1.64와 1.65를 내분하는 점 1.645가 된다.

② $P(Z > 1.28) = 0.1003$이고 $P(Z > 1.29) = 0.0985$이므로 $P(Z > z) = 0.10$를 만족시키는 정확한 z 값은 1.28과 1.29 사이의 값일 것이다. 이러한 경우 ①과 같이 두 값이 같은 거리만큼 떨어져 있는 경우에는 내분점을 그 값으로 취하지만 이 경우처럼 두 값이 같은 거리만큼 떨어져 있지 않은 경우에는 가까운 점을 그 값으로 취한다. 즉 $z \simeq 1.28$이다.

$X \sim N(\mu, \sigma^2)$일 때 $P(a < X < b)$를 구하는 방법을 생각해 보자. 이러한 경우에는 확률변수 X를 표준화한 변수 Z가 표준정규분포를 따른다는 사실을 이용하여 확률을 계산한다.

$X \sim N(\mu, \sigma^2)$일 때 $P(a < X < b)$를 구하는 방법 :

$$\begin{aligned} P(a < X < b) &= P(a-\mu < X-\mu < b-\mu) \\ &= P\left(\frac{a-\mu}{\sigma} < \frac{X-\mu}{\sigma} < \frac{b-\mu}{\sigma}\right) \\ &= P\left(\frac{a-\mu}{\sigma} < Z < \frac{b-\mu}{\sigma}\right) \end{aligned}$$

또한 다음이 성립한다.

$$P(a < X) = P\left(\frac{a-\mu}{\sigma} < Z\right)$$

$$P(X < b) = P\left(Z < \frac{b-\mu}{\sigma}\right)$$

예제 6.4

확률변수 X가 $N(40,\ 25)$를 따를 때, 다음 확률을 구하라.

① $P(X \geq 50)$

② $P(X \leq 35)$

③ $P(30 \leq X \leq 45)$

풀이 —

① $P(X \geq 50) = P\left(Z \geq \dfrac{50-40}{5}\right) = P(Z \geq 2.0) = 0.0228$

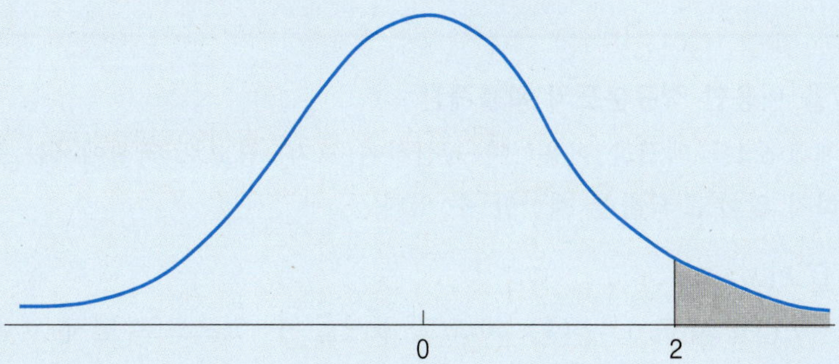

② $P(X \leq 35) = P\left(Z \leq \dfrac{35-40}{5}\right) = P(Z \leq -1.0)$

$= P(Z \geq 1.0) = 0.1587$

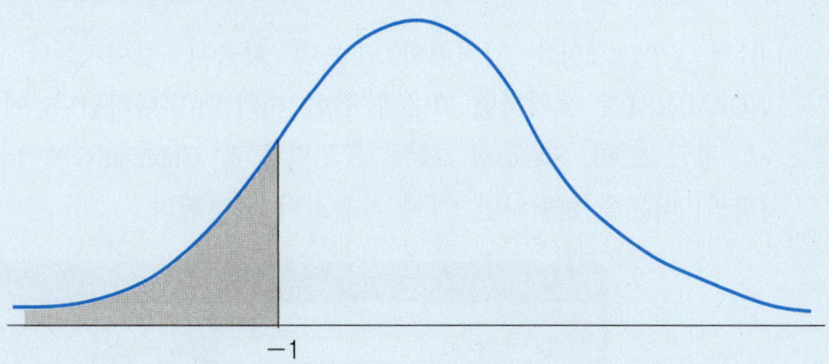

③ $P(30 \leq X \leq 45) = P\left(\dfrac{30-40}{5} \leq Z \leq \dfrac{45-40}{5}\right)$

$= P(-2.0 \leq Z \leq 1.0)$

$= P(Z \leq 1.0) - P(Z \leq -2.0) = P(Z \leq 1.0) - P(Z \leq -2.0)$

$= \{1 - P(Z \geq 1.0)\} - P(Z \geq 2.0) = (1-0.1587) - 0.0228$

$= 0.8413 - 0.0228 = 0.8185$

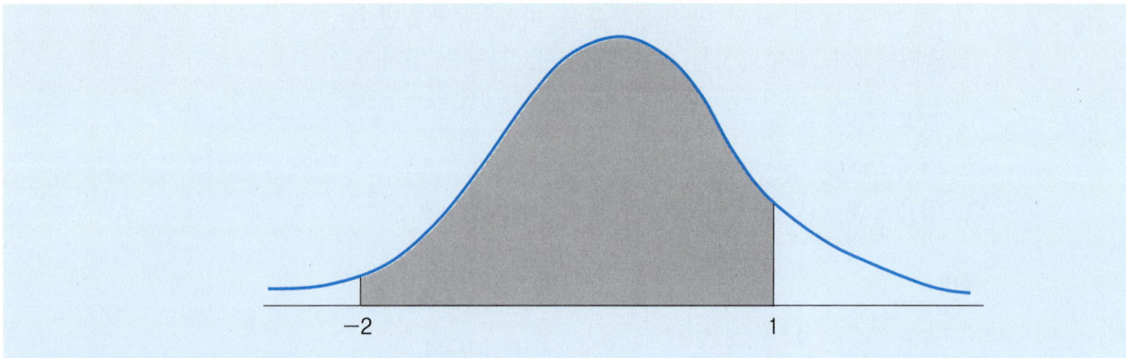

■ 엑셀2007을 이용한 정규분포의 확률계산

예제 6.4를 엑셀을 이용하여 계산하여 보자. 참고로 엑셀에서는 표준정규분포로 전환하지 않아도 확률을 계산할 수 있다.

① $P(X \geq 50)$

$P(X \geq 50)$은 $1-P(X<50)$으로 표시할 수 있으므로 먼저 엑셀에 다음과 같이 입력한다.

A1	B1	C1
1		=A1−B1

B1에 $P(X<50)$을 입력해야 하는데 다음과 같이 한다. 함수마법사 통계에서 NORMDIST를 선택하면 다음과 같은 대화창이 나타난다. 여기에서 X에 50, Mean에 평균값 40, Standard_dev에 표준편차 5, Cumulative에 true를 입력하고 하단의 [확인] 버튼을 클릭하면 C1에 확률값이 입력된다.

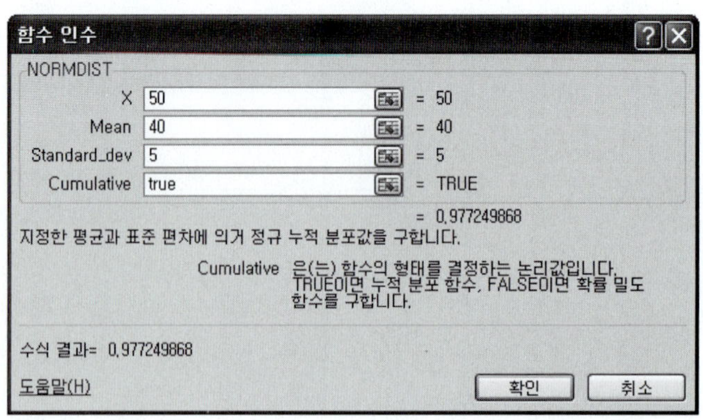

② $P(X \leq 35)$

앞의 절차에서 NORMDIST의 대화창 X에 35를 입력하면(나머지 값은 동일) 확률값이 나타난다.

③ $P(30 \leq X \leq 45)$

엑셀에 다음과 같이 입력하고 A1에는 $P(30 \leq X)$를, B1에는 $P(X \leq 45)$를 입력한다. $P(30 \leq X)$는 NORMDIST의 대화창 X에 30(나머지 값은 동일), $P(X \leq 45)$는 NORMDIST의 대화창 X에 45(나머지 값은 동일)를 입력하면 C1에 확률값이 계산된다.

A1	B1	C1
		=A1−B1

예제 6.5

작업치료학과 남학생들의 평균키는 172cm이고 표준편차는 6cm라고 한다. 작업치료학과 남학생들의 키가 정규분포를 따른다고 할 때, 다음 물음에 답하여라.

① 한 남학생을 임의로 뽑았을 때 그 학생의 키가 163cm 이상일 확률은 얼마인가?
② 남학생의 키가 169cm 이상 181cm 이하일 확률을 구하라.
③ 한 학생이 상위 5% 이내에 들기 위해서는 키가 몇 cm 이상이어야 하는가?

풀이 —

확률변수 X가 남학생들의 키를 나타낸다고 하면, $X \sim N(172,\ 36)$이므로

$$Z = \frac{X-172}{6}$$

는 표준정규분포를 따른다.

① $P(X \geq 163) = P\left(Z \geq \frac{163-172}{6}\right) = P(Z \geq -1.5)$
$= P(Z \leq 1.5) = 1 - P(Z > 1.5) = 0.9332$

② $P(169 \leq X \leq 181) = P\left(\frac{169-172}{6} \leq Z \leq \frac{181-172}{6}\right)$
$= P(-0.5 \leq Z \leq 1.5) = P(Z \geq -0.5) - P(Z > 1.5)$
$= \{1 - P(Z < -0.5)\} - P(Z > 1.5)$
$= \{1 - P(Z > 0.5)\} - P(Z > 1.5) = (1 - 0.3085) - 0.0668$
$= 0.6247$

③ 키의 분포에서 상위 5%에 해당하는 키 중 가장 작은 키를 x_0라 하면,

$$P(X \geq x_0) = 0.05$$

이 성립하여야 한다. 따라서 이 확률을 표준정규확률변수 Z로 표현하면

$$P\left(Z \geq \frac{x_0 - 172}{6}\right) = 0.05$$

이므로 부록의 〈표 3〉에서 확률 0.05에 해당하는 값을 찾는다. 즉,

$$\frac{x_0 - 172}{6} = 1.64$$

이 성립한다. 그러므로

$$x_0 = 172 + 1.64 \times 6 = 181.84$$

따라서 키가 적어도 181.84cm 이상이어야 상위 5% 내에 들 수 있다.

6.4 이항분포의 정규근사

이항분포에서 시행횟수 n이 큰 경우에 이항분포의 확률을 계산하는 것이 매우 복잡함을 이미 배웠다. 이러한 복잡한 확률계산을 간편하게 하기 위하여 제5장에서는 이항분포에서 시행횟수 n이 크고 성공확률 p가 아주 작은 경우에 이항분포는 평균이 $np(=m)$인 포아송분포에 가까워진다는 것을 이용하였다. 그러면 이항분포에서 시행횟수 n이 크고 성공확률 p가 매우 작지 않은 경우에는 이항분포에서의 확률계산은 어떻게 하여야 하는가? 이 절에서는 이러한 경우에 이항분포가 정규분포에 가까워진다는 것과 그 확률계산법에 대해 공부하기로 한다.

시행횟수 n이 크고 성공확률 p가 아주 작지 않은 경우에 이항분포가 정규분포에 가까워진다는 것을 수학적으로도 증명할 수 있으나 본 교재에서는 그림을 통하여 간단히 증명해보자. [그림 6.11]은 $p=0.4$인 경우에 $n=5$, 12, 25일 때의 이항분포의 확률 히스토그램이다. 이 그림에서 보듯이 n이 증가함에 따라 분포의 형태가 점차 대칭에 가까워지고 종모양의 형태로 변화해 감을

그림 6.11 (a)
$n=5, p=0.4$인 경우

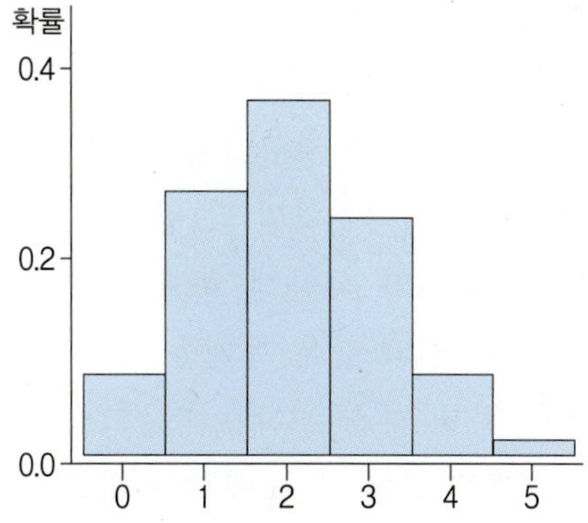

그림 6.11 (b)
$n=12, p=0.4$인 경우

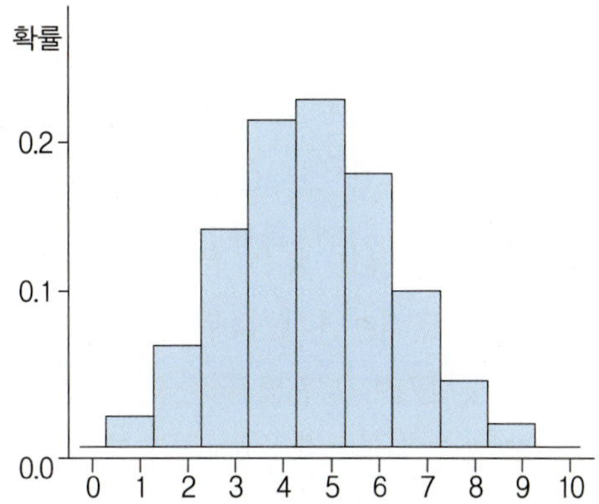

그림 6.11 (c)
$n=25, p=0.4$인 경우

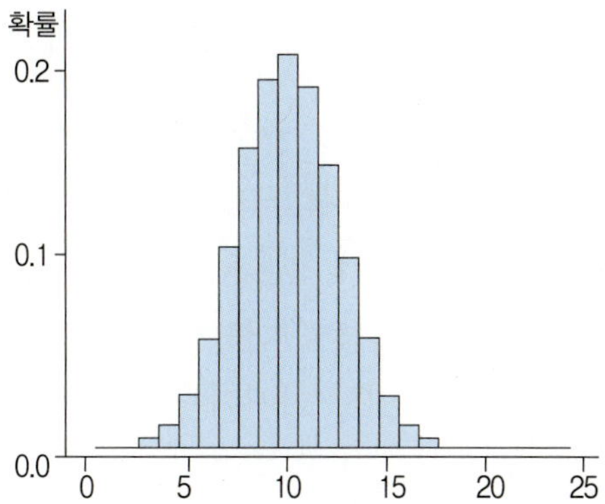

알 수 있다. 이러한 경향은 n이 매우 커지면 더욱 더 확실하게 나타나게 되어 정규분포에 가까워진다. 이때 정규분포의 평균은 $\mu = np$이고 분산은 $\sigma^2 = npq$이다. 즉, 이항분포에서의 평균, 분산과 동일하다.

이항분포가 정규분포로 근사한다는 것을 그래프를 통하여 알아보자. 먼저, 정확하게 이야기하면 [그림 6.11]은 틀린 그림이다. 왜냐하면 이항분포는 이산확률분포이기 때문에 확률 히스토그램은 [그림 6.11]과 같은 형태가 아니고 [그림 6.12]와 같은 형태를 가져야 한다. [그림 6.12]는 n=25, p=0.4인 이항분포의 확률 히스토그램이다. 그런데 이항확률변수 X가 x인 경우의 확률 히스토그램을 그릴 때, x에서의 확률을 [그림 6.12]에서처럼 직선으로 나타내지 않고 [그림 6.11 (c)]에서와 같이 x를 중심으로 밑변의 길이가 1인 구간($x-0.5$, $x+0.5$)과 높이 $P(X=x)$로 만들어지는 직사각형으로 확률 히스토그램을 그려 보았다. 즉, 이산확률분포인 이항분포를 연속확률분포로써 근사시키기 위하여 연속적인 값을 가진다고 가정하고 히스토그램을 그려 본 것이다. 이와 같이 하나의 값 x를 중심으로 0.5씩 가감하는 과정을 이산확률분포에서 연속확률분포로의 근사를 위한 연속성수정(continuity correction)이라 부른다. 따라서 이항분포에서 $(a \le X \le b)$일 확률은 $(a-0.5 \le X \le b+0.5)$일 확률로 근사된다.

그림 6.12
$n=25, p=0.4$ 인 경우의 확률 히스토그램

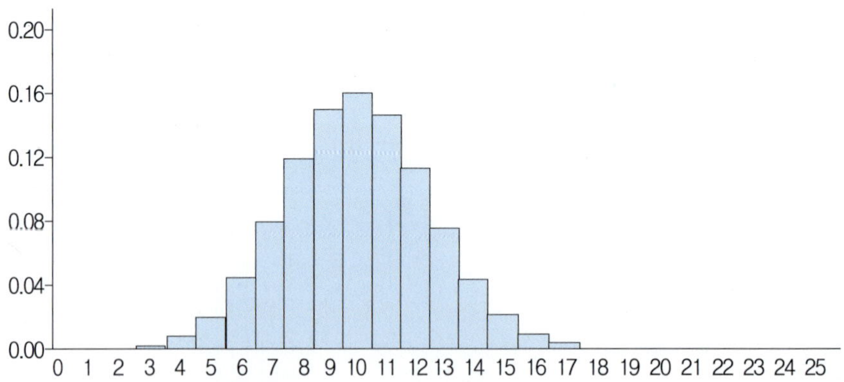

> **이항분포의 정규근사 :**
> 확률변수 X가 이항분포, 즉 $X \sim B(n, p)$이고 np나 nq가 모두 클 경우에 X는 근사적으로 평균이 np이고, 표준편차가 $\sqrt{npq}$인 정규분포를 따른다. 즉,
> $$Z = \frac{X - np}{\sqrt{npq}} \doteq N(0,1)$$

예제 6.6

확률변수 X가 $n=20$, $p=0.5$인 이항분포를 따를 때 다음 물음에 답하여라.

① X가 12보다 크거나 같고 14보다 작거나 같을 확률을 이항분포를 이용하여 계산하여라.

② X가 12보다 크거나 같고 14보다 작거나 같을 확률을 정규분포를 이용하여 계산하여라.

풀이 —

① 먼저 누적이항분포표를 이용하여 구하면

$$\begin{aligned} P(12 \le X \le 14) &= P(X \le 14) - P(X \le 11) \\ &= 0.9793 - 0.7483 = 0.2310 \end{aligned}$$

② X는 근사적으로 평균이 10, 표준편차가 $\sqrt{5}$인 정규분포를 따르고, 연속성수정을 하여 계산한 결과는 다음과 같다.

$$\begin{aligned} P(12 \le X \le 14) &= P(11.5 \le X \le 14.5) \\ &= P\left(\frac{11.5 - 10}{\sqrt{5}} \le Z \le \frac{14.5 - 10}{\sqrt{5}}\right) \\ &= P(0.67 \le Z \le 2.01) \\ &= P(0.67 \le Z) - P(2.01 \le Z) \\ &= 0.2514 - 0.0222 = 0.2292 \end{aligned}$$

위의 예제에서 보듯이 정규분포를 이용하여 근사적으로 구한 확률 0.2292와 이항분포를 이용하여 계산한 정확한 확률 0.2310의 차는 겨우 0.0018밖에 나지 않는다.

일반적으로 이항분포를 정규분포로 근사시키기 위해서는 $np > 5$이고 $n(1-p) > 5$일 만큼 n이 충분히 커야 한다고 알려져 있다. 따라서 예제 6.6은 $np = 20 \times 0.5 = 10$이고, $n(1-p) = 20 \times (1-0.5) = 10$이므로 위의 조건에 합당하므로 좋은 근사값을 얻을 수 있었다. 그리고 위의 조건이 만족되더라도 가급적이면 $n > 25$일 때 정규분포로 근사시키는 것이 바람직하다.

예제 6.7

어느 전자제품 대리점을 방문하는 손님 중 20%만이 실제로 제품을 구입한다고 알려져 있다. 이때, 50명의 방문객 중 15명 이상이 제품을 구입할 확률을 구하라.

풀이 –

확률변수 X를 50명의 방문객 중 제품을 구입하는 손님의 수라 하면 $X \sim B(50,\ 0.20)$이다. $np = 50 \times 0.20 = 10 > 5$이고 $n(1-p) = 50 \times (1-0.20) = 40 > 5$이므로 이항분포를 정규분포로 근사시킬 수 있다. 따라서 평균이 $np = 10$이고, 표준편차는 $\sqrt{np(1-p)} = 2\sqrt{2}$이므로 X는 근사적으로 $N(10,\ 8)$을 따른다. 그러므로 구하는 확률은

$$
\begin{aligned}
P(15 \le X) &= P(14.5 \le X) \\
&= P\left(\frac{14.5 - 10}{2\sqrt{2}} \le Z\right) \\
&= P(1.59 \le Z) = 0.0559
\end{aligned}
$$

연습문제

1. 다음 문장을 읽고 옳으면 '○'표, 또한 틀리면 '×'표를 한 후 틀린 곳을 지적하라.

(1) 연속확률분포에서 확률변수의 값이 x가 될 확률은 $f(x)$이다.
(2) 연속확률밀도함수 $f(x)$는 0보다 작을 수 있다.
(3) 성인의 키는 정규분포로 표현될 수 있다.
(4) 정규분포의 왼쪽과 오른쪽 꼬리는 수평축과 만나지 않으면서 무한히 0에 가까워진다.
(5) 정규분포에서 평균은 항상 중앙값, 최빈값과 일치한다.
(6) 이항분포에서 n이 20보다 크면, 일반적으로 정규분포를 사용하여 확률을 계산한다.

2. 확률변수 X가 다음과 같을 때, 표준화변수 Z를 구하라.

(1) 평균 10, 표준편차 4
(2) 평균 200, 표준편차 15
(3) 평균 800, 분산 180

3. 평균이 85이고, 표준편차가 10인 정규분포를 따르는 X에 대하여 다음 각 확률을 구하라.

(1) $P(X \le 75)$ (2) $P(75 \le X < 90)$ (3) $P(70 \le X \le 85)$
(4) $P(X \ge 85)$ (5) $P(X \ge 77.5)$ (6) $P(70 \le X \le 88)$

4. 평균이 80이고, 표준편차가 9인 정규분포를 따르는 X에 대하여 다음 물음에 답하여라.

(1) $P(X \le a) = 0.0764$인 a값은?
(2) $P(X \ge b) = 0.1788$인 b값은?
(3) 제40백분위수를 구하라.
(4) 제70백분위수를 구하라.

5. 다음의 표준정규분포의 확률밀도함수에서 각 z값을 구하라.

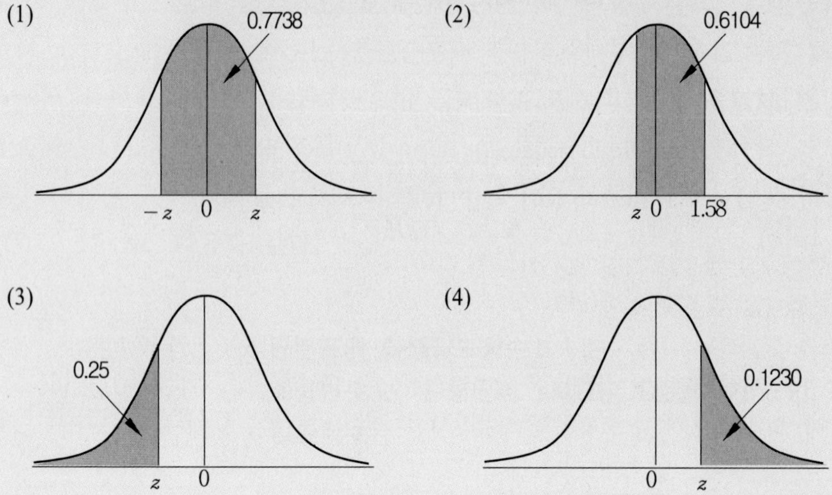

6. 어떤 사람이 자기 집에서 직장까지 출근하는 데 소요되는 시간이 평균 52분, 표준편차 6분인 정규분포를 따른다고 한다. 다음 물음에 답하여라.

(1) 이 사람이 집에서 아침 8시 정각에 출발하여 아침 9시 이전에 직장에 도착할 수 있는 확률은?

(2) 이 사람이 아침 9시 이전에 직장에 도착할 수 있을 확률을 적어도 95% 이상 되게 하려면 적어도 몇 시에 집에서 출발하여야 하는가?

7. 보통 전구의 수명시간은 평균이 600일, 분산이 400일인 정규분포를 따른다고 할 때, 다음 물음에 답하여라.

(1) 전구의 수명이 570일 이상일 확률을 구하라.

(2) 전구의 수명이 610일 이상 630일 이하일 확률을 구하라.

8. 학생들의 통계학 성적은 평균이 85점이고, 표준편차가 6점인 정규분포를 따른다고 한다. 다음 물음에 답하여라.

(1) 76점에서 91점 사이의 성적을 받은 학생의 비율은?

(2) 상위 15%의 학생에게 A학점을 준다면, A학점을 받기 위한 최저점수는 얼마인가?

9. IT 해외연수를 희망하는 학생들을 대상으로 실시하는 영어시험점수는 평균이 80점 그리고 분산이 16점인 정규분포를 따르는 것으로 나타났다. 여기서 영어점수가 상위 75%에 속하는 학생에게만 연수를 허가하려고 할 때, 이에 해당하는 점수를 구하라.

10. 어느 갈비집에서 제공되는 갈비 1인분의 무게는 평균이 200그램이고 표준편차가 10그램인 정규분포를 따른다고 한다. 갈비 1인분이 208그램보다 많을 확률은 얼마인가?

11. 확률변수 X가 $n=25$이고 $p=0.6$인 이항분포를 따르는 확률변수이다. 이항분포표를 이용하여 다음 확률을 구하라.

(1) $X=15$
(2) $11 \leq X \leq 18$
(3) $11 < X < 18$
(4) 이항분포의 정규근사를 이용하여 (1), (2), (3)의 확률의 근사값을 구하라.

12. X가 $n=100$이고 $p=0.5$인 이항확률변수일 때 다음 각 확률을 이항분포의 정규근사를 이용하여 구하라.

(1) $P(X \geq 54)$
(2) $P(X < 48)$
(3) $P(47 < X \leq 53)$
(4) $P(55 \leq X < 58)$

13. 어느 항공회사는 항공편을 예약한 사람 중 20%가 예정시간에 공항에 나오지 않거나 또는 항공편 예약을 변경한다는 사실을 알았다. 이 항공회사가 빈 좌석 발생에 의한 손실을 감소시키기 위하여 500석의 좌석이 있는 어느 항공편에 600건의 예약을 접수하였다. 예약을 하고 탑승하기 위하여 공항에 나온 사람들 모두가 탑승할 수 있는 확률은?

14. 어느 공장에서 생산되는 제품 중 3%가 불량품이라 한다. 이 공장에서 생산되는 제품 중 랜덤하게 400개를 추출하여 검사를 실시할 때 다음 확률을 구하라.

(1) 불량품이 10개 이상일 확률은?
(2) 불량품이 8개일 확률은?
(3) 불량품이 8개 미만일 확률은?

15. 카드사용자 중에서 카드대금을 연체하는 확률이 8%라고 한다. 2천명의 카드사용자를 대상으로 다음 확률을 구하라.

(1) 120명 미만의 카드사용자가 연체한다.
(2) 200명 이상의 카드사용자가 연체한다.

제7장

표본분포

7.1 서 론

표본을 추출하여 모집단의 특성을 파악하려고 하는 추론(inference)은 통계학의 가장 핵심부분이라고 할 수 있을 것이다. 모집단의 일부인 표본을 이용하여 전체 모집단을 설명할 수 있는 배경에는 적절한 표본추출법에 의해 추출된 표본이 전체 모집단의 특성을 잘 반영하고 있다는 전제가 있기 때문이다. 이 장에서는 모집단의 특성을 잘 반영하는 표본을 추출하기 위한 표본추출법에 대해 간단히 공부하고 표본으로 만들어진 통계량(statistic)의 분포와 중심극한정리에 대해서도 알아보고자 한다.

7.2 표본조사

표본조사 또는 표본추출(sampling)의 목적은 표본으로부터 얻어진 정보를 이용하여 모집단에 대한 정보를 이끌어 내는 것이다. 모집단의 특성을 완전히 파악하려면 모집단 전체를 표본으로 추출하여 조사하여야 한다. 이를 전수조사(census)라고 한다. 통계청에서 5년마다 실시하는 인구 및 주택조사가 대표적인 전수조사이다. 그러나 모집단의 크기가 상당히 큰 경우, 전수조사는 많은 인력, 시간과 비용이 소모되고 조사과정에서 많은 오류가 발생할 가능성이 크며 또한 수집된 자료를 분석하는 일도 쉽지 않을 것이다. 그리고 모집단의 특성을 파악하기 위해 파괴검사를 실시해야 하는 경우에는 전수검사를 도저히 할 수 없을 것이다. 따라서 적절한 표본을 추출함으로써 모집단의 특성에 관한 보다 더 정확한 정보를 얻을 수 있는 것이다.

우선 모집단과 표본에 대한 정의부터 알아보자.

모집단(population) : 정보를 얻고자 실시하는 통계조사 대상들의 전체집합
표 본(sample) : 통계조사를 위하여 선택된 모집단의 일부
모 수(parameter) : 수치로 표현되는 모집단의 특성

가장 바람직한 표본추출법은 모집단의 특성을 가장 잘 설명할 수 있는 모집단의 일부를 표본으로 추출하는 것이다. 예를 들면, A대학교의 재학생 중 흡연자의 비율을 알아보려고 한다. 이때, 통계학과 학생 200명 중 50명을 표본으로 추출하여 흡연자의 비율을 계산하였다. 먼저, 여기에서 모집단은 A대학교 재학생 전체이며, 표본은 통계학과 학생 중 선택된 50명, 모수는 A대학교 재학생의 흡연비율이다. 그러면, 통계학과 학생 50명으로 구성된 표본에 의해 계산된 흡연자비율이 A대학교 재학생 전체 중의 흡연자 비율을 대표한다고 할 수 있겠는가? 당연히 대표할 수 없을 것이다. 왜냐하면, 추출된 50명의 표본은 통계학과 학생들을 대표할 수는 있어도 재학생 전체를 대표할 수 없기 때문이다. 그러면, 재학생 전체에서의 흡연자의 비율을 가장 잘 대표할 수 있도록 하려면 표본을 어떻게 추출하여야 하는지 각자 생각해 보자.

전체 모집단을 잘 대표할 수 있도록 표본을 추출하기 위한 하나의 방법으로 랜덤추출법이 있다. 랜덤추출법(random sampling)이란 모집단의 모든 구성원이 표본으로 뽑힐 가능성이 같도록 표본을 추출하는 방법이다. 이러한 랜덤추출법에 의해 추출된 표본을 랜덤표본(random sample)이라고 한다. 위의 예에서 통계학과 학생 200명 중에서 50명을 표본으로 추출하는 방법은 랜덤추출법이 아니다. 왜냐하면 통계학과 학생들은 표본으로 뽑힐 확률이 50/200=0.25이고 통계학과 이외의 학과 학생들은 뽑힐 확률이 0으로 각 학생이 표본으로 뽑힐

확률이 다르기 때문이다. 랜덤추출법 이외에도 여러 가지 표본추출법이 있으나 본 교재에서는 다루지 않기로 한다.

그러나 적당한 표본추출법을 사용하여 표본을 추출하여도 표본조사 결과가 항상 올바른 것은 아니다. 그 이유는 다음과 같이 크게 세 가지로 나눌 수 있다.

1) 모집단을 완벽하게 대표하는 표본을 추출하기 어렵다.
2) 표본추출에는 반드시 표본오차가 동반된다. 여기서 표본오차(sampling error)란 표본을 추출하기 때문에 발생하는 오차를 말한다. 즉, 모집단 전체가 아니라 일부 표본만을 조사하여 결론을 내리기 때문에 어쩔 수 없이 발생하는 오차를 뜻한다.
3) 때로는 비표본오차도 수반될 수 있다. 비표본오차(non-sampling error)란 표본추출 이외의 요인에 의해 발생하는 오차를 말한다. 예를 들면, 민감한 질문에 대하여 조사대상자가 거짓말을 하여 발생하는 오차, 조사원이 응답을 잘못 기록하여 발생하는 오차 등이 있다. 따라서 조사자는 비표본오차를 줄이기 위해 노력해야 한다.

모집단으로부터 표본을 뽑고 표본으로부터 계산되는 표본의 평균, 표본의 분산, 표본의 비율과 같은 표본의 특성값, 즉 통계량(statistic)을 이용하여 모수를 추정하게 된다. 위의 예에서 50명의 표본의 흡연자 비율이 바로 통계량이 된다.

통계량 :
표본으로부터 계산되는 표본의 특성값으로 표본의 함수이다.

예를 들면, 표본평균

$$\overline{X} = \frac{1}{n}(X_1 + X_2 + \cdots + X_n)$$

은 표본 $X_1, X_2, \cdots, X_n$의 함수이고 $X_1, X_2, \cdots, X_n$의 관측값에 의하여 결정되므로 통계량이다. 이때, 통계량에 대하여는 다음 사항을 유의해야 한다.

1) 표본은 단지 모집단의 일부에 불과하므로 표본으로부터 계산된 통계량의 값은 모수의 참값과 항상 일치하지는 않는다.
2) 통계량의 값은 추출된 표본에 영향을 받는다.
3) 다른 표본을 추출할 때마다 통계량의 값은 변한다.

〈표 7.1〉 모집단과 표본의 차이

	모집단	표 본
정 의	정보를 얻고자 실시하는 통계조사 대상들의 전체집합	통계조사를 위하여 선택된 모집단의 일부
특성값	모수	통계량
기 호	μ, 모평균	$\overline{X}$, 표본평균
	σ, 모표준편차	s, 표본표준편차
	σ^2, 모분산	s^2, 표본분산
	p, 모비율	$\hat{p}$, 표본비율
	N, 모집단의 크기	n, 표본의 크기

7.3 통계량의 표본분포

7.2절의 예에서 재학생의 흡연비율을 추정하고자 할 때, 랜덤추출법에 의해 랜덤표본 50명을 추출하여 계산한 결과 표본비율이 0.45였다고 하자. 만일, 다른 50명을 추출하여 표본비율의 값을 계산하면 표본비율은 0.45가 아닌 다른 값, 예를 들면 0.42 또는 0.48과 같은 값이 될 것이다. 즉, 50명의 표본을 뽑을 때마다 표본비율의 값은 달라진다. 이와 같이 표본에 따라 표본비율, 표본평균 등의 통계량의 값이 변동하는 현상을 표본변동(sampling variation)이라 한다. 따라서 랜덤표본을 무수히 반복 추출하여 표본비율의 값을 계산하면 표본비율은 일정한 형태를 이루는 하나의 분포를 갖게 된다.

일반적으로 모수의 추정에 사용되는 표본의 특성값인 통계량은 어떤 표본이 뽑히느냐에 따라 그 값이 달라지고 그 값에 의해 하나의 분포를 이루게 된다. 이때 통계량의 분포를 표본분포(sampling distribution)라 한다.

> 표본분포 :
> 한 모집단에서 같은 크기로 뽑을 수 있는 모든 표본에서 통계량을 계산할 때, 이 통계량이 이루는 확률분포를 뜻한다.

통계량의 분포는 모집단의 분포에 의해 영향을 받고, 또한 표본의 크기에 의해서도 영향을 받는다. 다음의 예를 통하여 표본평균 $\overline{X}$의 분포가 모집단의 분포에 의해 어떻게 영향을 받는지 살펴보자.

예제 7.1

주머니 안에 1, 2, 3이 쓰여진 카드 3장이 들어있다. 이때, 이들 중에서 2장을 랜덤하게 뽑아 평균을 구하려고 한다. 즉, 크기가 3인 모집단에서 크기가 2인 랜덤표본을 복원추출로 뽑는 경우의 표본평균의 분포에 대해 알아보자. 복원추출이란 추출된 표본을 다시 되돌려 넣고 다시 추출하는 방법을 말한다. 확률변수 X가 뽑힌 카드의 수를 나타낸다면, 이 모집단의 확률분포는 〈표 7.2〉와 같다. 따라서 평균과 분산을 구하면 다음과 같다.

〈표 7.2〉 모집단의 확률분포

x	1	2	3
$p(x)$	$\frac{1}{3}$	$\frac{1}{3}$	$\frac{1}{3}$

$$\mu=1\times\frac{1}{3}+2\times\frac{1}{3}+3\times\frac{1}{3}=2,$$
$$\sigma^2=(1-2)^2\times\frac{1}{3}+(2-2)^2\times\frac{1}{3}+(3-2)^2\times\frac{1}{3}=\frac{2}{3}$$

크기가 2인 랜덤표본을 복원추출로 뽑는다면 이때 가능한 표본의 수는 $3^2=9$이며 각 경우의 표본들과 그 평균은 〈표 7.3〉과 같다.

〈표 7.3〉 랜덤표본과 그 평균(복원추출)

표본	(1,1)	(1,2)	(1,3)	(2,1)	(2,2)	(2,3)	(3,1)	(3,2)	(3,3)
평균($\overline{x}$)	1	1.5	2	1.5	2	2.5	2	2.5	3

〈표 7.3〉에서 평균이 1인 표본은 (1,1) 하나이고 평균이 2인 표본은 (1,3), (2,2), (3,1)의 3가지이므로 표본평균의 값이 1이 될 확률은 $\frac{1}{9}$, 표본평균의 값이 2가 될 확률은

$\frac{3}{9}=\frac{1}{3}$이 된다. 이와 같은 방법으로 표본평균의 분포를 구하면 〈표 7.4〉와 같다.

〈표 7.4〉 표본평균의 확률분포

$\bar{x}$	1	1.5	2	2.5	3
$p(\bar{x})$	$\frac{1}{9}$	$\frac{2}{9}$	$\frac{3}{9}$	$\frac{2}{9}$	$\frac{1}{9}$

[그림 7.1]에는 모집단의 분포인 X의 분포와 표본평균 $\overline{X}$의 분포를 비교하기 위하여 두 개의 히스토그램이 주어져 있다. 이 [그림 7.1]로부터 $\overline{X}$의 분포가 X의 분포보다 중심에 더 집중되어 있음을 알 수 있다.

그림 7.1 (a)
X의 히스토그램

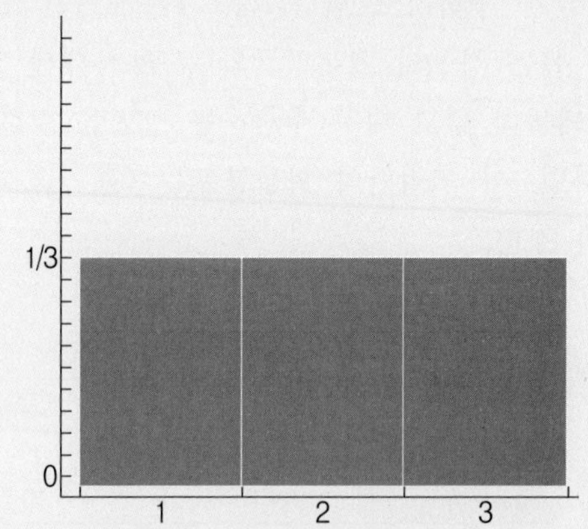

그림 7.1 (b)
$\overline{X}$의 히스토그램

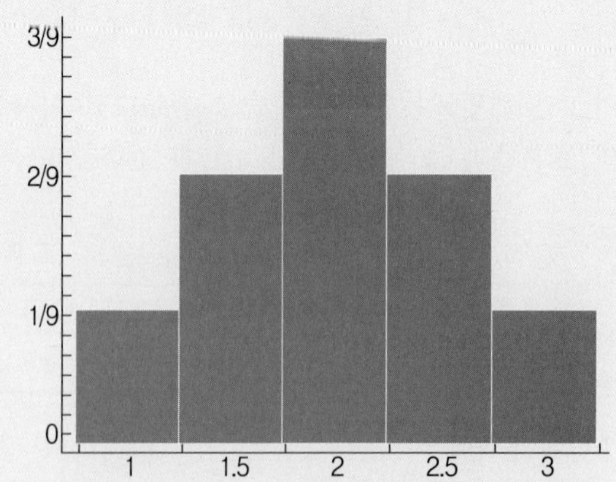

7.4 표본평균의 분포

통계추론에서 가장 핵심적이고 실제적인 경우는 모평균 μ에 대한 추정이다. 모평균 μ에 대한 추정은 보통 표본평균

$$\overline{X}=\frac{1}{n}(X_1+X_2+\cdots+X_n)$$

을 기초로 하여 실시된다. 그러나 7.2절에서도 언급했듯이, 표본평균은 모평균에 가까운 값을 가질 뿐 모평균의 값과 일치하지는 않는다. 여기에서는 μ와 $\overline{X}$의 관계를 알아보자.

예제 7.1에서 모집단의 평균 $\mu=2$였다. 그러나 〈표 7.3〉에서 보았듯이 표본평균 $\overline{X}$는 어떤 표본이 뽑히느냐에 따라 그 값이 달라지는 확률변수이다. 이 $\overline{X}$의 확률분포가 바로 〈표 7.4〉에 나타나 있는 평균의 표본분포이며 이 확률분포의 평균이 표본평균 $\overline{X}$의 평균이며 $\overline{X}$의 기대값 $E(\overline{X})$이다. 즉,

$$\begin{aligned} E(\overline{X}) &= \sum_{\text{모든 } \overline{x}} \overline{x}p(\overline{x}) \\ &= 1\times\frac{1}{9}+1.5\times\frac{2}{9}+2\times\frac{3}{9}+2.5\times\frac{2}{9}+3\times\frac{1}{9} \\ &= 2 \end{aligned}$$

즉, 표본평균 $\overline{X}$는 어떤 표본이 뽑히느냐에 따라 그 값이 달라질 수는 있으나 이 평균값들의 평균을 다시 구하면 모집단의 평균 $\mu=2$와 같게 된다는 것을 알 수 있다. 이와 같은 성질은 랜덤표본이 뽑히는 모집단의 종류와 랜덤표본의 크기와 관계없이 항상 성립한다는 것이 알려져 있다.

> **모평균과 표본평균의 관계 :**
> 모평균이 μ인 임의의 모집단에서 크기 n인 랜덤표본을 뽑을 때, 표본평균 $\overline{X}$에 대하여
> $$E(\overline{X})=\mu$$
> 가 항상 성립한다.

즉, 표본평균의 분포의 중심은 모집단의 중심 μ와 일치한다.

앞에서 표본평균 $\overline{X}$는 모평균 μ와 그 값이 일치하지는 않으나 평균적으로는 같다는 것을 알 수 있었다. 이제 표본평균의 분산 Var($\overline{X}$)을 구하는 과정에 대해 알아보자. 예제 7.1에서 모집단의 분산 Var(X)을 먼저 구해보면

$$\begin{aligned}\mathrm{Var}(X) &= E[(X-\mu)^2] \\ &= \sum_{\text{모든 } x}(x-\mu)^2 P(X=x) \\ &= (1-2)^2\times\frac{1}{3}+(2-2)^2\times\frac{1}{3}+(3-2)^2\times\frac{1}{3} \\ &= \frac{2}{3}\end{aligned}$$

그리고 표본평균의 분산 Var($\overline{X}$)을 구해보면

$$\begin{aligned}\mathrm{Var}(\overline{X}) &= E[(\overline{X}-\mu)^2] = \sum_{\text{모든 } \overline{x}}(\overline{x}-\mu)^2 P(\overline{X}=\overline{x}) \\ &= (1-2)^2\times\frac{1}{9}+(1.5-2)^2\times\frac{2}{9}+(2-2)^2\times\frac{3}{9} \\ &\quad +(2.5-2)^2\times\frac{2}{9}+(3-2)^2\times\frac{1}{9}=\frac{1}{3}\end{aligned}$$

임을 알 수 있다. 즉 모분산보다 표본평균의 분산이 더 작다는 것을 알 수 있다. 일반적으로 모집단의 분산과 표본평균의 분산 사이에는 다음과 같은 관계가 성립한다고 알려져 있다.

> 모분산과 표본평균 분산의 관계 :
>
> 모분산이 σ^2인 임의의 모집단에서 크기 n인 랜덤표본을 뽑을 때, 표본평균 $\overline{X}$에 대하여
>
> $$\mathrm{Var}(\overline{X}) = \frac{\sigma^2}{n}$$
>
> 이 항상 성립한다.

즉, 표본평균의 분산은 모집단의 분산뿐만 아니라 표본의 크기에도 영향을 받는다. 다시 말하면, 표본평균의 분산은 n에 반비례해서 감소하는데 이는 표본평균의 분포가 μ를 중심으로 더욱 집중되어 있음을 알 수 있다. 따라서 표본의 크기를 더욱 크게 하면 표본평균의 분포가 μ를 중심으로 더욱 집중되

게 될 것이다.

이 공식을 위의 예에 적용해 보면, $\mathrm{Var}(X)=\sigma^2=\frac{2}{3}$이므로 $\mathrm{Var}(\overline{X})=\frac{\sigma^2}{n}=\frac{1}{2}\times\frac{2}{3}=\frac{1}{3}$임을 알 수 있다. 즉, 위의 공식이 성립함을 알 수 있다.

또한, 모집단의 표준편차 $\mathrm{SD}(X)=\sqrt{\mathrm{Var}(X)}=\sigma$ 이므로 표본평균의 표준편차 $\mathrm{SD}(\overline{X})=\sqrt{\mathrm{Var}(\overline{X})}=\sqrt{\frac{\sigma^2}{n}}$ 임을 알 수 있다. 표본평균의 표준편차를 표본평균의 표준오차(standard error)라고 부른다.

예제 7.2

어느 대학 회계학과 남학생 전체의 평균신장이 175cm이고 표준편차가 6cm로 알려져 있다. n=49인 랜덤표본을 뽑을 때 표본평균의 평균과 분산을 구하라.

풀이 —

$E(X)=175$이므로 $E(\overline{X})=175$이고 $\mathrm{Var}(X)=\sigma^2=6^2=36$이므로 $\mathrm{Var}(\overline{X})=\frac{\sigma^2}{n}=\frac{6^2}{49}=\left(\frac{6}{7}\right)^2$ 임을 알 수 있다. 만약,

$n=36$이면, $E(\overline{X})=175$이고 $\mathrm{Var}(\overline{X})=1$이다.

7.5 중심극한정리

7.4절에서 표본평균의 기대값과 분산의 특성을 살펴보았다. 이 절에서는 표본평균의 분포에 대한 특성을 알아보려고 한다.

1. 정규모집단인 경우

모집단의 분포가 정규분포인 경우에는 표본평균의 분포도 역시 정규분포를 따른다는 것이 알려져 있다.

> 정규모집단에서의 표본평균 $\overline{X}$의 분포는 정규분포를 따른다.
>
> 모평균이 μ이고 모분산이 σ^2인 정규모집단에서 크기 n인 랜덤 표본을 뽑을 때, 그 표본평균 $\overline{X}$의 분포는 평균이 μ, 분산이 $\frac{\sigma^2}{n}$인 정규분포를 따른다. 즉,
>
> $$\overline{X} \sim N(\mu, \frac{\sigma^2}{n})$$

위의 사실을 그림으로 나타내면 다음과 같다.

그림 7.2 모집단의 분포와 표본평균의 분포－정규모집단의 경우

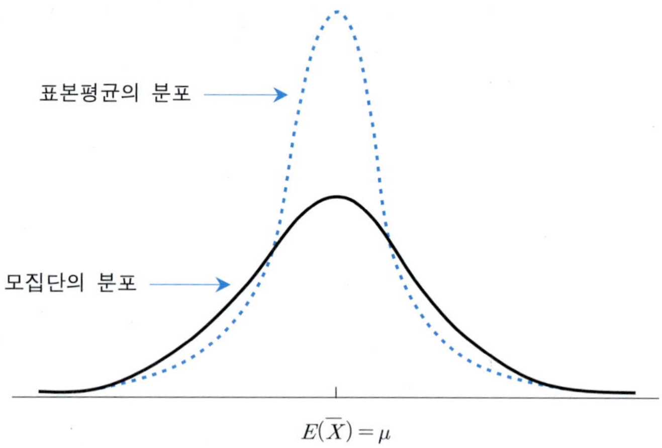

예제 7.3

(예제 7.2 계속)

회계학과 남학생 전체의 신장이 정규분포를 따른다고 가정하자. 만약 임의로 남학생 9명을 선택하여 농구팀을 만들었을 때, 9명의 평균신장이 180cm를 넘을 확률을 구하여라.

풀이 —

$n=9$이므로 9명의 평균신장 $\overline{X}$의 분포는 $N(175, \frac{6^2}{9})$이다. 따라서 먼저 $\overline{X}$를 표준화 시키면

$$Z = \frac{\overline{X} - 175}{\frac{6}{3}} = \frac{\overline{X} - 175}{2}$$

을 얻는다. 따라서

$$P(\overline{X} \geq 180) = P(\frac{\overline{X} - 175}{2} \geq \frac{180 - 175}{2})$$
$$= P(Z \geq 2.5) = 0.0062$$

즉, 9명의 평균신장이 180cm 이상이 될 확률은 0.62%로 지극히 작다. 그러나 한 남학생의 신장이 180cm 이상이 될 확률은

$$P(X \geq 180) = P(\frac{X - 175}{6} \geq \frac{180 - 175}{6})$$
$$= P(Z \geq 0.83) = 0.2033$$

이므로 회계학과 남학생 전체에서 신장이 180cm 이상인 남학생의 비율은 20.33%나 됨을 알 수 있다. 왜냐하면, 모집단의 표준편차는 6이지만 표본평균의 표준편차는 $\frac{6}{3} = 2$로서 그 값이 훨씬 작아서 평균 175cm 주위에 많은 학생들이 집중되어 있기 때문이다.

2. 비정규모집단인 경우

만약, 모집단의 분포가 정규분포가 아니면 표본평균의 분포는 어떻게 되는가? 여기에는 두 가지 답이 있을 수 있다. 첫 번째, 표본의 크기 n이 작은 경우에는 $\overline{X}$의 분포를 정확하게 알 수 없다. 두 번째로 표본의 크기 n이 충분히 큰 경우에는 모집단의 분포가 어떤 분포이냐에 관계없이 표본평균의 분포는 정규분포에 근사하다는 사실이 알려져 있다. 이러한 사실을 중심극한정리(central limit theorem)라 하며 이 중심극한정리로 인하여 정규분포는 통계적 추론에서 가장 중요한 위치를 차지한다.

> 중심극한정리(Central Limit Theorem) :
>
> 모집단의 평균이 μ이고 분산이 σ^2인 임의의 분포에서 크기 n인 랜덤표본을 뽑는 경우, n이 충분히 크면 모집단의 분포형태와 관계없이 표본평균 $\overline{X}$는 평균이 μ, 분산이 $\frac{\sigma^2}{n}$인 정규분포를 근사적으로 따른다. 즉,
>
> $$\overline{X} \approx N(\mu, \frac{\sigma^2}{n})$$

[그림 7.3]은 평균값 $\mu=2$이고, 표준편차 $\sigma=1.41$인 비대칭의 확률분포에서 표본의 크기를 $n=3$과 $n=10$으로 하였을 때의 표본평균 $\overline{X}$의 분포를 그린 그림이다. 이 그림에 의하여, n이 커짐에 따라 분포의 모양은 모평균 μ를 중심으로 정규분포의 모양에 가까워짐을 알 수 있다.

그림 7.3 정규모집단이 아닌 경우의 $\overline{X}$의 분포형태

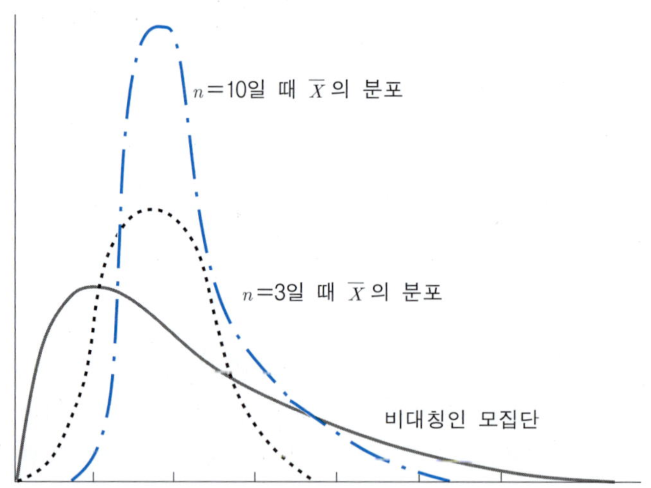

예제 7.4

어느 회사의 남자사원의 평균체중이 65kg이고, 표준편차가 5kg으로 알려져 있다. 이 회사원 중에서 100명의 사원을 랜덤추출하여 그 평균을 구하려고 한다. 그 평균이 64kg 이상 65.5kg 미만일 확률을 구하여라.

풀이 –

중심극한정리에 의해 $\overline{X}$의 분포는 근사적으로 $N(65, \frac{5^2}{100})$이므로,

$$P(64 \le \overline{X} < 65.5) = P(\frac{64-65}{0.5} \le \frac{\overline{X}-65}{0.5} < \frac{65.5-65}{0.5})$$
$$= P(-2 \le Z < 1) = 1 - P(Z < -2) - P(Z > 1)$$
$$= 1 - 0.0228 - 0.1587 = 0.8185$$

중심극한정리에 의해 표본의 크기 n이 커질수록 표본평균의 분포는 점점 더 정규분포로 가까워진다는 것을 알았다. 그러면 표본의 크기가 어느 정도 이상이어야 만족할 만큼 근사가 이루어질까? 이는 모집단의 분포형태에 따라 달라진다. 모집단의 분포가 정규분포이면 표본의 크기에 상관없이 표본평균의 분포는 항상 정규분포이다. 모집단의 분포가 정규분포와 크게 다르지 않으면 표본의 크기가 작아도 표본평균의 분포는 정규분포에 근사한다. 만약, 모집단의 분포가 정규분포의 형태와 크게 벗어난다면(모집단의 분포가 한쪽으로 많이 치우쳐 있다든지 혹은 양끝에 두꺼운 꼬리를 갖는 경우) 상대적으로 표본의 크기가 커야 될 것이다. 그러나 일반적으로 표본의 크기 n이 30 이상인 경우에는 비교적 만족스러운 근사값을 얻을 수 있다고 한다. 즉, $n \ge 30$이면, 표본평균의 분포가 큰 오차없이 정규분포로 근사한다고 간주한다.

7.6 χ^2, t, F 분포

모집단의 평균이 μ이고 분산이 σ^2인 정규분포로부터 n개의 랜덤표본 X_1, $X_2, \cdots$, X_n을 추출하는 경우를 가정하자.

7.5절에서 배웠듯이, 이때의 표본평균 $\overline{X}$의 분포는 정확히 정규분포이다. 즉,

$$\overline{X} \sim N(\mu, \frac{\sigma^2}{n})$$

표본평균의 분포는 통계추정에서 자주 사용되므로 위 공식은 꼭 기억하자. 따라서 이를 표준화시키면,

$$Z = \frac{\overline{X} - \mu}{\sigma / \sqrt{n}} \sim N(0,\ 1)$$

이 된다. 앞에서도 언급했듯이, 관례적으로 표준정규분포를 따르는 확률변수를 Z로 표기하고, 표준정규분포를 Z-분포라 부르기도 한다.

1. χ^2-분포

통계추정에서 가장 자주 하는 것은 모평균에 관한 추론이다. 그러나 모평균과 같은 모집단의 중심위치뿐만 아니라 모집단의 흩어져 있는 정도가 관심의 대상이 될 수도 있다. 예를 들면, 제품의 생산공정에서 중요한 것은 제품의 무게나 크기 등과 같은 제품의 특성을 일정하게 유지시켜 주는 것도 중요할 것이다.

모분산에 대한 추론을 하기 위해 이용하는 통계량은 표본분산

$$s^2 = \frac{1}{n-1} \sum_{i=1}^{n} (X_i - \overline{X})^2$$

이다. χ^2-분포는 정규모집단의 모분산 σ^2에 관한 추론에 사용되는 중요한 분포이다.

> χ^2-분포(χ^2 distribution) :
>
> 모평균이 μ이고 모분산이 σ^2인 정규모집단에서 크기가 n인 랜덤표본 $X_1, X_2, \cdots, X_n$을 뽑았을 때, 확률변수
>
> $$\chi^2 = \frac{\sum_{i=1}^{n}(X_i - \overline{X})^2}{\sigma^2} = \frac{(n-1)s^2}{\sigma^2}$$
>
> 은 자유도가 $n-1$인 χ^2-분포를 따른다고 한다. 또한, 다음과 같이 표기한다.
>
> $$\chi^2 = \frac{\sum_{i=1}^{n}(X_i - \overline{X})^2}{\sigma^2} = \frac{(n-1)s^2}{\sigma^2} \sim \chi^2(n-1)$$

χ^2-분포는 정규분포와 달리 0보다 큰 양수값만을 가지며 오른쪽으로 긴 꼬리를 갖는 비대칭형 모양을 갖는다([그림 7.4] 참조). 또한 χ^2-분포는 자유도에 따라 분포의 모양이 달라지는데 자유도가 클수록 0으로부터 멀리 떨어져서 넓게 분포한다.

그림 7.4
χ^2-분포

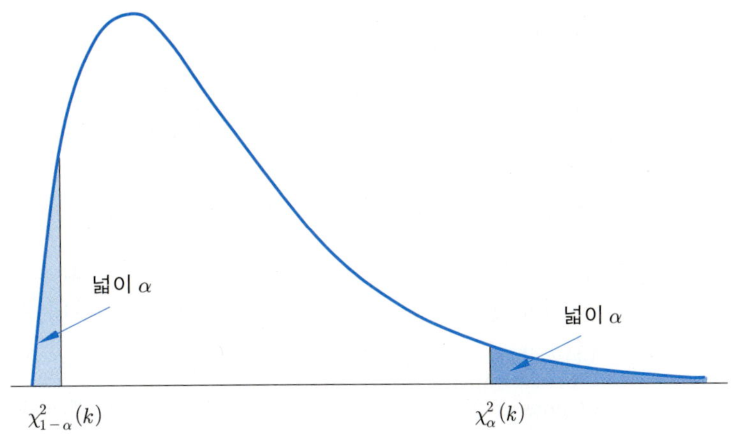

자유도 k인 χ^2-분포를 기호 $\chi^2(k)$로 나타내기로 하자. 또한, 자유도 k인 χ^2-분포에서 오른쪽 꼬리의 면적이 α인 점을 $\chi^2_{\alpha}(k)$라고 하자([그림 7.4] 참조). 즉, $\chi^2_{\alpha}(k)$는 자유도 k인 χ^2-분포에서

$$P[\chi^2 > \chi^2_{\alpha}(k)] = \alpha$$

를 만족하는 상수이다. 한편 왼쪽 꼬리의 면적이 α인 점을 $\chi^2_{1-\alpha}(k)$라 한다([그림 7.4] 참조).

여러 가지 자유도에 대한 χ^2-분포의 분포표가 부록의 〈표 5〉에 주어져 있다. 〈표 5〉에는 $\chi^2_{\alpha}(k)$값들이 나와 있다. χ^2-분포표를 읽는 방법은, 먼저 해당되는 자유도가 있는 행의 값 중에서 α와 일치하는 확률을 갖는 열과 만나는 값을 찾으면 된다. 예를 들어,

$$\chi^2_{0.01}(5)=15.09,\ \chi^2_{0.01}(20)=37.57,\ \chi^2_{0.99}(5)=0.55$$

등을 찾을 수 있다.

그런데 χ^2-분포를 소개하면서 자유도라는 것을 언급하였다. 여기에서는 자유도의 개념에 대해 알아보자. 먼저, 위의 χ^2-분포의 정의에서 확률변수

$$\chi^2 = \frac{\sum_{i=1}^{n}(X_i - \overline{X})^2}{\sigma^2}$$

의 식에 나타난

$$\sum_{i=1}^{n}(X_i - \overline{X})^2$$

과 같은 형식의 수식을 제곱합(sum of square)이라 부른다. 또한 각 관측값과 표본평균의 차인 $X_i - \overline{X}$를 평균에 대한 편차(deviation)라 하는데 편차의 합은 항상 0이 된다. 제곱합은 자료들이 평균으로부터 얼마나 넓게 흩어져 있는가를 나타내는 산포의 측도이다. 제곱합에서 서로 독립인 편차의 개수를 자유도(degree of freedom)라 한다. 자유도의 개념을 다음의 예를 통해 알아보자. 5개의 랜덤표본을 추출하여 그 값을 조사하였더니 다음과 같았다.

$$X_1=1,\ X_2=2,\ X_3=3,\ X_4=4,\ X_5=5$$

따라서 $n=5$, $\overline{X}=3$이다. 제곱합을 계산하기 위해 먼저 각 관측값의 편차를 계산해 보자.

$$X_1-\overline{X}=1-3=-2,\ X_2-\overline{X}-2-3=\ \ 1,\ X_3-\overline{X}=3-3=0$$
$$X_4-\overline{X}=4-3=1,\ X_5-\overline{X}=5-3=2$$

앞에서도 언급했듯이 편차의 합$\{(-2)+(-1)+(0)+1+2\}$은 항상 0이다. 따라서 편차의 합은 항상 0이므로, 편차의 값 중 하나를 모르더라도 그 값을 알 수 있는 것이다. 예를 들면, 위의 5개의 편차 중에서 -2, 0, 1, 2를 알고 있는 경우 나머지 하나의 편차를 x라 하면 x의 값을 쉽게 구할 수 있다. 즉, $\{(-2)+(0)+1+2+x\}=0$이므로 나머지 하나의 편차값, x의 값이 -1임을 알 수 있다. 따라서 이 경우에 자유롭게 값을 취할 수 있는 편차의 개수는 4개이고 나머지 하나는 4개의 편차값이 결정되면 편차의 합은 항상 0이라는 성질에

의해 자동적으로 결정되므로 서로 독립인 편차의 개수는 4개이다. 그러나 5개의 편차 중에서 3개나 2개만 아는 경우는 나머지 편차의 값을 알 수 없다. 즉, 서로 독립인 편차의 개수는 4이고 다른 값은 가질 수가 없다. 그러므로 5개의 랜덤표본의 제곱합의 자유도는 4라고 한다.

일반적으로, n개의 편차로 구성된 제곱합의 자유도는 항상 $(n-1)$이다. 그리고 앞으로는 편의상 자유도를 df로 표기한다.

■ **엑셀2007을 이용한 χ^2-분포의 누적확률 및 χ^2-값 계산**

① $df=7$에서 $\chi^2=4.5$의 누적확률 계산

함수마법사 통계에서 CHIDIST를 선택하면 다음과 같은 대화창이 나타나는데 여기에서 X에 4.5, Deg_freedom에 7을 입력하고 하단의 [확인] 버튼을 클릭하면 된다.

② $df=8$에서 $\alpha=0.05$(우측꼬리 확률)인 χ^2-값 계산

함수마법사 통계에서 CHINV를 선택하면 다음과 같은 대화창이 나타나는데 여기에서 Probability에 0.05, Deg_freedom에 8을 입력하고 하단의 [확인] 버튼을 클릭하면 된다. 만약 좌측꼬리 확률 0.05를 계산하고자 한다면 Probability에 0.95를 입력하면 된다.

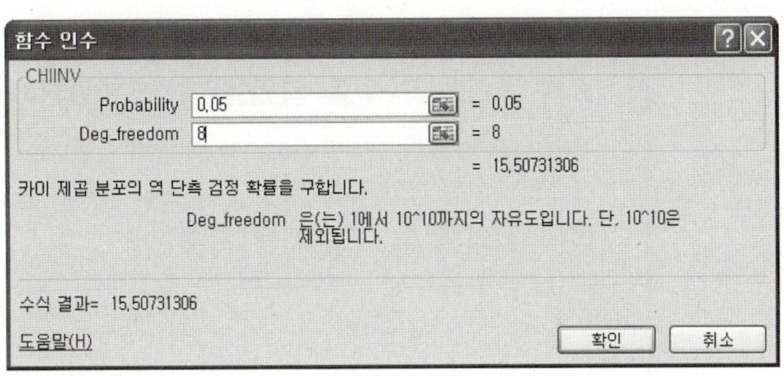

2. t-분포

t-분포는 1908년 영국의 화학자 고셋(W. C. Gosset)에 의해 연구・발표되었는데, 그가 논문을 발표하면서 스튜던트(Student)라는 가명을 사용하여 발표하였기 때문에 스튜던트의 t-분포라고도 불린다.

모집단의 평균이 μ이고 분산이 σ^2인 정규분포로부터 n개의 랜덤표본 $X_1, X_2, \cdots, X_n$을 추출하는 경우를 가정하자.

앞에서, 모집단의 평균이 μ이고 분산이 σ^2인 정규분포로부터 n개의 랜덤표본을 추출하는 경우의 표본평균 $\overline{X}$의 분포는 정확히 정규분포이고 따라서

$$\frac{\overline{X}-\mu}{\sigma/\sqrt{n}} \sim N(0,1)$$

임을 배웠다. 그러나 일반적으로 우리는 모분산 σ^2의 값을 모르기 때문에 σ^2 대신에 표본분산 s^2을 추정하여 사용한다. 이때, 표본의 크기가 큰 경우에는 s^2의 값이 σ^2에 근사한 값을 가지므로

$$\frac{\overline{X}-\mu}{s/\sqrt{n}} \approx N(0,\ 1)$$

이 성립하나 표본의 크기가 작은 경우에는 σ^2 대신에 s^2으로 대체하면 표준화된 확률변수의 분포는 표준정규분포와는 달라지는데, 이러한 경우에 그 변화된 분포를 t-분포라 한다.

t-분포(Student's t distribution) :

모평균이 μ이고 모분산이 σ^2인 정규모집단에서 크기 n인 랜덤표본 $X_1, X_2, \cdots, X_n$을 뽑았을 때, 표본평균과 표본분산을

$$\overline{X} = \frac{1}{n}\sum_{i=1}^{n} X_i,\quad s^2 = \frac{1}{n-1}\sum_{i=1}^{n}(X_i-\overline{X})^2$$

이라 정의할 때, 표준화된 확률변수

$$t = \frac{\overline{X}-\mu}{s/\sqrt{n}}$$

는 자유도가 $n-1$인 t-분포를 따른다고 한다.

따라서 t-분포는 정규분포에 관한 추론에서 모분산 σ^2의 값을 모르면서 모평균 μ를 추정할 때 사용한다. t-분포의 모양은 표준정규분포와 흡사하여 0을 중심으로 좌우대칭이고 종모양을 한다. 표준정규분포와 다른 점은 양쪽 꼬리부분에 상대적으로 많은 확률이 존재해서 표준정규분포보다 더 두꺼운 꼬리를 갖고 따라서 정점부분에서는 표준정규분포보다 더 낮은 형태를 가진다. 전체적으로 표준정규분포보다 더 퍼져 있는 형태이다([그림 7.5] 참조). 자유도가 커질수록 t-분포는 표준정규분포에 가까워지며, 자유도가 30 이상이면 t-분포를 사용하지 않고 표준정규분포를 사용한다.

그림 7.5 자유도가 5인 t-분포와 표준정규분포

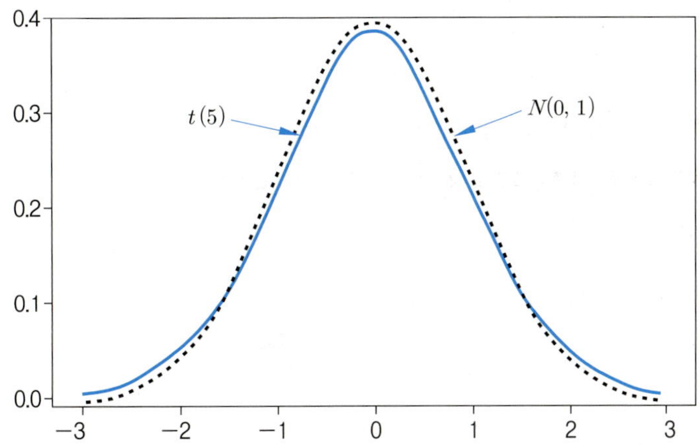

자유도 k인 t-분포를 기호 $t(k)$로 나타내기로 하자. 또한, 자유도 k인 t-분포에서 오른쪽 꼬리의 면적이 α인 점을 $t_\alpha(k)$라고 하자([그림 7.6] 참조). 즉, $t_\alpha(k)$는 자유도 k인 t-분포에서

$$P(t > t_\alpha(k)) = \alpha$$

를 만족하는 상수이다.

그림 7.6
$t_{\alpha}(k)$의 의미

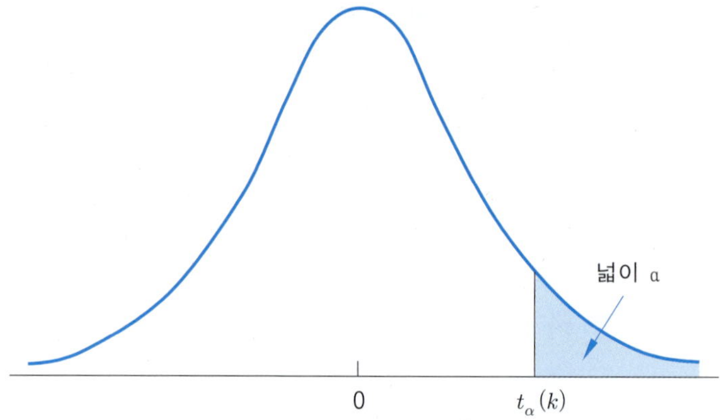

부록의 〈표 4〉에는 여러 가지 자유도에 대한 t-분포의 분포표가 주어져 있다. t-분포는 0을 중심으로 좌우대칭인 꼴이므로 오직 양수값만 수록되어 있다. 예를 들어,

$$t_{0.05}(10)=1.812,\ t_{0.05}(20)=1.725,\ t_{0.05}(\infty)=1.645$$

등을 찾을 수 있다.

■ **엑셀2007을 이용한 t-분포의 유의확률 및 t-값 계산**

① df=12에서 t=2일 때의 유의확률

함수마법사 통계에서 TDIST를 선택하면 다음과 같은 대화창이 나타나는데 여기에서 X에 2, Deg_freedom에 12, Tails에 1(1은 단측, 2는 양측을 나타냄)을 입력하고 하단의 [확인] 버튼을 클릭하면 된다.

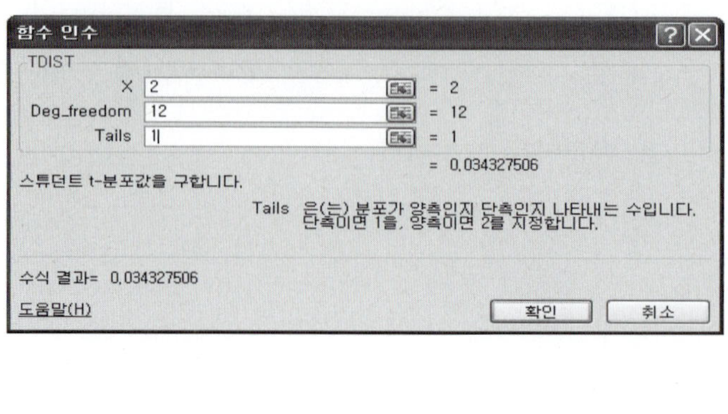

② $df=10$에서 $\alpha=0.05$(우측꼬리 확률)인 t-값 계산

함수마법사 통계에서 TINV를 선택하면 다음과 같은 대화창이 나타나는데 여기에서 Probability에 0.1, Deg_freedom에 10을 입력하고 하단의 [확인] 버튼을 클릭하면 된다. Probability에 0.05가 아닌 0.1을 입력하는 그 이유는 좌우측 꼬리의 합을 입력해야 하기 때문이다. 그러므로 여기에서는 0.05의 2배인 0.1을 입력한다.

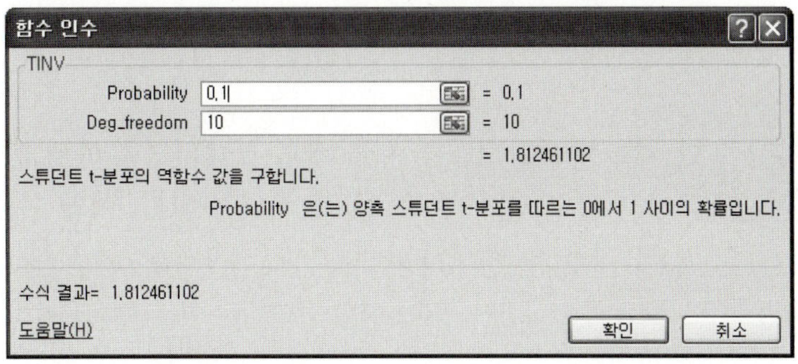

3. F-분포

F-분포는 두 정규모집단의 분산을 비교할 때 사용되는 분포이다. F-분포는 서로 독립이면서 χ^2-분포를 따르는 두 확률변수의 비(ratio)로 정의되며, 2개의 자유도를 갖는다.

> F-분포(F distribution) :
>
> V_1과 V_2가 서로 독립이고 각각의 자유도가 k_1, k_2인 χ^2-분포를 따를 때, 확률변수
>
> $$F=\frac{V_1/k_1}{V_2/k_2}$$
>
> 의 분포를 자유도 (k_1, k_2)인 F-분포라 한다. 이때 기호로는
>
> $$F \sim F(k_1, k_2)$$
>
> 로 나타낸다.

F-분포의 모양 역시 자유도에 따라 다르지만 일반적인 형태는 [그림 7.7]

과 같다. χ^2-분포와 마찬가지로 두 자유도 k_1과 k_2가 커질수록 정규분포에 근접한다. 확률변수 F는 2개의 χ^2-분포 변수의 비율이기 때문에 χ^2-분포와 마찬가지로 F-값은 항상 양의 값을 가진다. 자유도 $(k_1,\ k_2)$인 F-분포에서 오른쪽 꼬리의 면적이 α인 점을 $F_\alpha(k_1,\ k_2)$라고 하자([그림 7.7] 참조). 즉, $F_\alpha(k_1,\ k_2)$는 자유도 $(k_1,\ k_2)$인 F-분포에서

$$P(F > F_\alpha(k_1,\ k_2)) = \alpha$$

를 만족하는 상수이다. 다음 표는 부록의 〈표 6〉의 일부로서 여러 가지의 자유도에 대한 F-분포의 분포표가 주어져 있다. 이를 이용하여 F-분포에서 $F_\alpha(k_1,\ k_2)$의 값을 알 수 있다.

$\alpha = 0.05$

k_2 \ k_1	5	6	7	8	9	10
5	5.05	4.95	4.88	4.82	4.77	4.74
6	4.39	4.28	4.21	4.15	4.10	4.06
7	3.97	3.87	3.79	3.73	3.68	3.64
8	3.69	3.58	3.50	3.44	3.39	3.35
9	3.48	3.37	3.29	3.23	3.18	3.14
10	3.33	3.22	3.14	3.07	3.02	2.98

예를 들면, 다음과 같다.

$$F_{0.05}(5,\ 6) = 4.39,\ F_{0.05}(6,\ 5) = 4.95$$

참고로, 자유도 $(k_1,\ k_2)$인 F-분포에서 왼쪽 꼬리의 면적이 α인 점을 $F_{1-\alpha}(k_1,\ k_2)$라고 하는데 이는 다음과 같은 성질을 이용하여 구한다.

$$F_{1-\alpha}(k_1,\ k_2) = \frac{1}{F_\alpha(k_2,\ k_1)}$$

예를 들면,

$$F_{0.90}(4,\ 5) = \frac{1}{F_{0.10}(5,\ 4)} = \frac{1}{4.05} = 0.247$$

임을 알 수 있다.

그림 7.7
F-분포의 형태

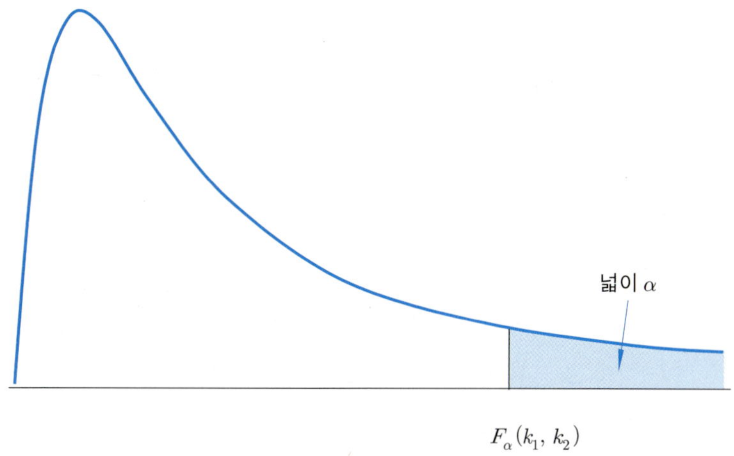

■ 엑셀2007을 이용한 F-분포의 유의확률 및 F-값 계산

① df =(5, 6)에서 F=4.39일 때의 유의확률

함수마법사 통계에서 FDIST를 선택하면 다음과 같은 대화창이 나타나는데 여기에서 X에 4.39, Deg_freedom1에 5, Deg_freedom2에 6을 입력하고 하단의 [확인] 버튼을 클릭하면 된다.

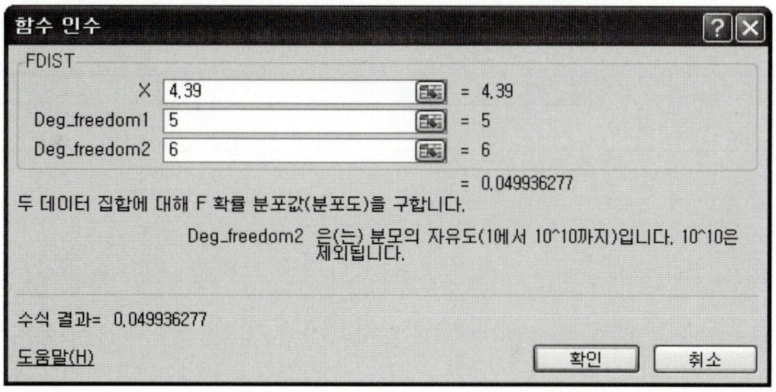

② df =(6, 5)에서 α =0.05인 F-값 계산

함수마법사 통계에서 FINV를 선택하면 다음과 같은 대화창이 나타나는데 여기에서 Probability에 0.05, Deg_freedom1에 6, Deg_freedom2에 5를 입력하고 하단의 [확인] 버튼을 클릭하면 된다.

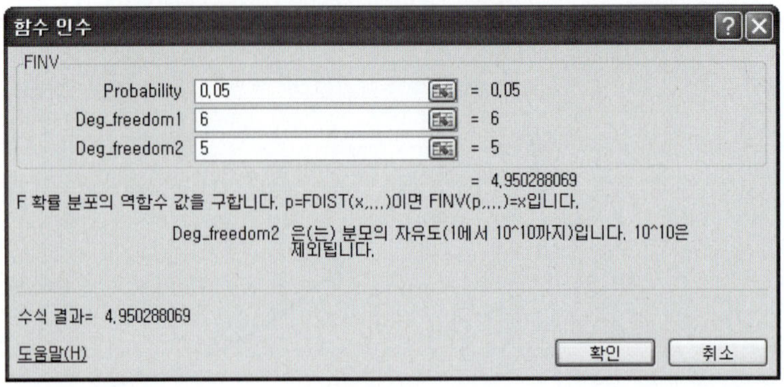

만약 $df=(6,\ 5)$에서 $\alpha=0.95$인 F-값을 표를 이용해서 한다면, 표에서는 $\alpha=0.95$인 값을 제공하지 않기 때문에 부득이 $F_{0.95}(6,5)=\dfrac{1}{F_{0.05}(5,6)}$의 과정을 거쳐야 한다. 그러나 엑셀에서는 이러한 과정이 필요 없이 다음과 같이 대화창에 그대로 입력하면 된다.

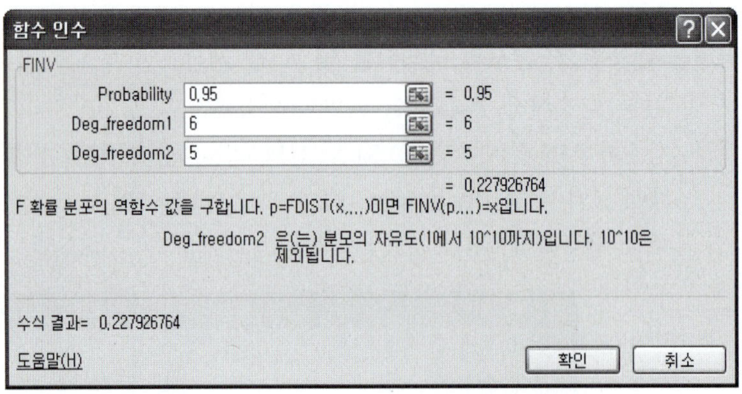

연습문제

1. 다음 문장을 읽고 옳으면 'O'표, 틀리면 '×'표를 한 후 틀린 곳을 지적하라.

(1) 우리 주변에서 무한개의 원소를 갖는 모집단은 거의 없다.
(2) 만약 어떤 모집단의 평균이 30이라면, 그 모집단으로부터 뽑은 표본들의 평균은 30일 가능성이 크다.
(3) 표본의 크기가 증가함에 따라 그 평균의 분포는 정규분포에 접근한다.
(4) 카이제곱 분포의 모수는 자유도인데, 자유도가 클수록 오른쪽 꼬리가 길어진다.
(5) t-분포는 표준정규분포보다 분산이 크다.
(6) 만약 X와 Y의 상관계수가 0이면, X와 Y는 독립이다.
(7) 표본의 수에 따라 t-분포의 모양이 달라진다.

2. 다음의 각 문장에서 모집단, 모수, 통계량 등을 밝혀라.

(1) 어느 대학졸업생 1,000명을 조사한 결과 150명이 실업상태였다.
(2) 어느 아파트단지에서 애완견을 기르고 있는 가구를 조사한 결과 500가구 중 150가구가 애완견을 기르고 있었다.

3. 다음과 같은 방법으로 수집된 자료로부터 원하는 결과를 얻지 못하게 되는 이유를 설명하라.

(1) 아르바이트를 하는 학생의 비율을 추정하기 위해 학생회 간부들을 면접조사하였다.
(2) 중산층의 소비행태를 조사하기 위해 12월의 한 달 동안에 조사를 시행하였다.
(3) 초등학교 6학년 여학생들이 남학생들에 대해 어떤 생각을 가지고 있는지 알아보기 위하여 사립초등학교 6학년 여학생들을 대상으로 조사하였다.

4. 복원추출로 (1, 3, 5)에서 두 숫자를 추출할 때, 다음에 답하라.

(1) 모든 가능한 표본을 구하고, 각각의 $\overline{x}$ 와 s^2을 구하라.
(2) 표본평균 $\overline{X}$의 분포를 구하라.

5. 소비자가 과일가게에서 팔고 있는 사과의 무게를 알기 위해서 사과상자의 윗부분에 있는 사과 5개를 골랐다. 사과를 랜덤하게 추출했다고 할 수 있는가?

6. 모집단의 평균이 100이고 표준편차가 8이라 할 때, 다음 경우의 $E(\overline{X})$, $\mathrm{sd}(\overline{X})$를 구하라.

(1) 표본크기 36
(2) 표본크기 100

7. 어느 제과회사에서 생산하는 과자의 무게는 평균 505g이고 표준편차 10g인 정규분포를 갖는다고 한다. 회사는 소비자단체와의 마찰을 피하기 위해 과자의 무게를 500g이라고 표시하여 판매한다. 다음 물음에 답하여라.

(1) 과자 무게가 500g 이하일 확률은 몇 %인가?
(2) 16개의 과자를 표본으로 선택하였을 때, 표본평균이 502g보다 작을 확률은 얼마인가?
(3) 표본의 크기가 16인 경우, 과자 무게의 표본평균이 500g 이하가 될 확률을 0.05 이하가 되도록 하기 위해서는 생산하는 과자의 평균무게 505g을 조정하여야 할 필요성이 있는가?

8. 도시지역 근로자의 한 달 수입은 평균이 250만원이고 표준편차는 50만원이라고 한다.

(1) 100명을 표본으로 추출하였을 때, 표본평균의 분포는 무엇인가?
(2) $P(\overline{X} > 260$만원$)$은 얼마인가?

9. 어떤 대학의 남학생의 키는 평균이 175cm이고 표준편차가 14cm라고 한다. 만약 남학생 49명을 랜덤하게 추출하였을 때, 그들의 평균신장이 178cm를 넘을 확률은 얼마인가?

10. 어떤 과일의 무게는 평균이 500g이고 표준편차가 100g인 정규분포를 따른다고 할 때, 크기가 100인 표본을 임의로 선택하였을 때, 무게의 평균이 490g에서 515g 사이일 확률은 얼마인가?

11. 현금지급기에서 한 사람이 일을 처리하는 데 걸리는 시간은 평균이 2분이고 표준편차가 0.6분인 분포를 따른다고 한다. 36명을 랜덤하게 추출하였을 때, 평균처리시간이 1.85분에서 2.1분 사이일 확률은 얼마인가?

12. 부록의 t-분포표를 이용하여 다음을 구하라.

(1) 자유도가 7일 때, 상위 5%의 확률을 주는 값
(2) 자유도가 20일 때, 하위 2.5%의 확률을 주는 값
(3) 자유도가 15일 때, 하위 1%의 확률을 주는 값
(4) 자유도가 11일 때, 제90백분위수
(5) 자유도가 25일 때, 제5백분위수
(6) 자유도가 18일 때, $t < -1.734$일 확률
(7) 자유도가 10일 때, $-2.764 < t < -1.372$일 확률

(8) 자유도가 15일 때, $P(-b<t<b)=0.95$인 b의 값은?

(9) 자유도가 11일 때, $P(t>b)=0.99$인 b의 값은?

13. χ^2-분포표를 이용하여 다음을 구하라.

(1) 자유도가 8일 때, 상위 5%의 확률을 주는 값

(2) 자유도가 17일 때, 상위 1%의 확률을 주는 값

(3) 자유도가 23일 때, 상위 1%의 확률을 주는 값

(4) 자유도가 20일 때, $P(\chi^2>31.41)$

(5) 자유도가 10일 때, $P(3.24<\chi^2<15.99)$

(6) 자유도가 15일 때, $P(\chi^2>5.23)$

제8장

통계적 추론

8.1 서 론

모집단으로부터 랜덤표본을 추출하여 자료를 수집 · 정리한 후, 자료로부터 얻어진 정보를 이용하여 모집단에 관한 추측이나 결론을 도출해내는 분석과정을 통계적 추론(statistical inference)이라 한다. 통계적 추론이란 모집단의 일부인 표본을 이용하여 전체 모집단의 특성을 추론하는 것이므로 추론의 결과가 항상 올바르다고 할 수는 없을 것이다. 따라서 통계적 추론을 할 때에는 그 추측이나 결론의 신빙성을 수치로 표현하기 위하여 확률을 이용한다. 통계적 추론은 모수의 추정과 모수에 대한 가설검정의 두 분야로 나뉜다. 추정(estimation)이란 미지의 모수를 추측(점추정)하거나 또는 미지의 모수를 포함할 수 있는 구간(신뢰구간)을 설정하는 것이며 가설검정(hypothesis testing)이란 미지의 모수에 대한 여러 가설들이 적합한지를 추출된 표본을 이용하여 판단하는 것이다. 이 장에서는 이들의 기본개념과 논리전개 방식에 대해 알아보자.

먼저, 통계적 추론과 관련된 몇 가지 용어에 대해 알아보자. 예를 들어보면, 어느 타이어 제조회사에서 새로운 타이어를 개발하였다. 개발된 타이어의 평균수명을 알아보기 위해 시제품 100개를 생산하여 실험한 결과 표본의 평균수명이 40,000km, 표준편차 4,500km이었다. 개발된 새로운 타이어의 평균수명

μ는 얼마이겠는가? 이때 표본평균 $\overline{X}$는 모평균 μ를 추정하기 위해 사용되는 통계량이다. 따라서 표본평균 $\overline{X}$를 μ의 추정량(estimator)이라 부른다. 그리고 $\overline{X}$의 표본값 40,000km는 μ를 추정한 값이므로 이를 μ의 추정값(estimate)이라 한다. 즉, 추정량에 자료를 대입하여 얻은 관측값을 추정값이라고 부른다.

8.2 추 정

통계적 추론에서 가장 기본적인 추측의 대상은 모집단의 평균, 표준편차, 비율, 상관계수 등과 같은 것이다. 표본을 이용하여 위에 열거된 모집단의 특성치에 대한 추정값과 그 정확성을 제시하는 과정을 추정(estimation)이라 한다.

1. 점추정

하나의 값으로 모수를 추정하는 과정을 점추정(point estimation)이라 한다. 그리고 모수를 추정하기 위해 계산된 그 하나의 값을 점추정값이라 부른다. 8.1의 타이어의 평균수명 40,000km는 점추정값의 하나이다. 그러나 단지 하나의 값으로 모수를 추정하는 것이 얼마나 정확하겠는가? 또 다른 시제품 100개의 표본평균으로 μ의 추정값을 구한다면, 과연 40,000km에 가까운 값이 나올 것인가? 이러한 이유로 점추정보다는 모수가 포함될 만한 구간을 제시하는 구간추정법이 통계학에서는 더 보편적이다.

먼저, 미지의 모수를 θ라고 표기하자. θ는 모평균 μ일 수도 있으며 모비율 p나 모표준편차 σ, 모분산 σ^2이 될 수도 있다. 한 가지 주의할 점은 모수는 고정된 상수라는 사실이다. 많은 학생들이 이 간단한 사실을 종종 잊고 모수가 변수라고 착각을 하곤 한다.

미지의 모수 θ는 고정된 상수이다.

미지의 모수를 추정하기 위하여 모집단에서 크기 n의 표본을 랜덤하게 추출한다. 랜덤표본은 X_1, X_2, $\cdots$, X_n의 형태로 표현된다. 이 랜덤표본은 모집

단에 대한 정보를 포함하고 있으나, 이것만으로는 미지의 모수를 추정할 수는 없다. 따라서 우리는 랜덤표본 X_1, X_2, $\cdots$, X_n을 적당히 가공하여 미지의 모수 θ를 잘 추정할 수 있는 통계량을 만들어 사용한다. 예를 들면, 미지의 모수 θ가 모평균이라면 θ를 추정하기 위하여 우리는 보통 X_1, X_2, $\cdots$, X_n으로 만들어진 통계량 $\overline{X}$를 사용한다. $\overline{X}$와 같이 점추정에 사용되는 통계량을 점추정량이라 부른다. 미지의 모수 θ의 추정량을 T로 표기하기로 하자.

> 추정량 T는 미지의 모수 θ를 추정하기 위해 수집된 랜덤표본의 함수이다. 추정량 T에 관측값을 대입하여 얻은 값을 추정값이라 부른다. 표본을 다시 추출하여 T의 공식에 대입하면 추정값은 달라지나, 추정값을 계산하기 위해 사용한 추정량의 식은 일정하다.

일반적으로 미지의 모수 θ의 추정량 T가 가져야 하는 바람직한 성질은 무엇인가? 무엇보다도 추정량 T는 미지의 모수 θ를 정확히 추정해야 할 것이다. 가장 이상적인 추정량은 미지의 모수를 항상 정확하게 추정하는 추정량일 것이다. 그러나 이런 이상적인 추정량은 존재하지 않는다. 하나의 표본을 추출하여 추정값을 계산하고, 다시 두 번째로 표본을 추출하여 추정값을 계산하는 과정을 k번 반복한다고 하자. 이때, 이 k개의 추정값이 모두 동일할 수는 없을 것이다. 그러나 우리는 이 k개의 추정값이 미지의 모수 θ로부터 크게 벗어나지 않으면서 서로 비슷하기를 기대할 수는 있을 것이다. 여기서 우리는 k개의 추정값이 미지의 모수 θ로부터 일정하게 반복적으로 한 방향으로 벗어나는 것을 편의(bias)라고 부르며 또한 k개의 추정값이 서로 비슷하다면 정도(precision)가 높다고 말하며 k개의 추정값이 서로 멀리 떨어져 있다면 정도가 낮다고 말한다. 즉, 좋은 추정량이 되기 위해서는 편의가 작고 정도가 높아야 한다. 참고로 편의가 없는 추정량을 불편추정량(unbiased estimator)이라 부른다. 편의가 없다는 것은 각각의 추정값은 미지의 모수와 일치하지 않지만 이 추정값들의 평균은 미지의 모수와 일치한다는 것을 의미한다.

위에서 언급된 용어들을 보다 더 쉽게 이해하기 위하여 다음과 같은 예를 생각해 보자. 모 대학 경영학과 학생이 모두 500명이라고 가정할 때, 경영학과 학생들의 한 달 용돈의 평균을 추정한다고 하자. 500명을 모두 다 조사할 수 없어서 10명의 학생을 추출(X_1, X_2, ⋯, X_{10})하였더니 남학생 6명(X_1, X_2, ⋯, X_6)과 여학생 4명(X_7, X_8, X_9, X_{10})이 추출되었다. 이때, 이 표본들을 이용하여 추정하고자 하는 모수 "경영학과 학생들의 한 달 용돈의 평균(θ)"을 어떻게 추정하는 것이 좋은가 생각해 보자. 먼저, 다음과 같은 추정량들을 생각해 보자.

$$T_1(X_1, X_2, \cdots, X_{10}) = Min(X_1, X_2, \cdots, X_{10})$$
$$T_2(X_1, X_2, \cdots, X_{10}) = Max(X_1, X_2, \cdots, X_{10})$$
$$T_3(X_1, X_2, \cdots, X_{10}) = X_1$$
$$T_4(X_1, X_2, \cdots, X_{10}) = \frac{1}{10}(X_1 + X_2 + \cdots + X_{10})$$
$$T_5(X_1, X_2, \cdots, X_{10}) = \frac{1}{4}(X_7 + X_8 + X_9 + X_{10})$$

즉, 통계량 T_1은 10개의 표본의 값 중에서 가장 작은 값을 경영학과 학생들의 한 달 용돈의 평균의 추정값으로 하겠다는 의미이며, T_2는 10개의 표본의 값 중에서 가장 큰 값을, T_3은 10개의 표본의 값 중에서 가장 먼저 추출된 값을, T_4는 10개의 표본의 값의 산술평균값을, T_5는 10개의 표본의 값 중에서 여학생들의 용돈의 산술평균값을 경영학과 학생들의 한 달 용돈의 평균의 추정값으로 하겠다는 의미이다. 여기서, 우리는 우리의 오랜 경험과 직관에 의하여, T_4를 경영학과 학생들의 한 달 용돈의 평균의 추정값으로 주저없이 사용할 것이며, 다른 추정량을 사용하는 사람이 있으면 이를 비웃을 것이다. 그러면, 이러한 선택의 근거는 무엇인가 생각해 보자. T_1은 추정하고자 하는 모수 θ보다 항상 작은 값을 추정할 것이며 어떤 값 부근에 넓게 퍼져 있을 것이다. 즉, 편의가 크게 발생할 것이며, 정도(precision)는 낮을 것이다. 비슷하게 T_2는 θ보다 항상 큰 값을 추정하며 또한 어떤 값 부근에 넓게 퍼져 있을 것이므로 편의가 크게 발생하며 정도(precision)는 낮을 것이다. T_3은 θ보다 작은 값을 갖기도 하고, 큰 값을 가질 수도 있을 것이며, θ와의 차가 매우 큰 경우도 자주 발생할 것이며 매우 작은 경우는 드물게 발생할 것이다. 따라서 편의는 없으나 정도가 낮을 것이다. T_4는 θ보다 작은 값을 갖기도 하고, 큰 값을 가질 수도 있을 것이며, θ와의 차가 매우 큰 경우는 거의 발생하지 않을 것이며 매우 작은 경우가 많이 발생할 것이다. 즉, 편의가 없으며, 정도도 높은 경우이다. 따라서 우리는 T_4를 θ의 추정량으로 사용하는 것이다. T_5는 경영학과 학생들의 한 달 용돈의 평균을 추정하는 것이 아니라 경영학과 여학생들의 한 달 용돈의 평균을 추정할 것이다. 따라서 편의가 발생할 것이며, 본디 추정하고자 하는 목적과 어긋나는 경우가 될 것이다. 그러나 표본 4개의 평균이므로 비교적 정도는 높을 것이다.

편의와 정도의 개념을 양궁선수의 예를 통하여 다시 한 번 생각해 보자. 양궁선수 A, B, C, D 4명이 각각 과녁에 활을 쏜 결과가 [그림 8.1]과 같다고 하자. [그림 8.1(a)]는 A선수의 결과로서 A선수는 과녁을 잘못 조준하여 중심점을 중심으로 일정한 방향으로 화살이 빗나갔음을 알 수 있다. 즉, 편의가 크다. 또한 화살이 일정한 한 지점을 중심으로 밀집되어 있으므로 정도(precision)가 높음을 알 수 있다. 따라서 A선수는 실력은 있으나(정도가 높기 때문에) 조준

그림 8.1
편의와 정도

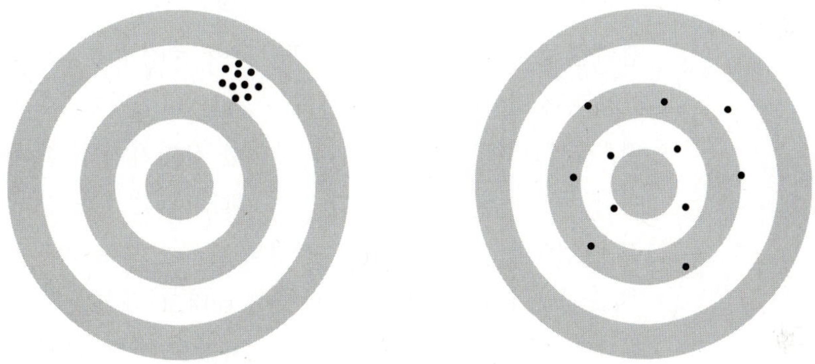

(a) 편의가 크고 정도가 높은 경우 (b) 편의가 작고 정도가 낮은 경우

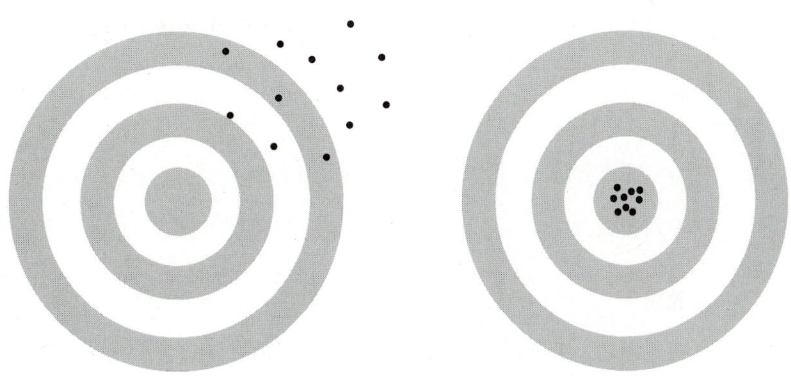

(c) 편의가 크고 정도가 낮은 경우 (d) 편의가 작고 정도가 높은 경우

을 잘못하는(편의가 크기 때문에) 선수이다. B선수는 중심점을 중심으로 조준은 잘했으나 화살이 넓게 퍼져 과녁을 맞힌 경우이다. 이 선수는 편의는 작으나 정도가 낮은 경우이다. C선수는 조준도 잘못하고 화살도 넓게 퍼져 과녁을 맞힌 경우이다. 이 선수는 편의도 크고 정도도 낮은 경우이다. D선수는 조준도 잘하고 화살도 좁은 지역 밀집되어 과녁을 맞힌 경우이다. 이 선수는 편의도 매우 작고 정도도 높은 경우이다. 결론적으로 D선수가 가장 우수한 선수라고 할 수 있을 것이다. 위의 $T_1, T_2, \cdots T_5$를 양궁선수에 비유해 보면 A선수에 해당하는 통계량은 T_5이고, B선수는 T_3이고, C선수는 T_1, T_2이고, D선수는 T_4에 해당한다.

그러므로 T_4를 이용하여 경영학과 학생들의 한 달 용돈의 평균을 추정하는 것이 가장 바람직할 것이다.

위에서 언급한 바와 같이 편의가 작고 정도가 높은 추정량을 선택한 후 관측값을 추정량의 공식에 대입하여 추정값을 계산한다. 그러나 미지의 모수 θ의 추정값 하나만을 제시하는 것은 바람직한 추정법이 아닐 것이다. 왜냐하면, 제시된 추정값이 얼마나 정확한 값인가에 대한 설명이 주어지지 않기 때문이다. 즉, 추정값의 정도가 어느 정도 되는지를 알려주어야 하는 것이다. 추정값의 정도는 일반적으로 추정량의 표준편차로 측정하며, 이를 추정량의 표준오차(standard error)라 부르며 간단히 se라고 표기한다. 따라서 점추정값을 제시할 때에는 항상 그 추정량의 표준오차값도 함께 제시해야 한다.

> 미지의 모수 θ에 대한 추정량 T의 표준오차 : $se(T) = sd(T) = \sigma_T$

예제 8.1

본문 8.1절의 예를 이용하여 타이어의 평균수명을 추정하고 그 추정량의 표준오차를 구하여라.

풀이 —

타이어의 평균수명(μ)의 추정량은 표본평균($\overline{X}$)이므로, μ의 추정값은 $\bar{x}$=40,000km이다. 또한, 표본표준편차 s=4,500km이므로, 표본평균의 추정된 표준오차는 $\widehat{se}(\overline{X}) = \widehat{\sigma_{\overline{X}}} = s/\sqrt{n}$ =4,500/$\sqrt{100}$ =450이다.

2. 구간추정

모수를 추정하기 위해 점추정과 같이 하나의 숫자를 사용하는 것보다는 모수가 포함될 만한 구간을 제시하는 추정법이 더 보편적이다. 점추정에서 단순히 추정값 하나만 제시하지 않고 표준오차도 함께 제시하는 것은 사실상 구간추정의 기본개념과 상통한다. 제시된 점추정값이 미지의 모수와 일치하기를 기대할 수는 없으므로 추정값의 표준오차까지 고려하여 구간으로 만드는 것이 바람직하다는 것이다.

모수를 추정하기 위해 사용되는 값의 범위를 구간추정값(interval estimate)이라 하고, 모수가 포함될 만한 구간을 추정해 가는 과정을 구간추정(interval estimation)이라 한다. 신뢰구간은 보통(L, U)의 형태로 이루어지며, 이때 L과 U는 통계량으로 표본으로부터 계산되며 L은 신뢰하한, U는 신뢰상한이라 부른다. 따라서 매 표본마다 계산되는 신뢰구간은 서로 다를 수가 있다. 따라서 계산된 신뢰구간 모두가 미지의 모수 θ를 포함할 수는 없을 것이다.

만약, 어떤 신뢰구간이 표본을 바꾸어 계산하여도 항상 모수를 포함한다면 이는 가장 이상적인 신뢰구간이 될 것이다. 그러나 이러한 이상적인 신뢰구간이 되기 위해서는 신뢰구간의 길이가 길어질 수밖에 없기 때문에 모수에 대한 자세한 정보를 얻을 수 없게 되어 구간추정 그 자체가 무의미하게 될 수도 있다. 예를 들면, "경영학과 학생의 한 달 용돈의 평균(θ)"을 구간추정할 때, 신뢰구간을 (1만원, 100만원)으로 제시한다면, 이 신뢰구간은 모수 θ를 항상 포함하게 될 것이다. 그러나 우리는 이 신뢰구간으로부터 θ에 관해 얻을 수 있는 정보가 거의 없을 것이며, 구태여 표본을 추출하지 않아도 이러한 신뢰구간은 제시될 수 있을 것이다. 따라서 모평균에 관한 보다 더 정확한 정보를 얻기 위해서는 신뢰구간의 길이가 가급적 짧아야 할 것이다. 그러나 신뢰구간의 길이가 너무 짧으면, 이 신뢰구간이 모수 θ를 포함할 가능성이 매우 작아질 것이다. 그러므로 신뢰구간이 모수 θ를 포함할 확률을 1보다는 작은 일정한 수준에서 유지시키면서 신뢰구간의 길이를 가급적 짧게 하는 것이 바람직한 신뢰구간을 만드는 기본개념이라 할 수 있을 것이다.

이 때 모수를 포함할 확률은 일반적으로 $100(1-\alpha)\%$의 형태로 명기되며, 90%, 95%, 99% 등을 사용하는데, 이를 신뢰수준(level of confidence), 또는 신뢰계수(confidence coefficient)라고 부른다. 위의 예를 들어 표현하면, "경영학과 학생의 한 달 용돈의 평균(θ)"의 95% 신뢰구간은 (13만원, 27만원)이라는 식으로 구간추정을 하게 된다.

여기서 주의해야 할 사항은 위의 예처럼 일단 표본으로부터 계산된 신뢰구간이 모수 θ를 포함할 확률에 대해 이야기하면 안된다는 것이다. 그러나 많은 사람들은 신뢰구간을 계산하고 그 신뢰구간이 모수를 포함할 확률이 $100(1-\alpha)$%라고 이야기한다. 그러나 이것은 매우 잘못된 것이다. 위의 예에서 살펴보면, 계산된 95% 신뢰구간 (13만원, 27만원)은 모수 θ를 포함하거나 포함하지 않거나 둘 중의 하나이지, 95%의 확률로 θ를 포함한다고 하는 주장은 잘못된 것으로 의미가 없는 것이다. 실제로 "95% 신뢰구간"에서 95%가 의미하는 바는 동일한 크기의 표본을 100번 반복 추출하여 신뢰구간을 100개 계산할 경우에, 그 중 대략 95개 내외의 신뢰구간이 모수 θ를 포함하고 약 5개 정도의 신뢰구간은 모수 θ를 포함하지 않을 것으로 예상할 수 있다는 것이다.

예제 8.2

표준편차가 $\sigma=8$로 알려진 정규분포에서 $n=16$개의 표본을 추출하여 계산한 결과 표본평균이 $\bar{x}=48$이었다. 모평균 μ의 90% 신뢰구간을 구하면, 다음과 같이 주어진다.

$$(\bar{x}-1.645\sigma/\sqrt{n},\ \bar{x}+1.645\sigma/\sqrt{n})=(44.7,\ 51.3)$$

예를 들어 모평균 $\mu=50$, 모표준편차 $\sigma=8$인 정규분포에서 $n=16$개의 표본을 20번 추출한 경우의 모평균에 대한 20개의 90% 신뢰구간을 구해보자. 모평균 μ의 90% 신뢰구간은 $(\bar{x}-1.645\sigma/\sqrt{n},\ \bar{x}+1.645\sigma/\sqrt{n})=(\bar{x}-1.645\times\times 8/\sqrt{16},\ \bar{x}+1.645\times 8/\sqrt{16})$. 예를 들면, 첫 번째 16개의 표본으로 계산한 표본평균이 $\bar{x}=48.5$이면, 90% 신뢰구간은 (45.2, 51.8)이므로 모평균 50을 포함하게 된다. 두 번째 16개의 표본의 평균값이 $\bar{x}=45$이면, 90% 신뢰구간은 (41.7, 48.3)이므로 모평균 50을 포함하지 않게 된다.

다음의 [그림 8.2]는 컴퓨터를 이용하여 $n=16$인 20개의 표본에 대한 90% 신뢰구간을 구하고 이를 20개의 가로 선으로 표시한 것이다. 그림에서 보면 20개의 신뢰구간 중에서 18개의 신뢰구간이 모평균 50을 포함하고 있음을 알 수 있다. 즉, 표본을 추출하여 모평균의 90% 신뢰구간을 만들면 그중 모평균을 포함하는 구간의 비율이 90%에 가깝게 된다는 것이다.

그림 8.2
μ의 90% 신뢰구간을 20번 관측한 경우

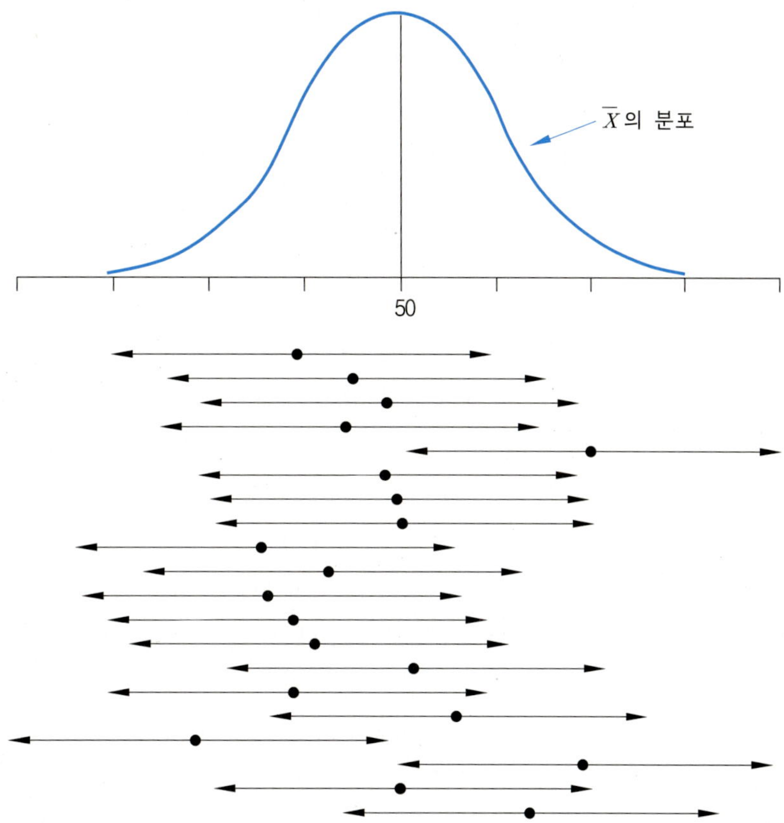

8.3 가설검정

통계추론의 또 다른 분야인 가설검정(testing hypothesis)의 기본개념에 대해 알아보자. 앞에서 공부한 점추정이나 구간추정에서는, 우리가 알지 못하는 모수의 참값을 알아보기 위하여, 표본을 추출한 후 이를 적절히 이용하여 모수의 참값에 대한 정보를 얻을 수 있었다.

그런데 통계조사나 통계적 실험을 하는 주된 이유 중의 하나는 새로운 사실이나 어떤 현상을 확인하고 주장하기 위해서이다. 따라서 이를 주장하기 위해 설정한 가설이 옳은지 그른지에 대한 증거가 자료에 뚜렷이 나타나는가를 판단할 필요가 있을 것이다. 즉, 가설검정에서는 표본이 갖고 있는 정보를 이용하여 그 가설의 진위 여부를 통계적으로 판단하는 것이다. 그런데 수집된 표본의 정보만을 이용하므로 가설의 진위에 대한 판단결과가 항상 올바른 것은 아니다. 즉, 잘못된 결과도 도출될 수 있다.

예를 들어, 어느 대학교 작업치료학과 교수가 작업치료학과 학생들의 평균지능지수(모평균)가 130이라고 주장했다고 하자. 이 교수의 주장이 올바른 것인지 아니면 터무니없는 것인지를 검정해 보기 위해서는 표본을 추출하여 표본의 평균지능지수를 계산하여야 할 것이다. 만약, 표본평균값이 105라면, 작업치료학과 교수의 주장은 거짓일 가능성이 크다고 주장할 수 있을 것이다. 왜냐하면, 작업치료학과 교수가 주장하는 평균지능지수 130과 표본평균 105와는 너무나 큰 차이가 있기 때문이다. 이와 반대로 표본평균이 128이 나왔다면, 작업치료학과 교수의 주장이 상당히 신빙성이 있다고 받아들일 것이다. 그런데 표본평균이 120이 나오면 이때에는 어떤 결론을 내리겠는가? 이처럼 많은 경우에, 제시된 가설의 진위에 대한 판정을 내리기가 쉽지 않다. 따라서 가설의 진위에 대한 판정을 함에 있어서 통계적 결정과정을 지배하는 합리적이면서 표본에 근거한 판단기준의 필요성이 제기되는 것이다.

이러한 가설을 통계적으로 검정할 때, 항상 그 검정은 표본이 갖고 있는 정보에 근거하여 판정하여야 한다. 따라서 추출된 표본이 편의를 갖는 경우에는 제시된 가설이 옳은 데도 불구하고 그릇된 것으로 잘못 결론을 내릴 수도 있다. 즉, 통계적 가설검정에서는 이와 같은 그릇된 결론도출이 발생할 수도 있다는 것이다.

위의 예에서는 두 가지 주장을 내세울 수 있다. 첫 번째 주상은 “작업치료학과 학생의 평균지능지수는 130이다”이고, 두 번째 주장은 “작업치료학과 학생의 평균지능지수는 130이 아니다”이다. 따라서 위 예는 첫 번째 주장 “작업치료학과 학생의 평균지능지수는 130이다”를 하나의 가설로 간주하고 이를 부정할 수 있는 반증(反證)이 표본의 결과로서 뚜렷이 나타나는가를 확인하고자 하는 것이었다. 이와 같이 그 반대 증거를 찾기 위해 상정된 가설을 귀무가설(null hypothesis)이라 한다. 또한 귀무가설의 대안으로 상정되는 가설을 대립가설(alternative hypothesis)이라 부른다. 위의 예에서는 첫 번째 주장 “작업치료학과 학생의 평균지능지수는 130이다”가 귀무가설이고, 두 번째 주장은 “작업치료학과 학생의 평균지능지수는 130이 아니다"가 대립가설이다. 흔히 귀무가설과 대립가설을 각각 H_0와 H_1로 나타낸다. 귀무가설과 대립가설의 의미를 명확하게 이해하기 위해 다음의 예들을 생각해 보자.

예제 8.3

기존의 진통제 A의 평균치료율이 70%라고 하자. 연구원들은 새로 개발된 진통제 B의 치료율이 진통제 A보다 높다고 주장한다. 이를 검정하기 위하여 통증환자 100명을 랜덤추출하여 진통제 B를 투여하여 그 효과를 확인하는 실험을 하였다. 만약 새 진통제 B의 평균치료율이 70% 이상이라는 뚜렷한 증거가 있으면 진통제 A의 생산을 중단하고 새 진통제 B를 생산, 판매하게 될 것이다.
이러한 문제에서 통계적 가설검정을 하기 위하여 귀무가설과 대립가설을 세우는 과정을 생각해 보자. 이러한 경우 내세울 수 있는 가설은 다음 두 가지이다.

i) $p \leq 0.7$
(진통제 B의 치료율이 진통제 A의 치료율보다 높지 않다)

ii) $p > 0.7$
(진통제 B의 치료율이 진통제 A의 치료율보다 높다)

먼저, 가설 $p \leq 0.7$을 귀무가설로 설정하는 경우를 생각해 보자. 이때에는 표본의 치료율이 0.7보다 훨씬 높게 나와야 대립가설이 옳다고 판정을 할 것이다. 그러나 표본의 치료율이 0.7 근방의 값이나 0.7보다 작으면 귀무가설 $p \leq 0.7$이 옳다고 판정을 내릴 것이다. 즉, 검정의 기본적인 발상은 가급적이면 귀무가설이 옳다고 판정을 내리고 귀무가설이 틀리다는 결정적이고 뚜렷한 증거가 있어야 대립가설을 채택하는 것이다.
이와 반대로, 가설 $p > 0.7$을 귀무가설로, 가설 $p \leq 0.7$을 대립가설로 설정하는 경우를 생각해 보자. 이 경우에는 $p \leq 0.7$이 채택되기 위해서는 표본의 치료율이 0.7보다 훨씬 작게 나와야 한다. 반대로 $p > 0.7$이 채택되기 위해서는 표본의 치료율이 0.7이 근방의 값이나 0.7보다 높게 나와야 한다. 여기에서 우리는 ① 가설 $p \leq 0.7$을 귀무가설로 설정하는 경우와 ② 가설 $p > 0.7$을 귀무가설로 채택하는 경우의 차이점을 알 수 있다. 표본의 치료율이 0.7 근방의 값은, ①에서는 $p \leq 0.7$을 채택하는 근거로 사용될 것이며, ②에서는 $p > 0.7$을 채택하는 근거로 사용될 것이다. 이제 우리는 표본의 치료율이 0.7 근방의 값을 가질 때, $p \leq 0.7$과 $p > 0.7$ 둘 중의 하나를 선택하여야 하는 문제에 이른 것이다. 선택의 기준은 바로 위험도의 크기이다. 즉, 두 가설 중에 어느 가설이 옳은지에 대한 명확한 증거가 없는 경우에는 어느 하나의 가설이 선택되었을 때의 위험부담이 작으냐 크냐에 달려 있는 것이다. ①의 경우, 대립가설 $H_1 : p > 0.7$이 채택되지 않는 경우는 지금까지 사실로 여겨왔던 귀무가설 $H_0 : p \leq 0.7$을 다시 채택하게 되므로 위험부담이 별로 크지 않다는 것이다. 즉, 현재의 상황이 유지되는 것이다. ②의 경우, 진통제 A와 진통제 B의 치료율이 비슷한데도 $p > 0.7$을 선택하게 되면 다음과 같은 치명적 위험이 따른다. 이 경우 제약회사는 진통제 A의 생산을 중단하고 진통제 B의 생산설비를 새로 구축하고, 종업원을 재교육시키며, 원활한 시장진입을 위하여 막대한 홍보비용을 쏟아부어야 할 것이다. 기존의 진통제 A와 비슷한 효능의 약을 팔기 위해서 이렇게 많은 돈과 노력을 투자하는 것은 결코 바람직하지 못할 것이다. 신약 진통제 B의 약효가 기존의 진통제 A보다 특별히 좋지도 않으므로 시장의 평판도 좋지 않을 것이고 인지도도 낮으므로 신약 진통제 B는 많이 팔리지도 않을 것이므로, 이 제약회사는 경영상 상당한 타격을 입을 수 있다. 따라서 $p \leq 0.7$을 귀무가설로, $p > 0.7$을 대립가설로 설정해야 하는 것이다.

예제 8.4

고층건물의 소화용 스프링클러 제조회사에서는 스프링클러가 55℃에서 작동하도록 제조하려고 한다. 정상적 품질의 스프링클러가 제조되고 있는지, 즉 제조공정에 이상이 있는지를 알아보기 위해 제품 중에서 표본을 추출하여 스프링클러의 작동온도를 실험하였다. 이때 대립가설과 귀무가설은 어떻게 세우면 되는가?

풀이 —

스프링클러의 작동시작온도를 μ℃라 하면, 공정에 이상이 없다는 주장은 $\mu=55$이며, 공정에 이상이 있다는 주장은 $\mu \neq 55$이다. 이 실험의 목적이 공정의 이상유무의 확인이므로, 공정에 이상이 있다는 뚜렷한 증거가 있으면, 즉 표본의 작동온도가 55보다 훨씬 크거나 훨씬 작으면 생산공정을 중단시키고 공정의 이상을 야기한 원인을 규명해야 할 것이다. 만약, 표본의 작동온도가 55 근방의 값을 갖게 되는 경우에는 현재의 공정에 이상이 없다고 판정을 하는 것이 현명할 것이다. 따라서 귀무가설은 $H_0 : \mu=55$, 대립가설은 $H_1 : \mu \neq 55$로 주어진다.

위에서 보듯이 통계적 가설검정은 보수적 관점에서 만들어진 이론이다. 잘못된 결론을 내릴 때에도 그 위험부담을 최소로 하려고 한다. 일반적으로 지금까지 옳다고 믿어왔던 사실은 귀무가설이 되며 반대로 기존의 믿음에 배치되는 새로운 주장은 항상 대립가설로 설정된다. 즉, 현재의 상태를 유지시키려는 주장은 귀무가설이며 실험이나 조사를 통하여 입증하고 싶은 주장은 대립가설이 되는 것이다.

예제 8.4에서의 대립가설 $H_1 : \mu \neq 55$와 같이 비교하는 값의 양쪽을 뜻하는 가설을 양측가설이라 하고 예제 8.3에서의 대립가설 $H_1 : p > 0.7$과 같은 가설을 단측가설이라고 부른다.

귀무가설과 대립가설은 앞에서 보았듯이 모수에 대한 가설로 주어지므로, 통계적 가설검정에서 찾고자 하는 증거는 그 모수의 추정량을 이용하여 찾게 된다. 또한, 귀무가설에 반대되며 대립가설을 지지하는 증거는 모수의 추정값이 귀무가설에서 주어진 모수의 값으로부터 대립가설의 방향으로 멀리 떨어질수록 강해진다.

예제 8.5

예제 8.3에서 귀무가설과 대립가설이 각각

$$H_0 : p \leq 0.7,\ H_1 : p > 0.7$$

으로서 모비율에 관한 가설이므로, 표본비율 $\hat{p}$을 이용하여 가설검정의 증거를 찾게 된다. 또한 이 경우에는 대립가설이 단측가설이며, 귀무가설에서 주어진 p값이 0.7 이하이므로 표본비율 $\hat{p}$의 값이 0.7보다 큰 방향으로 멀어질수록 대립가설이 채택될 가능성이 커질 것이다.

예제 8.6

예제 8.4에서 귀무가설과 대립가설이 각각

$$H_0 : \mu = 55,\ H_1 : \mu \neq 55$$

로서 모평균 μ에 관한 가설이므로, 표본평균 $\overline{X}$를 사용하여 통계적 가설검정을 실시하게 된다. 대립가설이 양측가설이므로, 표본평균이 55부터 어느 방향으로나 멀어질수록 대립가설을 채택할 가능성이 커질 것이다.

가설검정을 실시하기 위한 가설검정의 네 단계를 살펴보자. 첫 번째 단계는 귀무가설 H_0와 대립가설 H_1을 설정한다.

두 번째 단계는 검정통계량(test statistic)을 설정하고 그 값을 계산하는 것이다. 예제 8.5, 8.6에서 표본평균 $\overline{X}$나 표본비율 $\hat{p}$과 같이 가설을 검정하기 위해 사용되는 통계량을 검정통계량이라 한다.

세 번째 단계는 기각역(rejection region)을 설정하는 단계이다. 기각역이란 귀무가설을 기각(reject)하는 범위이며 대립가설이 채택(accept)되는 범위이다. 예를 들면, 위의 예제 8.3에서는 검정의 기각역으로 $\hat{p} > 0.8$이 설정되었다고 가정하자. 즉 표본비율의 값이 0.8보다 크면 귀무가설이 기각되며 대립가설이 채택되는 것이다. 기각역을 구하는 법은 추후 설명할 것이다.

네 번째 단계는 위의 3단계에서 행해진 판정된 가설검정 결과의 기술이다. 만약, 예제 8.3에서 귀무가설이 기각된 경우의 기술방법을 살펴보자. 단순히 결론으로 "$p > 0.7$"라고 수리적으로만 기술하지 말고 "진통제 B의 치료율이 진통제 A의 치료율보다 높다"는 식으로 그 의미를 설명해 주는 것이 보다 더 바람직하다.

> 검정통계량 : 가설을 검정하기 위해 사용되는 통계량
> 기 각 역 : 귀무가설을 기각하는 검정통계량의 값의 범위

통계적 가설검정은 표본을 이용하여 판정을 하게 되므로 항상 올바른 판정을 할 수는 없다. 이러한 판정오류는 다음 두 가지가 있다. 첫 번째 오류는, 귀무가설이 옳은데도 불구하고 귀무가설을 기각하는 오류(제1종 오류, type I error)이며, 두 번째 오류는 귀무가설이 거짓인데도 불구하고 귀무가설을 채택하는 오류(제2종 오류, type II error)이다. 또한 제1종 오류를 범할 확률을 α, 제2종 오류를 범할 확률을 β로 표시한다.

검정 결과	H_0의 실제 상태	
	H_0가 참일 때	H_0가 거짓일 때
H_0를 채택	옳은 결정	제2종 오류
H_0를 기각	제1종 오류	옳은 결정

검정을 실시하는 데 있어서, 우리는 귀무가설 H_0가 참인지 거짓인지를 알지 못하므로 가설검정 결과는 반드시 올바를 수 없으며 반드시 제1종 오류와 제2종 오류를 범할 확률이 존재한다. 따라서 좋은 검정법은 위의 두 오류를 범할 확률을 최소로 하는 검정법이다. 그러나 두 오류를 동시에 최소로 하는 검정법은 존재할 수 없다. 왜냐하면, α를 작게 하면 β가 커지고, 또한 β를 작게 하면 α가 커지기 때문이다. 따라서 통계적 가설검정에서는 먼저, 제1종 오류를 범할 확률 α의 값을 매우 작은 값으로 미리 고정시킨 상태에서, 제2종 오류를 범할 확률 β를 최소로 하는 검정법을 채택한다. 왜냐하면, 귀무가설이 거짓인데도 불구하고 참이라고 채택하는 것보다 귀무가설이 참인데도 기각하는 데서 오는 위험이 훨씬 크기 때문이다. 예제 8.3의 진통제 문제를 다시 한 번 생각해 보면 그 이유를 알 수 있을 것이다.

제1종 오류를 범할 확률 α의 값으로는 보통 0.01, 0.05, 0.10 등이 사용되며 α를 유의수준(significance level)이라고 한다. 제1종 오류를 범할 경우의 위험이 매우 클 때에는 유의수준 α의 값을 0.01로 설정하며, 그 위험이 비교적 작은 경우에는 0.10으로 설정한다. 그리고 일반적으로는 유의수준 α의 값을 0.05로 설정한다.

가설검정의 4단계 :

[1단계] 가설과 유의수준 α를 설정한다.

[2단계] 검정통계량을 설정하고 계산한다.

[3단계] 유의수준 α에 적합한 기각역을 설정한다.

[4단계] 결론을 내린다.

참고로, 검정결과를 기술할 때, 귀무가설의 기각여부를 기술하는 것이 보편적이다. 즉, '귀무가설이 채택되었다', 또는 '채택되지 않았다'고 표현하지 않고, '귀무가설이 기각되었다', 또는 '기각되지 않았다'는 표현이 더 적절할 것이다. 왜냐하면, 표본이 가지고 있는 가설에 대한 증거가 귀무가설을 기각할 만큼 확실하지 않기 때문에 채택한다는 표현은 사용하지 않으며 또한 증거가 확실하면 기각하므로 채택하지 않는다는 표현은 사용하지 않는 것이다. 그리고 검정결과를 기술할 때에는 반드시 유의수준 α의 값도 명시되어야 한다.

검정결과의 기술방법 :

유의수준 α에서 H_0를 기각한다.

또는

유의수준 α에서 H_0를 기각할 수 없다.

연습문제

1. 다음 문장을 읽고 옳으면 '○'표, 틀리면 '×'표를 한 후 틀린 곳을 지적하라.

(1) t-분포에서 자유도가 커지면 표준정규분포를 이용할 수 있다.
(2) 추정량의 편의가 작은 경우에는 불편성보다 추정량의 분산이 더 중요할 수 있다.
(3) 모수가 신뢰구간 안에 포함될 확률을 신뢰수준이라 한다.
(4) 신뢰수준이 높을수록 신뢰구간은 짧아진다.
(5) 가설검정에서 표본을 추출하기 전에 모수가 어떤 특정한 값을 갖는다고 가정하는데, 이 가정을 대립가설이라 한다.
(6) 제1종 오류란 귀무가설이 사실인데도 귀무가설을 기각하게 되는 경우이다.
(7) 원래 관찰된 값의 단위로 검정을 하거나 관찰값을 표준화하여 검정하거나 똑같은 결과가 나온다.
(8) 만약 가설검정의 유의수준이 0.8이라면, 귀무가설이 사실일 때 귀무가설이 채택될 확률이 높다.

2. 모평균 μ를 추정하기 위하여 세 개의 표본 X_1, X_2, X_3을 뽑았다. 다음 추정량 중 가장 좋은 추정량을 선택하고 그 이유를 밝혀라.

$$\frac{2X_1+X_2+2X_3}{5},\quad \frac{X_1+X_2+X_3}{2},$$
$$\frac{\max\{X_1,\ X_2,\ X_3\}+\min\{X_1,\ X_2,\ X_3\}}{2},$$
$$\frac{X_1+X_2+X_3}{3}$$

3. 철도청에서 서울발 부산행 승차권을 구입하는 사람 중 왕복표를 사는 사람의 비율을 추정하기 위하여 200명을 조사하였더니 40명이 왕복표를 구입하였다. 왕복표의 구입비율을 추정하고 표준오차를 구하라.

4. 커피 자동판매기에서 1컵에 나오는 커피의 양을 조사하기 위하여 100잔을 조사한 결과 평균($\bar{x}$)= 160(g), 표준편차(s)=12(g)임을 알았다. 이때, 커피 1컵의 양에 대한 표준오차를 구하라.

5. 어느 해의 대입수학능력시험 성적은 평균이 250점, 표준편차가 25점이었다고 한다. 이때, 서울 강남·서초지역 입시생 평균성적이 전체 평균보다 높은지 또는 낮은지를 알아보고자 한다. 성적차이가 존재하는지에 대한 가설을 설정하여라.

6. 담배인삼공사와 소비자보호연맹 사이에 담배에 포함된 니코틴 함유량 문제로 의견이 대립되고 있다. 이유는 개피당 니코틴 함유량이 0.8mg 이하라는 공사측의 설명에 대하여 소비자보호연맹에서는 그 이상이라고 주장하기 때문이다. 적절한 가설을 설정하여라.

7. 자동차회사의 주장에 의하면 새로 개발된 자동차의 시내 주행거리가 1리터당 18km라고 한다. 이에 대한 적절한 가설을 설정하여라.

제9장

모평균에 관한 추정

9.1 서 론

다음과 같은 종류의 질문을 받았다고 가정하자.

첫째, 한국인의 평균수명은 얼마일까?
둘째, 10년 전에는 한국인의 평균수명이 75세였는데 현재도 그대로일까?
셋째, 한국인의 평균수명과 중국인의 평균수명은 얼마나 차이가 날까?
넷째, 10년 전에는 한국인의 평균수명과 중국인의 평균수명의 차이가 5년 이었는데 현재도 그대로일까?

이상과 같은 질문에 대한 해답이 바로 모평균에 관한 추론이다. 모평균에 관한 추론은 모집단으로부터 추출된 표본의 평균을 이용하여 모평균을 추론하는 것으로서 추론통계의 기초이다. 모평균에 대한 추론은 추론의 목적에 따라 추정과 가설검정으로 구분된다. 첫째 질문과 셋째 질문은 모평균의 추정에 관한 것이고, 둘째 질문과 넷째 질문은 모평균의 가설검정에 관한 것이다. 모평균의 추정은 모평균에 대해 전혀 알려진 바가 없을 때 새로운 정보를 탐색하는 것이다. 첫째 질문과 셋째 질문의 내용에서 보듯이 한국인의 평균수명과 한국인과 중국인의 평균수명의 차이에 대하여 알려진 바가 없어서 표본조사를 통해 알아보는 것이다. 모평균에 대한 가설검정은 모평균에 대해 알려진 바가 있으나 과연 이 알려진 바가 맞는지 틀리는지를 판정하는 것이다. 둘째 질문과 넷째 질문의 내용에서 보듯이 과거 10년 전에는 한국인의 평균수명이 75세이었는데 현재도 과연 그러한지 또한 10년 전에는 한국인과 중국인의 평균수명의 차이가 5년이었는데 현재도 과연 그러한지를 표본조사를 통해 판정하는 것이다.

한편 모평균에 대한 추론은 조사대상모집단의 수에 따라 단일모집단의 모평균에 대한 추론과 두 모집단의 모평균차이에 대한 추론으로 구분된다. 첫째 질문과 둘째 질문은 단일모집단의 모평균에 대한 추론이고, 셋째 질문과 넷째 질문은 두 모집단의 모평균차이에 대한 추론이다. 단일모집단의 모평균에 대한 추론은 단일모집단에서 추출한 표본의 평균을 이용하여 추론하고 두 모집단의 모평균차이에 대한 추론은 두 모집단에서 각각 추출한 표본평균의 차이를 이용하여 추론하는 것이다.

단일모집단 모평균의 추론은 단일모집단에서 추출한 표본의 평균을 이용하여 모평균을 추론하는 것이고, 두 모집단 모평균차이의 추론은 두 모집단에서 각각 추출한 표본평균의 차이를 이용하여 두 모집단 모평균의 차이를 추론하는 것이다. 두 가지 추론 모두 표본의 분포에 근거한다는 면에서 동일하다. 즉 단일모집단 모평균 추론은 표본평균의 분포에 근거하고 두 모집단 모평균차이의 추론은 표본평균차이의 분포에 근거한다. 표본평균의 분포와 표본평균차이의 분포는 정규분포 또는 t-분포를 따른다.

9.2 단일모집단의 모평균에 관한 추정

모평균에 대한 추정은 모집단으로부터 추출한 표본의 평균을 근거로 이루어진다. 표본평균은 모평균과 일치하지 않는 것이 일반적이다. 따라서 모평균을 점추정할 때에는 표본평균과 함께 표본평균의 표준오차값도 기술하며, 신뢰구간을 추정할 때에는 표본평균을 중심으로 좌우의 신뢰구간과 그 신뢰구간 안에 모평균이 존재할 신뢰도를 제시한다.

모집단의 평균이 μ이고 분산이 σ^2인 정규분포로부터 n개의 랜덤표본

$X_1, X_2, \cdots, X_n$을 추출하는 경우를 가정하자. 점추정과 신뢰구간을 추정하기 위해 표본평균의 분포를 이용한다. 표본평균의 분포는 모분산을 알고 있는 경우와 모르는 경우로 구분된다. 모분산 σ^2을 알고 있는 경우에는 표본평균분포의 분산이 σ^2/n인 정규분포를 따르고, 모분산을 모르고 있는 경우에는 모분산 대신 표본분산 s^2을 사용하며 표본평균의 분산이 s^2/n인 t-분포 또는 정규분포를 따른다.

1. 모분산(σ^2)을 알고 있는 경우

모분산을 알고 있는 경우 표본평균의 분포는 평균이 μ, 분산이 σ^2/n인 정규분포를 따른다. 즉,

$$\overline{X} \sim N(\mu, \frac{\sigma^2}{n})$$

그러므로 μ에 대한 점추정량은 표본평균 $\overline{X}$이다. $\overline{X}$는 μ의 불편추정량이고 $\overline{X}$의 표준오차는 $\sigma/\sqrt{n}$이다. 즉, $se(\overline{X}) = \sigma_{\overline{X}} = \sigma/\sqrt{n}$이다.

$\overline{X}$를 표준화하면,

$$Z = \frac{\overline{X} - \mu}{\sigma/\sqrt{n}} \sim N(0, 1)$$

그런데 표준정규분포에서

$$P(-z_{\alpha/2} < Z < z_{\alpha/2}) = 1 - \alpha$$

가 성립하므로 이 식을 다음과 같이 쓸 수 있다.

$$\begin{aligned} &P\left(-z_{\alpha/2} < \frac{\overline{X} - \mu}{\sigma/\sqrt{n}} < z_{\alpha/2}\right) = 1 - \alpha \\ &\Leftrightarrow P\left(\mu - z_{\alpha/2}\frac{\sigma}{\sqrt{n}} < \overline{X} < \mu + z_{\alpha/2}\frac{\sigma}{\sqrt{n}}\right) = 1 - \alpha \\ &\Leftrightarrow P\left(\overline{X} - z_{\alpha/2}\frac{\sigma}{\sqrt{n}} < \mu < \overline{X} + z_{\alpha/2}\frac{\sigma}{\sqrt{n}}\right) = 1 - \alpha \end{aligned}$$

따라서 마지막 식에서 미지의 모수 μ의 구간

$$\left(\overline{X}-z_{\alpha/2}\frac{\sigma}{\sqrt{n}},\ \overline{X}+z_{\alpha/2}\frac{\sigma}{\sqrt{n}}\right)$$

를 모평균 μ에 대한 $100(1-\alpha)\%$ 신뢰구간이라 한다. 여기서, $z_{\alpha/2}$는 [그림 9.1]과 같이 오른쪽 꼬리부분의 빗금 친 면적이 정확히 $\alpha/2$가 되는 Z축상의 점이다.

그림 9.1
$z_{\alpha/2}$의 위치

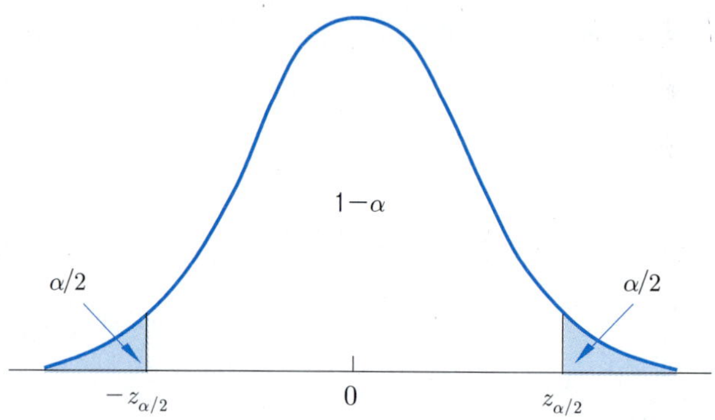

정규모집단에서 모분산 σ^2을 알고 있을 때, 모평균 μ에 대한 $100(1-\alpha)\%$ 신뢰구간은 다음과 같다.

$$\left(\overline{X}-z_{\alpha/2}\frac{\sigma}{\sqrt{n}},\ \overline{X}+z_{\alpha/2}\frac{\sigma}{\sqrt{n}}\right)$$

또는 간단히,

$$\overline{X}\pm z_{\alpha/2}\frac{\sigma}{\sqrt{n}}$$

로 표시한다.

$z_{\alpha/2}$는 신뢰도 $100(1-\alpha)\%$에 따라 결정되는데 신뢰도는 일반적으로 90%, 95%, 99%를 적용한다. 신뢰도가 90%이면 유의수준 α는 0.1이 되며 이때 $z_{\alpha/2}$ 즉 $z_{0.05}$는 표준정규분포표에서 1.645임을 알 수 있다. 마찬가지 방법으로 신뢰

도가 95%이면 $z_{\alpha/2} = z_{0.025} = 1.96$ 그리고 신뢰도가 99%이면 $z_{\alpha/2} = z_{0.005} = 2.57$임을 알 수 있다. 따라서 신뢰도가 증가하면 할수록 신뢰구간의 길이는 증가함을 알 수 있다.

예제 9.1

우리나라 벤처기업 사장의 평균연령을 알아보고자 한다. 코스닥 상장회사를 중심으로 64개 벤처기업을 랜덤하게 추출하여 조사한 결과 평균이 32.5세로 나타났다. 벤처기업 사장의 연령은 정규분포를 따르고 모집단의 표준편차는 6세라고 알려져 있을 때, 우리나라 벤처기업 사장의 평균연령에 대한 점추정량과 90% 신뢰구간을 구하라. 또한 95% 그리고 99% 신뢰구간도 구해보아라.

풀이 —

① 모평균의 점추정

표본평균 $\overline{X}=32.5$, 모표준편차 $\sigma=6$, 표본수 $n=64$이므로 μ의 점추정값은 32.5, 표준오차 $\sigma_{\overline{X}}=\dfrac{\sigma}{\sqrt{n}}=\dfrac{6}{\sqrt{64}}=\dfrac{6}{8}=0.75$이다. 따라서 모평균 μ의 점추정값은 다음과 같다.

$$32.5 \pm 0.75$$

② 모평균의 90% 신뢰구간

신뢰도가 90%이므로 $\alpha=0.1$이다. 따라서 $z_{\alpha/2} = z_{0.05} = 1.64$

그리고 표본평균 $\overline{X}=32.5$이므로 모평균 μ의 90% 신뢰구간은 다음과 같다.

$$\overline{X} \pm z_{\alpha/2}\frac{\sigma}{\sqrt{n}} = 32.5 \pm 1.64 \times 0.75 = 32.5 \pm 1.23$$

또는 (31.27, 33.73)

③ 모평균의 95% 신뢰구간

$\alpha=0.05$이므로 $z_{\alpha/2} = z_{0.025} = 1.96$. 따라서 모평균 μ의 95% 신뢰구간은 다음과 같다.

$$\overline{X} \pm z_{\alpha/2}\frac{\sigma}{\sqrt{n}} = 32.5 \pm 1.96 \times 0.75 = 32.5 \pm 1.47$$

또는 (31.03, 33.97)

④ 모평균의 99% 신뢰구간

$\alpha=0.01$이므로 $z_{\alpha/2} = z_{0.005} = 2.57$. 따라서 모평균 μ의 99% 신뢰구간은 다음과 같다.

$$\overline{X} \pm z_{\alpha/2}\frac{\sigma}{\sqrt{n}} = 32.5 \pm 2.57 \times 0.75 = 32.5 \pm 1.93$$

또는 (30.57, 34.43)

위 예제에 의해서도 신뢰도가 증가하면 할수록 신뢰구간의 길이는 증가함을 알 수 있다.

■ 엑셀2007을 이용한 모평균의 신뢰구간 추정: 모분산을 알고 있는 경우

① 모집단의 표준편차가 알려져 있는 경우에는 함수의 CONFIDENCE를 이용한다. CONFIDENCE를 선택한 다음 하단의 [확인] 버튼을 클릭한다.

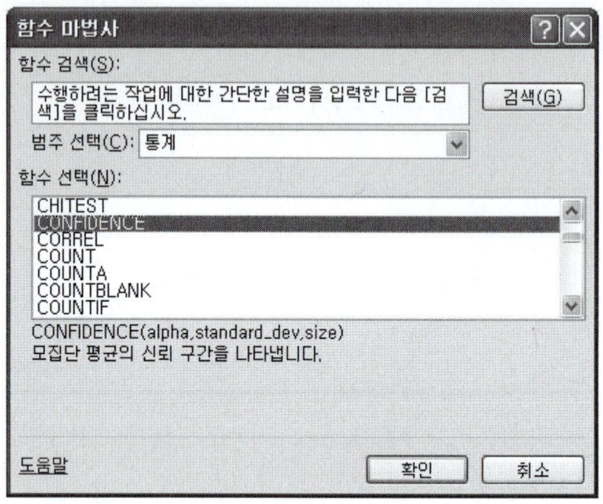

② 함수 인수 화면에서 Alpha는 유의수준, Standard_dev에는 알려진 표준편차, Size에는 표본크기를 입력한다. 본 예에서는 95%의 신뢰구간을 추정한다고 가정하고 각각 Alpha=0.05, Standard_dev=6, Size=64를 입력한다.

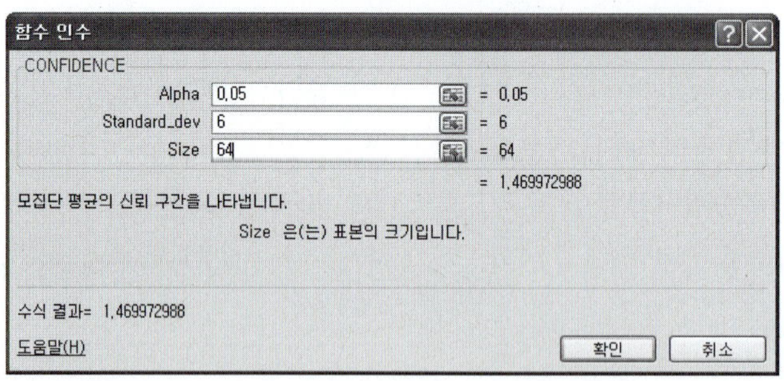

③ 이렇게 해서 계산된 값은 약 1.47이며 표본의 평균이 32.5이기 때문에 구간추정값은 32.5±1.47이 된다.

2. 모분산(σ^2)을 모르고 있을 경우

모평균을 추정하는 이유는 모평균에 대하여 알려진 바가 없기 때문에 탐색적으로 알아보고자 하는 것이다. 앞에서 우리는 모분산을 알고 있는 경우를 살펴보았다. 그런데 이러한 경우는 사실 존재하기 어렵다. 즉 모평균도 모르면서 모분산을 알고 있다는 가정은 비현실적이다. 일반적으로 모분산을 모르고 있는 경우가 더 현실적이다. 따라서 모분산을 모르기 때문에 모분산에 대한 점추정값을 사용해야 하는데 이것이 바로 표본분산 s^2이다. s^2은 표본으로부터 다음과 같이 계산된다.

$$s^2 = \frac{\sum_{i=1}^{n}(X_i - \overline{X})^2}{n-1}$$

모분산 σ^2 대신 표본분산 s^2을 이용하여 모평균 μ에 대한 추정을 한다.

μ에 대한 점추정량은 σ^2을 알고 있는 경우와 마찬가지로 표본평균 $\overline{X}$이다. 그러나 σ^2을 모르므로 $\overline{X}$의 표준오차 $\sigma/\sqrt{n}$에서 σ 대신 s를 사용한다. σ 대신 s를 사용하여 추정된 표준오차를 $\widehat{se}$으로 표기하며, 다음과 같이 쓸 수 있다. 즉,

$$\widehat{se}(\overline{X}) = \hat{\sigma}_{\overline{X}} = s_{\overline{X}} = s/\sqrt{n}$$

표준화된 변수 $Z = \dfrac{\overline{X} - \mu}{\sigma/\sqrt{n}}$의 분모에서 σ 대신 s를 사용하면

$$\frac{\overline{X} - \mu}{s/\sqrt{n}}$$

를 얻을 수 있다. 그리고 이 확률변수의 분포를 알면 신뢰구간을 쉽게 구할 수 있다.

(1) 소표본인 경우($n < 30$)

통계학에서는 일반적으로 표본의 크기 n이 30보다 큰 표본을 대표본(large

sample)이라 하고 반대로 표본의 크기 n이 30보다 작은 표본을 소표본(small sample)이라 부른다. 일반적으로 대표본인 경우에는 중심극한정리에 의해 표준화된 변수들은 표준정규분포로 항상 근사한다. 그러나 소표본인 경우에는 중심극한정리를 적용할 수 없다.

소표본인 경우에는 σ 대신에 s를 대체하여 얻은 표준화된 확률변수 $\frac{\overline{X}-\mu}{s/\sqrt{n}}$는 제8장에서 배운 바와 같이 자유도가 $n-1$인 t-분포를 따른다. 즉,

$$\frac{\overline{X}-\mu}{s/\sqrt{n}} \sim t(n-1)$$

t-분포는 0을 중심으로 좌우대칭이므로 소표본에서의 모평균 μ에 대한 100(1$-\alpha$)% 신뢰구간은 다음과 같은 확률식으로부터 유도된다.

$$P\left(-t_{\alpha/2}(n-1) < \frac{\overline{X}-\mu}{s/\sqrt{n}} < t_{\alpha/2}(n-1)\right) = 1-\alpha$$
$$\Leftrightarrow P\left(\overline{X}-t_{\alpha/2}(n-1)\frac{s}{\sqrt{n}} < \mu < \overline{X}+t_{\alpha/2}(n-1)\frac{s}{\sqrt{n}}\right) = 1-\alpha$$

여기서 $t_{\alpha/2}(n-1)$은 자유도 $(n-1)$의 t-분포에서 오른쪽 꼬리부분의 넓이가 $\alpha/2$되는 점이다. t-분포의 그래프가 좌우대칭이므로, 왼쪽 꼬리부분의 넓이가 $\alpha/2$되는 점을 $-t_{\alpha/2}(n-1)$로 표기한다. 따라서 소표본에서의 모평균 μ에 대한 100(1$-\alpha$)% 신뢰구간은 다음과 같다.

정규모집단에서 모분산 σ^2을 모르고 소표본일 때, 모평균 μ에 대한 $100(1-\alpha)$% 신뢰구간은 다음과 같다.

$$\left(\overline{X}-t_{\alpha/2}(n-1)\frac{s}{\sqrt{n}},\ \overline{X}+t_{\alpha/2}(n-1)\frac{s}{\sqrt{n}}\right)$$

또는 간단히,

$$\overline{X}\pm t_{\alpha/2}(n-1)\frac{s}{\sqrt{n}}$$

로 표시한다.

예제 9.2

동대문대학교 학생들의 일주일 평균용돈을 알아보고자 표본조사를 실시하였다. 25명의 학생을 임의로 추출하여 조사한 결과 평균이 72,000원, 표본표준편차가 15,000원으로 나타났다. 학생들의 일주일 용돈은 정규분포를 따른다고 할 때, 동대문대학교 학생들의 일주일 평균용돈의 점추정값과 90% 신뢰구간을 추정하라. 또한 95%와 99% 신뢰구간도 추정하여라.

풀이 —

① μ의 점추정값

표본평균 $\overline{X}=72{,}000$이고, 표본표준편차 $s=15{,}000$, 표본수 $n=25$이므로 표준오차 $s_{\overline{X}}=\dfrac{s}{\sqrt{n}}=\dfrac{15{,}000}{\sqrt{25}}=\dfrac{15{,}000}{5}=3{,}000$이다. 따라서 모평균 μ의 점추정값은 다음과 같다.

$$72{,}000 \pm 3{,}000$$

② μ의 90% 신뢰구간

90% 신뢰구간을 추정하므로 $\alpha=0.1$이다. 따라서

$$t_{\alpha/2}(n-1)=t_{0.05}(24)=1.711$$

그러므로 동대문대학교 학생들의 일주일 평균용돈의 90% 신뢰구간은 다음과 같다.

$$\overline{X}\pm t_{\alpha/2}(n-1)\frac{s}{\sqrt{n}}=72{,}000\pm1.711\times3{,}000=72{,}000\pm2{,}133$$

또는 (66,867, 77,133)

③ μ의 95% 신뢰구간

$\alpha=0.05$이므로 $t_{\alpha/2}(n-1)=t_{0.025}(24)=2.064$

그러므로 동대문대학교 학생들의 일주일 평균용돈의 95% 신뢰구간은 다음과 같다.

$$\overline{X}\pm t_{\alpha/2}(n-1)\frac{s}{\sqrt{n}}=72{,}000\pm2.064\times3{,}000=72{,}000\pm6{,}192$$

또는 (65,808, 78,192)

④ μ의 99% 신뢰구간

$\alpha=0.01$이므로 $t_{\alpha/2}(n-1)=t_{0.005}(24)=2.797$

그러므로 동대문대학교 학생들의 일주일 평균용돈의 99% 신뢰구간은 다음과 같다.

$$\overline{X}\pm t_{\alpha/2}(n-1)\frac{s}{\sqrt{n}}=72{,}000\pm2.797\times3{,}000=72{,}000\pm8{,}391$$

또는 (63,606, 80,391)

■ 엑셀2007을 이용한 모평균의 신뢰구간 추정: 모분산을 모르고 소표본인 경우

단일 모집단 모평균의 신뢰구간 추정에는 별도의 함수와 도구가 없기 때문에 다음과 같이 입력하여 신뢰구간을 추정한다. 95% 신뢰구간을 추정한다고 가정한다. 이미 주어진 표본평균, 표본표준편차 및 표본수는 B2, B3, B4에 각각 입력한다. 나머지는 다음과 같은 수식을 입력한다.

표준오차	B5	=B3/SQRT(B4)
t(0.025, 24)	B6	=TINV(0.05,24)
오차	B7	=B5*B6
최저값	B8	=B2-B7
최고값	C8	=B2+B7

	A	B	C
1	항목	값	
2	표본평균	72000	
3	표본표준편차	15000	
4	표본수	25	
5	표준오차	3000	
6	t(0.025, 24)	2.06	
7	오차	6192	
8	신뢰구간	65808	78192

다음은 **예제 9.2**와 유사한 표본이다. 엑셀을 이용한 모집단 평균의 95% 신뢰구간은 다음과 같이 계산한다.

77000	59000	78000	70000	64000
90000	78000	84000	85000	75000
78000	74000	41000	71000	89000
80000	53000	84000	84000	54000
79000	59000	80000	82000	35000

① 전체 숫자를 입력한다.

② 메뉴에서 [데이터 > 데이터분석]을 실행하면 다음과 같은 대화창이 나타나는데 여기에서 기술통계법을 선택한다.

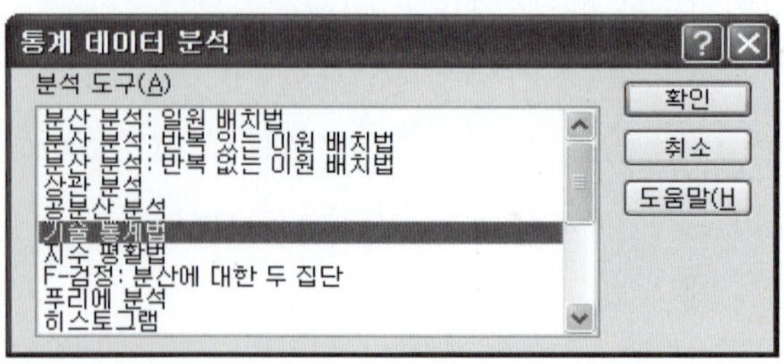

③ 다음의 화면에서 입력범위, 데이터 방향, 출력범위를 차례로 입력한 다음 요약통계량과 평균에 대한 신뢰수준을 선택한다. 신뢰수준은 본 예에서는 95%이다. 입력을 완료한 다음 상단의 [확인] 버튼을 클릭하면 다음과 같은 내용이 출력된다. 출력된 자료에 의하면 본 표본의 평균은 72120, 표준편차는 14518이어서 모집단의 평균의 95% 신뢰구간은 72120±5993이 된다.

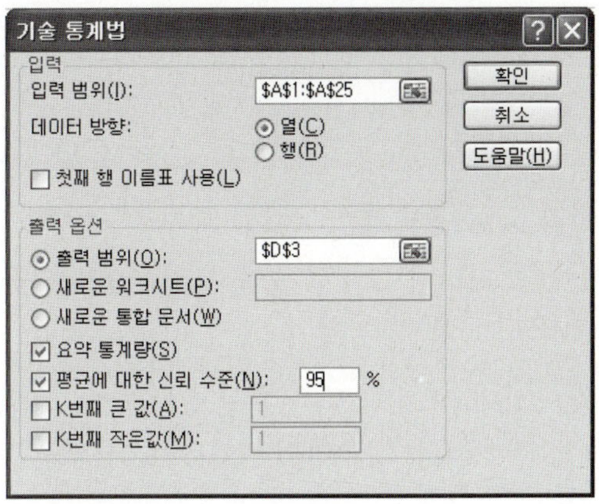

Column1	
평균	72120
표준 오차	2903.63
중앙값	78000
최빈값	78000
표준 편차	14518.15
분산	2.11E+08
첨도	0.724544
왜도	-1.16285
범위	55000
최소값	35000
최대값	90000
합	1803000
관측수	25
신뢰 수준(95.0%)	5992.798

(2) 대표본인 경우($n \geq 30$)

대표본인 경우에 모표준편차 σ 대신에 표본표준편차 s를 대체하여 얻은 표준화된 확률변수

$$\frac{\overline{X} - \mu}{s/\sqrt{n}}$$

는 근사적으로 표준정규분포를 갖는다. 따라서 σ 대신에 s를 사용하는 것만 제외하면, σ^2을 알고 있는 경우의 μ에 대한 신뢰구간의 추정과 동일하다.

정규모집단에서 모분산 σ^2을 모르고 대표본일 때, 모평균 μ에 대한 $100(1-\alpha)\%$ 신뢰구간은 다음과 같다.

$$\left(\overline{X} - z_{\alpha/2}\frac{s}{\sqrt{n}},\ \overline{X} + z_{\alpha/2}\frac{s}{\sqrt{n}}\right)$$

또는 간단히,

$$\overline{X} \pm z_{\alpha/2}\frac{s}{\sqrt{n}}$$

로 표시한다.

예제 9.3

코스닥 등록법인의 평균종업원 수를 조사하기 위해 코스닥 등록법인 중 49개사를 랜덤하게 추출하여 조사한 결과 평균이 54.7명, 표본표준편차가 7명으로 나타났다. 코스닥 등록법인의 종업원 수가 정규분포를 따른다고 할 때, 코스닥 등록법인의 평균 종업원 수에 대한 점추정값과 90% 신뢰구간을 추정하라. 또한 95%와 99% 신뢰구간도 추정하여라.

풀이 —

① μ의 점추정값

표본평균 $\overline{X}=54.7$이고, 표본표준편차 $s=7$, 표본수 $n=49$이므로 표준오차 $s_{\overline{X}}=\frac{s}{\sqrt{n}}=\frac{7}{\sqrt{49}}=\frac{7}{7}=1$이다. 따라서 모평균 μ의 점추정값은 다음과 같다.

$$54.7\pm1$$

② μ의 90% 신뢰구간

$\alpha=0.1$이므로 $z_{\alpha/2}=z_{0.05}=1.64$이다. 따라서 μ의 90% 신뢰구간은 다음과 같다.

$$\overline{X}\pm z_{\alpha/2}\frac{s}{\sqrt{n}}=54.7\pm1.64\times1=54.7\pm1.64$$

또는 (53.06, 56.34)

③ μ의 95% 신뢰구간

$\alpha=0.05$이므로 $z_{\alpha/2}=z_{0.025}=1.96$

$$\overline{X}\pm z_{\alpha/2}\frac{s}{\sqrt{n}}=54.7\pm1.96\times1=54.7\pm1.96$$

또는 (52.74, 56.66)

④ μ의 99% 신뢰구간

$\alpha=0.01$이므로 $z_{\alpha/2}=z_{0.005}=2.57$

$$\overline{X}\pm z_{\alpha/2}\frac{s}{\sqrt{n}}=54.7\pm2.57\times1=54.7\pm2.57$$

또는 (52.13, 57.27)

■ 엑셀2007을 이용한 모평균의 신뢰구간 추정: 모분산을 모르고 대표본인 경우

모분산을 모르고 대표본인 경우는 표본분산을 모분산으로 대용하는 것을 제외하고는 모분산을 알고 있는 경우와 동일하다. 따라서 **예제 9.1**에서 사용한 엑셀방법을 그대로 사용한다. 예를 들어 본 예제에서 90%의 신뢰구간을 추정한다고 할 때, 함수마법사의 CONFIDENCE에서 α에 0.10, Standard_dev에 7, Size에 49를 입력하여 [확인] 버튼을 클릭하면 1.64가 나타난다. 따라서 90% 신뢰구간은 54.7±1.64가 된다.
원칙적으로 대표본이라 하더라도 모분산을 모르는 경우에는 t-분포를 이용해야 한다. 그러나 현실적으로 표본수 30 이상의 t-분포표를 이용하는 것이 어렵기 때문에 편의상 Z-분포를 대용하는 것이다. 그런데 엑셀을 이용하면 표본수에 관계없이 t-값을 구할 수 있기 때문에 대표본 및 소표본의 구분이 무의미해진다. 따라서 대표본이라 하더라도 소표본의 경우와 동일한 방법으로 구간추정을 하는 것이 더 정확한 방법이라 할 수 있다.

9.3 두 모집단 평균의 차이에 관한 추정

지금까지 공부해 온 통계추론은 단일모집단의 모수에 관한 것이었다. 그러나 서로 다른 두 모집단의 모수에 대한 추론을 하게 되는 경우도 많다. 두 종류의 벼 품종간의 평균수확량의 비교, 성별에 따른 연평균소득의 비교, 서울과 부산 지역 공기의 평균오염도 비교 등이 서로 다른 두 모집단에 대한 비교연구의 예이다.

정규분포를 따르는 두 개의 모집단, 즉 모집단 1과 2가 있으며, 모집단 분포의 모평균은 μ_1, μ_2, 모분산은 σ_1^2, σ_2^2이라고 가정하자. 또한 두 모집단은 서로 독립이고 각 모집단에서 랜덤표본을 독립적으로 추출한다고 가정하자.

1. 두 모집단 분산을 알고 있을 경우

단일모집단 평균의 추정과 마찬가지로 두 모집단 평균차이의 추정 역시 두 모집단 표본평균차이의 분포에 근거한다. $\overline{X}$는 모평균이 μ_1이고 모분산이 σ_1^2인 정규분포에서 표본의 크기가 n_1인 표본을 추출했을 때의 표본평균이고, $\overline{Y}$는 모평균이 μ_2이고 모분산이 σ_2^2인 정규분포에서 표본의 크기가 n_2인 표본을 추출했을 때의 표본평균이라 할 때, 두 모집단의 표본평균차이 즉 $\overline{X}-\overline{Y}$는 평균이 $\mu_1-\mu_2$, 분산이 $\sigma_1^2/n_1+\sigma_2^2/n_2$인 정규분포를 따른다. 이를 정리하면 다음과 같다.

$$(\overline{X}-\overline{Y}) \sim N((\mu_1-\mu_2),\ (\sigma_1^2/n_1+\sigma_2^2/n_2)) \\ \sim N((\mu_1-\mu_2),\ \sigma_d^2)$$

여기에서 $\sigma_d^2=\sigma_1^2/n_1+\sigma_2^2/n_2$

따라서 두 모집단의 모평균의 차 $\mu_1-\mu_2$의 점추정량은 $\overline{X}-\overline{Y}$이고 표준오차는 $se(\overline{X}-\overline{Y})=\sqrt{\sigma_1^2/n_1+\sigma_2^2/n_2}$ 이다.

또한 $\overline{X}-\overline{Y}$를 표준화한 변수는 표준정규분포를 따른다. 즉,

$$\frac{(\overline{X}-\overline{Y})-(\mu_1-\mu_2)}{\sqrt{\sigma_1^2/n_1+\sigma_2^2/n_2}} \sim N(0,\ 1)$$

따라서 두 모집단의 모평균의 차 $\mu_1-\mu_2$에 대한 $100(1-\alpha)\%$ 신뢰구간을 다음과 같이 구할 수 있다.

(1) 모집단 1은 정규분포 $N(\mu_1,\ \sigma_1^2)$을 따른다. 즉, $X_1, X_2, \cdots, X_{n_1}$은 $N(\mu_1,\ \sigma_1^2)$으로부터의 랜덤표본이고,

(2) 모집단 2는 정규분포 $N(\mu_2,\ \sigma_2^2)$을 따른다. 즉, $Y_1, Y_2, \cdots, Y_{n_2}$는 $N(\mu_2,\ \sigma_2^2)$으로부터의 랜덤표본이고,

(3) $X_1, X_2, \cdots, X_{n_1}$과 $Y_1, Y_2, \cdots, Y_{n_2}$은 서로 독립이라고 가정할 때, 두 모집단의 각각의 모분산 σ_1^2, σ_2^2이 알려져 있는 경우, 두 모집단의 모평균의 차 $\mu_1-\mu_2$에 대한 $100(1-\alpha)\%$ 신뢰구간은 다음과 같다.

$$\left((\overline{X}-\overline{Y})-z_{\alpha/2}\sqrt{\frac{\sigma_1^2}{n_1}+\frac{\sigma_1^2}{n_2}},\ (\overline{X}-\overline{Y})+z_{\alpha/2}\sqrt{\frac{\sigma_1^2}{n_1}+\frac{\sigma_1^2}{n_2}}\right)$$

또는 간단히,

$$(\overline{X}-\overline{Y})\pm z_{\alpha/2}\sqrt{\frac{\sigma_1^2}{n_1}+\frac{\sigma_1^2}{n_2}}$$

로 표시한다.

예제 9.4

강남과 강북의 고등학교 학생들의 학력차이가 나는지를 알아보고자 한다. 강남과 강북에서 각각 30명과 36명의 고등학생을 표본으로 추출하여 수학능력시험점수를 조사한 결과 강남의 평균이 225점, 강북의 평균이 216점으로 나타났다. 한편 지역별 수학능력시험점수의 표준편차는 강남이 22점, 강북이 25점으로 이미 알려져 있다. 학생들의 수학능력시험점수는 정규분포를 따른다고 할 때, 두 지역학생들의 수능점수차이에 대한 점추정값과 90% 신뢰구간을 추정하라. 또한 95%와 99% 신뢰구간도 추정하여라.

풀이 —

① $\mu_1-\mu_2$의 점추정값

모집단 1 : $n_1=30,\ \overline{X}=225,\ \sigma_1=22$

모집단 2 : $n_2=36,\ \overline{Y}=216,\ \sigma_2=25$

따라서 표준오차는 $se(\overline{X}-\overline{Y})=\sigma_{\overline{X}-\overline{Y}}=\sqrt{(\sigma_1^2/n_1+\sigma_2^2/n_2)}$

$$=\sqrt{(22^2/30+25^2/36)}$$

$$=5.79$$

표본평균의 차이 $\overline{X}-\overline{Y}=225-216=9$

그러므로 $\mu_1-\mu_2$의 점추정값은 다음과 같다.

$$9\pm5.79$$

② $\mu_1-\mu_2$의 90% 신뢰구간

$\alpha=0.1$이므로 $z_{\alpha/2}=z_{0.05}=1.64$

$$(\overline{X}-\overline{Y})\pm z_{\alpha/2}\,\sigma_{\overline{X}-\overline{Y}}=9\pm1.64\times5.79=9\pm9.50$$

또는 $(-0.50,\ 18.50)$

③ $\mu_1-\mu_2$의 95% 신뢰구간

$\alpha=0.05$이므로 $z_{\alpha/2}=z_{0.025}=1.96$

$$(\overline{X}-\overline{Y})\pm z_{\alpha/2}\,\sigma_{\overline{X}-\overline{Y}}=9\pm1.96\times5.79=9\pm11.35$$

또는 $(-2.35,\ 20.35)$

④ $\mu_1-\mu_2$의 99% 신뢰구간

$\alpha=0.01$이므로 $z_{\alpha/2}=z_{0.005}=2.57$

$$(\overline{X}-\overline{Y})\pm z_{\alpha/2}\,\sigma_{\overline{X}-\overline{Y}}=9\pm2.57\times5.79=9\pm14.88$$

또는 $(-5.88,\ 23.88)$

■ **엑셀2007을 이용한 모평균 차이의 신뢰구간 추정: 모분산을 알고 있는 경우**

두 모집단의 모평균 차이에 대한 구간추정과 관련하여 엑셀2007에는 별도의 함수 및 기능이 없으므로 다음과 같이 처리한다(유의수준은 95%로 가정). 표본평균, 표본표준편차 및 표본수는 주어진 값이므로 해당란에 각각 입력한다. 그 밖의 칸에는 아래의 수식을 입력하여 최종적으로 B9과 C9에 구간추정치가 나오도록 한다. B7의 NORMSINV(0.975)는 표준정규분포에서 누적확률이 0.975($\alpha=0.025$)인 Z-값을 나타낸다.

표본평균차이	B5	=B2-C2
공통표준오차	B6	=SQRT(B3^2/B4+C3^2/C4)
$Z_{0.025}$	B7	=NORMSINV(0.975)
오차	B8	=B6*B7
최저값	B9	=B5-B8
최고값	C9	=B5+B8

	A	B	C
1		모집단 1	모집단 2
2	표본평균	225	216
3	표본표준편차	22	25
4	표본수	30	36
5	표본평균차이	9	
6	공통표준오차	5.79	
7	$Z_{0.025}$	1.96	
8	오차	11.34	
9	신뢰구간	-2.34	20.34

2. 두 모집단의 분산을 모르나 분산이 동일할 경우

모평균의 차이를 알 수 없어 구간추정을 하는데 두 모집단의 분산은 알고 있다는 가정은 매우 비현실적이다. 일반적으로 모분산을 모르는 경우 모평균의 구간추정과 마찬가지로 두 모집단에서 추출한 표본의 분산을 이용하여 분산을 추정한다.

(1) 소표본의 경우

소표본의 경우, 독립표본에 대한 추론에서는 일반적으로 다음과 같은 가정을 한다.

> (1) 모집단 1은 정규분포 $N(\mu_1,\ \sigma^2)$을 따른다. 즉, $X_1, X_2, \cdots, X_{n_1}$은 $N(\mu_1,\ \sigma^2)$으로부터의 랜덤표본이다.
> (2) 모집단 2는 정규분포 $N(\mu_2,\ \sigma^2)$을 따른다. 즉, $Y_1, Y_2, \cdots, Y_{n_2}$는 $N(\mu_2,\ \sigma^2)$으로부터의 랜덤표본이다.
> (3) $X_1, X_2, \cdots, X_{n_1}$과 $Y_1, Y_2, \cdots, Y_{n_2}$는 서로 독립이다.
> ※ 두 모집단의 모분산이 σ^2으로 동일함을 꼭 명심하라. 즉,
> $$\sigma_1^2 = \sigma_2^2 = \sigma^2$$

$\mu_1 - \mu_2$에 대한 추론을 하기 위해서는 두 표본평균의 차이 $\overline{X} - \overline{Y}$의 분포를 알아야 한다. 기대값의 성질에 의하여,

$$E(\overline{X} - \overline{Y}) = \mu_1 - \mu_2$$

이고, 두 표본이 서로 독립이므로

$$\mathrm{Var}(\overline{X} - \overline{Y}) = \frac{\sigma^2}{n_1} + \frac{\sigma^2}{n_2} = \sigma^2\left(\frac{1}{n_1} + \frac{1}{n_2}\right)$$

표본평균 $\overline{X}$, $\overline{Y}$의 분포는 둘 다 정규분포이므로 그 차이 $\overline{X} - \overline{Y}$의 분포도 역시 정규분포를 따른다. 따라서 $\overline{X} - \overline{Y}$는 다음과 같은 정규분포를 따른다.

$$(\overline{X} - \overline{Y}) \sim N\left((\mu_1 - \mu_2),\ \sigma^2\left(\frac{1}{n_1} + \frac{1}{n_2}\right)\right)$$

이를 표준화하면,

$$Z = \frac{(\overline{X} - \overline{Y}) - (\mu_1 - \mu_2)}{\sigma\sqrt{\dfrac{1}{n_1} + \dfrac{1}{n_2}}} \sim N(0,\ 1)$$

그런데 두 모집단의 공통분산 σ^2의 값을 모르므로 σ^2의 값을 표본으로부터 추정해야 한다. 분산을 추정하는 방법을 고려해보자. 모집단 1의 분산 σ_1^2은 s_1^2으로, 모집단 2의 분산 σ_2^2은 s_2^2으로 추정하는 방법이 가장 먼저 떠오를 것이다. 여기서

$$s_1^2 = \frac{1}{n_1 - 1}\sum_{i=1}^{n_1}\left(X_i - \overline{X}\right)^2, s_2^2 = \frac{1}{n_2 - 1}\sum_{j=1}^{n_2}\left(Y_j - \overline{Y}\right)^2$$

그러나 $\sigma_1^2 = \sigma_2^2 = \sigma^2$을 가정했기 때문에 하나의 σ^2을 추정하는 문제에서 두 개의 추정량 s_1^2, s_2^2을 구하는 것은 적절하지 않을 것이다. 다행히도 $s_1^2 = s_2^2$이면 문제가 없을 터이지만… 두 추정량 s_1^2, s_2^2은 모두 σ^2의 추정량이므로 σ^2에 대한 정보를 포함하고 있기 때문에 어느 것 하나를 무시할 수도 없다. 이러한 경우에 σ^2의 추정량으로 두 추정량 s_1^2과 s_2^2의 평균을 사용하는 것도 좋은 방법일 것이다. 그런데 두 표본의 크기가 n_1과 n_2로 서로 다르므로 표본의 크기를 고려한 가중평균을 공통분산 σ^2의 추정량으로 선택한다. 이렇게 두 표본분산의 가중평균값을 표본합동분산(pooled variance)이라 부르며, s_p^2이라 표기한다.

표본합동분산 : 두 모집단의 공통 모분산 σ^2에 대한 추정량

$$s_p^2 = \frac{(n_1 - 1)s_1^2 + (n_2 - 1)s_2^2}{n_1 + n_2 - 2}$$

$$= \frac{\sum_{i=1}^{n_1}\left(X_i - \overline{X}\right)^2 + \sum_{j=1}^{n_2}\left(Y_j - \overline{Y}\right)^2}{n_1 + n_2 - 2}$$

표본합동표준편차 :

$$s_p = \sqrt{s_p^2} = \sqrt{\frac{\sum_{i=1}^{n_1}\left(X_i - \overline{X}\right)^2 + \sum_{j=1}^{n_2}\left(Y_j - \overline{Y}\right)^2}{n_1 + n_2 - 2}}$$

표본합동표준편차 s_p는 공통 모표준편차 σ의 추정량이다. 따라서 앞에서 유도한 표준화 통계량 Z에서 σ 대신에 s_p를 대입한 통계량을 t라고 표기하면, t의 분포는 자유도가 $n_1 + n_2 - 2$인 t-분포를 따른다.

$\overline{X}-\overline{Y}$의 분포 :

$$t=\frac{(\overline{X}-\overline{Y})-(\mu_1-\mu_2)}{s_p\sqrt{\frac{1}{n_1}+\frac{1}{n_2}}} \sim t(n_1+n_2-2)$$

그러므로 $\mu_1-\mu_2$의 점추정량은 $\overline{X}-\overline{Y}$이고 $\overline{X}-\overline{Y}$의 표준오차의 추정량은 다음과 같다.

$$\widehat{se}(\overline{X}-\overline{Y})=s_p\sqrt{\frac{1}{n_1}+\frac{1}{n_2}}$$

또한 $\mu_1-\mu_2$의 $100(1-\alpha)\%$ 신뢰구간은 다음과 같다.

소표본에서 공통분산 σ^2을 모르는 경우 $\mu_1-\mu_2$의 $100(1-\alpha)\%$ 신뢰구간 :

$$(\overline{X}-\overline{Y})\pm t_{\alpha/2}(n_1+n_2-2)\times s_p\sqrt{\frac{1}{n_1}+\frac{1}{n_2}}$$

예제 9.5

경영학부에서 단일전공과정을 이수중인 학생과 복수전공과정을 이수중인 학생의 통계학 성적이 차이가 나는지를 조사하였다. 단일전공과정에서 10명, 복수전공과정에서 12명을 추출하여 조사한 결과 단일전공학생의 평균이 84점, 표준편차가 4점이었으며, 복수전공학생의 평균이 78점, 표준편차가 5점이 나왔다. 통계학 성적이 정규분포를 따른다고 가정할 때, 두 그룹간에 통계학 성적의 차이에 대한 점추정값과 90% 신뢰구간을 구하라. 또한 95%, 99% 신뢰구간을 계산하라.

풀이 —

① $\mu_1-\mu_2$의 점추정값

두 표본의 표준편차 $s_1=4$, $s_2=5$

표본수 $n_1=10$, $n_2=12$

합동표준편차 $s_p = \sqrt{\dfrac{\sum_{i=1}^{n_1}(X_i - \overline{X})^2 + \sum_{j=1}^{n_2}(Y_j - \overline{Y})^2}{n_1 + n_2 - 2}}$

$= \sqrt{\dfrac{(10-1)\cdot 4^2 + (12-1)\cdot 5^2}{(10+12-2)}}$

$= \sqrt{20.95} = 4.58$

표본평균의 차이$(\overline{X_1} - \overline{X_2}) = 84 - 78 = 6$이고 $\overline{X} - \overline{Y}$의 표준오차의 추정값은

$$\widehat{se}(\overline{X} - \overline{Y}) = s_p\sqrt{\frac{1}{n_1} + \frac{1}{n_2}} = 4.58 \times \sqrt{\frac{1}{10} + \frac{1}{12}} = 4.58 \times 0.43 = 1.96$$

그러므로 $\mu_1 - \mu_2$의 점추정값은 다음과 같다.

$$6 \pm 1.96$$

② $\mu_1 - \mu_2$의 90% 신뢰구간

$\alpha = 0.1$이고 자유도가 20이므로 $t_{\alpha/2}(n_1 + n_2 - 2) = t_{0.05}(20) = 1.725$

따라서 $\mu_1 - \mu_2$의 90% 신뢰구간은 다음과 같다.

$$(\overline{X} - \overline{Y}) \pm t_{\alpha/2}(n_1 + n_2 - 2) \times s_p\sqrt{\frac{1}{n_1} + \frac{1}{n_2}}$$

$$= 6 \pm 1.725 \times 1.96 = 6 \pm 3.381 \text{ 또는 } (2.619,\ 9.381)$$

③ $\mu_1 - \mu_2$의 95% 신뢰구간

$\alpha = 0.05$이고 자유도가 20이므로 $t_{0.025}(20) = 2.086$

따라서 $\mu_1 - \mu_2$의 95% 신뢰구간은 다음과 같다.

$$6 \pm 2.086 \times 1.96 = 6 \pm 4.086 \text{ 또는 } (1.911,\ 10.089)$$

④ $\mu_1 - \mu_2$의 99% 신뢰구간

$\alpha = 0.01$이고 자유도가 20이므로 $t_{0.005}(20) = 2.845$

따라서 $\mu_1 - \mu_2$의 95% 신뢰구간은 다음과 같다.

$$6 \pm 2.845 \times 1.96 = 6 \pm 5.576 \text{ 또는 } (0.424,\ 11.576)$$

■ 엑셀2007을 이용한 모평균 차이의 신뢰구간 추정: 모분산을 모르고 소표본인 경우

표본평균, 표본표준편차 및 표본수에 각각 값을 입력하고 그 다음은 다음과 같이 주어진 값과 수식을 입력하여 해결한다. 95%의 신뢰구간을 추정한다고 가정한다. B7의 TINV(0.05, 20)는 자유도 20인 t-분포에서 양쪽 면적이 0.05인 t-값을 구하는 함수이다.

표본평균차이	B5	=B2-C2
공통표준오차	B6	=(SQRT(((B4-1)*B3^2+(C4-1)*C3^2)/(B4+C4-2)))*SQRT(1/B4+1/C4)
t(0.025, 20)	B7	=TINV(0.05,20)
오차	B8	=B6*B7
최저값	B9	=B5-B8
최고값	C9	=B5+B8

	A	B	C
1		모집단 1	모집단 2
2	표본평균	84	78
3	표본표준편차	4	5
4	표본수	10	12
5	표본평균차이	6	
6	공통표준오차	1.96	
7	Z0.025	2.09	
8	오차	4.09	
9	신뢰구간	1.91	10.09

(2) 대표본의 경우

대표본인 경우에는 표본의 크기가 충분히 크므로 두 모집단이 정규분포라는 가정이 필요하지 않다. 왜냐하면, 대표본인 경우에는 두 모집단이 정규분포를 따르지 않더라도 중심극한정리에 의해 두 표본평균의 차이의 분포는 근사정규분포를 따른다고 할 수 있기 때문이다.

(1) 모집단 1은 모평균이 μ_1, 모분산이 σ_1^2인 분포를 따른다. 즉, X_1, $X_2, \cdots, X_{n1}$은 모평균이 μ_1, 모분산이 σ_1^2인 분포로부터의 랜덤표본이다.
(2) 모집단 2는 모평균이 μ_2, 모분산이 σ_2^2인 분포를 따른다. 즉, Y_1, $Y_2, \cdots, Y_{n2}$는 모평균이 μ_2, 모분산이 σ_2^2인 분포로부터의 랜덤표본이다.
(3) $X_1, X_2, \cdots, X_{n_1}$과 $Y_1, Y_2, \cdots, Y_{n_2}$는 서로 독립이다.

대표본인 경우에는 $\overline{X}-\overline{Y}$의 분포는 소표본의 경우와 비슷하나, 한 가지 차이점은 더 이상 공통분산의 가정, 즉 $\sigma_1^2=\sigma_2^2=\sigma^2$ 가정이 필요하지 않으므로 $\overline{X}-\overline{Y}$의 분산이 달라진다.

$$\mathrm{Var}(\overline{X}-\overline{Y})=\frac{\sigma_1^2}{n_1}+\frac{\sigma_2^2}{n_2}$$

따라서 $\overline{X}-\overline{Y}$를 표준화하여 중심극한정리를 적용하면,

$$Z=\frac{(\overline{X}-\overline{Y})-(\mu_1-\mu_2)}{\sqrt{\dfrac{\sigma_1^2}{n_1}+\dfrac{\sigma_2^2}{n_2}}}\approx N(0,\,1)$$

그리고 σ_1^2과 σ_2^2을 모르므로 s_1^2과 s_2^2으로 추정하여 대체한다. 모분산 대신 표본분산을 사용하여도 대표본이므로 Z는 근사적으로 정규분포를 따른다. 즉,

$$Z=\frac{(\overline{X}-\overline{Y})-(\mu_1-\mu_2)}{\sqrt{\dfrac{s_1^2}{n_1}+\dfrac{s_2^2}{n_2}}}\approx N(0,\,1)$$

따라서 $\mu_1-\mu_2$의 점추정량은 $\overline{X}-\overline{Y}$이며 $\overline{X}-\overline{Y}$의 표준오차의 추정량은

$$\widehat{se}(\overline{X}-\overline{Y})=\sqrt{\frac{s_1^2}{n_1}+\frac{s_2^2}{n_2}}$$

이며, $\mu_1-\mu_2$의 $100(1-\alpha)\%$ 신뢰구간은 다음과 같다.

> 대표본에서 분산 σ_1^2과 σ_2^2을 모르는 경우 $\mu_1-\mu_2$의 $100(1-\alpha)\%$ 신뢰구간 :
>
> $$(\overline{X}-\overline{Y})\pm z_{\alpha/2}\times\sqrt{\frac{s_1^2}{n_1}+\frac{s_2^2}{n_2}}$$

예제 9.6

대기업 사장과 중소기업 사장의 평균연령의 차이를 조사하여 보았다. 대기업과 중소기업에서 각각 100개의 기업을 추출하여 조사한 결과 대기업 사장의 평균연령이 54.2세, 표준편차가 8.4세 그리고 중소기업 사장의 평균연령이 49.8세, 표준편차가 9.4세로 나타났다. 대기업 사장과 중소기업 사장의 평균연령의 차이에 대한 점추정값과 90% 신뢰구간을 구하라. 또한 95%, 99% 신뢰구간을 계산하라.

풀이 —

① $\mu_1-\mu_2$의 점추정값

두 모집단의 표준편차 $s_1=8.4,\ s_2=9.4$

표본수 $n_1=100,\ n_2=100$

표본오차의 추정값 $\widehat{se}(\overline{X}-\overline{Y})=\sqrt{\dfrac{s_1^2}{n_1}+\dfrac{s_2^2}{n_2}}=\sqrt{(8.4^2/100+9.4^2/100)}=1.26$

표본평균의 차이 $(\overline{X_1}-\overline{X_2})=54.2-49.8=4.4$

그러므로 $\mu_1-\mu_2$의 점추정값은 다음과 같다.

$$(\overline{X}-\overline{Y})\pm\sqrt{\frac{s_1^2}{n_1}+\frac{s_2^2}{n_2}}=4.4\pm1.26$$

② $\mu_1-\mu_2$의 90% 신뢰구간

$\alpha=0.1$이므로 $z_{\alpha/2}=z_{0.05}=1.64$

그러므로 $\mu_1-\mu_2$의 90% 신뢰구간은 다음과 같다.

$$\begin{aligned}(\overline{X}-\overline{Y})\pm z_{\alpha/2}\times\sqrt{\frac{s_1^2}{n_1}+\frac{s_2^2}{n_2}}&=4.4\pm1.64\times1.26\\&=4.4\pm2.07 \text{ 또는 } (2.33,\ 6.47)\end{aligned}$$

③ $\mu_1-\mu_2$의 95% 신뢰구간

$\alpha=0.05$이므로 $z_{\alpha/2}=z_{0.025}=1.96$

그러므로 $\mu_1-\mu_2$의 95% 신뢰구간은 다음과 같다.

$$\begin{aligned}(\overline{X}-\overline{Y})\pm z_{\alpha/2}\times\sqrt{\frac{s_1^2}{n_1}+\frac{s_2^2}{n_2}}-\overline{X_2}&=4.4\pm1.96\times1.26\\&=4.4\pm2.47 \text{ 또는 } (1.93,\ 6.87)\end{aligned}$$

④ $\mu_1-\mu_2$의 99% 신뢰구간

$\alpha=0.01$이고 $z_{\alpha/2}=z_{0.005}=2.57$

그러므로 $\mu_1-\mu_2$의 99% 신뢰구간은 다음과 같다.

$$(\overline{X}-\overline{Y}) \pm z_{\alpha/2} \times \sqrt{\frac{s_1^2}{n_1}+\frac{s_2^2}{n_2}} - \overline{X}_2 = 4.4 \pm 2.57 \times 1.26$$

$$= 4.4 \pm 3.24 \text{ 또는 } (1.16,\ 7.64)$$

■ **엑셀2007을 이용한 모평균 차이의 신뢰구간 추정: 모분산을 모르고 대표본인 경우**

표본평균, 표본표준편차 및 표본수는 주어진 값이므로 해당란에 각각 입력한다. 그 다음은 아래와 같이 입력한다. 신뢰수준은 95%로 한다.

표본평균차이	B5	=B2-C2
공통표준오차	B6	=SQRT(B3^2/B4+C3^2/C4)
$Z_{0.025}$	B7	=NORMSINV(0.975)
오차	B8	=B6*B7
최저값	B9	=B5-B8
최고값	C9	=B5+B8

	A	B	C
1		모집단 1	모집단 2
2	표본평균	54.2	49.8
3	표본표준편차	8.4	9.4
4	표본수	100	100
5	표본평균차이	4.4	
6	공통표준오차	1.26	
7	$Z_{0.025}$	1.96	
8	오차	2.47	
9	신뢰구간	1.93	6.87

단일 모집단 평균의 구간추정과 마찬가지로 여기서도 엑셀을 이용할 경우 표본수와 관계없이 모든 경우의 t-값을 구할 수 있기 때문에 대표본 및 소표본의 구분이 무의미하다. 따라서 대표본이라 하더라도 소표본의 경우와 동일하게 처리하는 것이 더 정확한 방법이라 할 수 있다.

9.4 짝지어진 표본

전술한 두 모집단 평균차이의 가설검정은 비교되는 모집단이 서로 독립적인 경우이다. 9.3절의 예제에서 보듯이 강북과 강남의 고등학생의 학력차이, 단일 전공학생과 복수전공학생의 통계학실력차이 등과 같이 모집단 자체가 서로 달랐다. 그러나 동일한 모집단을 상대로 어떠한 처리를 했을 때, 이 처리의 효과를 검정하는 경우를 살펴보자. 예를 들어 동일한 농작물에 대하여 농약을 살포하기 전의 발육상태와 농약을 살포한 후의 발육상태의 차이를 검정한다든지 또는 동일한 사람을 대상으로 특정 운동을 시키기 전의 비만상태와 특정 운동을 시킨 후의 비만상태의 차이를 검정하는 경우가 이에 해당한다. 이를 짝지어진 표본의 비교라 한다. 이러한 경우에는 동일한 모집단을 대상으로 어떠한 처리의 효과가 있는지를 판정하는 것이기 때문에 독립된 두 모집단의 차이를 추론하는 경우와는 다르다. 즉 독립된 두 모집단의 차이를 검정하는 경우에는 두 모집단의 표본평균의 차이를 가지고 추론을 하나, 동일한 모집단을 대상으로 처리 전과 처리 후를 비교하는 것이므로 처리 전 데이터와 처리 후의 데이터를 비교하여 추론하여야 한다.

예제 9.7

소비자단체에서는 자동차 정비업소마다 차량정비요금이 다르다는 주장을 확인하기 위해 두 곳의 정비업소를 지정하여 수리를 요하는 자동차 20대를 두 정비업소에 모두 보내 수리비의 견적을 산출받은 결과가 다음과 같았다.

(단위 : 만원)

번 호	1	2	3	4	5	6	7	8	9	10
정비업소 1	11.4	12.1	6.9	7.6	8.4	7.6	10.2	1.3	3.0	6.3
정비업소 2	11.1	11.0	6.1	6.7	7.5	7.3	9.1	1.5	2.7	5.58
견적액 차이	0.3	1.1	0.8	0.9	0.9	0.3	1.1	-0.2	0.3	0.5

번 호	11	12	13	14	15	16	17	18	19	20
정비업소 1	5.3	6.2	2.2	4.8	9.5	7.8	2.5	12.8	8.9	6.1
정비업소 2	4.9	5.3	2.0	4.2	8.4	7.6	2.1	11.2	8.4	5.6
견적액 차이	0.4	0.9	0.2	0.6	1.1	0.2	0.3	1.6	0.5	0.5

위의 20대의 차량은 랜덤하게 추출되어 동시에 두 정비업소에서 견적액수를 산출한

자료이다. 따라서 이러한 표본은 독립표본이 될 수 없다. 이러한 자료를 짝지어진 표본(paired sample)이라 한다. 짝지어진 표본이란 표본 내에서 하나의 쌍을 이루는 두 관측값은 서로 독립이 아니지만 각 쌍은 서로 독립인 경우를 말한다.

만약 위의 자료가 서로 독립인 표본이 되려면, 40대의 차량을 랜덤하게 추출하여 그 중 20대는 정비업소 1에서 견적을 받고 나머지 20대의 차량은 정비업소 2에서 견적을 받아야 할 것이다. 그리고 정비업소 1의 평균수리비와 정비업소 2의 평균수리비를 비교하여야 할 것이다. 그러나 이러한 방법은, 일반적으로 정비업소 1의 견적액이 높은지 낮은지는 알 수 있으나, 그것이 동일한 수리에 대해 산출된 견적이 아니기 때문에 무의미할 수도 있다. 그러므로 이러한 경우에는 짝지어진 표본을 추출하는 방법을 사용해야 할 것이다.

짝지어진 표본의 자료구조는 〈표 9.1〉과 같다.

〈표 9.1〉 짝지어진 표본의 자료구조

짝	표본 1	표본 2	차 이
1	X_1	Y_1	$D_1 = X_1 - Y_1$
2	X_2	Y_2	$D_2 = X_2 - Y_2$
⋮	⋮	⋮	⋮
n	X_n	Y_n	$D_n = X_n - Y_n$

짝지어진 표본에서도 추정하고자 하는 것은 $\mu_1 - \mu_2$에 관한 것이다. 그러나 각 표본이 서로 독립이 아니므로 서로 종속적인 한 쌍을 이루는 두 관측값의 차이를 이용하여 분석한다. 즉, 원래의 자료 대신에 두 관측값의 차이값 $D_1, D_2, \cdots, D_n$을 마치 하나의 모집단에서 랜덤하게 추출한 표본으로 간주하여 분석한다.

$D_1, D_2, \cdots, D_n$을 모평균이 δ이고 모분산이 σ_D^2인 모집단으로부터 추출한 랜덤표본이라고 하자. 이때 δ를 평균차이(mean difference)라 한다. 그러므로 짝지어진 표본은 $\mu_1 - \mu_2$, 즉 두 모집단의 평균차이에 대한 추론문제가 아니고 단일표본에서의 평균 δ를 추론하는 문제라 할 수 있다. 따라서 9.2절에서 배운 추론방법을 그대로 적용할 수 있다.

D_1, D_2, $\cdots$, D_n의 표본평균을 $\overline{D}$, 표본분산을 s_D^2이라 표기하자. 즉,

$$\overline{D}=\frac{1}{n}\sum_{i=1}^{n}D_i,\ s_D^2=\frac{1}{n-1}\sum_{i=1}^{n}\left(D_i-\overline{D}\right)^2$$

그러면 $\overline{D}$는 자유도가 $n-1$인 t-분포를 따른다. 즉,

$$t=\frac{\overline{D}-\delta}{s_D/\sqrt{n}}\sim t(n-1)$$

따라서 짝지어진 표본에서의 추론과정은 다음과 같다.

> 소표본의 경우 짝지어진 표본에서 평균차이 δ에 대한 $100(1-\alpha)\%$ 신뢰구간 :
>
> 소표본이므로 $D_i\sim N(\delta,\ \sigma_D^2)$, $i=1,2,\cdots,n$의 가정이 요구된다. 따라서 평균차이 δ에 대한 $100(1-\alpha)\%$ 신뢰구간은 다음과 같다.
>
> $$\overline{D}\pm t_{\alpha/2}(n-1)\frac{s_D}{\sqrt{n}}$$

예제 9.8

(예제 9.7 계속)

δ에 대한 95% 신뢰구간을 구하라.

풀이 —

$\overline{D}=\frac{1}{n}\sum_{i=1}^{n}D_i=\frac{12.3}{20}=0.615$, $s_D^2=\frac{1}{n-1}\sum_{i=1}^{n}\left(D_i-\overline{D}\right)^2=0.18$, $\alpha=0.05$이므로 $t_{0.025}(19)=2.093$이다. 따라서 δ에 대한 95% 신뢰구간은 다음과 같다.

$$0.615\pm2.093\times\frac{\sqrt{0.18}}{\sqrt{20}}=0.615\pm2.093\times0.09=0.615\pm0.20$$

또는 (0.415, 0.815)

■ 엑셀2007을 이용한 짝지워진 표본차이의 신뢰구간 추정

표본차이의 평균, 표본차이의 분산, 표본수 등을 각각 B2, B3, B4에 입력하고 그 다음은 아래와 같이 입력하여 신뢰구간을 추정한다.

표준오차	B5	=SQRT(B3)/SQRT(B4)
t(0.025, 24)	B6	=TINV(0.05,19)
오차	B7	=B5*B6
최저값	B8	=B2-B7
최고값	C8	=B2+B7

	A	B	C
1	항목	값	
2	표본차이의 평균	0.615	
3	표본차이의 분산	0.18	
4	표본수	20	
5	표준오차	0.09	
6	t(0.025, 24)	2.093	
7	오차	0.199	
8	신뢰구간	0.416	0.814

한편 표본이 클 경우(대표본)에는 $\overline{D}$가 정규분포에 근사하므로 신뢰구간은 다음과 같이 결정된다.

대표본의 경우 짝지어진 표본에서 평균차이 δ에 대한 $100(1-\alpha)\%$ 신뢰구간 :

대표본이므로 중심극한정리를 사용할 수 있으므로 정규분포 가정이 필요 없다. 즉, 근사적으로

$$\frac{\overline{D}-\delta}{s_D/\sqrt{n}} \approx N(0, 1)$$

따라서 δ에 대한 $100(1-\alpha)\%$ 신뢰구간은 다음과 같다.

$$\overline{D} \pm z_{\alpha/2}\frac{s_D}{\sqrt{n}}$$

연습문제

1. 오천리자전거 제조회사에서는 지난 36일 동안의 자전거 생산량을 조사한 결과 일일평균생산량이 680대라는 사실을 알았다. 한편 일일생산량 표준편차는 58대로 이미 알려져 있다. 일일 자전거 평균생산량에 대한 신뢰구간을 신뢰도 95%에서 설정하라.

2. 청주백화점 마케팅 담당자는 지난 달 판매한 2,800건의 의류판매 전표를 분석하고 있다. 마케팅 담당자는 한 건당 평균판매액이 얼마인가를 알아보고자 한다. 지난 달 전표 중 랜덤하게 100건을 추출하여 조사한 결과 평균이 56,840원이고 표준편차가 18,540원으로 나타났다. 95%의 신뢰도로 한 건당 평균판매액의 신뢰구간을 구하라.

3. 서울 강남지역 주민들의 월평균전화요금을 추정하기 위하여, 랜덤하게 8가구를 추출하여 조사하였더니 다음과 같았다. 강남지역 주민들의 월평균전화요금의 신뢰구간을 99%의 신뢰도로서 설정하라. 단 전화요금은 정규분포를 따른다고 가정한다.

42,600	12,700	36,400	60,200	28,100	27,600	28,000	38,200

4. 금성병원 원무과에서는 맹장수술을 받은 환자들의 평균입원일수를 조사하기 위해 최근 맹장수술로 입원한 환자 중 25명을 랜덤하게 추출하여 입원일수를 조사한 결과 평균이 6.4일, 표준편차가 1.8일로 나타났다. 입원환자들의 입원일수는 정규분포를 따른다고 가정하고 맹장수술 환자의 평균입원일수에 대한 90% 신뢰구간을 구하라.

5. 부산컴퓨터학원의 엑셀강좌 수강생은 매월 500여명에 달한다. 매월 교육이 종료되면 시험을 치르는데 난이도에 따라 평균점수가 변동하나 표준편차는 6점으로 매월 일정한 모습을 보이고 있다고 한다. 이번 달 엑셀교육을 마친 후 36명을 랜덤하게 추출하여 평균을 조사하였더니 78.6이 나왔다. 이번 달 시험의 전체 평균의 90% 신뢰구간을 계산하라.

6. 다음은 서초초등학교 4학년 학생 중 랜덤하게 8명을 추출하여 조사한 몸무게이다. 이 자료를 이용하여 서초초등학교 4학년 학생의 평균몸무게에 대한 95% 그리고 99%의 신뢰구간을 계산하라.

32	38	42	30	34	36	31	38

7. 평택전자 공장에서는 올해 입사한 신입사원 36명을 대상으로 연수를 실시하고 이들이 현업에 적응하는 시간을 측정하여 보았다. 신입사원 36명에 대한 평균적응시간이 65시간 그리고 표준편차가 12시간으로 나타났다. 일반적인 신입사원의 평균적응시간에 대한 90% 신뢰구간을 계산하라.

8. 안양시는 시민의 통근거리를 조사하고자 시민 중 180명을 랜덤하게 추출하여 조사한 바 평균과 표준편차가 각각 15km와 6km로 나타났다. 안양시 전체 시민의 통근거리의 모평균에 대한 95% 신뢰구간을 계산하라.

9. 목장우유의 우유용량이 표시된 용량보다 낮다는 소비자단체의 항의가 있어 랜덤하게 시중에 있는 우유 10개를 수거하여 용량을 조사해 본 결과 다음과 같았다. 우유의 용량은 전체적으로 정규분포를 이룬다고 알려져 있다. 다음의 자료를 이용하여 목장우유의 평균우유용량에 대한 99% 신뢰구간을 계산하라.

(단위는 ml)

203	201	202	205	197	208	198	199	201	200

10. 광주전자에 근무하는 근로자 50명의 월급을 조사하였더니 평균이 135만원이고, 표준편차가 15만원이었다. 평균월급에 대한 90% 신뢰구간을 구하라.

11. 신촌제약에서 새로이 개발한 수면제의 효능을 알아보기 위해 생쥐 24마리에 대해 수면제를 복용시켜 수면시간을 조사하여 보았다. 24마리에 대한 수면시간을 조사한 결과 $\bar{x}=16.2$시간, 그리고 $s=1.8$시간으로 나타났다. 모집단의 평균에 대한 95% 신뢰구간을 구하라.

12. 천안철강에서 특수강을 냉각하는 데에는 2가지 방법이 있다. 하나는 급속냉각방식이고 다른 하나는 일반냉각방식이다. 급속냉각방식을 거친 재료에서 60개 그리고 일반냉각방식을 거친 재료에서 80개를 랜덤하게 추출하여 강도를 조사한 바 그 결과는 다음과 같았다. 다음의 자료를 근거로 급속냉각방식과 일반냉각방식의 차이에 대한 95% 신뢰구간을 계산하라.

	급속냉각	일반냉각
평 균	35.60	24.73
표준편차	6.84	4.32

13. 농촌 학생 100명과 도시 학생 120명을 대상으로 정보기술에 대한 시험을 실시한 결과 다음과 같은 결과가 나왔다. 이 결과를 바탕으로 농촌과 도시의 정보기술 능력의 차이에 대한 99% 신뢰구간을 계산하라.

	농 촌	도 시
표본크기	100	120
평 균	72.6	84.2
표준편차	8.1	8.8

14. 서울화학은 전주공장과 구미공장에서 각각 별도의 비누를 생산하고 있다. 두 공장에서 생산되는 비누의 무게는 정규분포를 하며 표준편차는 각각 10g, 16g으로 알려져 있다. 각 공장으로부터 42개, 36개의 표본을 랜덤하게 뽑아 조사하니 평균이 각각 104g, 96g이었다. 두 공장 비누의 평균무게의 차에 대한 95% 신뢰구간을 구하여라.

15. 천안백화점에서는 남성의류와 여성의류의 매출자료를 분석하기 위해 지난 36개월 동안의 매출자료를 조사한 결과 다음과 같은 자료가 나왔다.

남성의류	여성의류
$\overline{X}_1=51.4$억	$\overline{X}_2=58.4$억
$s_1=6.2$억	$s_2=7.4$억

두 부문의 매월 평균매출액의 차이에 대한 95% 신뢰구간을 계산하라.

16. 전주시와 울산시에 거주하는 장애인의 평균연령의 차이가 있는지를 알아보기 위한 조사를 실시하였다. 전주시에서 22명의 장애자를, 울산시에서 25명의 장애자를 랜덤하게 추출해서 얻은 자료가 다음과 같다.

	전주시	울산시
평 균	32.5	41.7
표준편차	5.4	5.8

두 도시간의 평균연령의 차이에 대한 99% 신뢰구간을 구하라.

17. 2가지 비료에 대한 벼의 수확량을 실험하여 보았다. 비료 1을 투입한 벼 49개 그리고 비료 2를 투입한 벼 64개를 랜덤하게 추출하여 알곡의 개수를 조사한 결과는 다음과 같다.

	비료 1	비료 2
평 균	24.62	32.75
표준편차	3.64	4.56

수확량 차이에 대한 95% 신뢰구간을 계산하라.

제 10장

모평균에 대한 가설검정

10.1 서 론

모평균에 대한 가설검정은 모평균에 대한 구간추정과 마찬가지로 모집단으로부터 추출된 표본평균의 분포에 기초한다. 다만 구간추정은 모평균에 대해 알려진 바가 없어 추출된 표본의 평균을 중심으로 신뢰구간을 추정하는 데 반하여 가설검정은 모평균에 대해 이미 알려진 바가 있어 이를 표본평균과 비교하여 옳은지 그른지를 판단하는 것이다.

예를 들어 과거 20년 전 우리나라에서 조사된 평균수명은 65세였다고 하자. 현재는 과거 20년 전보다 소득도 많이 올라 영양상태가 좋아졌으며, 무엇보다도 건강보험의 확대실시로 많은 사람들이 의료혜택을 과거보다는 많이 누리고 있어 평균수명이 65세보다는 높아졌을 것이라고 많은 사람들이 생각한다. 물론 통계당국이 전국민을 대상으로 당장 전수조사를 하면 가설검정을 할 필요 없이 현재의 평균수명을 알 수 있다. 그러나 시간적 혹은 경제적인 문제로 인해 전수조사가 어렵다면 가설검정을 통해 현재의 평균수명이 65세인지 아니면 그 이상인지를 확인할 수밖에 없다. 즉 현재의 평균수명이 여전히 65세라는 귀무가설과 현재의 평균수명은 65세 이상이라는 대립가설을 설정하고 표본을 추출하여 그 표본이 위치한 값에 따라 귀무가설이 옳은지 혹은 대립가설이 옳은지를 판정한다.

10.2 단일모집단 평균의 가설검정

1. 기본개념

단일모집단 평균의 가설검정은 단일모집단 평균의 구간추정과 마찬가지로 표본평균의 분포에 기초한다. 어떤 모집단에 대하여 모평균이 μ_0 그리고 모분산이 σ^2이라 알려져 있을 때, 모평균에 대해서 현재는 그것이 아닐 것이라는 주장이 대두되고 있다. 이러한 주장을 검정하기 위해 크기 n의 표본을 추출하여 표본평균을 구하였다. 이미 알려져 있는 모평균이 맞다고 가정한다면 표본평균의 분포는 평균이 μ_0, 분산이 σ^2/n인 정규분포를 이룬다. 현재의 모평균이 μ_0가 맞다면 표본평균은 대체로 μ_0 근처의 값이 나올 것이다. 그렇다고 표본평균이 μ_0로부터 멀리 떨어진 값이 나오지 말라는 법은 없다. 확률적으로 매우 낮지만 멀리 떨어진 표본평균의 값이 나올 수 있다. 그러나 표본평균이 어떤 값 이상으로 나올 확률이 매우 작으면 그 작은 확률을 믿기보다는 차라리 모수가 틀렸다고 하는 편이 나을 수가 있다. 예를 들어 기상예보에서 오늘 비올 확률이 5%라고 예보를 한다면 아무도 우산을 가지고 외출할 사람은 없을 것이다. 물론 비가 올 확률이 0%가 아니고 5%이기 때문에 비가 올 수도 있다. 하지만 이 정도의 확률을 믿고 비가 올 경우를 대비하느니 차라리 비가 오지 않는다고 생각하는 편이 낫다. 따라서 이러한 경우에는 비가 온다는 가설 즉 귀무가설을 기각하고 대신 비가 오지 않는다는 가설, 즉 대립가설을 채택하여 출근시 우산을 지참하지 않을 것이다.

단일모집단의 모평균을 검정할 때의 귀무가설은 다음과 같다.

$$H_0 : \mu = \mu_0$$

대립가설은 검정의 종류에 따라 다음 3가지 중 하나와 같다.

1) $H_1 : \mu \neq \mu_0$
2) $H_1 : \mu > \mu_0$
3) $H_1 : \mu < \mu_0$

2. 모분산(σ^2)을 알고 있는 경우

모분산을 알고 있는 경우 표본평균의 분포는 평균이 μ 그리고 분산이 σ^2/n인 정규분포를 이룬다. 즉 $\overline{X} \sim N(\mu, \sigma^2/n)$이다. 그런데 모평균에 대해서는 기존의 주장에 의하면 $\mu = \mu_0$이라 했으므로 μ 대신 μ_0를 사용하여 $\overline{X} \sim N(\mu_0, \sigma^2/n)$이다. 이를 표준화하면,

$$Z = \frac{\overline{X} - \mu_0}{\sigma/\sqrt{n}} \sim N(0, 1)$$

이므로, 귀무가설 $H_0 : \mu = \mu_0$의 검정통계량은 다음과 같다.

$$Z = \frac{\overline{X} - \mu_0}{\sigma/\sqrt{n}}$$

유의수준 α일 때, 기각역은 다음과 같다.

1) $H_1 : \mu \neq \mu_0$인 경우, $Z \leq -z_{\alpha/2}$ 혹은 $Z \geq z_{\alpha/2}$
2) $H_1 : \mu > \mu_0$인 경우, $Z \geq z_{\alpha}$
3) $H_1 : \mu < \mu_0$인 경우, $Z \leq -z_{\alpha}$

표준화한 Z-값이 기각역에 포함되지 않으면 귀무가설을 채택하고 귀무가설의 기각역에 들어 있으면 귀무가설을 기각한다. 다음 [그림 10.1]은 유의수준 α에서 양측검정과 단측검정의 기각역을 나타낸 것이다.

그림 10.1 (a)
양측검정의 기각역

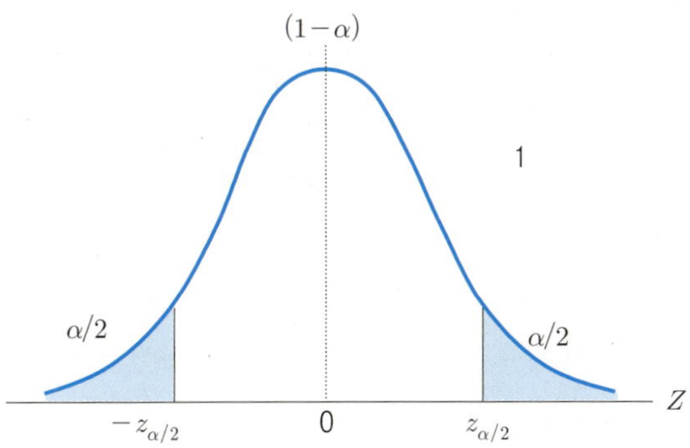

만약 $-z_{\alpha/2} < Z < z_{\alpha/2}$이면 귀무가설 채택
$Z \leq -z_{\alpha/2}$ 혹은 $Z \geq z_{\alpha/2}$이면 귀무가설 기각

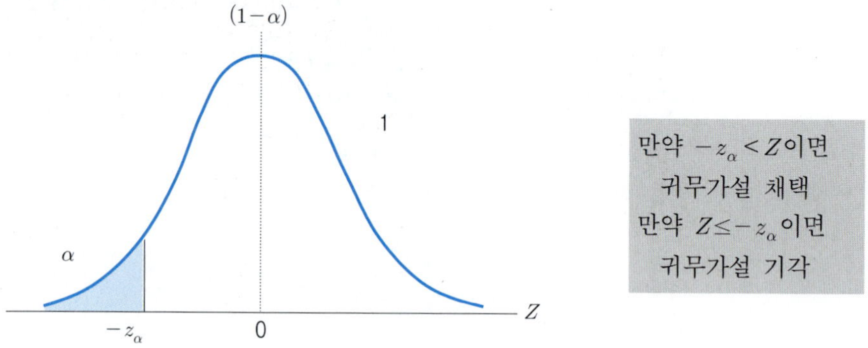

그림 10.1 (b) 단측검정(좌측검정)의 기각역

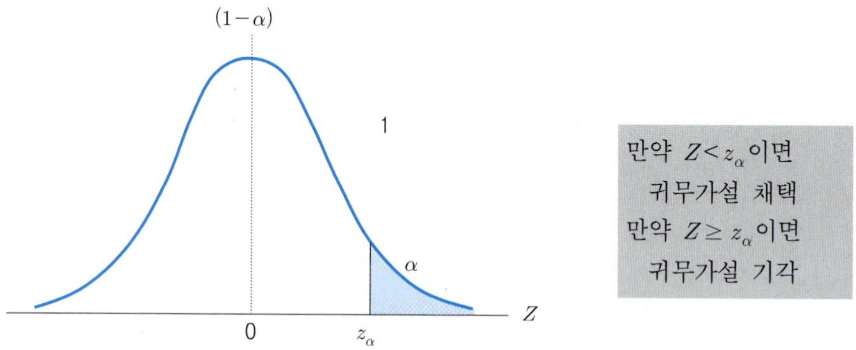

그림 10.1 (c) 단측검정(우측검정)의 기각역

(1) 양측검정

예제 10.1

백설치약회사는 자사 치약의 평균중량이 350g이라고 광고하고 있다. 그러나 소비자단체에서는 많은 소비자들이 350g이 아니라는 항의가 들어온다고 하면서 표본조사에 나섰다. 소비자단체는 시중에 유통되는 백설치약 100개를 랜덤하게 추출하여 중량을 측정하였다. 중량을 측정한 결과 342g이 나왔다. 백설치약 중량의 표준편차는 40g으로 이미 알려져 있다. 소비자단체가 조사한 결과를 놓고 과연 백설치약회사의 주장이 타당한 것인가를 유의수준 5%에서 검정하라.

풀이 —

① $H_0 : \mu = 350$

$H_1 : \mu \neq 350$

② $\alpha = 0.05$

③ 기각역 : $Z \leq -1.96$ 또는 $Z \geq 1.96$

④ $Z = \dfrac{\overline{X} - \mu_0}{\sigma / \sqrt{n}} = \dfrac{342 - 350}{40 / \sqrt{100}} = -2$

⑤ $Z = -2.00 \leq -1.96$이므로 귀무가설을 기각한다.

〈양측검정〉

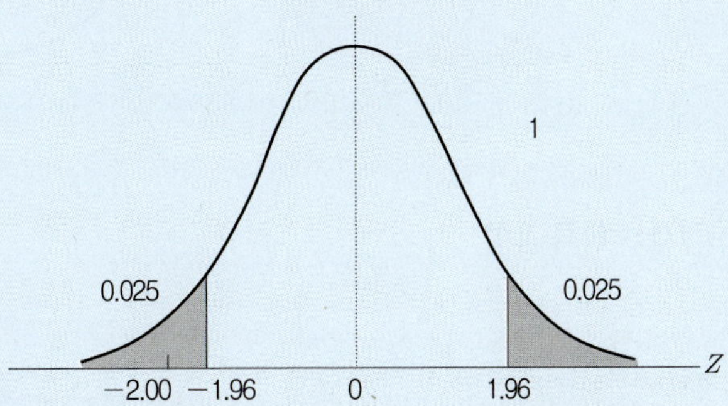

(2) 좌측검정

예제 10.2

휴대폰 배터리를 전문적으로 생산하는 전주공업사는 자사의 배터리가 1회 충전시 48시간이 유지된다고 주장한다. 그러나 최근 원자재를 일부 변경하면서 품질이 저하되었다는 주장이 나왔다. 이에 회사측에서는 64개의 표본을 추출하여 표본평균을 조사한 결과 45시간이 나왔다. 유의수준 1%에서 가설검정을 하라. 모집단의 표준편차는 9.6시간으로 알려져 있다.

풀이 —

① $H_0 : \mu = 48$

$H_1 : \mu < 48$

② $\alpha = 0.01$

③ 기각역 : $Z \leq -2.33$

④ $Z=\dfrac{\overline{X}-\mu_0}{\sigma/\sqrt{n}}=\dfrac{45-48}{9.6/\sqrt{64}}=-2.50$

⑤ $Z=-2.50\leq-2.33$이므로 귀무가설을 기각한다.

〈단측검정 : 좌측검정〉

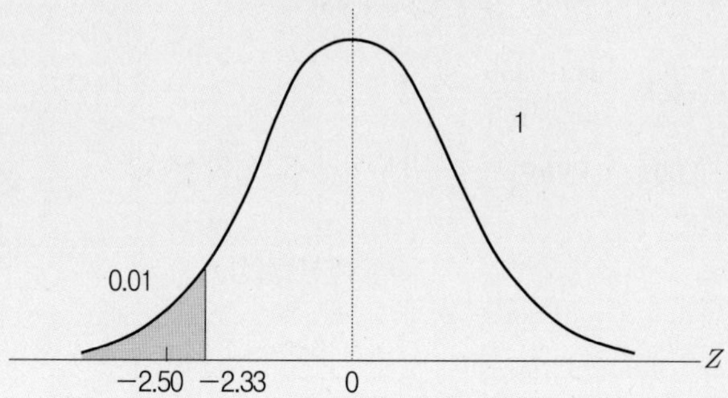

(3) 우측검정

예제 10.3

(주)강남제약에서는 3년여의 연구개발과정을 거쳐 새로운 진통제를 시판하게 되었다. 이전까지의 진통제는 약효가 24시간이었으나 당사가 개발한 진통제는 이보다는 약효가 오래간다고 주장하고 있다. 이를 검정하기 위해 (주)강남제약은 일반소비자를 대상으로 36명을 선정하여 복용시켜 본 결과 표본평균이 27시간으로 나타났다. 이 결과를 두고 과연 새로 개발한 진통제가 기존의 약효보다 오래간다고 말할 수 있는지 유의수준 10%에서 검정하라. 단 약효에 대한 표준편차는 3시간으로 알려져 있다.

풀이—

① $H_0 : \mu=24$

$H_1 : \mu>24$

② $\alpha=0.10$

③ 기각역 : $Z\geq1.28$

④ $Z=\dfrac{\overline{X}-\mu_0}{\sigma/\sqrt{n}}=\dfrac{27-24}{3/\sqrt{36}}=6$

⑤ $Z=6\geq1.28$이므로 귀무가설을 기각한다.

〈단측검정 : 우측검정〉

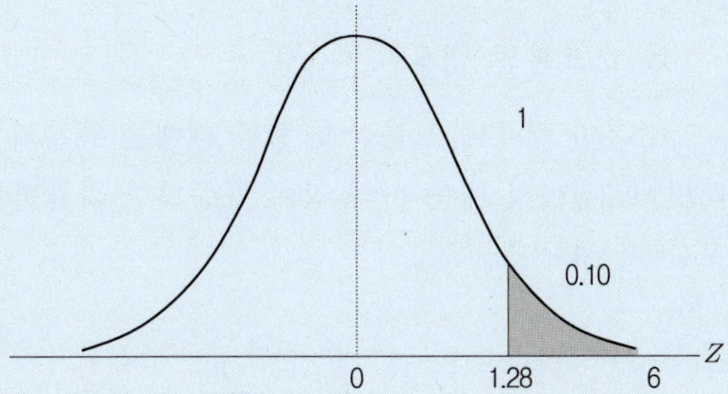

■ **엑셀2007을 이용한 모평균의 가설검정: 모분산을 알고 있을 경우**

예제 10.3을 엑셀을 이용하여 양측검정, 좌측검정 그리고 우측검정을 실행하여 본다. 표본평균(27), 모집단 표준편차(3), 표본수(36), 가설평균(24), 유의수준(0.10) 등을 각각 B2, B3, B4, B5, B6 등에 차례로 입력하고 그 다음 셀에는 다음과 같이 수식을 입력한다.

검정통계량	B7	=(B2-B5)/(B3/SQRT(B4))
좌측검정한계	B8	=NORMSINV(0.1)
우측검정한계	B9	=NORMSINV(0.9)
양측검정(좌측)	B10	=NORMSINV(0.05)
양측검정(우측)	C10	=NORMSINV(0.95)
좌측검정판정	D8	=IF(B7<=B8,"채택","기각")
우측검정판정	D9	=IF(B7>=B9,"채택","기각")
양측검정판정	D10	=IF(OR(B7<=B10, B7>=C10),"채택","기각")

다음의 엑셀화면은 **예제 10.3**의 처리결과를 나타낸 것이다. 판정은 대립가설에 대한 채택여부이다.

	A	B	C	D
1	항목	값		판정
2	표본평균	27		
3	모집단 표준편차	3		
4	표본수	36		
5	가설평균	24		
6	유의수준	0.10		
7	검정통계량	6		
8	좌측검정	-1.28		기각
9	우측검정	1.28		채택
10	양측검정	-1.64	1.64	채택

3. 모분산(σ^2)을 모르고 있는 경우

(1) 소표본인 경우($n < 30$)

소표본인 경우에 모분산을 모를 때에는 표본의 표준편차를 모분산으로 대치하면, 9.2절에서 배운 바와 같이 표준화한 확률변수 t는 자유도가 $n-1$인 t-분포를 따른다. 즉,

$$t = \frac{\overline{X} - \mu_0}{s/\sqrt{n}} \sim t(n-1)$$

따라서 귀무가설 $H_0 : \mu = \mu_0$의 검정통계량은 다음과 같다.

$$t = \frac{\overline{X} - \mu_0}{s/\sqrt{n}}$$

또한 유의수준 α일 때, 기각역은 다음과 같다.

1) $H_1 : \mu \neq \mu_0$인 경우, $t \leq -t_{\alpha/2}(n-1)$ 혹은 $t \geq t_{\alpha/2}(n-1)$
2) $H_1 : \mu > \mu_0$인 경우, $t \geq t_{\alpha}(n-1)$
3) $H_1 : \mu < \mu_0$인 경우, $t \leq -t_{\alpha}(n-1)$

t-값이 기각역에 포함되지 않으면 귀무가설을 채택하고 귀무가설의 기각역에 들어 있으면 귀무가설을 기각한다.

예제 10.4

현재까지 사용되고 있는 소형차의 팬벨트는 평균 1,200파운드까지 견디는 것으로 알려져 있다. 울산공업사는 1년간의 연구를 통하여 새로운 벨트를 개발하였는데 이 벨트는 1,200파운드를 훨씬 넘는다고 주장한다. 이러한 주장을 뒷받침하기 위해 25개의 벨트를 무작위로 추출하여 조사를 하였더니 평균이 1,420파운드, 표준편차가 340파운드가 나왔다. $\alpha=0.01$에서 회사의 주장이 옳은지 검정하라.

풀이 —

① $H_0 : \mu = 1,200$

$H_1 : \mu > 1,200$

② $\alpha=0.01$

③ 기각역 : $n=25$이므로 자유도는 24이다. 따라서 기각역은 $t \geq t_{0.01}(24)=2.492$

④ $t=\dfrac{\overline{X}-\mu_0}{s/\sqrt{n}}=\dfrac{1{,}420-1{,}200}{340/\sqrt{25}}=3.235$

⑤ $t=3.235 \geq 2.492$이므로 귀무가설을 기각한다.

■ 엑셀2007을 이용한 모평균의 가설검정: 모분산을 모르고 소표본인 경우

예제 10.4를 엑셀을 이용하여 양측검정, 좌측검정 그리고 우측검정을 실행하여 본다. 표본평균(1420), 표본표준편차(340), 표본수(25), 가설평균(1200), 유의수준(0.01) 등을 각각 B2, B3, B4, B5, B6 등에 차례로 입력하고 그 다음 셀에는 다음과 같이 수식을 입력한다.

검정통계량	B7	=(B2-B5)/(B3/SQRT(B4))
좌측검정한계	B8	=-TINV(0.02,24)
우측검정한계	B9	=TINV(0.02,24)
양측검정(좌측)	B10	=-TINV(0.01,24)
양측검정(우측)	C10	=TINV(0.01,24)
좌측검정판정	D8	=IF(B7<=B8,"채택","기각")
우측검정판정	D9	=IF(B7>=B9,"채택","기각")
양측검정판정	D10	=IF(OR(B7<=B10, B7>=C10),"채택","기각")

다음의 엑셀화면은 예제 10.4의 처리결과를 나타낸 것이다. 판정은 대립가설에 대한 채택여부이다.

	A	B	C	D
1	항목	값		판정
2	표본평균	1420		
3	표본표준편차	340		
4	표본수	25		
5	가설평균	1200		
6	유의수준	0.01		
7	검정통계량	3.235		
8	좌측검정	-2.49		기각
9	우측검정	2.49		채택
10	양측검정	-2.80	2.80	채택

(2) 대표본인 경우($n \geq 30$)

9.2절에서 배운 바와 같이 표본의 수가 커질수록 t-값은 Z-값에 근사한다. 따라서 표본평균의 분포는 평균이 μ_0, 분산이 s^2/n인 정규분포를 이룬다. 즉

$$Z = \frac{\overline{X} - \mu_0}{s/\sqrt{n}} \sim N(0, 1)$$

그러므로 귀무가설 $H_0 : \mu = \mu_0$의 검정통계량은 다음과 같다.

$$Z = \frac{\overline{X} - \mu_0}{s/\sqrt{n}}$$

또한, 유의수준 α일 때, 기각역은 다음과 같다.

1) $H_1 : \mu \neq \mu_0$인 경우, $Z \leq -z_{\alpha/2}$ 혹은 $Z \geq z_{\alpha/2}$
2) $H_1 : \mu > \mu_0$인 경우, $Z \geq z_\alpha$
3) $H_1 : \mu < \mu_0$인 경우, $Z \leq -z_\alpha$

Z-값이 기각역에 포함되지 않으면 귀무가설을 채택하고 귀무가설의 기각역에 들어 있으면 귀무가설을 기각한다.

예제 10.5

낚시용구 제작업체인 강릉공업사는 신소재를 이용하여 기존의 낚싯대보다 강한 낚싯대를 개발하였다고 주장하고 있다. 기존 낚싯대의 평균강도는 12kg이다. 36개의 새로운 낚싯대를 무작위로 추출하여 검사한 결과 평균이 13.4kg, 그리고 표준편차가 7.3kg이었다. $\alpha = 0.05$에서 강릉공업사의 주장이 옳은지를 판정하라.

풀이 —

① $H_0 : \mu = 12$, $H_1 : \mu > 12$
② $\alpha = 0.05$
③ 기각역 : $Z \geq 1.64$
④ $Z = \frac{\overline{X} - \mu_0}{s/\sqrt{n}} = \frac{13.4 - 12.0}{7.3/\sqrt{36}} = 1.15$
⑤ $Z = 1.15 < 1.64$이므로 귀무가설을 채택한다.

■ 엑셀2007을 이용한 모평균의 가설검정: 모분산을 모르고 대표본인 경우

예제 10.5를 엑셀을 이용하여 양측검정, 좌측검정 그리고 우측검정을 실행하여 본다. 표본평균(13.4), 표본표준편차(7.3), 표본수(36), 가설평균(12), 유의수준(0.05) 등을 각각 B2, B3, B4, B5, B6 등에 차례로 입력하고 그 다음 셀에는 다음과 같이 수식을 입력한다.

검정통계량	B7	=(B2-B5)/(B3/SQRT(B4))
좌측검정한계	B8	=NORMSINV(0.05)
우측검정한계	B9	=NORMSINV(0.95)
양측검정(좌측)	B10	=NORMSINV(0.025)
양측검정(우측)	C10	=NORMSINV(0.975)
좌측검정판정	D8	=IF(B7<=B8,"채택","기각")
우측검정판정	D9	=IF(B7>=B9,"채택","기각")
양측검정판정	D10	=IF(OR(B7<=B10, B7>=C10),"채택","기각")

다음의 엑셀화면은 예제 10.5의 처리결과를 나타낸 것이다. 판정은 대립가설의 채택 여부이다.

	A	B	C	D
1	항목	값		판정
2	표본평균	13.4		
3	표본표준편차	7.3		
4	표본수	36		
5	가설평균	12		
6	유의수준	0.05		
7	검정통계량	1.151		
8	좌측검정	-1.64		기각
9	우측검정	1.64		기각
10	양측검정	-1.96	1.96	기각

신뢰구간 추정과 마찬가지로 대표본이라 하더라도 모분산을 모르는 경우에는 t-분포를 이용해야 한다. 그러나 현실적으로 표본수 30 이상의 t-분포표를 이용하는 것이 어렵기 때문에 편의상 Z-분포를 대용하는 것이다. 그런데 엑셀을 이용하면 표본수에 관계없이 t-값을 구할 수 있기 때문에 대표본 및 소표본의 구분이 무의미해진다. 따라서 대표본이라 하더라도 소표본의 경우와 동일한 방법으로 구간추정을 하는 것이 더 정확한 방법이라 할 수 있다.

10.3 두 모집단 평균의 차이에 관한 가설검정

1. 두 모집단의 분산을 알고 있는 경우

9.3절에서 배운 바와 같이 $\overline{X}$는 모평균이 μ_1이고 모분산이 σ_1^2인 정규분포에서 표본의 크기가 n_1인 표본을 추출했을 때의 표본평균이고, $\overline{Y}$는 모평균이 μ_2이고 모분산이 σ_2^2인 정규분포에서 표본의 크기가 n_2인 표본을 추출했을 때의 표본평균이라 할 때, 두 모집단 표본평균 차이 즉 $\overline{X}-\overline{Y}$는 평균이 $\mu_1-\mu_2$, 분산이 $\sigma_1^2/n_1+\sigma_2^2/n_2$인 정규분포를 따른다. 즉,

$$\frac{(\overline{X}-\overline{Y})-(\mu_1-\mu_2)}{\sqrt{\sigma_1^2/n_1+\sigma_2^2/n_2}} \sim N(0,\ 1)$$

그러므로 귀무가설 $H_0 : \mu_1=\mu_2$의 검정통계량은 다음과 같다.

$$Z=\frac{\overline{X}-\overline{Y}}{\sqrt{\sigma_1^2/n_1+\sigma_2^2/n_2}}$$

또한, 유의수준 α일 때, 기각역은 다음과 같다.

1) $H_1 : \mu_1 \neq \mu_2$인 경우, $Z \leq -z_{\alpha/2}$ 혹은 $Z \geq z_{\alpha/2}$
2) $H_1 : \mu_1 > \mu_2$인 경우, $Z \geq z_\alpha$
3) $H_1 : \mu_1 < \mu_2$인 경우, $Z \leq -z_\alpha$

Z-값이 기각역에 포함되지 않으면 귀무가설을 채택하고 귀무가설의 기각역에 들어 있으면 귀무가설을 기각한다.

예제 10.6

강남구민과 서초구민의 평균소득의 차이가 있는가를 알아보고자 조사를 하였다. 강남구에서 100명, 서초구에서 120명을 랜덤하게 추출하여 조사한 바, 강남구의 평균소득은 410만원, 서초구의 평균소득은 400만원으로 나타났다. 강남구민 소득의 표준편차는 21만원, 서초구민 소득의 표준편차는 30만원으로 이미 알려져 있다. $\alpha=0.05$에

서 강남구민과 서초구민의 평균소득의 차이가 있는가를 판정하라.

풀이 —

① $H_0 : \mu_1 = \mu_2$

$H_1 : \mu_1 \neq \mu_2$

② $\alpha = 0.05$

③ 기각역 : $Z \leq -1.96$ 또는 $Z \geq 1.96$

④ $Z = \dfrac{(\overline{X_1} - \overline{X_2})}{\sqrt{\dfrac{\sigma_1^2}{n_1} + \dfrac{\sigma_2^2}{n_2}}} = \dfrac{(410-400)}{\sqrt{\dfrac{21^2}{100} + \dfrac{30^2}{120}}} = 2.898$

⑤ $Z = 2.898 \geq 1.96$이므로 귀무가설을 기각한다.

■ 엑셀2007을 이용한 모평균 차이의 가설검정: 모분산을 알고 있을 경우

예제 10.6을 엑셀을 이용하여 양측검정, 좌측검정 그리고 우측검정을 실행하여 본다. 모집단 1 표본평균(410), 모집단 2 표본평균(400), 모집단 1 표준편차(21), 모집단 2 표준편차(30), 모집단 1 표본수(100), 모집단 2 표본수(120), 가설평균차이(0), 유의수준(0.05) 등을 각각 B2, C2, B3, C3, B4, C4, B5, B6 등에 차례로 입력하고 그 다음 셀에는 다음과 같이 수식을 입력한다.

공통표준오차	B7	=SQRT(B3^2/B4+C3^2/C4)
검정통계량	B8	=(B2-C2)/B7
좌측검정한계	B9	=NORMSINV(0.05)
우측검정한계	B10	=NORMSINV(0.95)
양측검정(좌측)	B11	=NORMSINV(0.025)
양측검정(우측)	C11	=NORMSINV(0.975)
좌측검정판정	D9	=IF(B8<=B9,"채택","기각")
우측검정판정	D10	=IF(B8>=B10,"채택","기각")
양측검정판정	D11	=IF(OR(B8<=B11, B8>=C11),"채택","기각")

다음의 엑셀화면은 예제 10.6의 처리결과를 나타낸 것이다. 판정은 대립가설의 채택 여부이다.

	A	B	C	D
1		집단 1	집단 2	판정
2	표본평균	410	400	
3	모집단 표준편차	21	30	
4	표본수	100	120	
5	가설평균차이	0		
6	유의수준	0.05		
7	공통표준오차	3.451		
8	검정통계량	2.90		
9	좌측검정	-1.64		기각
10	우측검정	1.64		채택
11	양측검정	-1.96	1.96	채택

다음은 데이터를 이용한 가설검정을 실행하여 보자. 실제 데이터를 이용한 가설검정은 메뉴에서 [데이터> 데이터 분석> Z-검정: 평균에 대한 두집단]을 실행하여 해결한다. 다음의 화면 좌측에는 가설검정 대상표본인 집단 1과 집단 2의 표본이 나열되어 있다. 집단 1의 모집단 분산은 9, 집단 2의 모집단 분산은 20으로 알려져 있다고 가정하자. "Z-검정: 평균에 대한 두 집단"을 실행하면 화면 우측과 같은 입력화면이 나타난다. 입력란에서 변수 1에는 집단 1의 표본을 캡처하고, 변수 2에는 집단 2의 표본을 캡처한다. 가설평균에는 0을, 변수 1의 분산에는 9, 변수 2의 분산에는 20을 입력한다. 유의수준은 0.05로 하고 출력범위에는 출력될 셀을 지정한다.

	A	B
1	집단 1	집단 2
2	12	16
3	17	13
4	23	12
5	23	6
6	20	16
7	22	12
8	20	10
9	22	14
10	16	14
11	21	22
12		8
13		15
14		10
15		16
16		8

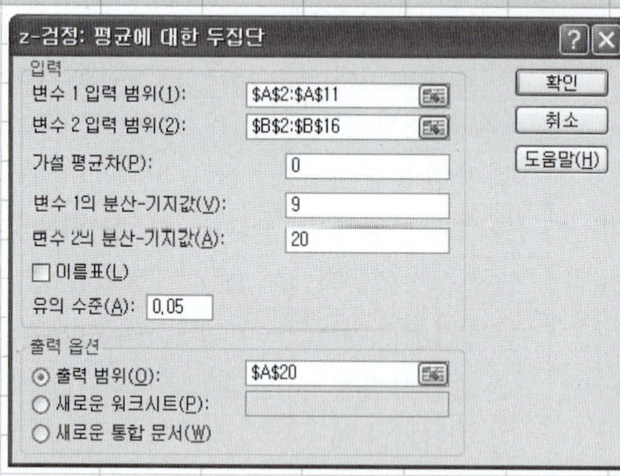

다음의 화면은 실행결과이다. 집단 1의 표본평균은 19.6, 집단 2의 표본평균은 12.8로 나타났다. 검정통계량(Z-값)은 4.55인데, 이는 단측검정 기각치 1.64를 초과하고, 양

측검정 기각치 1.96을 초과하기 때문에, 단측검정의 대립가설 즉 $\mu_1 > \mu_2$, 양측검정의 대립가설 즉 $\mu_1 \neq \mu_2$이 채택된다.

	변수 1	변수 2
평균	19.6	12.8
기지의 분산	9	20
관측수	10	15
가설 평균차	0	
z 통계량	4.5502	
P(Z<=z) 단측 검정	0.0000	
z 기각치 단측 검정	1.6449	
P(Z<=z) 양측 검정	0.0000	
z 기각치 양측 검정	1.9600	

2. 두 모집단의 분산을 모르나 분산이 동일할 경우

(1) 소표본의 경우

9.3절에서 배운 바와 같이, 소표본에서 두 모집단의 분산을 모르나 분산이 동일할 경우에 두 표본평균의 차이 $\overline{X}-\overline{Y}$의 분포는 자유도가 n_1+n_2-2인 t-분포를 따른다. 즉,

$$t = \frac{(\overline{X}-\overline{Y})-(\mu_1-\mu_2)}{s_p\sqrt{\frac{1}{n_1}+\frac{1}{n_2}}} \sim t(n_1+n_2-2)$$

그러므로 귀무가설 $H_0 : \mu_1 = \mu_2$의 검정통계량은 다음과 같다.

$$t = \frac{\overline{X}-\overline{Y}}{s_p\sqrt{\frac{1}{n_1}+\frac{1}{n_2}}}$$

또한, 유의수준 α일 때, 기각역은 다음과 같다.

1) $H_1 : \mu_1 \neq \mu_2$인 경우, $t \leq -t_{\alpha/2}(n_1+n_2-2)$ 혹은 $t \geq t_{\alpha/2}(n_1+n_2-2)$
2) $H_1 : \mu_1 > \mu_2$인 경우, $t \geq t_{\alpha}(n_1+n_2-2)$
3) $H_1 : \mu_1 < \mu_2$인 경우, $t \leq -t_{\alpha}(n_1+n_2-2)$

t-값이 기각역에 포함되지 않으면 귀무가설을 채택하고 귀무가설의 기각역에 들어 있으면 귀무가설을 기각한다.

예제 10.7

인문학부 학생과 사회학부 학생의 통계학 점수의 차이가 있는가를 알아보기 위해 동일한 문제로 시험을 보았다. 인문학부에서 10명, 사회학부에서 15명이 랜덤하게 추출되어 시험을 치른 결과 인문학부는 평균이 84점, 표준편차가 4점이 나왔고, 사회학부는 평균이 87점, 표준편차가 6점이 나왔다. $\alpha=0.05$에서 두 학부의 통계학 점수의 차이가 있는가를 검정하라.

풀이 ―

① $H_0 : \mu_1 = \mu_2$
$H_1 : \mu_1 \neq \mu_2$

② $\alpha=0.05$

③ 기각역 : $n_1=10$, $n_2=15$이므로, 자유도가 23이다. 따라서 기각역은

$$t \leq -t_{0.025}(23) = -2.069 \text{ 또는 } t_{0.025}(23) \geq 2.069$$

④ $$t = \frac{(\overline{X_1} - \overline{X_2})}{s_p \times \sqrt{\frac{1}{n_1} + \frac{1}{n_2}}} = \frac{-3}{2.18} = -1.376$$

$\overline{X_1} - \overline{X_2} = 84 - 87 = -3$

$$s_p^2 = \frac{(n_1-1)s_1^2 + (n_2-1)s_2^2}{n_1+n_2-2}$$
$$= \frac{(10-1)\times 4^2 + (15-1)\times 6^2}{10+15-2} = 28.17$$

⑤ $-2.069 < t = -1.376 < 2.069$이므로 귀무가설을 채택한다.

■ 엑셀2007을 이용한 모평균 차이의 가설검정: 모분산을 모르고 소표본인 경우

예제 10.7을 엑셀을 이용하여 양측검정, 좌측검정 그리고 우측검정을 실행하여 본다. 모집단 1 표본평균(84), 모집단 2 표본평균(87), 모집단 1 표준편차(4), 모집단 2 표준

편차(6), 모집단 1 표본수(10), 모집단 2 표본수(15), 가설평균차이(0), 유의수준(0.05) 등을 각각 B2, C2, B3, C3, B4, C4, B5, B6 등에 차례로 입력하고 그 다음 셀에는 다음과 같이 수식을 입력한다. B7의 공통표준편차는 **예제 10.7**의 풀이에서 s_p^2의 제곱근 값을 뜻한다.

공통표준편차	B7	=SQRT(((B4-1)*B3^2+(C4-1)*C3^2)/(B4+C4-2))
공통표준오차	B8	=B7*SQRT(1/B4+1/C4)
검정통계량	B9	=(B2-C2)/B8
좌측검정한계	B10	=-TINV(0.1,23)
우측검정한계	B11	=TINV(0.1,23)
양측검정(좌측)	B12	=-TINV(0.05,23)
양측검정(우측)	C12	=TINV(0.05,23)
좌측검정판정	D10	=IF(B9<=B10,"채택","기각")
우측검정판정	D11	=IF(B9>=B11,"채택","기각")
양측검정판정	D12	=IF(OR(B9<=B12, B9>=C12),"채택","기각")

다음의 엑셀화면은 **예제 10.7**의 처리결과를 나타낸 것이다. 판정은 대립가설의 채택 여부이다.

	A	B	C	D
1		집단 1	집단 2	판정
2	표본평균	84	87	
3	모집단 표준편차	4	6	
4	표본수	10	15	
5	가설평균차이	0		
6	유의수준	0.05		
7	공통표준편차	5.308		
8	공통표준오차	2.167		
9	검정통계량	-1.38		
10	좌측검정	-1.714		기각
11	우측검정	1.714		기각
12	양측검정	-2.069	2.069	기각

다음은 실제 데이터를 이용한 가설검정을 실행하여 보자. 실제 데이터를 이용한 가설검정은 메뉴에서 [데이터> 데이터 분석> Z-검정: 평균에 대한 두 집단]을 실행하여 해결한다. 다음의 화면 좌측에는 가설검정 대상표본인 집단 1과 집단 2의 표본이 나열되어 있다. "t-검정: 등분산 가정 두 집단"을 실행하면 화면 우측과 같은 입력화면이 나타난다. 입력란에서 변수 1에는 집단 1의 표본을 캡처하고, 변수 2에는 집단 2의 표본을 캡처한다. 가설평균에는 0을 유의수준은 0.05로 하고 출력범위에는 출력

될 셀을 지정한다.

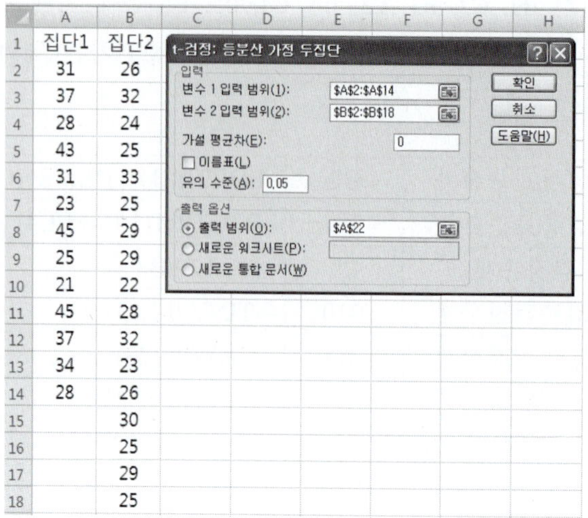

	A	B
1	집단1	집단2
2	31	26
3	37	32
4	28	24
5	43	25
6	31	33
7	23	25
8	45	29
9	25	29
10	21	22
11	45	28
12	37	32
13	34	23
14	28	26
15		30
16		25
17		29
18		25

다음의 화면은 실행결과이다. 집단 1의 표본평균은 32.92, 집단 2의 표본평균은 27.24로 나타났다. 검정통계량(t-값)은 2.634인데, 이는 단측검정 기각치 1.701을 초과하고, 양측검정 기각치 2.048을 초과하기 때문에, 단측검정의 대립가설 즉 $\mu_1 > \mu_2$, 양측검정의 대립가설 즉 $\mu_1 \neq \mu_2$이 채택된다.

24		변수 1	변수 2
25	평균	32.92	27.24
26	분산	65.58	10.94
27	관측수	13	17
28	공동(Pooled) 분산	34.36	
29	가설 평균차	0	
30	자유도	28	
31	t 통계량	2.634	
32	P(T<=t) 단측 검정	0.007	
33	t 기각치 단측 검정	1.701	
34	P(T<=t) 양측 검정	0.014	
35	t 기각치 양측 검정	2.048	

(2) 대표본의 경우

9.3절에서 배운 바와 같이, 소표본에서 두 모집단의 분산을 모르는 경우에 두 표본평균의 차이 $\overline{X}-\overline{Y}$의 분포는 근사적으로 평균이 $\mu_1-\mu_2$이고 분산이 $(s_1^2/n_1+s_2^2/n_2)$인 정규분포를 따른다. 즉, $\overline{X}-\overline{Y}$를 표준화한 변수 Z는 다음

분포를 따른다.

$$Z=\frac{\overline{X}-\overline{Y}-(\mu_1-\mu_2)}{\sqrt{\frac{s_1^2}{n_1}+\frac{s_2^2}{n_2}}}\approx N(0,\ 1)$$

그러므로 귀무가설 $H_0: \mu_1=\mu_2$의 검정통계량은 다음과 같다.

$$Z=\frac{\overline{X}-\overline{Y}}{\sqrt{\frac{s_1^2}{n_1}+\frac{s_2^2}{n_2}}}$$

또한, 유의수준 α일 때, 기각역은 다음과 같다.

1) $H_1: \mu_1 \neq \mu_2$인 경우, $Z \leq -z_{\alpha/2}$ 혹은 $Z \geq z_{\alpha/2}$
2) $H_1: \mu_1 > \mu_2$인 경우, $Z \geq z_{\alpha}$
3) $H_1: \mu_1 < \mu_2$인 경우, $Z \leq -z_{\alpha}$

Z-값이 기각역에 포함되지 않으면 귀무가설을 채택하고 귀무가설의 기각역에 들어 있으면 귀무가설을 기각한다.

예제 10.8

전문직에 종사하는 학부모의 자녀와 비전문직에 종사하는 학부모의 자녀의 수학성적이 차이가 있는가를 알아보고자 한다. 전문직에 종사하는 학부모의 자녀 64명과 비전문직에 종사하는 학부모의 자녀 49명을 랜덤하게 추출하여 동일한 수학시험을 실시한 결과 전문직 자녀는 평균이 86점, 표준편차가 6점, 그리고 비전문직 자녀는 평균이 82점, 표준편차가 8점으로 나타났다. $\alpha=0.05$에서 두 집단의 차이가 있는가를 판정하라.

풀이 —

① $H_0: \mu_1=\mu_2$
   $H_1: \mu_1 \neq \mu_2$
② $\alpha=0.05$
③ 기각역 : $Z \leq -1.96$ 또는 $Z \geq 1.96$

④ $Z=\dfrac{(\overline{X_1}-\overline{X_2})}{\sqrt{\dfrac{s_1^2}{n_1}+\dfrac{s_2^2}{n_2}}}=\dfrac{(86-82)}{\sqrt{\dfrac{6^2}{64}+\dfrac{8^2}{49}}}=2.93$

⑤ $Z=2.93\geq 1.96$이므로 귀무가설을 기각한다.

■ 엑셀2007을 이용한 모평균 차이의 가설검정: 모분산을 모르고 대표본인 경우

예제 10.8을 엑셀을 이용하여 양측검정, 좌측검정 그리고 우측검정을 실행하여 본다. 대표본의 경우 원칙적으로는 t-분포를 이루고 있으나 표본의 수가 커서 정규분포에 근사하므로 기본적인 처리절차는 예제 10.6과 동일하다. 다만 각 모집단의 표준편차를 알 수 없기 때문에 표본표준편차로 대용한다. 집단 1 표본평균(86), 집단 2 표본평균(82), 집단 1 표본표준편차(6), 집단 2 표본표준편차(8), 집단 1 표본수(64), 집단 2 표본수(49), 가설평균차이(0), 유의수준(0.05) 등을 각각 B2, C2, B3, C3, B4, C4, B5, B6 등에 차례로 입력하고 그 다음 셀에는 다음과 같이 수식을 입력한다.

공통표준오차	B7	=SQRT(B3^2/B4+C3^2/C4)
검정통계량	B8	=(B2-C2)/B7
좌측검정한계	B9	=NORMSINV(0.05)
우측검정한계	B10	=NORMSINV(0.95)
양측검정(좌측)	B11	=NORMSINV(0.025)
양측검정(우측)	C11	=NORMSINV(0.975)
좌측검정판정	D9	=IF(B8<=B9,"채택","기각")
우측검정판정	D10	=IF(B8>=B10,"채택","기각")
양측검정판정	D11	=IF(OR(B8<=B11, B8>=C11),"채택","기각")

다음의 엑셀화면은 예제 10.8의 처리결과를 나타낸 것이다. 판정은 대립가설의 채택 여부이다.

	A	B	C	D
1		집단 1	집단 2	판정
2	표본평균	86	82	
3	표본 표준편차	6	8	
4	표본수	64	49	
5	가설평균차이	0		
6	유의수준	0.05		
7	공통표준오차	1.367		
8	검정통계량	2.93		
9	좌측검정	-1.64		기각
10	우측검정	1.64		채택
11	양측검정	-1.96	1.96	채택

모평균의 가설검정과 마찬가지로 엑셀을 이용할 경우 모든 경우의 t-값을 구할 수 있기 때문에 구태여 Z-분포를 대용할 필요가 없다. 따라서 소표본의 경우와 동일하게 처리하는 것이 더 정확한 방법이라 할 수 있다.

10.4 짝지어진 표본의 비교

9.4절에서 배운 바와 같이, 두 관측값의 차이값 $D_1, D_2, \cdots, D_n$이 평균이 δ, 분산이 σ_D^2인 정규분포를 따르고 이들의 표본평균이 $\overline{D}$, 표본분산이 s_D^2이면, $\overline{D}$는 자유도가 $n-1$인 t-분포를 따른다. 여기서 δ는 평균차이를 나타낸다. 즉,

$$t = \frac{\overline{D} - \delta}{s_D / \sqrt{n}} \sim t(n-1)$$

따라서 귀무가설 $H_0 : \delta = \delta_0$의 검정통계량은 다음과 같다.

$$t = \frac{\overline{D} - \delta_0}{s_D / \sqrt{n}}$$

또한 유의수준 α일 때, 기각역은 다음과 같다.

1) $H_1 : \delta \neq \delta_0$인 경우, $t \leq -t_{\alpha/2}(n-1)$ 혹은 $t \geq t_{\alpha/2}(n-1)$
2) $H_1 : \delta > \delta_0$인 경우, $t \geq t_\alpha(n-1)$
3) $H_1 : \delta < \delta_0$인 경우, $t \leq -t_\alpha(n-1)$

t-값이 기각역에 포함되지 않으면 귀무가설을 채택하고 귀무가설의 기각역에 들어 있으면 귀무가설을 기각한다.

예제 10.9

강북대학 체육학과의 김 교수는 자신이 개발한 요가를 배우면 2kg 이상의 체중감량 효과가 있다고 주장하고 있다. 이를 뒷받침하기 위해 일반인 12명을 대상으로 1달 동안 자신이 개발한 요가교육을 실시하였다. 다음 자료는 요가교육을 실시하기 전의 체중과 실시한 후의 체중을 조사한 것이다. 김 교수의 주장을 $\alpha=0.05$에서 검정하라.

교육대상	교육전 체중(X_i)	교육후 체중(Y_i)	차이 $D_i = X_i - Y_i$
1	66	60	6
2	72	72	0
3	56	50	6
4	81	82	−1
5	52	49	3
6	68	60	8
7	64	59	5
8	76	72	4
9	69	62	7
10	57	51	6
11	47	47	0
12	54	50	4

풀이

체중차이의 평균 : $\overline{D}=4$

체중차이의 분산 : $s_D^2=\dfrac{\Sigma(D_i-\overline{D})^2}{n-1}=\dfrac{96}{11}=8.73$

체중차이의 표준편차 : $s_D=\sqrt{8.73}=2.95$

① $H_0: \delta_0 \leq 2$

$H_1: \delta_0 > 2$

② $\alpha=0.05$

③ 기각역 : $n_1=12$이므로 자유도는 11이다. 따라서 기각역은 $t \geq t_{0.05}(11)=1.796$

④ $t=\dfrac{\overline{D}-\delta_0}{s_D/\sqrt{n}}=\dfrac{4-2}{2.95/\sqrt{12}}=2.35$

⑤ $t=2.35 \geq 1.796$이므로 H_0를 기각한다.

■ **엑셀2007을 이용한 짝지워진 표본차이의 가설검정**

다음의 화면은 메뉴에서 [데이터> 데이터분석> t-검정: 쌍체비교]를 실행하여 나타난 것이다. 좌측은 교육전 및 교육후의 체중을 입력한 것이고, 우측은 “t-검정: 쌍체비교”를 실행한 초기 입력화면이다. 입력화면에서 변수 1 입력범위와 변수 2 입력범위를 각각 캡처하고, 가설 평균차에 2, 이름표를 선택하고, 유의수준에 0.05를 입력하고, 출력범위에는 출력될 셀의 범위를 지정한다.

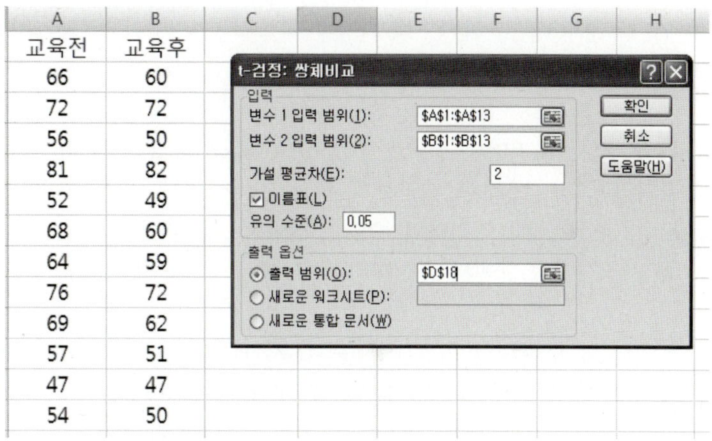

다음의 화면은 “t-검정: 쌍체비교”를 실행한 결과이다.

t-검정: 쌍체 비교		
	교육전	교육후
평균	63.5	59.5
분산	107.7273	122.2727
관측수	12	12
피어슨 상관 계수	0.963985	
가설 평균차	2	
자유도	11	
t 통계량	2.345208	
P(T<=t) 단측 검정	0.019407	
t 기각치 단측 검정	1.795885	
P(T<=t) 양측 검정	0.038814	
t 기각치 양측 검정	2.200985	

연습문제

1. 레저용구 생산업체인 강남화학에서는 최근 기존의 낚싯대보다 훨씬 튼튼한 낚싯대를 개발하였다고 주장하면서 새로운 낚싯대의 평균강도가 18kg, 표준편차가 0.5kg이라고 주장하였다. 이를 입증하기 위해 25개의 낚싯대를 랜덤하게 추출하여 조사한 바 표본의 평균이 17.8kg이었다면 회사의 주장 즉 평균강도가 18kg이라는 주장이 타당하다고 보는가? $\alpha=0.10$에서 검정하라. 낚싯대의 강도는 정규분포를 따른다고 알려져 있다.

2. 오성타이어(주)는 자사 타이어의 평균수명이 65,000km라고 주장한다. 이를 입증하기 위해 시중에 유통되는 자사의 타이어 16개를 랜덤하게 추출하여 실험한 결과 평균=62,500(km), 표준편차가 1,500(km)로 나타났다. 이 타이어의 수명은 정규분포를 따른다고 할 때, 회사의 주장이 옳다고 말할 수 있는가를 유의수준 5%에서 검정하라.

3. 시판되고 있는 기존의 수면제의 약효는 평균 16시간으로 알려져 있다. 영남제약에서는 기존의 수면제보다 약효가 오래 지속되는 새로운 수면제를 개발하였다고 주장하고 있다. 영남제약 연구개발부에서는 이를 입증하기 위해 랜덤하게 선정한 16명의 피실험자를 대상으로 실험한 결과 평균수면시간은 18.5시간, 표준편차 1.4시간으로 나타났다. 이러한 결과를 두고 과연 영남제약의 주장이 옳은지 유의수준 1%에서 검정하라.

4. 금강산생수(주)는 자사가 공급하는 생수가 평균용량이 10L라고 주장하고 있다. 그런데 최근 소비자단체에 금강산 생수의 용량이 10L가 되지 않는다는 소비자들의 고발을 받고 시중에 유통되고 있는 생수 12개를 수거하여 조사한 바 다음과 같은 자료를 얻었다.

10.1	9.7	9.9	10.3	10.1	10.2	9.8	9.8	10.4	10.3	9.6	9.4

$\alpha=0.01$에서 평균용량을 10L로 볼 수 있는지에 대하여 검정하라.

5. 대성자동차는 자사에서 새로 개발한 경차의 리터당 주행거리가 17.6km라고 광고를 통해 대대적으로 선전하고 있다. 자동차협회에서는 과연 이러한 광고가 허위인지 아닌지를 알아보기 위해 신차 36대를 대상으로 리터당 주행거리를 조사한 결과 평균이 15Km, 표준편차가 1.2Km로 나타났다. 광고가 과장인지 아닌지를 $\alpha=0.01$에서 검정하라.

6. 햇볕조명(주)는 자사의 60W 백열전구의 평균수명은 경쟁사 제품의 평균수명 1,000시간 이상이라고 주장하고 있다. 이를 확인하기 위하여 49개의 전구를 랜덤하게 추출하여 테스트한 결과 평균이 1,030시간 그리고 표준편차가 140시간이었다. 햇볕조명(주)의 백열전구의 평균수명이 1,000시간 이상이라는 주장이 타당한가를 유의수준 5%에서 검정하라.

7. 심리학 교수인 김마음 박사는 실험용 쥐들이 미로에서 목표지점을 찾아가는 데 평균 12분이 걸린다고 주장하고 있다. 이를 확인하기 위하여 8마리의 쥐를 실험한 결과 걸린 기간은 다음과 같았다.

6	15	8	5	12	10	13	14

이 심리학자의 주장이 옳지 않다는 근거가 있는가? 유의수준 5%에서 검정하라.

8. 인간이 어떤 자극을 받아 반응하는 데 평균 1.69초 걸린다고 알려져 있다. 그러나 신경안정제를 복용하면 반응시간이 길어진다는 보고가 나왔다. 한강대학교 의과대학 실험실에서는 이를 검정하기 위해 10명을 대상으로 신경안정제를 복용시킨 후 반응시간과 그에 대한 표준편차를 측정하였다. 측정결과 평균이 1.84초 그리고 표준편차가 0.68초가 나왔다. 신경안정제의 복용이 반응시간을 연장시키는가를 유의수준 1%에서 검정하라.

9. 니코틴 함유량이 국산담배보다 훨씬 적은 1.2mg이라고 선전한 외산담배사의 광고로 인해 그 담배의 매출액이 급증하였다. 이에 자극을 받은 국산담배사는 그 외산담배의 니코틴 함유량이 과연 1.2mg인가를 알아보기 위해 시중에 유통되는 담배 25갑을 랜덤하게 수거하여 1갑당 1개피를 선택하여 니코틴 함유량을 조사한 결과 그 평균이 1.35mg 그리고 표준편차가 0.25mg이라는 사실을 알아냈다. 외산담배사의 광고가 허위인지 아닌지를 유의수준 1%로 검정하라.

10. 다음은 아동복지학연구소에서 아동들의 활동성을 부모가 정상인 경우와 부모가 이혼한 경우로 나누어서 검사한 결과이다. 이 결과를 두고 과연 부모가 이혼한 아동이 부모가 정상인 아동보다 활동성이 낮다고 주장할 수 있는가를 유의수준 1%에서 검정하라.

	표본크기	표본평균	모표준편차
이혼한 경우	45	72	6
정상인 경우	60	79	5

11. 산모가 채식을 위주로 한 신생아와 육식을 위주로 한 신생아의 출산시 체중을 비교하는 조사를 한 결과 다음과 같은 자료를 얻었다. 상식적으로 볼 때, 산모가 육식을 위주로 한 경우의 신생아 체중이 더 무거울 것으로 생각되는데 이러한 결과가 과연 그러한 상식을 뒷받침하는지 유의수준 10%에서 검정하라.

	표본크기	표본평균	모표준편차
육 식	36	3.42	0.6
채 식	49	3.28	0.8

12. 100m 단거리 선수인 김건각 선수는 경기 당일 아침식사를 했을 때와 아침식사를 하지 않았을 때의 기록을 정리하여 보았더니 다음과 같이 정리되었다. 기록향상을 위해 김건각 선수는 경기 당일 아침식사를 해야 하는가 아니면 하지 말아야 하는가를 유의수준 5%에서 판정하라.

식사를 한 날	10.2, 10.6, 11.0, 11.4, 10.3, 11.2, 10.0
식사를 하지 않은 날	10.6, 11.5, 11.7, 10.5, 11.4, 11.6

13. 컴퓨터 게임이 초등학생의 창의력 향상에 도움이 되는가를 알아보기 위해 다음과 같은 실험을 하였다. 같은 학년의 초등학생 85명을 선정하여 이 중 36명에 대해서는 컴퓨터 게임을 전혀 시키지 않고 나머지 49명에 대해서는 하루에 1시간씩 1개월을 시킨 후 창의력 테스트를 해 본 결과 다음과 같은 자료가 나왔다. 과연 컴퓨터 게임이 초등학생의 창의력 향상에 도움이 되는가를 $\alpha=0.01$에서 검정하라(두 모집단의 표준편차는 같다고 가정한다).

A	$n_1=36$	$\overline{X}_1=75$	$s_1=18$
B	$n_2=49$	$\overline{X}_2=81$	$s_2=14$

14. 한강고등학교에서 공과대학을 지원하는 학생 40명과 인문대학을 지원하는 학생 50명에 대한 수학점수를 조사하여 보았더니 공과대학 지원학생의 경우 평균이 82점, 표준편차가 12점으로 나타났고 인문대학 지원학생의 경우 평균이 77점, 표준편차가 10점으로 나타났다. 공과대학을 지원하는 학생이 인문대학을 지원하는 학생보다 수학성적이 더 높다고 주장할 수 있는가를 $\alpha=0.10$으로 검정하라.

15. 백두고등학교에는 영어교사가 A, B 두 분이 게시는데 A교사는 스파르타식 교육을 하는 분이고, B교사는 자율적 교육을 하는 분이다. 두 교육스타일이 영어성적에 어떠한 영향을 미치는가를 알아보기 위해 다음과 같은 조사를 하였다. 기말고사 영어시험 성적표에서 A교사의 수업을 받은 학생을 60명, B교사 수업을 받은 학생 50명을 랜덤하게 추출하여 조사하였더니 A교사 학생은 평균이 72점, 표준편차가 8점, B교사 학생은 평균이 76점, 표준편차는 6점으로 나타났다. 영어교육에 있어 두 스타일의 차이가 없는지 아니면 자율적 교육이 더 나은지를 유의수준 5%에서 검정하라.

16. 두통약을 복용하면 1분당 맥박수가 떨어진다는 주장이 의학계 일부에서 제기되었다. 생체의학연구소에서는 이를 확인하기 위해 10명의 성인을 랜덤하게 추출하여 두통약 복용 전 맥박수와 두통약 복용 후의 맥박수를 측정한 결과 다음과 같았다. 의학계 일부에서 제기된 주장이 과연 타당한가를 유의수

준 5%에서 검정하라.

번 호	1	2	3	4	5	6	7	8	9	10
사용 전	78	81	74	75	72	80	78	84	91	86
사용 후	70	77	76	70	65	82	71	81	84	82

17. 아침 방송 시청률이 경쟁사에 비해 현저하게 낮은 금성방송사는 아침 방송 시청률을 높이기 위해 방안을 강구하고 있다. 아침 방송 시청자가 주로 여성임을 착안하고 현재 남성인 앵커를 여성으로 교체하면 여성시청자에게 보다 친근감을 줄 수 있다고 판단하고 아침 뉴스 앵커를 전원 여성으로 교체하기로 하였다. 과연 앵커교체가 시청시간 증가에 도움이 되었는가를 알아보기 위해 시청자 10명을 대상으로 앵커교체 전 시청시간과 앵커교체 후 시청시간을 조사를 한 결과 다음과 같은 자료를 얻었다. 앵커교체가 시청시간 연장에 도움이 되었는가를 유의수준 5%에서 검정하라.

표본시청자	1	2	3	4	5	6	7	8	9	10
앵커교체 후	23	18	24	19	17	22	20	28	23	22
앵커교체 전	19	16	16	15	21	16	18	24	20	22

제 11장

모비율에 대한 추정과 가설검정

11.1 서 론

우리는 자주 매스컴에서 어떤 정책에 대한 찬성률이 얼마라든지, 어떤 정치인에 대한 지지도가 얼마라든지 하는 보도를 접한다. 그때마다 항상 따라다니는 표현이 오차한계가 얼마이고 신뢰도가 얼마라는 것이다. 이것이 바로 전형적인 모비율의 구간추정이다. 일반적으로 이루어지고 있는 여론조사의 대부분이 모비율에 관한 구간추정이다. 모비율을 알기 위해서는 모집단 전체를 조사하는 전수조사를 해야 하는데 이는 시간적으로나 경제적으로 한계가 있어 부득이 표본을 추출하여 모비율을 추정한다. 예를 들어 오늘 오전에 발표된 경제정책에 대한 시민들의 반응은 내일 아침 신문에 알려줘야 뉴스상품으로서의 가치가 있는 것이다. 지지도에 대한 모비율을 알기 위해서는 국민 전체에 대해 설문조사를 하여야 하는데 이는 경제적으로 엄청난 비용이 수반됨은 물론 시간적으로 불가능하다. 이럴 경우 일정 크기의 표본을 선정하여 국민의 지지도를 추정하는 것이 일반적이다.

모비율에 대한 구간추정이 모비율에 대해 알려져 있는 사실이 없어 이를 탐색하는 과정인 반면 모비율에 대한 가설검정은 이미 알려져 있는 모비율을 검정하는 과정이다. 모비율의 대한 추정이 주로 여론조사에 사용되는 반면 모비율에 대한 가설검정은 주로 연구가설을 검정하는 데 사용된다. 모평균에 대한 구간추정 및 가설검정과 마찬가지로 모비율에 대한 구간추정과 가설검정도 표본비율의 분포를 바탕으로 이루어진다.

11.2 단일모집단 비율의 추정과 가설검정

1. 추 정

모집단 전체에서 지정된 특성을 갖는 개체들의 비율을 p라고 하자. 예를 들면, A후보의 지지율 또는 B상품의 시장점유율 등과 같은 것이 있다. 모비율 p를 추정하기 위해 n개의 랜덤표본 $X_1, X_2, \cdots, X_n$을 추출하고 지정된 특성을 갖는 관측들의 개수를 X라 하면, 모비율 p의 대표적인 불편추정량은 다음과 같이 표현된다.

$$\hat{p} = \frac{X}{n}$$

지정된 특성을 갖는 관측들의 개수 X의 분포는 시행횟수가 n이고 성공률이 p인 이항분포를 따른다. 즉,

$$X \sim B(n, p)$$

따라서 X의 평균은 np, 분산은 $np(1-p)$이므로, 표본비율 $\hat{p} = X/n$의 평균은 p, 분산은 $\frac{p(1-p)}{n}$이다. 따라서 표본비율 $\hat{p}$의 표준편차 또는 표준오차는

$$\sigma = se(\hat{p}) = \sqrt{\frac{p(1-p)}{n}}$$

이며 모비율 p는 알지 못하므로 p의 추정량 $\hat{p}$을 사용하여 표준오차의 추정량(표본표준편차)을 구하면 다음과 같다.

$$s = \widehat{se}(\hat{p}) = \sqrt{\frac{\hat{p}(1-\hat{p})}{n}}$$

예제 11.1

(주)TV홈쇼핑회사에서 A상품의 반품률을 알아보려고 150명의 A상품 구매고객을 랜덤하게 추출하여 조사하였더니 15명이 반품을 하였다. 이를 토대로 A상품의 반품률을 점추정하라.

풀이 —

$n=150$, $X=15$이므로, $\hat{p}=15/150=0.1$이다. 따라서 표준오차의 추정값은

$$\widehat{se}(\hat{p})=\sqrt{0.1(1-0.1)/150}=0.0245$$

이다. 즉,

A상품의 반품률 점추정값 : 0.1 ± 0.0245

6.4절에서 이항분포에서 시행횟수 n이 크고 성공확률 p가 아주 작지 않은 경우에 이항분포는 평균이 $\mu=np$이고 분산이 $\sigma^2=np(1-p)$인 정규분포에 가까워진다는 것을 이미 공부하였다. 즉,

$$X \approx N(np,\ np(1-p))$$

그런데 모비율 p를 알지 못하므로 표본비율 $\hat{p}$를 대신 사용한다. 즉,

$$X \approx N(n\hat{p},\ n\hat{p}(1-\hat{p}))$$

그러므로 $\hat{p}=X/n$의 분포는 다음과 같은 정규분포를 따른다.

$$\hat{p}=\frac{X}{n} \approx N\left(\hat{p},\ \frac{\hat{p}(1-\hat{p})}{n}\right)$$

이를 표준화하면,

$$\frac{\hat{p}-p}{\sqrt{\hat{p}(1-\hat{p})/n}} \approx N(0,\ 1)$$

따라서 p의 $100(1-\alpha)\%$ 신뢰구간은 다음과 같다.

이항분포에서 시행횟수 n이 크고 성공확률 p가 아주 작지 않은 경우의 모비율 p의 $100(1-\alpha)\%$ 신뢰구간은 다음과 같다.

$$\left(\hat{p}-z_{\alpha/2}\sqrt{\frac{\hat{p}(1-\hat{p})}{n}},\ \hat{p}+z_{\alpha/2}\sqrt{\frac{\hat{p}(1-\hat{p})}{n}}\right)$$

또는 간단히,

$$\hat{p}\pm z_{\alpha/2}\sqrt{\frac{\hat{p}(1-\hat{p})}{n}}$$

로 표시한다.

예제 11.2

(예제 11.1 계속)
반품률 p의 95% 신뢰구간을 구하라.

풀이 —

$\hat{p}=0.1$

$s=\sqrt{0.1(1-0.1)/150}=0.0245$

$z_{\alpha/2}=z_{0.025}=1.96$이므로, 공식에 대입하면,

$$0.1\pm1.96\times0.0245=0.1\pm0.048$$

따라서 구하려는 모비율에 대한 95% 신뢰구간은 (0.052, 0.148)이다. 즉, A상품의 반품률에 대한 95% 신뢰구간은 (5.2%, 14.8%)이다.

■ 엑셀2007을 이용한 모비율의 신뢰구간 추정

모비율의 신뢰구간 추정과 관련하여 별도의 함수와 도구가 없기 때문에 **예제 11.2**의 엑셀처리는 다음과 같이 입력하여 모비율의 신뢰구간을 추정한다. 표본비율(0.10), 표본수(150), 유의수준(0.05) 등을 B1, B2, B3에 각각 입력하고 나머지는 아래와 같이 수식을 입력한다.

표준오차	B4	=SQRT(B1*(1-B1)/B2)
Z-값	B5	=NORMSINV(0.975)
오차	B6	=B4*B5
최저값	B7	=B1-B6
최고값	B8	=B1+B6

다음의 화면은 **예제 11.2**를 엑셀로 처리한 결과이다.

	A	B
1	표본비율	0.10
2	표본수	150
3	유의수준	0.05
4	표준오차	0.0245
5	Z-값	1.960
6	오차	0.048
7	최저값	0.052
8	최고값	0.148

예제 11.3

정부는 오늘 발표된 경제정책에 대한 지지도를 알아보기 위해 여론조사 전문기관에 조사를 의뢰하였다. 전국의 성인 남녀 100명을 대상으로 조사한 결과 그중 64명이 지지한 것으로 나타났다. 오늘 발표된 경제정책에 대한 지지도의 95% 신뢰구간을 구하라.

풀이 –

표본의 크기가 100이고 찬성하는 사람이 64명이기 때문에 표본비율 $\hat{p}=0.64$이다. 표본비율의 표준편차 $s=\sqrt{0.64(1-0.64)/100}=0.048$이다. 따라서 p에 대한 95%의 신뢰구간은 $0.64\pm1.96\times0.048$ 즉 0.64 ± 0.094이다.

위의 예제에서 p의 95% 신뢰구간이 (0.546, 0.734)로서 신뢰구간의 길이가 0.188임을 알 수 있다. 우리가 추정하려는 모수의 값의 크기$(0\le p\le1)$에 비하여 신뢰구간의 길이가 너무 길다. 따라서 이러한 신뢰구간은 정보로서의 가치가 떨어진다고 할 수 있다. 예를 들어 한국의 남성비율을 조사한 결과 100%의 신뢰수준에서 50% ± 20%라 하자. 이는 남성비율이 최소 30%에서 최고 70% 사이에 있다는 것이며, 만약 이러한 조사결과를 발표한다면 모두가 비웃을 것이다. 왜냐하면 그 정도는 통계조사를 하지 않아도 다 알 수 있기 때문이다. 결국 신뢰구간이 길이를 감소시켜야 하는데 그렇게 하려면 추정하고자 하는 추정량의 표준오차를 감소시켜야 한다. 위의 예제에서는 표본비율 $\hat{p}$의 표준오차 $\sqrt{\dfrac{p(1-p)}{n}}$의 크기를 줄여야 한다. 그런데 표준오차의 크기를 감소시키기 위해서는 표본의 크기 n을 증가시켜야 한다. 그렇다면 표본의 크기를 어느 정도까지 증가시켜야 하는가? 표본의 크기는 크면 클수록 좋으나 조사비용의 증가, 조사기일의 연장 등의 문제가 발생하기 때문에 여론조사를 할 때에는 대략 1,000명 정도를 표본의 크기로 한다.

예제 11.4

국회의원 후보로 나선 김한량 씨는 자신의 지지율을 알아보기 위해 여론조사기관에 의뢰하였다. 여론조사기관은 김 후보 지역구의 성인 남녀 300명을 랜덤하게 추출하여 전화조사를 실시하였다. 300명 중 김 후보를 지지하는 사람은 120명이었다. 김 후보의 지지율에 대한 99% 신뢰구간을 추정하라.

풀이 —

표본의 크기 : $n=300$

표본비율 : $\hat{p}=\frac{120}{300}=0.4$

표본비율의 표준편차 : $s=\sqrt{\frac{0.4(1-0.4)}{300}}=0.028$

$\alpha=0.01$이므로 $z_{\alpha/2}=z_{0.005}=2.57$

공식에 대입하여 신뢰구간을 구하면,

$$\hat{p}\pm z_{\alpha/2}\sqrt{\frac{\hat{p}(1-\hat{p})}{n}}=0.4\pm2.57\times0.028=0.4\pm0.072$$

또는 (32.8%, 47.2%)

2. 가설검정

모비율 p에 대한 가설검정은 모비율에 대한 구간추정과 마찬가지로 표본비율의 분포에 기초하여 이루어진다. 대표본에서 표본비율의 분포는 근사적으로 정규분포를 한다. 검정하고자 하는 모비율 p의 값이 p_0이면 표본비율 $\hat{p}=X/n$의 분포는 다음과 같은 정규분포를 따른다.

$$\hat{p}=\frac{X}{n}\approx N\left(p_0, \frac{p_0(1-p_0)}{n}\right)$$

이를 표준화하면,

$$\frac{\hat{p}-p_0}{\sqrt{p_0(1-p_0)/n}} \approx N(0,\ 1)$$

이므로, 귀무가설 $H_0 : p=p_0$의 검정통계량은 다음과 같다.

$$Z=\frac{\hat{p}-p_0}{\sqrt{p_0(1-p_0)/n}}$$

그러므로 유의수준 α일 때, 기각역은 다음과 같다.

1) $H_1 : p \neq p_0$인 경우, $Z \leq -z_{\alpha/2}$ 혹은 $Z \geq z_{\alpha/2}$
2) $H_1 : p > p_0$인 경우, $Z \geq z_\alpha$
3) $H_1 : p < p_0$인 경우, $Z \leq -z_\alpha$

표준화한 Z-값이 기각역에 포함되지 않으면 귀무가설을 채택하고 귀무가설의 기각역에 들어 있으면 귀무가설을 기각한다.

예제 11.5

보건복지부에서 최근 몇 년간 금연정책을 꾸준히 실시해 왔다. 보건복지부에서는 이제까지 실시해 온 금연정책의 결과 과연 흡연율이 금연정책 실시 이전보다 낮아졌는지 알아보고자 한다. 금연정책 실시 이전의 흡연율은 56%였다. 전국에서 200명을 추출하여 조사한 결과 94명이 흡연을 하는 것으로 조사되었다. 금연정책의 결과 과연 흡연율이 금연정책 실시 이전보다 감소하였는지 유의수준 α=0.05에서 검정하라.

풀이

n=200, X=94이므로 $\hat{p}$=94/200=0.47이다.

① $H_0 : p$=0.56 $H_1 : p$ <0.56

② α=0.05

③ 기각역 : $Z \leq -z_{0.05}=-1.64$

④ $s=\sqrt{\frac{0.56\times 0.44}{200}}$=0.035이므로,

$$Z=\frac{\hat{p}-p_0}{\sqrt{p_0(1-p_0)/n}}=\frac{0.47-0.56}{0.035}=-2.57$$

⑤ $Z=-2.57\leq-1.64$이므로 H_0를 기각한다. 결론적으로 보건복지부의 금연정책의 실시로 흡연율이 떨어졌다는 주장을 할 수 있다.

■ 엑셀2007을 이용한 모비율의 가설검정

예제 11.5를 엑셀을 이용하여 양측검정, 좌측검정 그리고 우측검정을 실행하여 본다. 표본비율(0.47), 가설비율(0.56), 표본수(200), 유의수준(0.05) 등을 각각 B1, B2, B3, B4 등에 차례로 입력하고 그 다음 셀에는 다음과 같이 수식을 입력한다.

표준오차	B5	=SQRT(B1*(1-B1)/B3)
검정통계량	B6	=(B1-B2)/B5
좌측검정한계	B7	=NORMSINV(0.05)
우측검정한계	B8	=NORMSINV(0.95)
양측검정(좌측)	B9	=NORMSINV(0.025)
양측검정(우측)	B10	=NORMSINV(0.975)
좌측검정판정	B11	=IF(B6<=B7,"채택","기각")
우측검정판정	B12	=IF(B6>=B10,"채택","기각")
양측검정판정	B13	=IF(OR(B6<=B9, B7>=B10),"채택","기각")

다음은 엑셀화면은 **예제 11.5**를 엑셀로 처리한 결과이다.

	A	B
1	표본비율	0.47
2	가설비율	0.56
3	표본수	200
4	유의수준	0.05
5	표준오차	0.03529
6	검정통계량	-2.550
7	좌측검정한계	-1.64
8	우측검정한계	1.64
9	양측검정(좌측)	-1.96
10	양측검정(우측)	1.96
11	좌측검정판정	채택
12	우측검정판정	기각
13	양측검정판정	채택

예제 11.6

평택전자의 세탁기는 시장점유율이 37% 정도였다. 평택전자는 시장점유율을 제고시키기 위해 국내 정상급의 가수를 등장시킨 TV광고를 6개월간 방영했다. 시장점유율이 상승했는지를 알아보기 위해 최근 세탁기를 구매한 소비자 240명을 조사한 결과 120명이 자사의 제품을 구매한 것으로 나타났다. 이 조사결과를 두고 과연 시장점유율이 상승했는지를 유의수준 $\alpha=0.05$에서 판정하라.

풀이 —

$n=240$, $X=120$이므로 $\hat{p}=120/240=0.5$

① $H_0: p=0.37$

$H_1: p>0.37$

② $\alpha=0.05$

③ 기각역 : $Z \geq z_{0.05}=1.64$

④ $s=\sqrt{\dfrac{0.37\times 0.63}{240}}=0.031$이므로

$$Z=\frac{\hat{p}-p_0}{\sqrt{p_0(1-p_0)/n}}=\frac{0.5-0.37}{0.031}=4.19$$

⑤ $Z=4.19\geq 1.64$이므로 귀무가설을 기각한다. 즉 평택전자 세탁기의 시장점유율이 증가했다고 주장할 수 있다.

예제 11.7

외환위기 이전 한국의 이혼율은 7% 정도라고 알려져 있었다. 그러나 외환위기 이후 많은 사람들은 경제상황이 어려워지면서 이혼율이 증가했다고 인식하고 있다. 한국대학교 경영학과의 한 연구팀은 실제로 이혼율이 증가했는지를 알아보기 위해 외환위기 이전까지 이혼경험이 없는 전국의 기혼자 중 200명을 랜덤하게 추출하여 조사한 결과 이 중 26명이 외환위기 이후 이혼한 것으로 조사되었다. 이러한 조사결과를 두고 과연 외환위기 이후 이혼율이 증가했는지를 $\alpha=0.01$에서 판정하라.

풀이 —

$n=200$, $X=26$이므로 $\hat{p}=26/200=0.13$

① $H_0: p=0.07$

$H_1: p>0.07$

② $\alpha=0.01$

③ 기각역 : $Z \geq z_{0.01} = 2.33$

④ $s = \sqrt{\dfrac{0.07 \times 0.93}{200}} = 0.018$이므로

$$Z = \frac{\hat{p} - p_0}{\sqrt{p_0(1-p_0)/n}} = \frac{0.13 - 0.07}{0.018} = 3.33$$

⑤ $Z = 3.33 \geq 2.33$이므로 귀무가설을 기각한다. 즉 외환위기 이후 한국의 이혼율은 유의적으로 증가했다고 할 수 있다.

11.3 두 모집단 비율차이의 추정과 가설검정(대표본인 경우)

1. 추 정

두 모집단 비율차이의 추정은 두 모집단의 모비율의 차이를 추정하는 것이다. 단일모집단 비율의 추정과 마찬가지로 두 모집단 비율차이의 추정 역시 표본비율차이의 분포에 기초한다. 두 모집단의 모비율이 각각 p_1, p_2라 하고, 표본의 크기가 각각 n_1, n_2인 표본을 추출하였다고 할 때, 두 모집단에서 추출한 표본비율의 차이 $\hat{p}_1 - \hat{p}_2$은 평균이 $p_1 - p_2$, 분산이 $\dfrac{p_1(1-p_1)}{n_1} + \dfrac{p_2(1-p_2)}{n_2}$ 인 정규분포를 근사적으로 따른다. 즉,

$$\hat{p}_1 - \hat{p}_2 \approx N\left(p_1 - p_2, \frac{p_1(1-p_1)}{n_1} + \frac{p_2(1-p_2)}{n_2}\right)$$

이를 표준화하면,

$$\frac{(\hat{p}_1 - \hat{p}_2) - (p_1 - p_2)}{\sqrt{\dfrac{p_1(1-p_1)}{n_1} + \dfrac{p_2(1-p_2)}{n_2}}} \approx N(0, 1)$$

그런데 두 모집단 비율차이의 추정에서는 두 모집단의 모비율 즉 p_1, p_2를

알지 못하기 때문에 p_1, p_2 대신 각각 $\hat{p}_1$, $\hat{p}_2$을 사용한다. 따라서 표본비율의 차이 $\hat{p}_1-\hat{p}_2$의 분포는 근사적으로 다음과 같은 정규분포를 따른다.

$$\frac{(\hat{p}_1-\hat{p}_2)-(p_1-p_2)}{\sqrt{\dfrac{\hat{p}_1(1-\hat{p}_1)}{n_1}+\dfrac{\hat{p}_2(1-\hat{p}_2)}{n_2}}} \approx N(0,\ 1)$$

두 모집단의 비율차이 p_1-p_2의 점추정량은 $\hat{p}_1-\hat{p}_2$이고 $\hat{p}_1-\hat{p}_2$의 표준편차 또는 표준오차는 다음과 같다.

$$\sigma = se(\hat{p}_1-\hat{p}_2) = \sqrt{\frac{p_1(1-p_1)}{n_1}+\frac{p_2(1-p_2)}{n_2}}$$

그리고 p_1, p_2를 알지 못하기 때문에 $\hat{p}_1$, $\hat{p}_2$을 사용하여 표준오차의 추정량(표본표준편차)을 구하면 다음과 같다.

$$s = \widehat{se}(\hat{p}_1-\hat{p}_2) = \sqrt{\frac{\hat{p}_1(1-\hat{p}_1)}{n_1}+\frac{\hat{p}_2(1-\hat{p}_2)}{n_2}}$$

예제 11.8

현 정부에 대한 지지도에 있어 A지역과 B지역의 지지율의 차이가 있는지를 알아보고자 한다. A지역에서 100명, B지역에서 100명을 랜덤하게 추출하여 각각의 표본비율을 조사한 바, A지역의 지지율이 75%, B지역의 지지율이 63%로 나타났다고 하자. A지역과 B지역의 지지율의 차이에 대한 점추정량을 구하라.

풀이 —

$\hat{p}_1-\hat{p}_2=0.75-0.63=0.12$

$s=\sqrt{\dfrac{0.75(1-0.75)}{100}+\dfrac{0.63(1-0.63)}{100}}=0.065$이므로

A지역과 B지역의 지지율의 차이에 대한 점추정량은 다음과 같다.

$$0.12 \pm 0.065$$

$p_1 - p_2$의 $100(1-\alpha)\%$ 신뢰구간은 다음과 같다.

> 대표본에서 두 모집단 비율차이 $p_1 - p_2$의 $100(1-\alpha)\%$ 신뢰구간 :
>
> $$(\hat{p}_1 - \hat{p}_2) \pm z_{\alpha/2}\sqrt{\frac{\hat{p}_1(1-\hat{p}_1)}{n_1} + \frac{\hat{p}_2(1-\hat{p}_2)}{n_2}}$$

예제 11.9

(예제 11.8 계속)

A지역과 B지역의 지지율의 차이에 대한 99% 신뢰구간을 구하라.

풀이 —

$\alpha=0.01$이므로 $z_{\alpha/2}=2.57$. 따라서 $p_1 - p_2$의 $100(1-\alpha)\%$ 신뢰구간은 다음과 같다.

$$0.12 \pm 2.57 \times 0.065 = 0.12 \pm 0.167 \text{ 또는 } (-0.047,\ 0.287)$$

예제 11.10

영남지방에서 250명, 호남지방에서 200명을 표본으로 추출하여 특정 음료에 대한 선호도를 조사하였다. 그 결과 영남지방에서는 165명, 호남지방에서는 100명이 특정 음료를 선호하는 것으로 나타났다. 특정 음료에 대한 두 지방의 선호도 차이에 대한 95% 신뢰구간을 추정하라.

풀이 —

	표본수	표부비율
영남지방	$n_1=250$	$\hat{p}_1=0.66(=165/250)$
호남지방	$n_2=200$	$\hat{p}_2=0.50(=100/200)$

$$s = \sqrt{\frac{0.66(1-0.66)}{250} + \frac{0.50(1-0.50)}{200}} = 0.046$$

$\alpha=0.05$이므로 $z_{\alpha/2}=1.96$. 따라서 $p_1 - p_2$의 $100(1-\alpha)\%$ 신뢰구간은 다음과 같다.

$$(0.66-0.50) \pm 1.96 \times 0.046 = 0.16 \pm 0.09 \text{ 또는 } (0.07,\ 0.25)$$

■ **엑셀2007을 이용한 모비율 차이의 신뢰구간 추정**

예제 11.10을 엑셀을 이용하여 신뢰구간을 추정하여 보자. 영남선호인 수(165), 호남선호인 수(100), 영남 표본수(250), 호남 표본수(200)를 각각 B2, C2, B3, C3에 차례로 입력하고 다음의 셀에는 다음과 같은 수식을 입력한다.

선호비율(영남)	B4	=B2/B3
선호비율(호남)	C4	=C2/C3
공통표준오차	B5	=SQRT(B4*(1-B4)/B3+C4*(1-C4)/C3)
$Z_{0.025}$	B6	=NORMSINV(0.975)
오차	B7	=B5*B6
최저값	B8	=B4-C4-B7
최고값	C8	=B4-C4+B7

다음은 엑셀화면은 **예제** 11.10을 엑셀로 처리한 결과이다.

	A	B	C
1		영남	호남
2	선호인 수	165	100
3	표본수	250	200
4	선호비율	0.66	0.50
5	공통표준오차	0.046	
6	$Z_{0.025}$	1.96	
7	오차	0.091	
8	신뢰구간	0.07	0.25

2. 가설검정

두 모집단의 비율차이가 존재하는가를 검정하는 가설검정을 생각해 보자. 이러한 경우에는 귀무가설이 다음과 같이 주어진다.

$$H_0 : p_1 = p_2$$

만약 이 귀무가설이 참이면, 즉 두 모집단의 비율차이가 존재하지 않으면,

$p_1 = p_2$이므로 두 모집단은 공통비율을 갖게 된다. 이 공통비율을 p_0이라고 표기하기로 하면 $p_1 = p_2 = p_0$이 성립한다. 두 모비율에 대한 가설검정을 하기 위해서는 공통비율 p_0을 먼저 추정해야 한다.

귀무가설 $H_0 : p_1 = p_2$가 참인 경우 $\hat{p}_1 - \hat{p}_2$의 평균과 분산은 다음과 같다.

$\hat{p}_1 - \hat{p}_2$의 평균 : $E(\hat{p}_1 - \hat{p}_2) = p_0 - p_0 = 0$

$\hat{p}_1 - \hat{p}_2$의 분산 :

$$\text{Var}(\hat{p}_1 - \hat{p}_2) = \frac{p_0(1-p_0)}{n_1} + \frac{p_0(1-p_0)}{n_2} = p_0(1-p_0)\left(\frac{1}{n_1} + \frac{1}{n_2}\right)$$

$\hat{p}_1 - \hat{p}_2$의 표준편차 : $\text{SD}(\hat{p}_1 - \hat{p}_2) = \sqrt{p_0(1-p_0)\left(\frac{1}{n_1} + \frac{1}{n_2}\right)}$

공통비율 p_0의 점추정량을 $\hat{p}_0$이라 표기하자. p_0의 가장 좋은 점추정량은 직관적으로 두 표본을 합쳐서 구한 비율일 것이다. 즉,

$$\hat{p}_0 = \frac{X_1 + X_2}{n_1 + n_2}$$

그러므로 $\hat{p}_1 - \hat{p}_2$의 표준편차의 추정량은 공식에서 p_0를 $\hat{p}_0$으로 대치하여 구하면 다음과 같다.

$\hat{p}_1 - \hat{p}_2$의 표준편차의 추정량 : $\widehat{\text{SD}}(\hat{p}_1 - \hat{p}_2) = \sqrt{\hat{p}_0(1-\hat{p}_0)\left(\frac{1}{n_1} + \frac{1}{n_2}\right)}$

따라서 표본비율의 차이 $\hat{p}_1 - \hat{p}_2$의 분포는 귀무가설 $H_0 : p_1 = p_2$가 참일 때, 근사적으로 다음과 같은 정규분포를 따른다.

$$\frac{\hat{p}_1 - \hat{p}_2}{\sqrt{\hat{p}_0(1-\hat{p}_0)\left(\frac{1}{n_1} + \frac{1}{n_2}\right)}} \approx N(0,\ 1)$$

그러므로 귀무가설 $H_0 : p_1 = p_2$의 검정통계량은 다음과 같다.

$$\frac{\hat{p}_1 - \hat{p}_2}{\sqrt{\hat{p}_0(1-\hat{p}_0)\left(\frac{1}{n_1}+\frac{1}{n_2}\right)}}$$

또한, 유의수준 α일 때, 기각역은 다음과 같다.

1) $H_1 : p_1 \neq p_2$인 경우, $Z \leq -z_{\alpha/2}$ 혹은 $Z \geq z_{\alpha/2}$
2) $H_1 : p_1 > p_2$인 경우, $Z \geq z_{\alpha}$
3) $H_1 : p_1 < p_2$인 경우, $Z \leq -z_{\alpha}$

표준화한 Z-값이 기각역에 포함되지 않으면 귀무가설을 채택하고 귀무가설의 기각역에 들어 있으면 귀무가설을 기각한다. 참고로 이 검정법은 $n_1\hat{p}_0$, $n_1(1-\hat{p}_0)$, $n_2\hat{p}_0$, $n_2(1-\hat{p}_0)$의 네 개 항이 모두 5 이상의 값을 가져야 한다.

예제 11.11

A시와 B시가 하나의 국회의원 선거구를 형성하고 있는 선거구에 A시 출신의 김선달 씨가 국회의원 후보로 나섰다. 김선달 씨는 자신에 대한 A시의 지지도가 B시보다 높을 것으로 예상하고, B시를 집중적으로 공략하여 지지도를 올려 A시와의 지지도 차이를 줄이면 승산이 있다고 판단하고 이에 따라 선거운동을 전개했다. 선거 종반 과연 두 시의 지지도 차이가 없어졌는가를 알아보기 위해 A시에서 300명, B시에서 300명의 유권자를 랜덤하게 추출하여 조사한 결과, A시에서는 141명, B시에서는 129명이 김선달 씨를 지지한 것으로 나타났다. 과연 지지도의 차이가 없는지를 $\alpha=0.05$에서 검정하여라.

풀이 —

표본비율차이 : $\hat{p}_1 - \hat{p}_2 = \frac{141}{300} - \frac{129}{300} = 0.47 - 0.43 = 0.04$

공통비율의 추정값 : $\hat{p}_0 = \frac{141+129}{300+300} = 0.45$

$$\widehat{\text{SD}}(\hat{p}_1 - \hat{p}_2) = \sqrt{0.45(1-0.45)\left(\frac{1}{300}+\frac{1}{300}\right)} = 0.04$$

① $H_0 : p_1 = p_2$ $\qquad H_1 : p_1 > p_2$

② $\alpha = 0.05$

③ 기각역 : $Z \geq z_{0.05} = 1.64$

④ $Z = \dfrac{\hat{p}_1 - \hat{p}_2}{\sqrt{\hat{p}_0(1-\hat{p}_0)\left(\dfrac{1}{n_1}+\dfrac{1}{n_2}\right)}} = \dfrac{0.04}{0.04} = 1$

⑤ $Z=1<1.64$이므로 H_0를 기각할 수 없다. 즉 김선달 씨에 대한 A시의 지지도와 B시의 지지도 차이가 없어졌다고 할 수 있다.

■ 엑셀2007을 이용한 모비율 차이의 가설검정

예제 11.11을 엑셀을 이용하여 양측검정, 좌측검정 그리고 우측검정을 실행하여 본다. A시 지지자 수(141), B시 지지자 수(129), A시 표본수(300), B시 표본수(300), 유의수준(0.05), 비율차이가설(0)을 B2, C2, B3, C3, B4, B5에 차례로 입력하고 그 밖의 셀은 다음과 같은 수식을 입력한다.

공통비율	B6	=(B2+C2)/(B3+C3)
공통표준오차	B7	=SQRT(B6*(1-B6)*(1/B3+1/C3))
A시 표본비율	B8	=B2/B3
B시 표본비율	C8	=C2/C3
검정통계량	B9	=(B8-C8)/B7
좌측검정한계	B10	=NORMSINV(0.05)
우측검정한계	B11	=NORMSINV(0.95)
양측검정(좌측)	B12	=NORMSINV(0.025)
양측검정(우측)	C12	=NORMSINV(0.975)
좌측검정판정	B13	=IF(B9<=B10,"채택","기각")
우측검정판정	B14	=IF(B9>=B11,"채택","기각")
양측검정판정	B15	=IF(OR(B9<=B12,B9>=C12),"채택","기각")

다음의 엑셀화면은 **예제** 11.11의 처리결과를 나타낸 것이다. 판정은 대립가설의 채택여부이다.

	A	B	C
1		A시	B시
2	지지자 수	141	129
3	표본수	300	300
4	유의수준	0.05	
5	비율차이가설	0	
6	공통비율	0.45	
7	공통표준오차	0.04	
8	표본비율	0.47	0.43
9	검정통계량	1.0	
10	좌측검정한계	-1.64	
11	우측검정한계	1.64	
12	양측검정	-1.96	1.96
13	좌측검정판정	기각	
14	우측검정판정	기각	
15	양측검정판정	기각	

예제 11.12

발모제 A는 현재까지 알려진 발모제 중 가장 효능이 높은 것으로 알려져 있다. 최근 강남제약에서는 발모제 A보다 효능이 큰 발모제 B를 개발하였다고 주장한다. 이러한 주장을 검증하기 위해 강남제약에서는 발모제 A를 사용한 사람 300명 그리고 발모제 B를 사용한 사람 250명을 랜덤하게 추출하여 조사한 결과, 각각 204명 그리고 200명이 약효를 본 것으로 조사되었다. 이 결과를 두고 과연 발모제 B가 발모제 A보다 효능이 높다고 주장할 수 있는가를 $\alpha=0.01$에서 검정하라.

풀이 —

발모제 A의 표본비율 : $\hat{p}_1=\dfrac{204}{300}=0.68$

발모제 B의 표본비율 : $\hat{p}_2=\dfrac{200}{250}=0.80$

표본비율차이 : $\hat{p}_1-\hat{p}_2=0.68-0.80=-0.12$

공통비율의 추정값 : $\hat{p}_0=\dfrac{204+200}{300+250}=0.73$

$$\widehat{\mathrm{SD}}\,(\hat{p}_1-\hat{p}_2)=\sqrt{0.73(1-0.73)\left(\frac{1}{300}+\frac{1}{250}\right)}=0.038$$

① $H_0 : p_1=p_2 \qquad H_1 : p_1<p_2$

② $\alpha=0.01$

③ 기각역 : $Z\le -z_{0.01}=-2.33$

④ $Z=\dfrac{\hat{p}_1-\hat{p}_2}{\sqrt{\hat{p}_0(1-\hat{p}_0)\left(\dfrac{1}{n_1}+\dfrac{1}{n_2}\right)}}=\dfrac{-0.12}{0.038}=-3.16$

⑤ $Z=-3.16\leq-2.33$이므로 H_0를 기각할 수 있다. 즉 발모제 B가 발모제 A보다 효능이 높다고 주장할 수 있다.

연습문제

1. 수도권의 한 도시에 시장으로 출마한 김보통 후보는 선거 초반 자신의 지지도를 랜덤하게 선택된 유권자 150명을 대상으로 조사한 바 그중 48명이 김보통 후보를 지지하는 것으로 나타났다. 김보통 후보에 대한 유권자의 지지도에 대한 95% 신뢰구간과 99% 신뢰구간을 추정하라.

2. 풍년농약(주)에서는 기존의 살충제보다 훨씬 살충효과가 높은 새로운 살충제를 개발하였다고 발표하였다. 농민단체는 이 살충제의 살충효과를 추정하기 위해 200마리의 해충에 이 약을 살포하는 실험을 한 바 150마리가 죽은 것을 확인하였다. 살충효과에 대한 95% 신뢰구간을 추정하라.

3. 대통령 선거에 출마하기 위해 최근 집권당을 탈당한 L후보에 대한 지지도를 조사하기 위해, 300명의 유권자를 랜덤하게 추출하여 조사한 결과 102명이 L후보를 지지하는 것으로 나타났다. L후보 지지도에 대한 신뢰구간을 95%의 신뢰도로서 추정하라.

4. 대서양 로펌에서는 사형제도 철폐에 관한 여론조사를 1990년과 2000년에 실시한 바 그 결과는 다음과 같았다. 즉 1990년에는 전체 300명을 대상으로 조사한 결과 125명이 사형제도 철폐에 찬성하였으며, 2000년에는 전체 250명 중 118명이 사형제도 철폐에 찬성한 것으로 나타났다. 다음 물음에 답하여라.

   (1) 1990년의 찬성비율에 대한 95% 신뢰구간을 구하라.
   (2) 2000년의 찬성비율에 대한 95% 신뢰구간을 구하라.
   (3) 위의 두 비율 차이에 대한 95% 신뢰구간을 구하라.

5. 대전전자에서 자사 가전제품에 대한 선호도를 알아보기 위해 250명의 소비자를 대상으로 조사를 한 바 250명 중 63명이 자사의 제품을 선호하는 것으로 나타났다. 이 회사의 제품을 선호하는 모집단 비율에 대한 90%의 신뢰구간을 설정하라.

6. 건설교통부는 며칠 전 발표된 부동산 안정화 대책에 대한 찬반 조사를 도시지역과 농촌지역으로 구분하여 실시하였다. 도시지역에서 200명, 농촌지역에서 150명을 랜덤하게 추출하여 찬반을 조사하였더니 대도시에서는 120명 그리고 중소도시에서는 78명이 찬성하는 것으로 나타났다. 다음 물음에 답하여라.

   (1) 도시지역에서의 부동산 안정화 대책에 대한 찬성률의 95% 신뢰구간을 계산하라.
   (2) 농촌지역에서의 부동산 안정화 대책에 대한 찬성률의 95% 신뢰구간을 계산하라.

(3) 위의 두 비율 차이에 대한 95% 신뢰구간을 계산하라.

7. 서울과 부산에서 각각 200명을 랜덤하게 뽑아 A회사의 맥주와 B회사의 맥주 중 어느 상품을 더 선호하는가를 알아보았더니 서울에서는 150명, 부산에서는 100명이 A회사 맥주를 더 좋아했다. A회사의 맥주에 대한 서울과 부산 지역의 선호비율의 차이에 대해 90% 신뢰구간을 추정하라.

8. 신용카드회사의 신용카드 남발로 대학생의 신용불량률이 사회문제화되고 있다. 한강대학교 총학생회는 서울소재 대학생의 신용불량률을 조사하기 위해 랜덤하게 380명을 추출하여 조사하였더니 그 중 신용불량자가 13명인 것으로 나타났다. 서울소재 대학생의 신용불량자 비율에 대한 95%의 신뢰구간을 추정하라.

9. (주)백마건설은 정기적으로 안전교육을 실시하고 있다. 안전교육의 내용은 전반부에는 건설과정에서 발생할 수 있는 각종 사고를 비디오로 상영하고 후반부에는 건설안전분야의 권위자들의 강연을 듣는 것으로 되어 있다. 최근 기획관리실에서 종업원 안전교육의 필요성은 인정하지만 이러한 내용의 교육은 효과가 별로 없을 것이라고 하면서 교육내용을 개선하자는 의견을 내놓았다. 이 의견을 보고받은 대표이사는 과연 교육효과가 없는 것인가를 먼저 조사하라고 지시를 하였다. 대표이사의 이러한 지시에 따라 기획관리실은 다음과 같이 조사하였다. 종업원 300명을 대상으로 100명은 안전교육을 받지 않고 현장에 투입하고 200명은 안전교육을 받게 하고 현장에 투입한 결과 안전교육을 받은 종업원의 사고율은 12%이고 안전교육을 받지 않은 종업원의 사고율은 14%이었다. 기획관리실의 주장이 옳은가를 유의수준 5%에서 검정하라.

10. 쾌적한 자연환경을 유지하고 있는 수도권의 한 신도시는 노인가구를 위한 실버타운을 조성하고자 한다. 실버타운의 규모는 전체 가구에 대한 노인가구 비율에 근거해서 결정되었는데 당국에서 추정하고 있는 노인가구 비율은 18%이다. 시 당국이 추정하고 있는 노인가구 비율이 맞는지를 알아보기 위해 이 도시에서 400가구를 랜덤하게 추출하여 조사한 결과 88가구가 노인가구였다. 당국의 추정이 옳은지 유의수준 5%에서 검정하라.

11. 금강대학교에서는 일반적으로 여학생의 도서관 이용률이 남학생의 도시관 이용률보다 높은 것으로 알려져 있다. 금강대학교 총학생회는 이를 확인하기 위해 지난 1주일 동안의 도서관 이용자를 조사한 바 일일 평균이용자는 다음과 같았다. 과연 여학생의 도서관 이용률이 남학생의 도서관 이용률보다 높은가를 5% 유의수준으로 판정하라.

구 분	학생 수	일일 평균이용자
여학생	2,200명	1,432명
남학생	4,500명	1,982명

12. 교육부 통계에 의하면 1995년 이전까지 고교생의 32%가 안경을 착용하고 있다고 하였다. 그런데 교육계 일각에서는 1995년 이후 컴퓨터 보급률이 급격히 증가함에 따라 안경착용률도 증가했다고 주장하고 있다. 교육부는 이를 검증하기 위해 전국의 고교생 중 1,200명을 랜덤하게 추출하여 조사한 결과 444명이 안경을 착용한 것으로 나타났다. 안경착용률이 증가했다는 가설을 유의수준 5%에서 검정하라.

13. 출산율에 있어 전통적으로 서민층이 부유층보다 출산율이 높은 것으로 알려져 있다. 그 이유는 서민층은 상대적으로 피임에 대한 지식 및 도구가 적기 때문이라고 한다. 그러나 요즘은 피임약과 피임지식의 보급으로 그러한 문제가 해결되었으며 오히려 생활수준이 나은 부유층의 출산율이 서민층의 출산율보다 높다고 주장하는 여성단체가 있다. 이 단체는 이를 입증하기 위해 전국을 대상으로 서민층 가정 200가구, 부유층 가정 120가구를 랜덤하게 추출하여 자녀가 3명 이상인 가정을 조사한 결과 서민층이 38가구, 부유층이 28가구로 나타났다. 1%의 유의수준으로 이 여성단체의 주장이 옳은가를 검정하라.

14. 백두전자의 최근 중역회의에서는 경쟁사인 한라전자에 비해 상대적으로 시장점유율이 낮은 것에 대한 대책회의를 열었다. 마케팅담당 이사는 자사 제품의 품질은 경쟁사인 한라전자 제품의 품질과 동일한데도 불구하고 시장점유율이 경쟁사에 비해 상대적으로 낮은 이유는 자사에 대한 소비자의 호감도가 35%로서 너무 낮기 때문이라고 주장하고 있다. 따라서 금년도 광고비를 대폭 인상해 줄 것을 요구하고 있다. 이에 대해 생산담당 이사는 자사의 호감도는 35%보다 훨씬 높기 때문에 호감도의 문제는 아니라고 하며 오히려 제품의 품질을 개선해야 한다고 하면서 연구개발비를 증액해 줄 것을 요구하고 있다. 두 이사는 각각 자기의 주장을 굽히지 않고 있어 재무담당 이사가 중재에 나서면서 인지도 조사를 제의했다. 인지도 조사를 해서 만약 인지도가 35%보다 큰 것으로 나타나면 생산담당 이사의 주장을 받아들이기로 했다. 전국의 소비자 350명을 대상으로 조사한 바 그중 147명이 백두전자에 대해 호감을 가지고 있는 것으로 나타났다. 마케팅담당 이사의 주장이 옳은가를 유의수준 1%에서 검정하라.

15. 백두대학교 경영학부에서는 평소 학점이 후하다고 소문난 김 교수와 깐깐하다고 소문난 이 교수가 올해 처음으로 1학년 과목인 경영학원론을 강의하게 되었다. 올해 입학한 신입생들은 이러한 소문을 듣고 모두 김 교수의 강좌에 수강신청을 하려고 한다. 수강신청이 한쪽으로 몰리자 수강신청을 지도하는 1학년 지도교수는 조교에게 최근 2년간 두 교수의 강의를 수강한 학생들 중 F학점 취득자의 수를 조사하여 보고하라는 지시를 내렸더니 다음과 같은 결과를 보고받았다.

	학생 수	F학점
김 교수	150	22
이 교수	90	14

F학점만을 가지고 판단할 경우 과연 김 교수한테 수강신청을 하는 것이 유리한지를 유의수준 1%에서 검정하라.

16. 진통제를 경쟁적으로 생산하고 있는 반도제약과 대륙제약은 자사의 진통제가 24시간 이상 진통효과가 상대방 회사의 제품보다 우수하다고 주장하고 있다. 한강대학 약학과 학생들은 어느 회사의 진통제가 24시간 이상 진통효과가 더 있는가를 알아보기 위해 반도제약의 진통제를 120명의 환자에게 그리고 대륙제약의 진통제를 150명의 환자에게 복용시킨 후 24시간 이상 진통효과가 있는 환자를 조사하여 다음과 같은 결과를 얻었다.

	반도제약	대륙제약
24시간 이상 진통	48	64
24시간 이하 진통	72	86

(1) 두 회사 진통제의 24시간 진통효과의 차이에 대한 95% 신뢰구간을 구하라.

(2) 두 회사 진통제의 24시간 이상 진통효과가 동일하다고 주장할 수 있는가를 유의수준 5%에서 검정하라.

제 12장

모분산에 대한 추정과 가설검정

12.1 서 론

모분산은 모평균과 함께 모집단을 설명하는 중요한 특성 중의 하나다. 우리가 모집단에 대해 구간추정과 가설검정을 하는 이유는 모집단이 지니고 있는 특성을 추정하거나 혹은 확인하여 모집단을 이해하기 위함이다. 모집단을 이해하는 데 있어 모평균만으로 불충분하다. 예를 들어 우리에게 잘 알려져 있지 않은 중동의 조그만 산유국이 있다고 하자. 이 나라를 이해하기 위해서는 우선 1인당 국민소득이 얼마냐는 것을 알고자 할 것이다. 1인당 국민소득이 스위스와 비슷하다는 사실을 알았다면 우리는 그 나라를 생각하면서 스위스를 연상할 것이다. 그러나 빈부격차 즉 소득의 분산을 알아보니까 스위스와는 비교가 안될 정도로 빈부격차가 크다는 사실을 추가적으로 알았다면 생각은 매우 달라질 것이다. 모분산에 대한 구간추정 및 가설검정은 모평균에 대한 구간추정 및 가설검정 못지않게 모집단을 이해하는 데 중요한 도구이다.

12.2 정규모집단의 모분산의 추정

모집단의 평균이 μ이고 분산이 σ^2인 정규분포로부터 n개의 랜덤표본 $X_1, X_2, \cdots, X_n$을 추출하는 경우에 모분산에 대한 추정과 가설검정 역시 표본분산을 이용한다. 표본분산의 정의는 7.6절에서 배운 바와 같이

$$s^2 = \frac{1}{n-1}\sum_{i=1}^{n}(X_i - \overline{X})^2$$

그리고 표본분산과 관련된 분포는 자유도가 $n-1$인 χ^2-분포이다. 즉,

$$\frac{\sum_{i=1}^{n}(X_i - \overline{X})^2}{\sigma^2} = \frac{(n-1)s^2}{\sigma^2} \sim \chi^2(n-1)$$

그림 12.1
χ^2-분포의 좌우 한계값

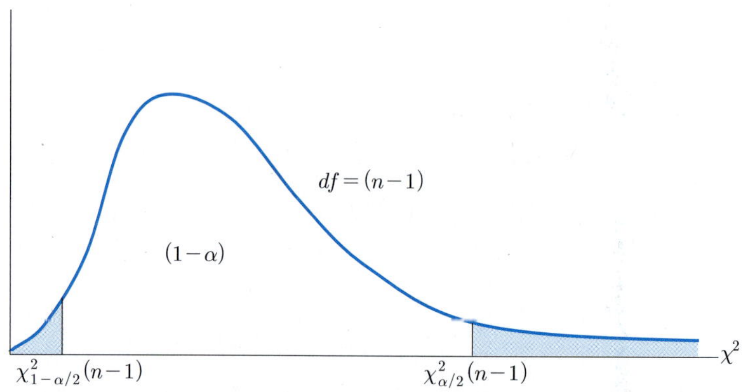

χ^2-분포는 정규분포와 달리 비대칭분포이나 χ^2-분포를 이용하여 모분산에 대한 $100(1-\alpha)\%$ 신뢰구간을 추정할 때에도 정규분포나 t-분포에서 그랬던 것처럼 양쪽 꼬리부분의 확률이 각각 $\alpha/2$로 서로 같아지도록 자른다. [그림 12.1]에서 보듯이 왼쪽 빗금친 부분의 확률이 $\alpha/2$이고 오른쪽 빗금친 부분의 확률이 $\alpha/2$가 되도록 한다. 이를 확률식으로 표현하면 다음과 같다.

$$P\left(\chi^2_{1-\alpha/2}(n-1) < \frac{(n-1)s^2}{\sigma^2} < \chi^2_{\alpha/2}(n-1)\right) = 1-\alpha$$

이 확률식을 변형하면,

$$P\left(\frac{(n-1)s^2}{\chi^2_{\alpha/2}(n-1)} < \sigma^2 < \frac{(n-1)s^2}{\chi^2_{1-\alpha/2}(n-1)}\right) = 1-\alpha$$

따라서 모분산 σ^2에 대한 $100(1-\alpha)\%$ 신뢰구간은 다음과 같다.

정규모집단에서 모분산 σ^2에 대한 $100(1-\alpha)\%$ 신뢰구간 :

$$\left(\frac{(n-1)s^2}{\chi^2_{\alpha/2}(n-1)},\ \frac{(n-1)s^2}{\chi^2_{1-\alpha/2}(n-1)}\right)$$

정규모집단에서 모표준편차 σ에 대한 $100(1-\alpha)\%$ 신뢰구간 :

$$\left(\frac{s\sqrt{n-1}}{\sqrt{\chi^2_{\alpha/2}(n-1)}},\ \frac{s\sqrt{n-1}}{\sqrt{\chi^2_{1-\alpha/2}(n-1)}}\right)$$

예제 12.1

울산전자는 노트북 케이스를 생산하여 대기업으로 납품하는 회사이다. 생산된 컴퓨터 케이스 16개를 랜덤하게 추출하여 검사한 결과 평균이 250g, 표본분산이 20g이라는 사실을 알았다. 울산전자에서 생산되는 컴퓨터 케이스의 분산에 대한 90% 신뢰구간을 구하라. 또한 95%, 99% 신뢰구간을 계산하라.

풀이 ―

① 모분산 σ^2의 90% 신뢰구간

$s^2=20$, 자유도 : $(16-1)=15$

$\alpha=0.10$이므로 $\chi^2_{0.05}(15)=24.9958$, $\chi^2_{0.95}(15)=7.2609$

따라서 모분산 σ^2의 90% 신뢰구간은 다음과 같다.

$$\left(\frac{15\times20}{24.9958}, \frac{15\times20}{7.2609}\right)=(12.002,\ 41.317)$$

② 모분산 σ^2의 95% 신뢰구간

$\alpha=0.05$이므로 $\chi^2_{0.025}(15)=27.4884$, $\chi^2_{0.975}(15)=6.2621$

따라서 모분산 σ^2의 95% 신뢰구간은 다음과 같다.

$$\left(\frac{15\times 20}{27.4884}, \frac{15\times 20}{6.2621}\right)=(10.924,\ 47.907)$$

③ 모분산 σ^2의 99% 신뢰구간

$\alpha=0.01$이므로 $\chi^2_{0.005}(15)=32.8013$, $\chi^2_{0.995}(15)=4.6009$

따라서 모분산 σ^2의 99% 신뢰구간은 다음과 같다.

$$\left(\frac{15\times 20}{32.8013}, \frac{15\times 20}{4.6009}\right)=(9.1460,\ 65.2046)$$

신뢰수준이 높아질수록 신뢰구간의 길이가 길어짐을 알 수 있다.

■ **엑셀2007을 이용한 모분산의 신뢰구간 추정**

예제 12.1의 90% 신뢰구간을 엑셀을 이용하여 추정하여 보자. 표분분산(20), 표본수(16), 유의수준(0.10)을 B1, B2, B3에 각각 입력하고 그 밖의 셀은 다음과 같은 수식을 입력한다. CHIINV는 χ^2-분포에 대한 역함수로서 누적확률 및 자유도를 입력하면 χ^2-값을 제공한다.

χ^2-값(좌측한계)	B4	=CHIINV(0.05,15)
χ^2-값(우측한계)	C4	=CHIINV(0.95,15)
신뢰구간(최소값)	B5	=(B2-1)*B1/B4
신뢰구간(최대값)	C5	=(B2-1)*B1/C4

다음의 엑셀화면은 **예제** 12.1을 이와 같은 과정을 거쳐 실행한 결과이다.

	A	B	C
1	표본분산	20	
2	표본수	16	
3	유의수준	0.10	
4	X2-값	24.9958	7.2609
5	신뢰구간	12.002	41.317

12.3 모분산의 검정

1. 단일 정규모집단의 분산에 대한 검정

모분산에 대한 가설검정의 기본원리는 모평균에 대한 가설검정의 개념과 동일하다. 모분산을 검정하기 위하여 표본분산을 이용한다. 귀무가설 $H_0 : \sigma^2 = \sigma_0^2$ 이 참일 때,

$$\frac{(n-1)s^2}{\sigma_0^2} \sim \chi^2(n-1)$$

따라서 귀무가설이 $H_0 : \sigma^2 = \sigma_0^2$ 경우의 검정통계량은

$$\chi^2 = \frac{(n-1)s^2}{\sigma_0^2}$$

이며, 유의수준 α일 때, 기각역은 다음과 같이 주어진다.

1) $H_1 : \sigma^2 \neq \sigma_0^2$인 경우, $\chi^2 \leq \chi^2_{1-\alpha/2}(n-1)$이거나 $\chi^2 \geq \chi^2_{\alpha/2}(n-1)$
2) $H_1 : \sigma^2 > \sigma_0^2$인 경우, $\chi^2 \geq \chi^2_{\alpha}(n-1)$
3) $H_1 : \sigma^2 < \sigma_0^2$인 경우, $\chi^2 \leq \chi^2_{1-\alpha}(n-1)$

예제 12.2

금성화학은 치약을 생산하는 업체이다. 금성화학은 자사의 치약 중량의 분산이 5g이라고 주장하고 있다. 금성화학은 이러한 주장을 검정하기 위해 랜덤하게 19개의 표본을 추출하여 조사한 결과 표본분산이 8g이었다. 이러한 결과를 놓고 과연 금성화학의 주장이 옳은지를 5%의 유의수준에서 검정하라.

풀이 ─

① 가설의 설정

$H_0 : \sigma^2 = 5 \qquad H_1 : \sigma^2 \neq 5$

② 유의수준의 설정

$\alpha=0.05$

③ 귀무가설의 기각역 설정

$\chi^2_{0.975}(18)=8.23$, $\chi^2_{0.025}(18)=31.53$이므로 기각역은

$\chi^2 \le 8.23$ 또는 $\chi^2 \ge 31.53$이다.

④ 검정통계량 계산

$$\chi^2=\frac{(n-1)s^2}{\sigma^2}=\frac{(19-1)\times 8}{5}=28.8$$

⑤ 결론 : $\chi^2=28.8$은 귀무가설 H_0의 기각역에 포함되지 않으므로 귀무가설을 기각할 수 없다. 즉 금성화학의 주장이 옳다.

■ 엑셀2007을 이용한 모분산의 가설검정

예제 12.2를 엑셀을 이용하여 검정하여 보자. 표본분산(8), 가설(5), 표본수(19), 유의수준(0.05)을 차례로 B1, B2, B3, B4에 입력하고 그 밖의 셀은 다음과 같은 수식을 입력한다.

검정통계량	B5	=(B3-1)*B1/B2
임계치(좌측)	B6	=CHIINV(0.975,18)
임계치(우측)	C6	=CHIINV(0.025,18)
판정	B7	=IF(OR(B5<=B6,B5>=C6),"채택","기각")

다음의 엑셀화면은 **예제 12.2**를 이와 같은 과정을 거쳐 검정한 결과이다.

	A	B	C
1	표본분산	8	
2	가설	5	
3	표본수	19	
4	유의수준	0.05	
5	검정통계량	28.8	
6	임계치	8.23	31.53
7	판정	기각	

예제 12.3

전주공업사는 정밀 베어링을 생산하는 업체다. 최근 광주공업사로부터 베어링 10만개를 주문받아 생산을 완료하였다. 당초 광주공업사와의 계약조건에는 베어링 지름의 분산이 2mm이어야 하며 만약 이 계약조건을 충족시키지 못할 경우 베어링을 반품하겠다는 내용이 있었다. 광주공업사의 구매담당자는 이러한 계약사항을 이행하였는가를 검사하기 위해 생산된 베어링 중 20개를 랜덤하게 추출하여 측정한 결과 분산이 4mm라는 것을 알았다. 광주공업사는 베어링을 반품해야 하는지 10%의 유의수준에서 검정하라.

풀이 —

① 가설의 설정

$H_0 : \sigma^2 = 2 \qquad H_1 : \sigma^2 > 2$

② 유의수준의 설정

$\alpha = 0.10$

③ 귀무가설 기각역 설정

$\chi^2_{0.1}(19) = 27.2$이므로 기각역은 $\chi^2 \geq 27.2$이다.

④ 검정통계량 계산

$$\chi^2 = \frac{(n-1)s^2}{\sigma^2} = \frac{(20-1)\times 4}{2} = 38$$

⑤ 결론 : $\chi^2 = 38$은 귀무가설의 기각역에 포함되므로 귀무가설을 기각한다. 즉 전주공업사가 납품한 베어링을 반품해야 한다.

2. 두 정규모집단의 분산에 대한 검정

두 모집단의 평균의 차이를 검정하는 데 있어 두 모집단의 분산이 알려져 있지 않은 경우에는 두 모집단의 분산이 일치한다는 가정이 있어야 가설검정이 가능하다. 만약 두 모집단의 분산이 일치하지 않는다면 두 모집단의 평균의 차이를 검정할 수 없다. 따라서 두 모집단 평균의 차이를 검정하기에 앞서 두 모집단의 분산이 일치한다는 검정이 선행되어야 한다. 이러한 경우가 아니더라도 두 모집단 분산의 일치성을 검정하는 경우가 많다. 예를 들어 수학능력시험을 출제하는 데 있어 선택과목의 경우 과목간의 평균점수는 물론 분산도 유사해야 한다. 독일어의 평균점수와 불어의 평균점수가 일치한다 하더라도 분산이 현저하게 차이가 나면 공정한 시험이 될 수 없기 때문이다.

(1) 두 모분산의 비에 대한 추정

7.6절에서 배운 바와 같이 V_1과 V_2가 서로 독립이고 각각의 자유도가 k_1, k_2인 χ^2-분포를 따를 때, 확률변수

$$F = \frac{V_1/k_1}{V_2/k_2}$$

는 자유도 (k_1, k_2)인 F-분포를 따른다. 이 F-분포를 이용하여 두 모집단의 분산이 동일한지를 검정한다.

그런데 두 모평균 μ_1, μ_2를 비교할 때에는 $\mu_1 = \mu_2$인지를 확인하기 위하여 $\mu_1 - \mu_2$의 추정량 $\overline{X} - \overline{Y}$의 표본분포를 고려하여 통계추론방법을 추론하였다. 두 모집단의 모비율에 관한 추론을 할 때에도 유사하게 추론을 하였다. 그러나 두 모분산을 비교할 때에는 이와 다르게 두 모분산의 비(ratio), 즉

$$\frac{\sigma_1^2}{\sigma_2^2} = 1$$

인지를 확인하는 추론방법을 이용한다. 즉, 두 모분산의 값이 비슷하면, 두 모분산의 비가 1에 가까울 것이며, 두 모분산의 값이 서로 다르면, 두 모분산의 비가 1보다 상당히 크거나 또는 1보다 훨씬 작을 것이다. 이러한 사실을 이용하여 통계추론을 실시한다. 두 모분산을 비교할 때에는 다음과 같은 가정이 필요하다.

(1) 모집단 1은 정규분포 $N(\mu_1, \sigma^2)$을 따른다. 즉, $X_1, X_2, \cdots, X_{n_1}$은 $N(\mu_1, \sigma^2)$으로부터의 랜덤표본이다.
(2) 모집단 2는 정규분포 $N(\mu_2, \sigma^2)$을 따른다. 즉, $Y_1, Y_2, \cdots, Y_{n_2}$는 $N(\mu_2, \sigma^2)$으로부터의 랜덤표본이다.
(3) $X_1, X_2, \cdots, X_{n_1}$과 $Y_1, Y_2, \cdots, Y_{n_2}$는 서로 독립이다.

모분산의 자연스러운 추정량이 표본분산인 것처럼 두 모분산의 비에 대한 직관적인 추정량은 두 표본분산의 비일 것이다. 즉,

$$\frac{s_1^2}{s_2^2}$$

따라서 두 모분산의 비 σ_1^2/σ_2^2에 대한 추정을 하기 위해서는 두 표본분산의 비 s_1^2/s_2^2의 표본분포를 알아야 한다. 두 모분산의 비와 관련있는 분포가 바로 F-분포이다. 즉,

$$F = \frac{s_1^2/\sigma_1^2}{s_2^2/\sigma_2^2} \sim F(n_1-1,\, n_2-1)$$

이를 이용하여 두 모분산의 비 σ_1^2/σ_2^2에 대한 $100(1-\alpha)\%$ 신뢰구간은 다음 확률식을 고려하여 유도할 수 있다.

$$P\left(F_{1-\alpha/2}(n_1-1,\, n_2-1) < \frac{s_1^2/\sigma_1^2}{s_2^2/\sigma_2^2} < F_{\alpha/2}(n_1-1,\, n_2-1)\right) = 1-\alpha$$

이 확률식을 정리하면,

$$P\left(\frac{s_1^2}{s_2^2}\frac{1}{F_{\alpha/2}(n_1-1,\, n_2-1)} < \frac{\sigma_1^2}{\sigma_2^2} < \frac{s_1^2}{s_2^2}\frac{1}{F_{1-\alpha/2}(n_1-1,\, n_2-1)}\right) = 1-\alpha$$

따라서 두 모분산의 비 σ_1^2/σ_2^2에 대한 $100(1-\alpha)\%$ 신뢰구간은 다음과 같다. 즉,

$$\left(\frac{s_1^2}{s_2^2}\frac{1}{F_{\alpha/2}(n_1-1,\, n_2-1)},\ \frac{s_1^2}{s_2^2}\frac{1}{F_{1-\alpha/2}(n_1-1,\, n_2-1)}\right)$$

그런데 7.6절에서 배운 바와 같이

$$\frac{1}{F_{1-\alpha/2}(n_1-1,\, n_2-1)} = F_{\alpha/2}(n_2-1,\, n_1-1)$$

이므로 두 모분산의 비 σ_1^2/σ_2^2에 대한 100(1−α)% 신뢰구간은 다음과 같이 표현할 수도 있다.

> 두 모분산의 비 σ_1^2/σ_2^2에 대한 $100(1-\alpha)\%$ 신뢰구간 :
>
> $$\left(\frac{s_1^2}{s_2^2}\frac{1}{F_{\alpha/2}(n_1-1,\, n_2-1)},\ \frac{s_1^2}{s_2^2}F_{\alpha/2}(n_2-1,\, n_1-1)\right)$$

예제 12.4

서울전자의 냉장고와 부산전자의 냉장고를 비교하여 볼 때, 평균내용연수는 유사한 것으로 알려져 있으나 분산에 대해서는 알려진 바가 없다. 서울전자의 냉장고 21대 그리고 부산전자의 냉장고 16대를 랜덤하게 추출하여 조사했더니 서울전자의 냉장고의 분산이 3.6년 그리고 부산전자는 1.2년으로 나타났다. 90%의 신뢰도로서 두 냉장고의 분산의 비에 대한 100(1−α)% 신뢰구간을 추정하라.

풀이 —

서울냉장고 : $s_1^2=3.6$ $n_1=21$

부산냉장고 : $s_2^2=1.2$ $n_2=16$

$$\frac{s_1^2}{s_2^2}=\frac{3.6}{1.2}=3,\ \frac{1}{F_{\alpha/2}(n_1-1,\, n_2-1)}=\frac{1}{2.33}=0.43,$$

$F_{\alpha/2}(n_2-1,\ n_1-1)=2.20$이므로

σ_1^2/σ_2^2에 대한 100(1−α)% 신뢰구간은 다음과 같다.

$$(3\times 0.43,\ 3\times 2.20)=(1.29,\ 6.6)$$

■ 엑셀2007을 이용한 모분산 비의 신뢰구간 추정

예제 12.4를 엑셀을 이용하여 추정하여 보자. 서울전자 표본분산(3.6), 부산전자 표본분산(1.2), 서울전자 표본수(21), 부산전자 표본수(16), 유의수준(0.10) 등을 각각 B2, C2, B3, C3, B4 등에 입력하고 그 밖의 셀은 다음과 같은 수식을 입력한다.

표본비율	B5	=B2/C2
F-값(좌측)	B6	=1/FINV(0.05,B3-1,C3-1)
F-값(우측)	C6	=FINV(0.05,C3-1,B3-1)
신뢰구간(좌측)	B7	=B5*B6
신뢰구간(우측)	C7	=B5*C6

위에서 B6는 FINV(0.95,C3-1,B3-1)로 해도 마찬가지다. 엑셀을 사용하지 않는 경우에는 유의수준 0.95의 F-분포표를 구하기 힘들기 때문에 편의상 1/FINV(0.05,B3-1,C3-1)을 사용한 것이나 엑셀을 사용하는 경우에는 이러한 제약이 없기 때문에 FINV(0.95, C3-1,B3-1)로 사용해도 된다.

다음의 엑셀화면은 이러한 과정으로 추정한 결과이다.

	A	B	C
1		서울전자	부산전자
2	표본분산	3.6	1.2
3	표본수	21	16
4	유의수준	0.10	
5	표본비율	3	
6	F-값	0.43	2.20
7	신뢰구간	1.29	6.61

(2) 두 모분산의 비에 대한 검정

두 모분산의 비에 대한 검정 역시 두 모분산의 구간추정과 마찬가지로 $\dfrac{s_1^2/\sigma_1^2}{s_2^2/\sigma_2^2}$이 자유도가 $(n_1-1,\ n_2-1)$인 F-분포를 따른다는 사실을 이용한다. 두 모분산의 비에 대한 검정에서 귀무가설이

$$H_0 : \sigma_1^2 = \sigma_2^2$$

로 주어질 때, 귀무가설이 참인 경우에,

$$\frac{s_1^2/\sigma_1^2}{s_2^2/\sigma_2^2} = \frac{s_1^2}{s_2^2} \sim F(n_1-1,\ n_2-1)$$

따라서 귀무가설이 $H_0 : \sigma_1^2 = \sigma_2^2$일 때, 검정통계량은

$$F = \frac{s_1^2}{s_2^2}$$

으로 주어진다. 따라서 유의수준 α일 때, 기각역은 다음과 같다.

1) $H_1 : \sigma_1^2 \neq \sigma_2^2$인 경우,
   $F \geq F_{\alpha/2}(n_1 - 1, n_2 - 1)$ 또는
   $F \leq F_{1-\alpha/2}(n_1 - 1, n_2 - 1) = \dfrac{1}{F_{\alpha/2}(n_2 - 1, n_1 - 1)}$
2) $H_1 : \sigma_1^2 > \sigma_2^2$인 경우, $F \geq F_{\alpha}(n_1 - 1, n_2 - 1)$
3) $H_1 : \sigma_1^2 < \sigma_2^2$인 경우, $F \leq F_{1-\alpha}(n_1 - 1, n_2 - 1)$

예제 12.5

불어와 독어를 선택과목으로 하는 어떤 시험에서 불어문제와 독어문제를 출제한 후 두 과목의 형평성을 검정하기 위해 사전시험을 실시하였다. 두 과목에 형평성이 있다는 것은 두 과목의 평균은 물론 분산도 일치하여야 한다. 사전시험에 응한 학생은 불어를 선택한 학생이 16명이었고 독어를 선택한 학생이 21명이었다. 사전시험 결과 두 과목의 평균이 모두 71점으로 동일하게 나타났으나, 불어의 분산이 18점 그리고 독어의 분산이 7점으로 나타났다. 이 결과를 두고 과연 두 시험의 분산이 동일하다고 할 수 있는지 유의수준 α=0.1에서 검정하라.

풀이 —

① 가설의 설정

$H_0 : \sigma_1^2 = \sigma_2^2$

$H_1 : \sigma_1^2 \neq \sigma_2^2$

② 유의수준의 설정

$\alpha = 0.1$

③ 귀무가설의 기각역 설정

$$\frac{1}{F_{\alpha/2}(n_2 - 1, n_1 - 1)} = \frac{1}{2.33} = 0.43,$$

$$F_{\alpha/2}(n_1 - 1, n_2 - 1) = 2.20$$

이므로 기각역은 다음과 같다.

$$F \leq 0.43 \text{ 또는 } F \geq 2.20$$

④ 검정통계량의 계산

$$F = \frac{s_1^2}{s_2^2} = \frac{18}{7} = 2.57$$

⑤ 결론 : $F = 2.57$ 귀무가설의 기각역에 포함되므로 귀무가설을 기각한다. 즉 불어와 독어의 형평성이 없다.

■ **엑셀2007을 이용한 모분산 비의 가설검정**

예제 12.5를 엑셀을 이용하여 검정하여 보자. 불어 표본분산(18), 독어 표본분산(7), 불어 표본수(16), 독어 표본수(21), 유의수준(0.10) 등을 각각 B2, C2, B3, C3, B4 등에 입력하고 그 밖의 셀은 다음과 같은 수식을 입력한다.

통계량	B5	=B2/C2
임계치(좌측)	B6	=1/FINV(0.05,B3-1,C3-1)
임계치(우측)	C6	=FINV(0.05,C3-1,B3-1)
판정	B7	=IF(OR(B5<=B6,B5>=C6),"채택","기각")

신뢰구간 추정과 마찬가지로 B6는 FINV(0.95,C3-1,B3-1)로 해도 마찬가지다.
다음의 엑셀화면은 이러한 과정으로 검정한 결과이다.

	A	B	C
1		불어	독어
2	표본분산	18	7
3	표본수	16	21
4	유의수준	0.10	
5	통계량	2.57	
6	임계치	0.43	2.20
7	판정	채택	

연습문제

1. 갈비음식으로 유명한 한미갈비는 갈비 1인분이 250g이라고 주장하고 있다. 그런데 최근 소비자들로부터 갈비 1인분의 양이 들쭉날쭉하다는 불만이 제기되고 있다. 이러한 불만사항을 접한 한미갈비의 주방장은 고객들이 보는 앞에서 25인분을 랜덤하게 추출하여 중량을 조사한 결과 표본의 분산이 28g임을 확인하였다. 갈비 1인분의 모분산에 대한 95% 신뢰구간을 계산하라.

2. χ^2-분포의 확률변수는 어떠한 형태이며 또한 이 변수의 분포는 어떠한 형태를 이루는가를 설명하라.

3. 초등학교에 다니는 30명의 학생을 대상으로 영어교육을 실시한 후에 시험을 치르게 하였다. 시험점수의 분산은 어린이의 영어습득기술에 대한 동질성을 나타내는 것이다. 표준편차가 9점으로 계산되었을 때에 초등학생의 시험성적에 대한 모분산의 95% 신뢰구간을 추정하라.

4. F-분포의 확률변수는 어떠한 형태이며 또한 이 변수의 분포는 어떠한 형태를 이루는가를 설명하라.

5. F-분포표를 이용하여 다음을 찾아라.

   (1) 자유도가 (12, 6)일 때 우측꼬리가 0.05인 F-값
   (2) 자유도가 (9, 4)일 때 우측꼬리가 0.01인 F-값
   (3) 자유도가 (13, 8)일 때 우측꼬리가 0.1인 F-값

6. 한강고등학교는 비교적 성적분포가 고르다는 평을 듣고 있다. 뛰어난 학생 일부를 키우기보다는 전체 학생을 고르게 키워야 한다는 설립자의 뜻이 있어 그러한 결과가 나왔다고 한다. 그런데 최근 과거보다는 학력편차가 심해졌다는 주장이 제기되고 있다. 연구부장 선생님은 이러한 주장이 과연 옳은가를 조사하기 위해 랜덤하게 25명을 추출하여 수학시험을 치른 결과 분산이 18점으로 나타났다. 일반적으로 분산이 12점 이내면 학력이 고르다고 한다. 학력편차가 심해졌다는 주장을 유의수준 $\alpha=0.05$에서 판정하라.

7. 경성백화점 식품부는 쌀의 중량이 매우 정확하다고 선전하고 있다. 이를 입증하기 위해 식품부 부장은 20kg 쌀 10포대를 랜덤하게 추출하여 중량을 측정한 결과 분산이 0.24kg으로 나타났다. 일반적으로 분산이 0.22kg 이하이면 정확하다고 판정한다. 경성백화점 식품부의 쌀의 중량은 정확하다고 할 수 있는가를 5%의 유의수준에서 판정하라.

8. 대성 자동차 배터리 제조 주식회사는 자사에서 제조한 배터리 수명의 분산이 22개월이라고 주장하고 있다. 16개의 배터리의 수명을 조사한 결과 표준편차가 19개월로 계산되었다. 이 회사의 주장이 옳은가? $\alpha=0.05$에서 검정하라.

9. 현대제과는 자사에서 생산하는 생크림 케이크의 중량에 대한 분산이 120g을 넘지 않는다고 주장한다. 이를 입증하기 위해 이 회사 공장장은 시중에 유통되고 있는 생크림 케이크 25개를 수거하여 분산을 조사하였더니 126g이 나왔다. 회사의 주장이 옳은지를 $\alpha=0.05$에서 검정하라.

10. 서울식당은 파전이 맛있기로 유명한 식당이다. 이 음식점의 주방장은 파전의 맛도 맛이지만 파전의 무게가 일정하여 파전 중량의 표준편차가 5g을 넘지 않는다고 자랑하고 있다. 주방장의 말이 실제로 옳은가를 검정하기 위해 손님에게 제공되는 파전 중 랜덤하게 10개를 선택해서 중량을 측정한 결과 다음과 같았다. $\alpha=0.01$에서 검정하라.

(단위 : g)

230	218	224	235	230	223	219	226	221	233

11. 미국에서 수입하는 특정 담배 1갑에 포함된 니코틴 함유량의 분산은 26mg이며 이는 정규분포를 이루는 것으로 알려져 있다. 국산품애용단체에서 이 담배 12갑을 수거하여 니코틴 함유량의 분산을 조사한 결과 29mg으로 나타났다. 이 담배의 니코틴 함유량의 분산이 알려진 바와 같은지 $\alpha=0.05$에서 검정하라.

12. 강남학생과 강북학생의 수학시험의 분산을 알아보기 위해 각각 10명씩을 랜덤하게 추출하여 수학시험을 실시한 결과 다음과 같았다. 강남학생과 강북학생 중 어느 쪽의 분산이 더 큰가를 $\alpha=0.05$에서 검정하라.

강남	12	15	17	16	14	10	18	22	9	11
강북	12	20	19	25	8	11	12	23	9	15

13. 백두대학의 작년도 신입생의 수학능력시험 점수의 분산은 52점이었다. 올해는 수학능력시험의 변별력이 커져서 작년보다는 분산이 더 클 것으로 예측되었다. 이에 백두대학의 입학처장은 올해 신입생 중 랜덤하게 100명을 추출하여 수학능력시험 점수를 조사한 결과 분산이 68점으로 나타났다. 과연 올해 신입생 수학능력시험 점수의 분산이 작년 신입생 수학능력시험 점수의 분산보다 큰가를 $\alpha=0.05$에서 검정하라.

14. 반도타이어(주)에서는 일반타이어와 광폭타이어 2종류를 생산하고 있다. 광폭타이어의 생산공정이 일반타이어의 생산공정보다 정교하기 때문에 일반적으로 광폭타이어가 보다 정밀하게 생산된다고 인

식되고 있다. 품질관리부에서는 이를 입증하기 위해 일반타이어 16개, 광폭타이어 25개를 추출하여 타이어의 지름을 측정한 결과 일반타이어의 분산이 25mm, 광폭타이어의 분산이 18mm로 나타났다. 두 타이어의 지름이 정규분포를 이룬다고 가정할 때, 광폭타이어가 일반타이어보다 정밀하다는 일반적인 인식이 옳은가를 $\alpha=0.05$에서 판정하라.

15. 오성전자는 여성사원과 남성사원 각각 30명과 25명을 추출하여 평균연봉과 표준편차를 조사한바, 여성사원의 경우 평균이 1,700만원, 표준편차가 50만원이었고, 남성사원의 경우 평균이 1,900만원, 표준편차가 70만원이었다. 연봉은 각각 정규분포를 이룬다고 가정할 때, 두 집단의 연봉의 차이가 없다고 할 수 있는가를 5%의 유의수준에서 검정하라.

16. 비닐하우스에서 재배한 배추 중량의 분산은 노지에서 재배한 배추 중량의 분산보다 작은 것으로 알려져 있다. 한강대학 원예학과 실험실에서는 이를 입증하기 위해 비닐하우스에서 재배한 배추 16포기, 그리고 노지에서 재배한 배추 25포기를 랜덤하게 추출하여 조사한 결과 비닐하우스에서 재배한 배추 중량의 분산은 240g, 노천에서 재배한 배추 중량의 분산은 280g이었다. 비닐하우스에서 재배한 배추가 노천에서 재배한 배추보다 분산이 작다고 할 수 있는가? $\alpha=0.10$에서 검정하라.

17. 울산전자(주) 관리부에서는 남자직원과 여자직원의 1개월 불량품 수량을 조사하였다. 이제까지 알려진 바로는 여자직원의 불량품 분산이 남자직원의 불량품 분산보다 작다고 한다. 남자직원 16명과 여자직원 20명을 랜덤하게 추출하여 불량품 수량에 대한 분산을 조사하였더니 남자직원의 분산이 10.2, 그리고 여자직원의 분산이 9.4로 나타났다. 이러한 결과를 두고 과연 남자직원의 분산이 여자직원의 분산보다 크다고 말할 수 있는가를 $\alpha=0.01$에서 검정하라.

제 13장

분산분석

13.1 서 론

제10장에서 두 모집단의 평균이 동일한가에 대한 가설검정을 다루었다. 그렇다면 3가지 이상의 모집단 평균이 동일한가에 대한 가설검정은 어떻게 할까? 사실 두 모집단만을 비교하는 것보다는 그 이상의 모집단 평균을 비교하는 것이 보다 일반적이다. 예를 들어 동일한 대학생에 대해 칠판을 사용한 강의, 오버헤드 프로젝터를 사용한 강의, 그리고 빔 프로젝터를 사용한 강의에 대해 강의효과의 차이가 있는가를 알아보고자 한다든지, 동일한 작물에 대하여 비료의 양을 적게 주었을 때, 중간정도를 주었을 때, 그리고 많이 주었을 때 작황의 차이가 있는가를 비교한다든지 하는 경우가 이에 해당한다. 이와 같이 3가지 이상의 모집단 평균을 비교하는 통계적 방법을 분산분석(ANOVA : analysis of variance)이라 한다.

모집단간 평균의 차이를 유발하는 변수를 요인(factor) 또는 인자라 한다. 위의 예에서 강의효과의 차이를 유발하는 변수는 칠판강의, 오버헤드 프로젝터 강의, 그리고 빔 프로젝터 강의인데 이들은 "강의방법"이라는 요인으로 정의할 수 있으며, 작황의 차이를 유발하는 변수는 적은 양의 비료, 중간정도의 비료, 그리고 많은 양의 비료인데 이들을 "비료의 양"이라는 요인으로 정의할 수 있다. 또한 각 요인 내에서 요인의 수준 예를 들어 강의방법이라는 요인 내에서 칠판강의, 오버헤드 프로젝터 강의, 빔 프로젝터 강의 등이라든가, 그리고 비료의 양이라는 요인 내에서 적은 양의 비료, 중간정도의 비료, 많은 양의 비료 등과 같이 요인의 수준 또는 요인들의 수준조합을 처리(treatment)라 한다. 이와 같이 1가지의 요인에 대해 비교하는 분산분석을 일원분산분석(one way ANOVA)이라 한다. 이에 대해 2가지 요인에 대해 비교하는 분산분석을 이원분산분석(two way ANOVA)이라 한다. 예를 들어 강의효과를 비교하는 데 있어 강의방법을 하나의 요인으로 하고, 다른 하나는 인문대생, 공대생, 의대생 등과 같은 전공을 또 하나의 요인으로 하여 비교하는 경우가 이에 해당한다. 강의방법의 효과만을 분석하는 일원분산분석에는 3개의 집단을 비교하나, 강의방법 및 전공에 따른 효과를 분석하는 이원분산분석에서는 9개(3×3)의 집단을 비교하게 된다.

실험계획법은 위의 예처럼 실험을 어떻게 수행하여야 최소의 노력으로 최대의 정보를 얻을 수 있는가를 연구하는 통계학의 한 분야로서, 애초에는 농작물의 수확량을 최대로 하는 조건을 연구하기 위하여 농업분야에서 사용되었으나, 현재는 모든 분야에서 폭넓게 사용되고 있다.

통계학에서는 요인을 독립변수(independent variable)라 하고 학생들의 시험점수나 작물의 수확량과 같은 변수를 종속변수(dependent variable) 또는 반응변수(response variable)라 한다.

실험계획은 다음과 같은 순서로 수행한다.

1) 실험의 목적에 대한 명확한 이해
2) 요인과 수준의 선택
3) 반응변수의 신댁
4) 실험계획법의 선정
5) 실험의 수행
6) 실험결과에 대한 자료의 분석
7) 결론의 유도

평균이 μ이고, 분산이 σ^2인 정규분포, 즉 $N(\mu, \sigma^2)$인 대모집단이 있다고 하자. 이러한 대모집단에 대하여 어떠한 처리를 하기 전에 대모집단을 r개의 그룹으로 나눈다. 또한 r개의 그룹은 서로 독립이라고 가정한다. [그림 13.1]에서 보는 바와 같이 각각의 그룹에 대하여 아직 아무런 처리도 하지 않았기 때문에 각 그룹의 평균이 대모집단의 평균과 동일하다. 즉 $\mu_1 = \mu_2 = \cdots \mu_r = \mu$ 이다. 따라서 각각의 소모집단은 대모집단과 동일한 형태의 분포를 이룬다. 여기서 중요한 사실은 대모집단의 분산은 소모집단과 일치한다는 것이다. 즉 $\mathrm{Var}(X_1) = \mathrm{Var}(X_2) = \cdots = \mathrm{Var}(X_r) = \sigma^2$ 이다.

그림 13.1
처리전의 그룹모집단과 전체모집단

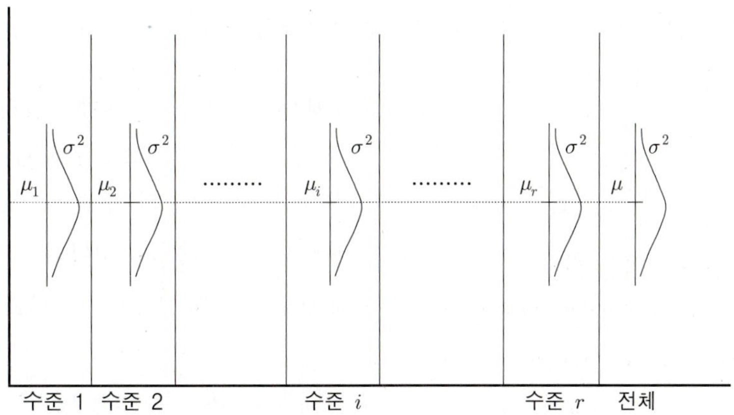

이러한 각각의 소모집단들에 대하여 처리를 하였다고 하자. 처리결과 각각의 소모집단을 수준 i라 하고 각 수준의 평균은 변화하였으나 분산은 변화

그림 13.2
처리후의 그룹모집단과 전체모집단

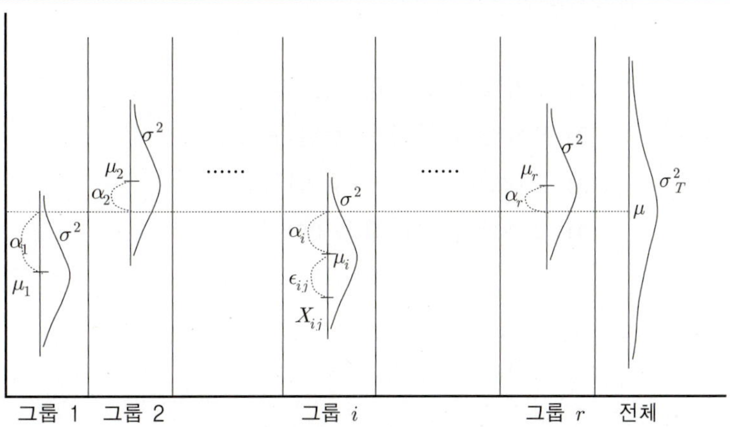

하지 않았다고 가정하자. 이렇게 되면 [그림 13.2]에서 보는 바와 같이 수준 1의 분포는 $X_1 \sim N(\mu_1,\ \sigma^2)$, 수준 2의 분포는 $X_2 \sim N(\mu_2,\ \sigma^2)$, 그리고 수준 i의 분포는 $X_i \sim N(\mu_i,\ \sigma^2)$이 되고, 모든 소모집단을 포함하는 전체의 분포는 $X \sim N(\mu,\ \sigma_T^2)$이 된다.

이때 x_{ij}를 수준 i의 j번째 관측값이라고 하자. x_{ij}는 다음과 같이 표현될 수 있다.

$$x_{ij} = \mu + (\mu_i - \mu) + (x_{ij} - \mu_i) = \mu + \alpha_i + \epsilon_{ij}$$

$\alpha_i = \mu_i - \mu$는 수준 i에서의 모평균과 전체모집단의 모평균과의 차이를 나타내며 수준 i에서의 모평균 μ_i가 전체 모평균 μ와 어느 정도 치우침을 가지는가를 나타내므로 수준효과 또는 요인의 주효과(main effect)라고 한다. 주효과 α_i의 합은 항상 0이라 가정한다. 즉, $\sum_{i=1}^{r} \alpha_i = 0$이다. $\epsilon_{ij} = x_{ij} - \mu_i$는 수준 i 내에서 각 관측값과 수준 i에서의 모평균의 차이를 나타내며 오차항이라 한다.

$$E(\epsilon_{ij}) = E(x_{ij}) - \mu_i = 0,\ \mathrm{Var}(\epsilon_{ij}) = \mathrm{Var}(x_{ij}) = \sigma^2$$

이므로 오차항 ϵ_{ij}는 다음 분포를 따른다.

$$\epsilon_{ij} \sim N(0,\sigma^2),\ i = 1,\ 2,\ \cdots,\ n$$

또한 오차항들은 서로 독립이다. 즉, 실험계획법을 실시하기 위하여 다음과 같은 가정을 한다.

1) 오차항은 정규분포를 따른다.
2) 오차항의 분산은 동일하다.
3) 오차항은 서로 독립이다.
4) 오차항의 기대값은 0이다.

13.2 일원배치법

서론에서는 모집단을 가지고 분산분석을 설명하였다. 그러나 가설검정은 이러한 모집단의 데이터 중 일부 즉 표본을 선정하여 가설을 검정하는 것이다. 서론에서와 같이 r개의 소모집단으로부터 각각 n개의 표본을 랜덤하게 추출하였다고 하자. 즉 요인을 A라고 하고 수준의 수가 r, 각 수준에서의 반복을 n회 실시하면 다음과 같은 형태의 표본이 될 것이다. 각 수준에서 다 같이 n번 반복하여 표본을 추출하였다고 가정하였으나 반드시 그럴 필요는 없다. 각각의 그룹이 서로 다른 크기의 표본을 추출할 수도 있다. 그러나 본 모델에서는 편의상 각 그룹이 동일한 표본의 수를 추출하였다고 가정한다.

〈표 13.1〉 일원분산분석의 표본

	수준 1	수준 2	$\cdots$	수준 i	$\cdots$	수준 r	전체
1	x_{11}	x_{21}	$\cdots$	x_{i1}	$\cdots$	x_{r1}	
2	x_{12}	x_{22}	$\cdots$	x_{i2}	$\cdots$	x_{r2}	
$\vdots$	$\vdots$	$\vdots$	$\cdots$	$\vdots$	$\cdots$	$\vdots$	
j	x_{1j}	x_{2j}	$\cdots$	x_{ij}	$\cdots$	x_{rj}	
$\vdots$	$\vdots$	$\vdots$	$\cdots$	$\vdots$	$\cdots$	$\vdots$	
n	x_{1n}	x_{2n}	$\cdots$	x_{in}	$\cdots$	x_{rn}	
평 균	$\overline{x}_{1\cdot}$	$\overline{x}_{2\cdot}$	$\cdots$	$\overline{x}_{i\cdot}$	$\cdots$	$\overline{x}_{r\cdot}$	$\overline{x}$

위와 같은 실험에서 총 $r \times n$회의 실험을 반복 실시한다. 이때 주의해야 할 점은 $r \times n$회의 실험을 모두 랜덤하게 실시하여야 한다는 점이다. 랜덤화의 필요성은 다음과 같다.

1) 랜덤화를 실시함으로써 실험자료의 독립성이 확보되어 통계추론을 할 수 있다.
2) 요인 A를 제외하고 반응값에 영향을 줄 것으로 기대되는 여타 실험조건을 동일하게 유지시켜 요인만의 효과를 측정할 수 있다. 예를 들면, 칠판을 사용한 강의(A_1수준), 오버헤드 프로젝터를 사용한 강의(A_2수준),

그리고 빔 프로젝터를 사용한 강의(A_3수준)에 대해 강의효과의 차이가 있는가를 알아보고자 하는 실험에서 랜덤화를 실시하여 각 수준에 공부를 잘하는 학생과 못하는 학생이 골고루 배치되도록 하여야 수준간의 학습효과의 차가 있는지를 알 수 있을 것이다. 만약, 랜덤화를 실시하지 않고 A_1수준에는 제일 공부를 못하는 학생들을 배치하고 A_2수준에는 중간수준의 학생을, A_3수준에는 제일 공부를 잘하는 학생들을 배치하여 실험을 실시하여 A_3수준의 평균성적이 가장 높았다고 하자. 그리하여 빔 프로젝터를 사용한 강의가 가장 학습효과가 높다고 주장하는 것이 타당하다고 할 수 있겠는가 생각해 보자. 학습효과의 차이가 강의방법의 차이에 기인한 것인지 학생들의 수준차이에서 오는 것인지를 구분할 수 없다고 결론내리는 것이 타당할 것이다. 이를 강의방법이라는 요인(요인 A)과 학생들의 수준요인이 교락(confounding)되었다고 한다. 따라서 실험을 완전랜덤화하여야 요인의 효과를 효과적으로 검출할 수가 있는 것이다.

13.1절에서 배웠듯이 일원배치법에서의 데이터의 구조식은 다음과 같다.

$$x_{ij} = \mu + \alpha_i + \epsilon_{ij}$$

$\epsilon_{ij} \sim N(0, \sigma^2)$이고 서로 독립이며

$$\sum_{i=1}^{r} \alpha_i = 0$$

이제 분산분석을 실시해 보기로 하자. 먼저, 위 식에서 x_{ij}와 $\overline{x}$의 차이, 즉 $x_{ij} - \overline{x}$를 총편차라고 부른다. 이 총편차를 다음과 같이 원인별로 분해할 수 있다.

$$\underbrace{x_{ij} - \overline{x}}_{\text{총편차}} = \underbrace{(\overline{x}_{i\cdot} - \overline{x})}_{\alpha_i \text{에 기인한 오차}} + \underbrace{(x_{ij} - \overline{x}_{i\cdot})}_{\text{잔차}}$$

위 식에서 $(\overline{x}_{i\cdot} - \overline{x})$는 수준 A_i에서의 자료의 평균 $\overline{x}_{i\cdot}$와 총평균 $\overline{x}$의 차

이이기 때문에 수준간의 차이에 의해 발생하는 편차 또는 수준효과 α_i에 의해 설명되는 편차이다. 또한, $(x_{ij} - \overline{x}_{i.})$는 x_{ij}와 수준 A_i에서의 자료의 평균 $\overline{x}_{i.}$의 차이로, 수준 A_i에 의해서 설명될 수 없는 편차로서 잔차라고 한다. 잔차는 측정할 때 수반되는 측정오차와 실험대상들간의 미묘한 차이 등을 반영한다. 위 식의 양변을 동시에 제곱하여 전체 $r \times n$개의 자료의 합을 구하여 정리하면 다음과 같다.

$$\sum_{i=1}^{r}\sum_{j=1}^{n}(x_{ij} - \overline{x})^2 = \sum_{i=1}^{r}\sum_{j=1}^{n}(\overline{x}_{i.} - \overline{x})^2 + \sum_{i=1}^{r}\sum_{j=1}^{n}(x_{ij} - \overline{x}_{i.})^2$$

$\sum_{i=1}^{r}\sum_{j=1}^{n}(x_{ij} - \overline{x})^2$을 총제곱합 또는 총변동이라 하며 SST로 표기한다. $\sum_{i=1}^{r}\sum_{j=1}^{n}(\overline{x}_{i.} - \overline{x})^2$은 전체 평균과 각 그룹 평균의 차이의 제곱합으로 그룹간 제곱합 또는 처리간 변동, 또는 요인 A의 제곱합이라 하며 SSA라 표기한다. $\sum_{i=1}^{n}\sum_{j=1}^{r}(x_{ij} - \overline{x}_{i.})^2$은 집단내 평균과 집단내 변수의 차이의 제곱합으로 집단 내 제곱합 또는 처리내 변동이나 잔차제곱합이라 하며 SSE라 표기한다. 따라서 위 식은 다음과 같이 표현할 수 있다.

$$SST = SSA + SSE$$

실제로 SST와 SSA를 공식에 의해 계산한 후 SSE는 다음 공식에 의해 계산한다.

$$SSE = SST - SSA$$

제곱합을 자유도로 나눈 것을 제곱평균(mean of squares)이라 한다. 제곱합의 자유도를 구하는 방법은 다음과 같다.

자유도 = 제곱을 한 편차의 개수 − 편차 중의 선형제약조건의 개수

먼저 총제곱합의 자유도를 구해보면, 총제곱합 $\sum_{i=1}^{r}\sum_{j=1}^{n}(x_{ij}-\overline{x})^2$은 $r\times n$개의 편차, 즉 $x_{11}-\overline{x}$, …, $x_{1n}-\overline{x}$, …, $x_{r1}-\overline{x}$, …, $x_{rn}-\overline{x}$의 제곱합이므로 편차의 개수는 $r\times n$이다. 그런데 편차의 합은 항상 0이므로 $\sum_{i=1}^{r}\sum_{j=1}^{n}(x_{ij}-\overline{x})=0$이라는 하나의 제약조건을 갖는다. 따라서 총제곱합의 자유도 ϕ_T는 총실험횟수-1이다. 즉

$$\phi_T = rn-1 = N-1$$

여기서 N은 총실험횟수, 즉 $N=r\times n$이다.

요인 A의 제곱합 $\sum_{i=1}^{r}\sum_{j=1}^{n}(x_{i\cdot}-\overline{x})^2$은 r개의 편차, 즉 $\overline{x}_{1\cdot}-\overline{x}$, …, $\overline{x}_{r\cdot}-\overline{x}$의 제곱합이므로, 편차의 개수는 r개다. 또한, $\sum_{i=1}^{r}(\overline{x}_{i\cdot}-\overline{x})=0$이라는 제약조건을 1개 갖는다. 따라서 요인 A의 제곱합의 자유도 ϕ_A는 요인 A의 수준수-1이다. 즉,

$$\phi_A = r-1$$

잔차제곱합 SSE의 자유도를 구해보자. 총변동의 자유도는 A의 제곱합의 자유도와 잔차제곱합의 자유도의 합이므로 잔차제곱합 SSE의 자유도는 총변동의 자유도와 A의 제곱합의 자유도의 차이다. 즉,

$$\phi_E = \phi_T - \phi_A = rn - r = r(n-1) = N-r$$

따라서 요인 A의 평균제곱은 요인 A의 자유도가 $r-1$이므로

$$MSA = \frac{SSA}{r-1}$$

이다. 요인 A의 평균제곱은 MSA라 표기한다.

잔차 E의 평균제곱은 MSE라 표기하며 잔차제곱합의 자유도가 $r(n-1)$이므로

$$MSE = \frac{SSE}{r(n-1)}$$

MSE와 오차의 분산 σ^2 간에는 다음과 같은 관계가 성립한다.

$$E(MSE) = \sigma^2$$

그러므로 MSE를 오차의 분산 σ^2의 추정량으로 사용한다.

만약 수준간 평균에 차이가 없다면 MSA는 매우 작은 값으로 나타날 것이고 수준간 평균의 차이가 있다면 MSA가 큰 값으로 나타날 것이다. 그렇다면 MSA가 얼마나 클 때, 수준간 평균이 동일하지 않다고 판정할 것인가. 즉,

$H_0 : \alpha_1 = \alpha_2 = \cdots = \alpha_r = 0$ 대 $H_1 : \alpha_i$는 모두 0은 아니다.

$H_0 : \mu_1 = \mu_2 = \cdots = \mu_r$ 대 H_1 : 모든 수준간의 평균이 동일한 것은 아니다.

(수준효과의 차이가 없다) (수준효과가 존재한다)

를 검정하기 위해서 사용하는 검정통계량은 MSA와 MSE의 비율이다. 즉,

$$F_0 = \frac{MSA}{MSE}$$

귀무가설이 사실일 때, 검정통계량 F_0는 자유도가 (ϕ_A, ϕ_E)인 F-분포를 따른다. 대립가설이 사실일 때에는 MSA가 MSE보다 상대적으로 클 것으로 기대되므로 유의수준 α에서의 기각역은 다음과 같다.

$$F_0 \geq F_\alpha(\phi_A, \phi_E)$$

위에서 공부한 요인별 제곱합과 자유도, 평균제곱 그리고 검정통계량의 값 F_0 등을 하나의 표로 나타낸 것이 분산분석표이며, 〈표 13.2〉와 같은 형태를 갖는다.

〈표 13.2〉 반복이 동일한 경우의 분산분석표

	제곱합	자유도	평균제곱	F_0값
요인 A	SSA	$r-1$	$MSA=\dfrac{SSA}{r-1}$	$\dfrac{MSA}{MSE}$
잔 차	SSE	$r(n-1)$	$MSE=\dfrac{SSE}{r(n-1)}$	
합 계	SST	$rn-1$		

결론적으로 분산분석표를 작성한 후, F_0값이 $F_\alpha(\phi_A, \phi_E)$보다 크면 귀무가설 H_0를 기각하고 F_0값이 $F_\alpha(\phi_A, \phi_E)$보다 작으면 귀무가설을 채택한다.

예제 13.1

어느 슈퍼마켓에서 4종류의 빙과류를 판매하고 있다. 빙과류를 보관할 수 있는 냉동시설이 부족하여 판매량이 낮은 빙과류는 제조업체로부터 공급을 받지 않으려고 한다. 분산분석을 실시하기 위하여 어느 6일간에 4종류의 빙과류 판매량을 조사하였더니 다음 표와 같았다. 유의수준 $\alpha=0.10$에서 4종류의 빙과류 판매량이 모두 동일한지를 검정하여라.

	제품 1	제품 2	제품 3	제품 4	합
1	41	32	35	33	
2	35	37	30	27	
3	48	46	24	36	
4	40	53	26	35	
5	45	41	28	27	
6	52	43	31	25	
합 계	261	252	183	174	870
평 균	43.5	42.0	30.5	29.0	36.3

풀이 —

$\bar{x}=36.3$, $\bar{x}_{1\cdot}=43.5$, $\bar{x}_{2\cdot}=42.0$, $\bar{x}_{3\cdot}=30.5$, $\bar{x}_{4\cdot}=29.0$이고 $n=6$이므로

① 가설의 설정

H_o : $\mu_1=\mu_2=\mu_3=\mu_4$

H_1 : 4종류의 빙과류 판매량이 동일하지 않다.

② $\alpha=0.10$

③ 귀무가설의 기각역

$\phi_T = rn-1 = 4\times6-1 = 23,\ \phi_A = r-1 = 4-1 = 3,\ \phi_E = \phi_T - \phi_A = 23-3 = 20$

$F_0 \geq F_{0.10}(3,\ 20) = 2.38$

④ 분산분석표의 작성

$$SST = \sum_{i=1}^{r}\sum_{j=1}^{n}(x_{ij}-\bar{x})^2$$
$$= \{(41-36.3)^2+(35-36.3)^2+\cdots+(52-36.3)^2\}$$
$$+\{(32-36.3)^2+(37-36.3)^2+\cdots+(43-36.3)^2\}$$
$$+\{(35-36.3)^2+(30-36.3)^2+\cdots+(31-36.3)^2\}$$
$$+\{(33-36.3)^2+(27-36.3)^2+\cdots+(25-36.3)^2\}$$
$$= 1,664.5$$

$$SSA = \sum_{i=1}^{r}\sum_{j=1}^{n_i}(\bar{x}_{i\cdot}-\bar{x})^2 = \sum_{i=1}^{r} n(\bar{x}_i-\bar{x})^2$$
$$= 6\{(43.5-36.3)^2+(42.0-36.3)^2+(30.5-36.3)^2+(29.0-36.3)^2\}$$
$$= 1,027.5$$

$$SSE = SST - SSA = 1,664.5 - 1,027.5 = 637.0$$

$$MSA = \frac{SSA}{r-1} = \frac{1,027.5}{3} = 342.5$$

$$MSE = \frac{SSE}{N-1} = \frac{637}{20} = 31.85$$

$$F_0 = \frac{MSA}{MSE} = \frac{342.5}{31.85} = 10.75$$

따라서 분산분석표는 다음과 같다.

	제곱합	자유도	평균제곱	F_0값
요인A	$SSA=1,027.5$	3	$MSA=342.5$	$\frac{MSA}{MSE}=10.75$
잔 차	$SSE=637.0$	20	$MSE=31.85$	
합 계	$SST=1,664.5$	23		

⑤ $F_0 = 10.75 \geq F_{0.10}(3,\ 20) = 2.38$이므로 귀무가설을 기각한다. 즉 4종류의 빙과류 판매량이 모두 동일하지는 않다.

■ 엑셀2007을 이용한 분산분석: 일원배치법

예제 13.1을 엑셀을 이용하여 검정하여 보자. 일원배치법 분산분석은 메뉴에서 [데이터> 데이터분석> 분산분석: 일원배치법]을 실행하여 해결한다. 다음의 화면과 같이 데이터를 A1에서 D6까지 입력하고 "분산분석: 일원배치법"을 실행하면 우측과 같은 초기 입력화면이 나타나는데, 여기에서 입력범위, 유의수준 및 출력범위를 입력하고 [확인] 버튼을 클릭하면 실행이 완료된다.

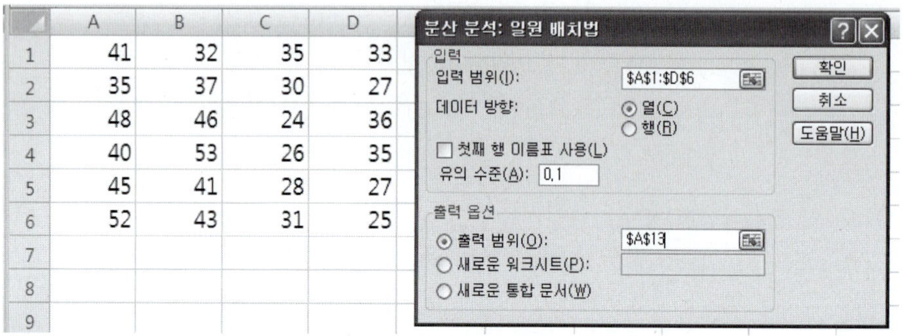

다음의 화면은 실행결과를 나타낸 것이다. 기각치가 2.3801이고 F-값이 10.754이므로 귀무가설을 기각한다. 또는 다음과 같이 판정할 수도 있다. 즉, 유의수준이 0.1인데 p-값이 0.0002이므로 귀무가설을 기각한다.

분산 분석: 일원 배치법

요약표

자의 수	관측수	합	평균	분산
Column	6	261	43.5	37.1
Column	6	252	42	52.8
Column	6	174	29	15.2
Column	6	183	30.5	22.3

분산 분석

동의 요	제곱합	자유도	제곱 평균	F 비	P-값	F 기각치
처리	1027.5	3	342.5	10.754	0.0002	2.3801
잔차	637	20	31.85			
계	1664.5	23				

앞에서는 일원배치법의 각 처리수준에서 반복수가 일정하게 n 인 경우를 공부했는데, 실제로 여러 가지 이유로 인하여 각 수준에서의 반복수가 다른 데이터를 얻게 되는 경우가 있다. 즉, 각 수준 A_i 에서의 반복수가 n_i 인 경우를 생각해 보자. 총실험횟수를 N 이라 하면

$$N = n_1 + n_2 + \cdots + n_r$$

이다. 반복수가 같지 않은 일원배치법의 자료의 구조와 모형, 분산분석은 반복수 n 대신 각 수준에서의 반복수 n_i 를 사용하는 것을 제외하고는 기본적으로 반복수가 동일한 경우와 똑같다. 참고로 각 요인의 제곱합을 구하는 공식과 자유도, 분산분석표는 다음과 같다.

$$SST = \sum_{i=1}^{r}\sum_{j=1}^{n_i}(x_{ij} - \overline{x})^2$$

$$SSA = \sum_{i=1}^{r}\sum_{j=1}^{n_i}(\overline{x}_{i\cdot} - \overline{x})^2 = \sum_{i=1}^{r} n_i(\overline{x}_{i\cdot} - \overline{x})^2$$

$$SSE = \sum_{i=1}^{r}\sum_{j=1}^{n_i}(x_{ij} - \overline{x}_{i\cdot})^2 = SST - SSA$$

$$\phi_T = N - 1$$

$$\phi_A = r - 1$$

$$\phi_E = \phi_T - \phi_A = N - r$$

〈표 13.3〉 반복이 동일하지 않는 경우의 분산분석표

	제곱합	자유도	평균제곱	F_0값
요인 A	SSA	$r-1$	MSA	$\frac{MSA}{MSE}$
잔 차	SSE	$N-r$	MSE	
합 계	SST	$N-1$		

분산분석표를 작성한 후, F_0값이 $F_\alpha(\phi_A, \phi_E)$보다 크면 귀무가설 H_0를 기각하고 F_0값이 $F_\alpha(\phi_A, \phi_E)$보다 작으면 귀무가설을 채택한다.

예제 13.2

농촌진흥청은 현재 농가에 시판되고 있는 3가지 비료에 대한 수확량의 차이가 있는가를 알아보기 위해 실험을 실시하여 다음과 같은 결과를 얻었다.

	A비료	B비료	C비료	합
1	23	30	18	
2	16	28	20	
3	28	22	22	
4	29	42	16	
5	26	39	18	
6	21	36	21	
7	19	42	24	
8	30	21	21	
9	20	21		
10	18	25		
11		26		
12		28		
합 계	230	360	160	750
평 균	23	30	20	25

실험결과 3가지 비료의 수확량의 차이가 있다고 볼 수 있는가를 유의수준 $\alpha=0.05$에서 검정하라.

풀이 —

$\bar{x}=25,\ \bar{x}_{1.}=23,\ \bar{x}_{2.}=30,\ \bar{x}_{3.}=20$이고 $n_1=10,\ n_2=12,\ n_3=8$이므로

① 가설의 설정

$H_o: \mu_1=\mu_2=\mu_3$

H_1 : 3가지 비료의 수확량이 동일하지 않다.

② $\alpha=0.05$

③ 귀무가설의 기각역

$\phi_T=N-1=30-1=29,\ \phi_A=r-1=3-1=2,\ \phi_E=\phi_T-\phi_A=29-2=27$이므로

$$F_0 \geq F_{0.05}(2,\ 27)=3.35$$

④ 분산분석표의 작성

$$SST = \sum_{i=1}^{r}\sum_{j=1}^{n}(x_{ij} - \bar{x})^2$$
$$= \{(23-25)^2+(16-25)^2+\cdots+(18-25)^2\}$$
$$+\{(30-25)^2+(28-25)^2+\cdots+(28-25)^2\}$$
$$+\{(18-25)^2+(20-25)^2+\cdots+(21-25)^2\}$$
$$=1,488$$

$$SSA = \sum_{i=1}^{r}\sum_{j=1}^{n_i}(\bar{x}_{i\cdot} - \bar{x})^2 = \sum_{i=1}^{r}n_i(\bar{x}_i - \bar{x})^2$$
$$=10(23-25)^2+12(30-25)^2+8(20-25)^2=540$$

$$SSE = SST - SSA = 1,488-540=948$$

$$MSA = \frac{SSA}{r-1} = \frac{540}{2} = 270$$

$$MSE = \frac{SSE}{N-1} = \frac{948}{27} = 35.11$$

$$F_0 = \frac{MSA}{MSE} = \frac{270}{35.11} = 7.69$$

따라서 분산분석표는 다음과 같다.

	제곱합	자유도	평균제곱	F_0값
요인A	$SSA=540$	2	$MSA=270$	$\frac{MSA}{MSE}=7.69$
잔 차	$SSE=948$	27	$MSE=35.11$	
합 계	$SST=1,488$	29		

⑤ $F_0=7.69 \geq F_{0.05}(2,\ 27)=3.35$이므로 귀무가설을 기각한다. 즉 비료의 종류에 따라 수확량이 다르다.

13.3 이원배치법

이원배치법이란 반응값에 영향을 주는 요인이 두 개 있는 실험계획법이다. 이원배치법은 반복이 없는 경우와 반복이 있는 경우, 두 가지가 있는데 본 교재에서는 반복이 있는 경우만 다루기로 한다. 두 요인을 각각 A, B라 하고 요인 A의 수준수를 l, 요인 B의 수준수를 m이라 할 때, 요인 A의 i번째 수준 A_i와 요인 B의 j번째 수준 B_j에서 n번의 실험을 실시한다면, 처리의 수는 $l \times m$이며 총실험횟수는 $N = l \times m \times n = lmn$회이다.

이원배치법의 자료의 구조는 다음과 같다.

$$x_{ijk} = \mu + \alpha_i + \beta_j + (\alpha\beta)_{ij} + \epsilon_{ijk},\ i = i,\ 2,\ \cdots,\ l,\ j = i,\ 2,\ \cdots,\ m$$
$$k = i,\ 2,\ \cdots,\ n$$

〈표 13.4〉 이원배치법의 자료구조

	B_1	B_2	……	B_m	합	평균
A_1	x_{111} x_{112} ⋮ x_{11n} } $\bar{x}_{11\cdot}$	x_{121} x_{122} ⋮ x_{12n} } $\bar{x}_{12\cdot}$	…… …… …… ……	x_{1m1} x_{1m2} ⋮ x_{1mn} } $\bar{x}_{1m\cdot}$	$T_{1\cdot\cdot}$	$\bar{x}_{1\cdot\cdot}$
A_2	x_{211} x_{212} ⋮ x_{21n} } $\bar{x}_{21\cdot}$	x_{221} x_{222} ⋮ x_{22n} } $\bar{x}_{22\cdot}$	…… …… …… ……	x_{2m1} x_{2m2} ⋮ x_{2mn} } $\bar{x}_{2m\cdot}$	$T_{2\cdot\cdot}$	$\bar{x}_{2\cdot\cdot}$
⋮	⋮	⋮	⋮	⋮	⋮	⋮
A_l	x_{l11} x_{l12} ⋮ x_{l1n} } $\bar{x}_{l1\cdot}$	x_{l21} x_{l22} ⋮ x_{l2n} } $\bar{x}_{l2\cdot}$	…… …… …… ……	x_{lm1} x_{lm2} ⋮ x_{lmn} } $\bar{x}_{lm\cdot}$	$T_{l\cdot\cdot}$	$\bar{x}_{l\cdot\cdot}$
합	$T_{\cdot1\cdot}$	$T_{\cdot2\cdot}$	……	$T_{\cdot m\cdot}$	T	
평균	$\bar{x}_{\cdot1\cdot}$	$\bar{x}_{\cdot2\cdot}$	……	$\bar{x}_{\cdot m\cdot}$		$\bar{x}_{\cdots}$

x_{ijk}는 A의 i번째 수준 A_i와 B의 j번째 수준 B_j에서의 k번째 관측값이

며, μ는 전체 모평균이며, α_i는 A의 i번째 수준 A_i의 처리효과이며, β_j는 B의 j번째 수준 B_j의 처리효과이며, $(\alpha\beta)_{ij}$는 A의 i번째 수준 A_i와 B의 j번째 수준 B_j에서의 상호작용의 효과이며, ϵ_{ijk}는 오차이며 서로 독립으로 $N(0, \sigma^2)$인 분포를 따른다.

이원배치법은 첫째 모든 α_i가 0인가를 검정하고, 둘째 모든 β_j가 0인가를 검정하고, 마지막으로 모든 $(\alpha\beta)_{ij}$가 0인가를 검정하게 된다. 만약 모든 α_i가 0이라는 것이 검정되면 요인 A의 효과는 없는 것으로 판정하고, 모든 β_j가 0이라는 것이 검정되면 요인 B의 효과가 없는 것으로 판정하며, 모든 $(\alpha\beta)_{ij}$가 0이라는 것이 검정되면 요인 A와 요인 B의 상호작용효과가 없는 것으로 판정된다. 상호작용이란 두 요인 A, B의 결합으로 인하여 발생하는 효과를 말한다.

다음과 같은 식을 고려해보자.

$$x_{ijk}-\bar{x}_{...}=(\bar{x}_{i..}-\bar{x}_{...})+(\bar{x}_{.j.}-\bar{x}_{...})+(\bar{x}_{ij.}-\bar{x}_{i..}-\bar{x}_{.j.}+\bar{x}_{...})+(x_{ijk}-\bar{x}_{ij.})$$

식 좌우의 각 항은 다음의 의미를 지닌다.

$x_{ijk}-\bar{x}_{...}$: 관측값과 전체평균의 차이
$\bar{x}_{i..}-\bar{x}_{...}$: 요인 A의 i번째 수준 A_i의 처리효과
$\bar{x}_{.j.}-\bar{x}_{...}$: 요인 B의 j번째 수준 B_j의 처리효과
$\bar{x}_{ij.}-\bar{x}_{i..}-\bar{x}_{.j.}+\bar{x}_{...}$: 요인 A의 수준 A_i와 요인 B의 수준 B_j의 상호작용효과
$x_{ijk}-\bar{x}_{ij.}$: 요인 A의 처리 i와 요인 B의 처리 j를 받은 집단에서의 오차

위 식의 양변을 제곱하여 합한 값은 다음과 같다.

$$\begin{aligned}\sum_{i=1}^{l}\sum_{j=1}^{m}\sum_{k=1}^{n}(x_{ijk}-\bar{x}_{...})^2 &\\ = \sum_{i=1}^{l}\sum_{j=1}^{m}\sum_{k=1}^{n}(\bar{x}_{i..}-\bar{x}_{...})^2 &+ \sum_{i=1}^{l}\sum_{j=1}^{m}\sum_{k=1}^{n}(\bar{x}_{.j.}-\bar{x}_{...})^2 \\ + \sum_{i=1}^{l}\sum_{j=1}^{m}\sum_{k=1}^{n}(\bar{x}_{ij.}-\bar{x}_{i..}-\bar{x}_{.j.}+\bar{x}_{...})^2 &\end{aligned}$$

$$+\sum_{i=1}^{l}\sum_{j=1}^{m}\sum_{k=1}^{n}(x_{ijk}-\overline{x}_{ij.})^2$$

위 식은 다음과 같이 표현될 수도 있다.

$$\begin{aligned}&\sum_{i=1}^{l}\sum_{j=1}^{m}\sum_{k=1}^{n}(x_{ijk}-\overline{x}_{...})\\&\quad=\sum_{i=1}^{l}mn(\overline{x}_{i..}-\overline{x}_{...})^2+\sum_{j=1}^{m}\ln(\overline{x}_{.j.}-\overline{x}_{...})^2\\&\quad+\sum_{i=1}^{l}\sum_{j=1}^{m}n(\overline{x}_{ij.}-\overline{x}_{i..}-\overline{x}_{.j.}+\overline{x}_{...})^2\\&\quad+\sum_{i=1}^{l}\sum_{j=1}^{m}\sum_{k=1}^{n}(x_{ijk}-\overline{x}_{ij.})^2\end{aligned}$$

각 항의 의미는 다음과 같으며 이를 달리 표현하면 다음의 식과 같다.

$$\sum_{i=1}^{l}\sum_{j=1}^{m}\sum_{k=1}^{n}(x_{ijk}-\overline{x}_{...})^2 : \ SST$$

$$\sum_{i=1}^{l}\sum_{j=1}^{m}\sum_{k=1}^{n}(\overline{x}_{i..}-\overline{x}_{...})^2 : \ SSA$$

$$\sum_{i=1}^{l}\sum_{j=1}^{m}\sum_{k=1}^{n}(\overline{x}_{.j.}-\overline{x}_{...})^2 : \ SSB$$

$$\sum_{i=1}^{l}\sum_{j=1}^{m}\sum_{k=1}^{n}(\overline{x}_{ij.}-\overline{x}_{i..}-\overline{x}_{.j.}+\overline{x}_{...})^2 : \ SSAB$$

$$\sum_{i=1}^{l}\sum_{j=1}^{m}\sum_{k=1}^{n}(x_{ijk}-\overline{x}_{ij.})^2 : \ SSE$$

$$SST=SSA+SSB+SSAB+SSE$$

각각의 항을 자유도로 나누면 제곱평균이 되는데 각 항의 자유도는 다음과 같다.

SST의 자유도 : $\phi_T=lmn-1$

SSA의 자유도 : $\phi_A=l-1$

SSB의 자유도 : $\phi_B=m-1$

$SSAB$의 자유도 : $\phi_{AB}=(l-1)(m-1)$

SSE의 자유도 : $\phi_E = \phi_T - \phi_A - \phi_B - \phi_{AB} = lm(n-1)$

따라서 각 항의 평균제곱은 다음과 같다.

$MSA = SSA/(l-1)$
$MSB = SSB/(m-1)$
$MSAB = SSAB/(l-1)(m-1)$
$MSE = SSE/lm(n-1)$

〈표 13.5〉 반복이 있는 이원배치법의 분산분석표

	제곱합	자유도	평균제곱	F_0값
요인 A	SSA	$\phi_A = l-1$	$MSA = SSA/(l-1)$	$\frac{MSA}{MSE}$
요인 B	SSB	$\phi_B = m-1$	$MSB = SSB/(m-1)$	$\frac{MSB}{MSE}$
상호작용 $A \times B$	$SSAB$	$\phi_{AB} = (l-1)(m-1)$	$MSAB = SSAB/(l-1)(m-1)$	$\frac{MSAB}{MSE}$
잔 차	SSE	$\phi_E = lm(n-1)$	$MSE = SSE/lm(n-1)$	
합계	SST	$\phi_T = lmn-1$		

분산분석표를 작성한 후, 각 요인에 대한 검정을 다음과 같이 실시한다.

(1) 요인 A의 효과에 대한 검정

귀무가설 H_{0A} : 모든 i에 대하여 $\alpha_i = 0$ 또는 H_{0A} : $\alpha_1 = \alpha_2 \cdots = \alpha_l = 0$
대립가설 H_{1A} : 모든 α_i가 0은 아니다.

귀무가설 H_{0A}가 참이면, 검정통계량 F_0는 자유도가 $(l-1,\ lm(n-1))$인 F-분포를 따른다. 즉,

$$F_0 = \frac{MSA}{MSE} \sim F(l-1,\ lm(n-1))$$

따라서 유의수준 α일 때, 귀무가설 H_{0A}에 대한 기각역은

$$F_0 \geq F_\alpha(l-1,\ lm(n-1))$$

그러므로 $F_0 \geq F_\alpha(l-1, lm(n-1))$이면 H_{0A}를 기각하고 요인 A의 효과가 존재한다고 결론을 내린다.

(2) 요인 B의 효과에 대한 검정

귀무가설 H_{0B}: 모든 j에 대하여 $\beta_j=0$ 또는 H_{0B}: $\beta_1=\beta_2 \cdots = \beta_m=0$
대립가설 H_{1B}: 모든 β_j가 0은 아니다.

귀무가설 H_{0B}이 참이면, 검정통계량 F_0은 자유도가 $(m-1, lm(n-1))$인 F-분포를 따른다. 즉,

$$F_0 = \frac{MSB}{MSE} \sim F(m-1, lm(n-1))$$

따라서 유의수준 α일 때, 귀무가설 H_{0B}에 대한 기각역은

$$F_0 \geq F_\alpha(m-1, lm(n-1))$$

그러므로 $F_0 \geq F_\alpha(m-1, lm(n-1))$이면 H_{0B}를 기각하고 요인 B의 효과가 존재한다고 결론을 내린다.

(3) 상호작용 AB의 효과에 대한 검정

귀무가설 H_{0AB}: 모든 i, j에 대하여 $(\alpha\beta)_{ij}=0$ 또는
H_{0AB}: $(\alpha\beta)_{11}=(\alpha\beta)_{12} \cdots = (\alpha\beta)_{lm}=0$
대립가설 H_{1AB}: 모든 $(\alpha\beta)_{ij}$가 0은 아니다.

귀무가설 H_{0AB}이 참이면, 검정통계량 F_0은 자유도가 $((l-1)(m-1), lm(n-1))$인 F-분포를 따른다. 즉,

$$F_0 = \frac{MSAB}{MSE} \sim F((l-1)(m-1),\ lm(n-1))$$

따라서 유의수준 α일 때, 귀무가설 H_{0AB}에 대한 기각역은

$$F_0 \geq F_\alpha((l-1)(m-1),\ lm(n-1))$$

그러므로 $F_0 \geq F_\alpha((l-1)(m-1), lm(n-1))$이면 H_{0AB}를 기각하고 상호 작용 AB의 효과가 존재한다고 결론을 내린다.

예제 13.3

한국대학교에서는 영어과목을 강의를 하는 데 있어 강의매체별, 수강대상별로 강의 효과의 차이가 있는가를 실험하였다. 강의매체로는 판서강의(A_1), 파워포인트강의(A_2), 그리고 영상강의(A_3)가 선정되었고 수강대상으로는 경영대생(B_1)과 공대생(B_2)이 선정되었다. 실험결과는 다음과 같았다. $\alpha=0.05$에서 분산분석을 실시하고 그 결과를 분석하라.

	B_1		B_2		합	평균
A_1	92, 94, 91, 95, 98	$\bar{x}_{11.}=94$	70, 74, 76, 82, 68	$\bar{x}_{12.}=74$	$T_{1..}=840$	$\bar{x}_{1..}=84$
A_2	88, 82, 86, 76, 88	$\bar{x}_{21.}=84$	79, 86, 74, 84, 77	$\bar{x}_{22.}=80$	$T_{2..}=820$	$\bar{x}_{2..}=82$
A_3	65, 81, 74, 80, 70	$\bar{x}_{31.}=74$	79, 73, 88, 94, 96	$\bar{x}_{32.}=86$	$T_{3..}=800$	$\bar{x}_{3..}=80$
합	$T_{.1.}=1{,}260$		$T_{.2.}=1{,}200$		$T=2{,}460$	
평균	$\bar{x}_{.1.}=84$		$\bar{x}_{.2.}=80$			$\bar{x}_{...}=82$

풀이

$$SST=\Sigma\Sigma\Sigma(x_{ijk}-\bar{x}_{...})^2$$
$$=(92-82)^2+(94-82)^2+\cdots+(96-82)^2=2{,}400$$

$$SSA = \sum\sum\sum(\bar{x}_{i..} - \bar{x}_{...})^2$$
$$= 2 \times 5 \sum(\bar{x}_{i..} - \bar{x}_{...})^2$$
$$= 10 \times \{(84-82)^2 + (82-82)^2 + (80-82)^2\} = 80$$
$$SSB = \sum\sum\sum(\bar{x}_{.j.} - \bar{x}_{...})^2$$
$$= 3 \times 5 \sum(\bar{x}_{.j.} - \bar{x}_{...})^2$$
$$= 15 \times \{(84-82)^2 + (80-82)^2\} = 120$$
$$SSAB = \sum\sum\sum(\bar{x}_{ij.} - \bar{x}_{i..} - \bar{x}_{.j.} + \bar{x}_{...})^2$$
$$= 5 \times \sum\sum(\bar{x}_{ij.} - \bar{x}_{i..} - \bar{x}_{.j.} + \bar{x}_{...})^2$$
$$= 5 \times \{(94-84-84+82)^2 + (84-82-84+82)^2$$
$$+ (74-80-84+82)^2 + (74-84-80+82)^2$$
$$+ (80-82-80+82)^2 + (86-80-80+82)^2\}$$
$$= 1{,}280$$
$$SSE = SST - SSA - SSB - SSAB = 920$$

각 요인의 자유도를 공식에 의하여 구한 뒤 분산분석표를 작성하면 다음과 같다.

	제곱합	자유도	평균제곱	F_0값
강의매체	80	2	40	1.04
수강대상	120	1	120	3.13
상호작용	1,280	2	640	16.70
잔 차	920	24	38.33	
합 계	2,400	29		

1) 강의매체(A) 효과에 관한 가설검정

① H_{0A} : $\alpha_1 = \alpha_2 = \alpha_3 = 0$

H_{1A} : 모든 α_i 가 0은 아니다.

② $\alpha = 0.05$

③ 귀무가설 기각역

$F_0 \geq F_{0.05}(2,\ 24) = 3.40$

④ 결론 : $F_0 = 1.04 < F_{0.05}(2,\ 24) = 3.40$이므로 귀무가설을 기각할 수 없다. 즉 강의매체에 따른 강의효과의 차이는 없다.

2) 수강대상 차이에 대한 가설검정

① $H_{0B}: \beta_1 = \beta_2 = 0$

H_{1B} : 모든 β가 0은 아니다.

② $\alpha = 0.05$

③ 귀무가설 기각역

$F_0 \geq F_{0.05}(1,\ 24) = 4.26$

④ 결론 : $F_0 = 3.13 < F_{0.05}(1,\ 24) = 4.26$이므로 귀무가설을 채택한다. 즉 수강대상에 따른 차이는 없다.

3) 상호작용에 대한 가설검정

① H_{0AB} : 모든 $(\alpha\beta)_{ij} = 0 (i = 1,\ 2,\ 3,\ j = 1,\ 2)$

H_{1AB} : 모든 $(\alpha\beta)_{ij}$가 0은 아니다.

② $\alpha = 0.05$

③ 귀무가설 기각역

$F_0 \geq F_{0.05}(2,\ 24) = 3.40$

④ 결론 : $F_0 = 16.70 \geq F_{0.05}(2,\ 24) = 3.40$이므로 귀무가설을 기각한다. 즉 두 변수간의 상호작용이 존재한다.

▪ 엑셀2007을 이용한 분산분석: 이원배치법

예제 13.3을 엑셀을 이용하여 검정하여 보자. 반복이 있는 이원배치법 분산분석은 메뉴에서 [데이터> 데이터분석> 분산분석: 반복있는 이원배치법]을 실행하여 해결한다. 다음의 화면과 같이 데이터를 A1에서 C16까지 입력하고 "분산분석: 반복있는 이원배치법"을 실행하면 우측과 같은 초기 입력화면이 나타나는데, 여기에서 입력범위, 표본당 행수(5), 유의수준, 출력범위를 입력하고 [확인] 버튼을 클릭하면 실행이 완료된다. 일원배치법과는 달리 요인(A1, A2, A3, B1, B2)을 입력한다는 것이다.

	A	B	C
1		B1	B2
2	A1	92	70
3		94	74
4		91	76
5		95	82
6		98	68
7	A2	88	79
8		82	86
9		86	74
10		76	84
11		88	77
12	A3	65	79
13		81	73
14		74	88
15		80	94
16		70	96

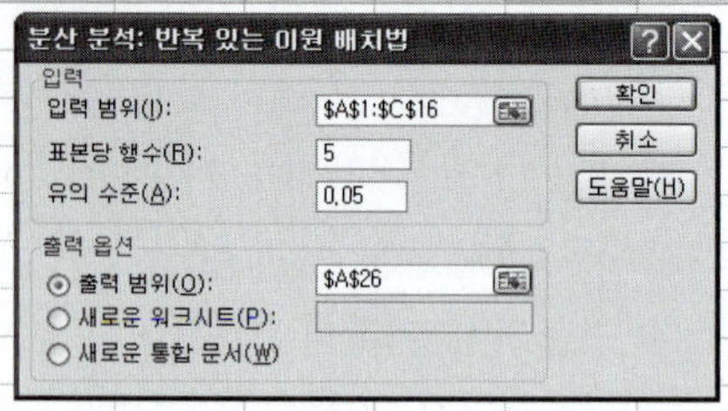

다음의 엑셀화면은 이를 실행한 결과이다.

분산 분석: 반복 있는 이원 배치법

요약표	B1	B2	계
A1			
관측수	5	5	10
합	470	370	840
평균	94	74	84
분산	7.5	30	127.778
A2			
관측수	5	5	10
합	420	400	820
평균	84	80	82
분산	26	24.5	26.8889
A3			
관측수	5	5	10
합	370	430	800
평균	74	86	80
분산	45.5	96.5	103.111
계			
관측수	15	15	
합	1260	1200	
평균	84	80	
분산	94	68.8571	

분산 분석

변동의 요인	제곱합	자유도	제곱 평균	F 비	P-값	F 기각치
인자 A(행	80	2	40	1.04348	0.36767	3.40283
인자 B(열	120	1	120	3.13043	0.08955	4.25968
교호작용	1280	2	640	16.6957	2.9E-05	3.40283
잔차	920	24	38.3333			
계	2400	29				

연습문제

1. 농약비율에 따른 살충효과의 변화를 보는 실험을 하였다. 농약비율을 10%, 8%, 6%, 4%로 해서 살포하여 살충결과를 조사하였더니 아래와 같은 결과가 나왔다. 분산분석표를 작성하고 농약비율에 따른 살충효과의 차이가 있는지를 유의수준 5%에서 검정하라.

10%	8%	6%	4%
56.2	47.2	49.2	31.2
54.4	63.1	36.1	24.2
53.1	33.2	47.2	29.1
62.4	44.6	28.6	43.4
55.3	49.5	24.4	26.1

2. 녹색식품에서는 콩나물 재배에 비료 X, Y, Z를 사용하고 있다. 다음은 비료 X, Y, Z를 투입한 콩나물의 길이를 측정한 것이다.

비료 \ 번호	1	2	3	4	5	6	7	8	9	10
X	12.3	10.3	10.5	12.8	12.5	11.9	13.4	12.6	12.1	13.2
Y	10.9	12.6	12.8	11.9	11.8	12.5	12.2	11.8	12.1	10.8
Z	11.5	9.9	10.1	9.4	11.6	10.7	10.9	9.5	9.8	11.5

(1) 분산분석표(ANOVA Table)를 작성하라.

(2) 각각의 비료에서 자란 콩나물의 평균길이가 같은지를 $\alpha=0.05$에서 검정하라.

3. 한국전자의 평택공장 공장장은 조명도에 따른 생산수량의 차이를 알아보기 위하여 100룩스, 200룩스, 300룩스, 400룩스 4개의 조명조건하에서 생산량을 측정한 결과 다음과 같았다. 분산분석표를 작성하고, 조명조건에 따른 생산량에 차이가 있는지를 유의수준 5%에서 검정하라.

100룩스	200룩스	300룩스	400룩스
15	15	8	12
12	10	15	11
12	9	11	15
10	14	12	14
13	16		13

4. 서초유치원에는 원생이 12명이 있는데 이들을 4명씩 3개의 그룹으로 나누어 각각 육류, 곡류 그리고 채소류의 간식을 2개월 동안 제공한 후 체중을 조사한 결과 다음과 같았다.

관찰수 \ 간식	육 류	곡 류	채소류
1	25	23	16
2	28	18	20
3	29	22	21
4	24	23	18

(1) 분산분석표를 작성하라.
(2) 5%의 유의수준에서 평균의 차이가 있는지를 검정하라.

5. 감자를 재배하는 데 있어 유기비료, 혼합비료 그리고 무기비료를 투입한 결과 다음과 같은 결과를 얻었다.

유기비료	혼합비료	무기비료
$\overline{X}_1=35.6$	$\overline{X}_2=44.8$	$\overline{X}_3=29.6$
$s_1^2=18.4$	$s_2^2=20.4$	$s_3^2=15.8$
$n_1=12$	$n_2=10$	$n_3=14$

(1) 분산분석표를 작성하라.
(2) 비료들의 효과가 같은지 $\alpha=0.01$ 수준에서 검정하라.

6. 한국생명보험회사는 보험판매원의 보수를 3가지 방법으로 지급하고 있다. 경력에 따라 지급하는 고정급, 영업성과에 따라 지급하는 성과급 그리고 두 가지를 혼합한 혼합급 등 3가지 방법이 있다. 급여방법에 따른 계약고의 차이를 알아보기 위해 각각에 해당하는 사원을 랜덤하게 추출하여 조사한 결과 다음의 표와 같았다.

(단위 : 백만원)

고정급	성과급	혼합급
45	46	48
42	44	46
41	54	45
45	45	52
43	55	
	48	

급여방법에 따른 계약고의 차이가 있는가를 $\alpha=0.01$ 수준에서 검정하라.

7. 세 곳의 과수원에서 각각 살충제를 다르게 하여 수확량을 조사하여 보았더니 결과가 다음과 같았다.

살충제 A	살충제 B	살충제 C
218	230	225
235	216	222
238	228	214
223	222	239
229	216	222
232	224	229
221	218	236
238	214	225
233		228
		238

(1) 분산분석표를 작성하라.

(2) 살충제에 따라 수확량의 차이가 있는지 $\alpha=0.05$ 수준에서 검정하라.

8. 목성자동차는 대전, 광주, 부산 등 3군데 공장에서 제품을 생산하고 있다. 각각의 공장에 대하여 주문이 처리된 건수 5개씩을 랜덤하게 선정하여 납기일을 조사하였더니 다음의 표와 같았다. 각 공장의 납기일이 동일한가를 $\alpha=0.05$에서 검정하라.

대전공장	광주공장	부산공장
25	31	24
30	39	30
36	38	28
38	42	25
31	35	28

9. 오성전자 영업부는 사원에 대한 학력별 성별 근무평가의 차이가 있는가를 조사하고자 한다. 학력은 고졸, 전문대졸, 대졸, 대학원졸로 구분하였으며, 성별은 남성과 여성으로 구분하였다. 각각의 수준조합에 해당하는 사원을 5명씩 랜덤하게 추출하여 근무평가를 조사한 결과가 다음과 같았다.

성별 \ 학력	고 졸	전문대졸	대 졸	대학원졸
여 성	2	2	4	15
	6	7	8	12
	8	8	11	9
	10	8	5	10
	9	10	3	14
남 성	7	6	9	13
	9	9	14	12
	11	9	15	10
	9	7	10	6
	8	8	12	9

(1) 분산분석표를 작성하라.

(2) 학력에 따른 근무평가의 차이가 있는가를 $\alpha=0.05$ 수준에서 검정하라.

(3) 성별에 따른 근무평가의 차이가 있는가를 $\alpha=0.05$ 수준에서 검정하라.

(4) 두 변수간의 상호작용을 $\alpha=0.05$ 수준에서 검정하라.

제 14장

상관분석

14.1 서 론

이제까지 우리는 조사대상에 대하여 하나의 측정치만을 조사하였다. 예를 들어 어떤 대학의 대학생을 상대로 신장을 조사했다든지, 체중을 조사했다든지, 또는 정부정책에 대해 찬성 혹은 반대를 조사했다. 이를 바탕으로 평균신장을 계산하고, 평균체중을 계산하고 또는 찬성률을 계산하였다. 이들은 모두 하나의 조사대상 즉 객체에 대하여 하나의 측정치만을 조사한 것이다. 그런데 하나의 객체에 대하여 2개의 측정치를 조사하는 경우를 생각해 보자. 예를 들어 어떤 대학의 학생 한사람 한사람에 대하여 신장과 체중을 동시에 측정하였다고 가정하자. 이러한 조사를 놓고 일차적으로 이 대학 학생들의 평균신장과 평균체중에 관심이 있어 이를 계산할 것이다. 그 다음은 이 대학 학생들의 신장과 체중이 어떠한 관계를 지니고 있는가에 관심을 가질 것이다. 즉 신장과 체중의 관계가 비례하는지 반비례하는지 아니면 아무런 관계가 없는지를 알고자 할 것이다. 이러한 관계를 알아보고자 하는 것이 상관분석(correlation analysis)이다.

두 변수 사이의 관계에는 여러 가지가 있을 수 있다. 예를 들어 선형관계가 있을 수 있고, 2차함수관계가 있을 수도 있다. 상관분석은 두 변수의 여러 가지 관계 중 선형관계만을 분석한다. 즉 신장을 X축, 체중을 Y축에 표시할 때, 이들이 선형관계를 이루는가를 분석한다. 두 변수 X, Y가 일직선상에 가깝게 놓이게 되면 상관관계가 높다고 하고, 일직선과 멀리 떨어져 있으면 상관관계가 낮다고 한다. 예를 들어 어떤 두 변수 X, Y를 그래프상에 그려보니까 정확히 2차함수관계를 이룬다는 사실을 확인했다고 하자. 그러나 두 변수 사이의 상관분석에서는 두 변수간에 아무런 관계가 없다는 결론이 도출될 것이다. 왜냐하면, 상관분석은 두 변수 사이에 선형관계가 존재하는지 존재하지 않는지를 측정하기 때문이다.

상관분석을 할 경우에는 하나의 조사대상에 대하여 반드시 2개의 변수를 측정하여야 한다. 하나의 조사대상 즉 실험단위가 지니고 있는 2개의 변수들에 대한 상관관계를 측정하는 것이다. 신장과 체중의 관계를 상관분석하는 데 있어서 조사대상을 달리하여 조사하면 이는 상관분석이 아니다. 예를 들어 40명씩 두 집단을 설정하여 한 집단에 대해서는 신장을 조사하고 다른 한 집단에 대해서는 체중을 조사한다면 여기서 조사된 신장과 체중은 신장과 체중에 대한 상관분석과 아무런 관계가 없는 것이다. 두 변수를 산포도로 나타낼 때, 그래프에 나타난 좌표 하나하나가 조사대상 즉 객체가 된다.

상관관계는 상관계수(correlation coefficient)로 나타낸다. 3.6절에서 배운 바와 같이, 상관계수는 −1에서 1 사이의 값을 가진다. 상관계수의 값이 1에 가까우면 양의 상관관계를, −1에 가까우면 음의 상관관계를 가지고, 0에 가까우면 상관관계가 없는 것이다. 모집단에 대한 평균, 분산, 비율 등을 표본을 통해 추정하거나 가설검정하듯이 모집단에 대한 상관계수도 표본을 통해 추정하거나 혹은 가설검정을 한다.

14.2 공분산과 상관계수

1. 공분산

4.7절에서 배운 바와 같이, 공분산은 두 변수의 관측값(X_i, Y_i)이 평균값(μ_X, μ_Y)으로부터 떨어져 있는 정도를 평균으로 나타낸 것으로 그 계산식은 다음과 같다.

$$\sigma_{XY} = \mathrm{Cov}(X, Y) = E[XY] - \mu_X \mu_Y$$

수식상으로 볼 때 분산과 공분산은 유사하다. 다른 점이 있다면 분산은 평균과 변수 간의 차를 제곱을 한 것이어서 항상 양의 값을 가지고 있으나 공분산은 두 변수의 평균과 두 변수의 차를 곱한 것이어서 때로는 음의 값을 가지는 경우가 있다. 예를 들어 평균좌표가 (5, 5)일 때 어떤 관측값 (3, 7)은 $(3-5)\times(7-5)=-4$가 되어 음의 값을 가진다. 공분산이 제공하는 정보는 공분산의 부호와 절대값이다. 공분산의 부호가 양의 값이면 두 변수는 양의 선형관계가 있는 것이고, 음의 값을 가지면 두 변수는 음의 선형관계가 있음을 나타낸다. 이때 절대값이 크면 선형관계가 뚜렷하게 나타날 가능성이 있고, 절대값이 작으면 선형관계가 뚜렷하게 나타나지 않을 가능성이 있다는 것을 의미한다.

예제 14.1

다음과 같은 2개의 모집단 A, B가 있다고 하자. 두 모집단은 객체의 수가 6개로 동일하며, 두 모집단의 각 변수의 평균도 $\mu_X=3.5$, $\mu_Y=35$로 동일하다. 그러나 두 모집단의 산포도에서 보듯이 모집단 A는 선형관계가 뚜렷하고 모집단 B는 선형관계가 뚜렷하지 않다. 그 결과 모집단 A의 공분산은 29.19이고, 모집단 B의 공분산은 24.17로서 모집단 A의 공분산이 모집단 B의 공분산보다 더 크다. 한편 두 모집단의 공분산의 부호는 모두 양의 값이기 때문에 산포도에서 보는 바와 같이 양의 선형관계를 보이고 있다.

모집단 A

X	1	2	3	4	5	6
Y	10	20	30	40	50	60
$P[X=x_i,\ Y=y_i]$	$\frac{1}{6}$	$\frac{1}{6}$	$\frac{1}{6}$	$\frac{1}{6}$	$\frac{1}{6}$	$\frac{1}{6}$

$\mu_X=3.5,\ \mu_Y=35$

$$\begin{aligned}\sum(x_i-\mu_X)(y_i-\mu_Y)\ P[X=x_i,\ Y=y_i]\\
&=(1-3.5)(10-35)\times\frac{1}{6}+(2-3.5)(20-35)\times\frac{1}{6}\\
&\quad+(3-3.5)(30-35)\times\frac{1}{6}+(4-3.5)(40-35)\times\frac{1}{6}\\
&\quad+(5-3.5)(50-35)\times\frac{1}{6}+(6-3.5)(60-35)\times\frac{1}{6}=\frac{175}{6}\end{aligned}$$

$$\begin{aligned}\mathrm{Cov}(X,\ Y)=\sigma_{XY}=\sum(x_i-\mu_x)(y_i-\mu_y)P[X=x_i,\ Y=y_i]\\
&=\frac{175}{6}=29.17\end{aligned}$$

모집단 B

X	1	2	3	4	5	6
Y	20	10	40	30	60	50
$P[X=x_i,\ Y=y_i]$	$\frac{1}{6}$	$\frac{1}{6}$	$\frac{1}{6}$	$\frac{1}{6}$	$\frac{1}{6}$	$\frac{1}{6}$

$\mu_X=3.5,\ \mu_Y=35$

$$\Sigma(x_i-\mu_X)(y_i-\mu_Y)\ P[X=x_i,\ Y=y_i]$$

$$=(1-3.5)(20-35)\times\frac{1}{6}+(2-3.5)(10-35)\times\frac{1}{6}$$

$$+(3-3.5)(40-35)\times\frac{1}{6}+(4-3.5)(30-35)\times\frac{1}{6}$$

$$+(5-3.5)(60-35)\times\frac{1}{6}+(6-3.5)(50-35)\times\frac{1}{6}=\frac{145}{6}$$

$$\mathrm{Cov}(X,\ Y)=\sigma_{XY}=\Sigma(x_i-\mu_x)(y_i-\mu_y)P[X=x_i,\ Y=y_i]$$

$$=\frac{145}{6}=24.17$$

그림 14.1 두 모집단의 산포도

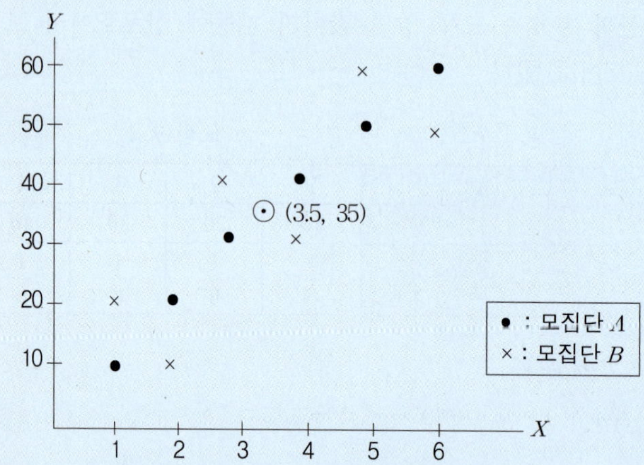

위에서 공분산의 절대값을 설명할 때, 절대값이 크면 선형관계가 뚜렷하게 나타날 가능성이 있다고 표현하였다. 그렇다면 공분산의 절대값이 크면 언제든지 선형관계가 뚜렷한 것일까? 다음의 예제를 통하여 알아보자.

예제 14.2

다음 표와 같은 모집단 C와 모집단 D를 예로 들어보자. 표에서 보는 바와 같이 모집단 C는 정확히 $Y=3X$선상에 위치하고 있으나 모집단 D는 $Y=3X$선의 주위에 위치하고 있다. 즉 모집단 C는 X와 Y가 완벽한 선형관계를 이루고 있으나 모집단 D는 선형관계가 어느 정도는 있으나 완벽히 선형관계를 이루고 있지는 못하다. 그런데 모집단 C의 공분산은 8.75인 데 반하여 모집단 D의 공분산은 825로서 모집단 C의 공분산보다 월등히 크다. 결론적으로 공분산의 절대값만으로는 선형관계가 높다 낮다를 단정할 수는 없다. 따라서 두 변수간의 선형관계를 명확히 알기 위해서는 상관계수의 개념이 필요하다.

모집단 C

X	1	2	3	4	5	6
Y	3	6	9	12	15	18
$P[X=x_i, Y=y_i]$	$\frac{1}{6}$	$\frac{1}{6}$	$\frac{1}{6}$	$\frac{1}{6}$	$\frac{1}{6}$	$\frac{1}{6}$

$$\mathrm{Cov}(X, Y)=\frac{52.5}{6}=8.75$$

모집단 D

X	10	20	30	40	50	60
Y	40	50	100	110	160	170
$P[X=x_i, Y=y_i]$	$\frac{1}{6}$	$\frac{1}{6}$	$\frac{1}{6}$	$\frac{1}{6}$	$\frac{1}{6}$	$\frac{1}{6}$

$$\mathrm{Cov}(X, Y)=\frac{4,950}{6}=825$$

■ 엑셀2007을 이용한 공분산 계산

예제 14.2의 모집단 D를 엑셀을 이용하여 측정하여 보자. 엑셀에서 공분산의 측정은 함수에서 COVAR를 이용하는 방법과 데이터 분석에서 "공분산분석"을 이용하는 방법이 있다.

(1) 함수 : COVAR를 이용하는 방법

화면에서와 같이 데이터를 입력하고 COVAR를 실행하면 초기 입력화면이 나타나는데, 여기에서 Array1에 A열 데이터를, Array2에 B열 데이터를 입력하고 실행하면 공분산 값 825가 출력된다.

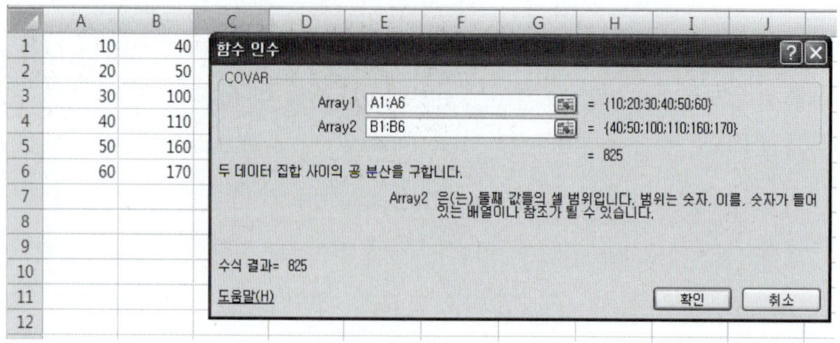

(2) 분석도구 : "공분산분석"을 이용하는 방법

메뉴에서 [데이터> 데이터분석> 공분산분석]을 실행하면 초기 입력화면이 나타나는데, 입력범위에 분석대상 데이터를 입력하고 데이터 방향(여기에서는 열)을 선택한다. 출력범위에 출력될 셀을 입력하고 [확인] 버튼을 클릭하면 실행이 완료된다.

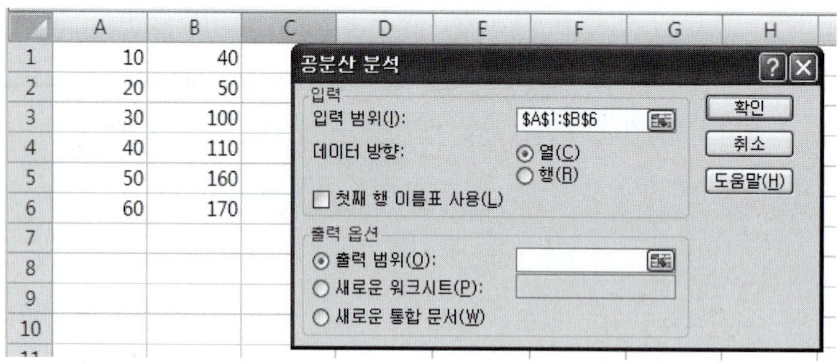

다음의 엑셀화면은 "공분산분석"을 실행한 결과이다. COVAR는 2가지 변수에 대해서만 공분산을 측정하지만 "공분산분석"은 2가지 이상의 변수에 대해 동시에 측정할 수 있는 장점이 있다.

	Column 1	Column 2
Column 1	291.6667	
Column 2	825	2425

2. 상관계수

전술한 바와 같이 두 변수간의 선형관계를 살펴보기 위해서는 상관계수를 알아야 한다. 상관계수는 두 변수의 공분산을 두 변수의 표준편차의 곱으로 나눈 값으로 ρ로 표기하며 그 값은 -1 이상 1 이하의 값을 갖는다. 상관계수는 다음과 같이 계산한다.

$$\rho = \frac{Cov(X, Y)}{\sqrt{Var(X)} \cdot \sqrt{Var(Y)}} = \frac{\sigma_{XY}}{\sigma_X \cdot \sigma_Y}(-1 \leqq \rho \leqq 1)$$

3.6절에서 배운 바와 같이 상관계수의 값이 1이면 정확한 양의 선형관계, -1이면 정확한 음의 선형관계를 이루며, 상관계수의 값이 0이면 선형관계가 전혀 없다. 상관계수의 부호는 σ_X와 σ_Y의 값이 항상 양의 값을 지니므로 공분산에 의해 결정된다.

그렇다면 상관계수의 값이 어느 정도가 되어야 상관관계가 있다고 말할 수 있을까? 절대적인 기준은 없으나 일반적으로 다음과 같이 구분한다.

$0.0 \leq |\rho| < 0.2$: 상관관계가 없다.
$0.2 \leq |\rho| < 0.4$: 상관관계가 약간 있다.
$0.4 \leq |\rho| < 0.7$: 상관관계가 상당히 있다.
$0.7 \leq |\rho| < 1.0$: 상관관계가 매우 강하다.

예제 14.3

예제 14.1의 모집단 A와 모집단 B의 상관계수를 구해보자.

풀이

모집단 A

$\sigma_X = 1.708$, $\sigma_Y = 17.08$

$\sigma_{XY} = 29.17$

$$\rho = \frac{\sigma_{XY}}{\sigma_X \cdot \sigma_Y} = \frac{29.17}{1.708 \times 17.08} = 1$$

모집단 B

$$\sigma_X = 1.708,\ \sigma_Y = 17.08$$

$$\sigma_{XY} = 24.17$$

$$\rho = \frac{\sigma_{XY}}{\sigma_X \cdot \sigma_Y} = \frac{24.17}{1.708 \times 17.08} = 0.83$$

모집단 A는 두 변수가 정확히 선형관계를 이루기 때문에 상관계수의 값이 1이 되었고 모집단 B는 두 변수가 선형관계에서 약간 벗어났기 때문에 상관계수의 값이 1보다 작은 0.83이 되었다.

예제 14.4

예제 14.2의 예로 든 모집단 C와 모집단 D의 상관계수를 구해보자.

풀이 ─

모집단 C

$$\sigma_X = 1.708,\ \sigma_Y = 5.123$$

$$\sigma_{XY} = 8.75$$

$$\rho = \frac{\sigma_{XY}}{\sigma_X \cdot \sigma_Y} = \frac{8.75}{1.708 \times 5.123} = 1$$

모집단 D

$$\sigma_X = 17.08,\ \sigma_Y = 49.24$$

$$\sigma_{XY} = 825$$

$$\rho = \frac{\sigma_{XY}}{\sigma_X \cdot \sigma_Y} = \frac{825}{17.08 \times 49.24} = 0.98$$

앞에서 확인한 바와 같이 모집단 D의 공분산이 모집단 C의 공분산보다 월등히 큼에도 불구하고 선형관계는 모집단 C가 높았는데 그 이유는 모집단 C의 상관계수가 1인 데 반하여 모집단 D의 상관계수는 0.98에 불과하기 때문이다.

■ 엑셀2007을 이용한 상관계수 계산

예제 14.4의 모집단 D를 엑셀을 이용하여 측정하여 보자. 엑셀에서 상관계수의 측정은 함수에서 CORREL을 이용하는 방법과 분석도구에서 "상관분석"을 이용하는 방법이 있다.

(1) 함수 : CORREL을 이용하는 방법

화면에서와 같이 데이터를 입력하고 CORREL을 실행하면 초기 입력화면이 나타나는데, 여기에서 Array1에 A열 데이터를, Array2에 B열 데이터를 입력하고 실행하면 상관계수 0.98이 출력된다.

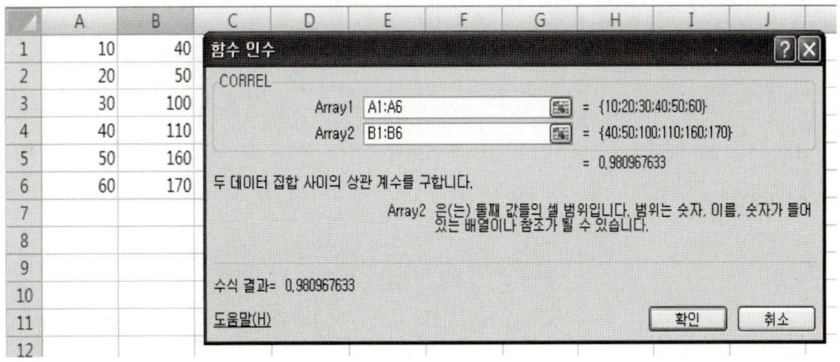

(2) 분석도구 : "상관분석"을 이용하는 방법

메뉴에서 [데이터> 데이터분석> 상관분석]을 실행하면 초기 입력화면이 나타나는데, 입력범위에 분석대상 데이터를 입력하고 데이터 방향(여기에서는 열)을 선택한다. 출력범위에 출력될 셀을 입력하고 [확인] 버튼을 클릭하면 실행이 완료된다.

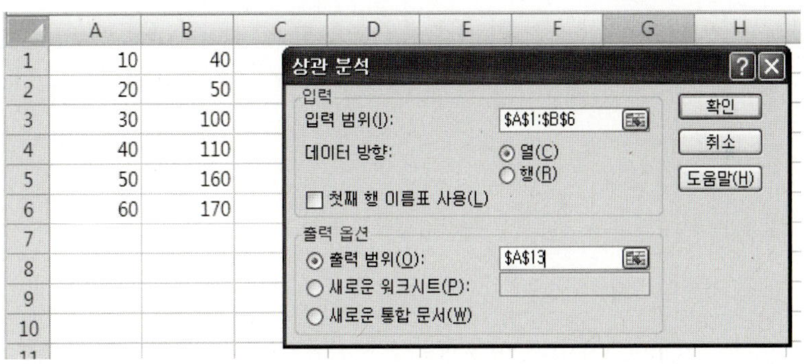

다음의 엑셀화면은 "상관분석"을 실행한 결과이다. CORREL은 2가지 변수에 대해서만 상관계수를 측정하지만 "상관분석"은 2가지 이상의 변수에 대해 동시에 측정할 수 있는 장점이 있다.

	Column 1	Column 2
Column 1	1	
Column 2	0.980968	1

다음은 선형관계의 변화에 따른 상관계수의 변화를 본 것이다. 10개의 점이 모두 $Y=2X+10$의 직선상에 위치하면 상관계수는 1이 될 것이다. 첫번째 그림은 $Y=2X$

+10의 직선상에서 +2, −2만큼 번갈아 떨어진 것이다. 이때 상관계수는 0.9394가 되며 상관관계가 매우 강하게 나타났다. 두 번째 그림은 $Y=2X+10$의 직선상에서 +6, −6만큼 번갈아 떨어진 것이다. 이때 상관계수는 0.6225가 되며 상관관계가 상당히 있는 것으로 나타났다. 세 번째 그림은 $Y=2X+10$의 직선상에서 +10, −10만큼 번갈아 떨어진 것이다. 이때 상관계수는 0.3766으로서 상관관계가 약간 나타났다. 3가지 그림 모두 $Y=2X+10$의 직선과 같은 방향으로 체계적으로 움직이고 있으나 직선으로부터 떨어져 있는 정도에 따라 상관계수가 달라진다. 결론적으로 데이터가 직선의 형태를 띠고 있다 하더라도 그 떨어져 있는 정도가 크면 상관계수가 매우 낮아진다.

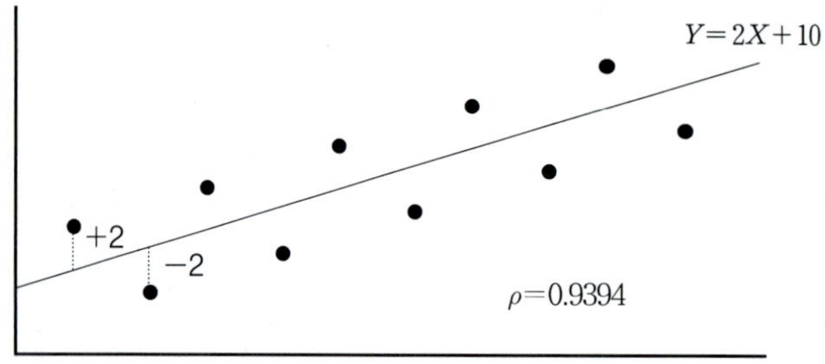

1	2	3	4	5	6	7	8	9	10
12	14	16	18	20	22	24	26	28	30

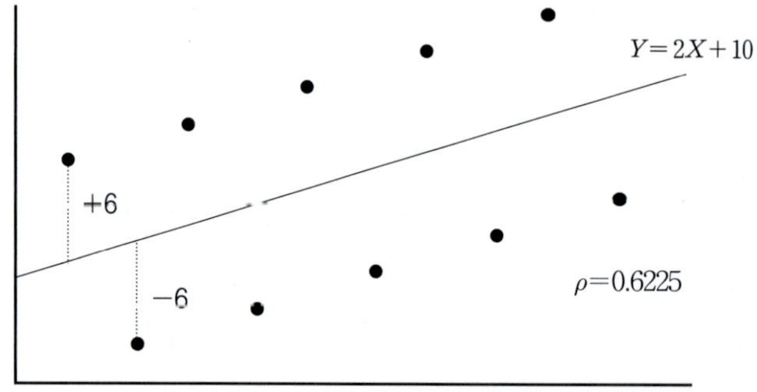

1	2	3	4	5	6	7	8	9	10
18	8	22	12	26	16	30	20	34	24

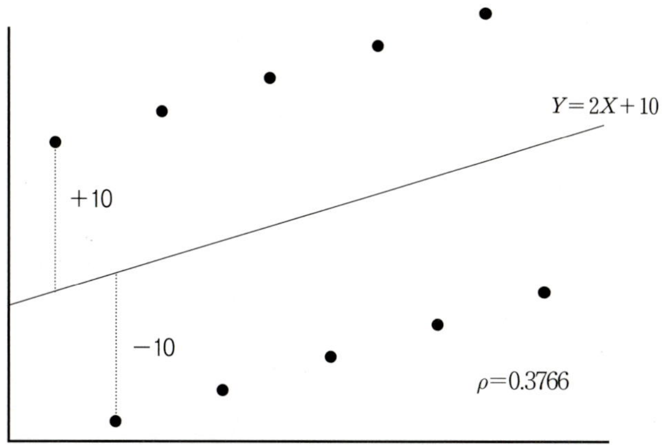

1	2	3	4	5	6	7	8	9	10
22	4	26	8	30	12	34	16	38	20

14.3 상관계수의 가설검정

3.6절에서 정의된 바와 같이 표본상관계수는 다음과 같이 정의된다.

표본상관계수 : $r=\dfrac{s_{xy}^2}{s_{xx}\cdot s_{yy}}$

여기에서 $s_{xx}=\sqrt{\sum_{i=1}^{n}x_i^2-\dfrac{1}{n}\left(\sum_{i=1}^{n}x_i\right)^2}=\sqrt{\sum_{i=1}^{n}x_i^2-n\bar{x}^2}$

$$s_{yy}=\sqrt{\sum_{i=1}^{n}y_i^2-\dfrac{1}{n}\left(\sum_{i=1}^{n}y_i\right)^2}=\sqrt{\sum_{i=1}^{n}y_i^2-n\bar{y}^2}$$

$$s_{xy}^2=\sum_{i=1}^{n}x_iy_i-\dfrac{1}{n}\left(\sum_{i=1}^{n}x_i\right)\left(\sum_{i=1}^{n}y_i\right)=\sum_{i=1}^{n}x_iy_i-n\bar{x}\bar{y}$$

상관계수의 가설검정은 표본상관계수 r을 이용하여 모상관계수 ρ를 검정하는 것이다. 표본상관계수 r을 이용하여 모상관계수 ρ를 검정하려면 표본상관계수 r의 분포를 알아야 한다. 귀무가설 $H_0: \rho=0$이 참일 때, 표본상관계수

r은 자유도가 $n-2$인 t-분포를 따른다. 즉,

$$\frac{r}{\sqrt{\frac{1-r^2}{n-2}}} \sim t(n-2)$$

따라서 귀무가설이 $H_0 : \rho=0$일 때, 검정통계량은

$$t_0 = \frac{r}{\sqrt{\frac{1-r^2}{n-2}}}$$

으로 주어진다. 따라서 유의수준 α일 때, 기각역은 다음과 같다.

대립가설 $H_1 : \rho \neq 0$인 경우,

$$t_0 \leq -t_{\alpha/2}(n-2) \text{ 또는 } t_0 \geq t_{\alpha/2}(n-2)$$

예제 14.5

다음은 통계학을 담당하고 있는 김 교수가 결석시간과 성적의 관계를 알아보기 위해 통계학 과목을 수강하고 있는 학생 중 10명을 임의로 추출하여 조사한 결과이다.

학 번	12	34	23	7	15	42	22	54	41	19
결석시간	3	5	7	1	0	4	7	6	2	4
성 적	93	81	71	90	95	76	83	78	84	86

1) 결석시간(X)과 성적(Y)의 표본상관계수를 계산하라.
2) $\alpha=0.01$에서 상관관계가 존재하는지를 검정하라.

풀이 —

1) $s_{xx}=\sqrt{\sum_{i=1}^{n} x_i^2 - n\bar{x}^2}=7.272$

$s_{yy}=\sqrt{\sum_{i=1}^{n} y_i^2 - n\bar{y}^2}=22.806$

$s_{xy}^2=\sum_{i=1}^{n} x_i y_i - n\bar{x}\bar{y}=-128.304$

$\therefore\ r=\frac{s_{xy}}{s_x s_y}=\frac{-128.304}{7.272\times 22.806}=-0.7735$

2) 상관계수의 검정

① H_0 : $\rho=0$, H_1 : $\rho \neq 0$

② $\alpha=0.01$

③ 귀무가설의 기각역

$t_{0.005}(10-2)=3.355$이므로 기각역은 다음과 같다.

$t_0 \leq -3.355$ 또는 $t_0 \geq 3.355$

④ $$t_0=\frac{r}{\sqrt{\frac{1-(-0.7735)^2}{10-2}}}=\frac{r}{\sqrt{\frac{1-0.5983}{10-2}}}$$
$$=\frac{-0.7735}{0.2241}=-3.45$$

⑤ 결론 : $t_0=-3.45 \leq -3.355$이므로 귀무가설을 기각한다. 즉 결석시간과 성적은 음의 상관관계가 존재한다.

■ **엑셀2007을 이용한 상관계수 검정**

예제 14.5를 엑셀을 이용하여 검정하여 보자. 다음의 엑셀화면에서와 같이 A열 및 B열에 결석시간 및 성적을 입력하고 표본수(10), 유의수준(0.01)을 D1, D2에 차례로 입력하고 그밖의 셀에는 다음과 같은 수식을 입력한다. 판정은 대립가설의 채택여부를 나타낸 것이다.

표본상관계수	D3	=CORREL(A1:A10,B1:B10)
통계량	D4	=D3/SQRT((1-D3^2)/(D1-2))
임계치(좌측)	D5	=-TINV(D2,8)
임계치(우측)	E5	=TINV(D2,8)
판정	D6	=IF(OR(D4<=D5,D4>=E5),"채택","기각")

	A	B	C	D	E
1	3	93	표본수	10	
2	5	81	유의수준	0.01	
3	7	71	표본상관계수	-0.7735	
4	1	90	통계량	-3.45	
5	0	95	임계치	-3.355	3.355
6	4	76	판정	채택	
7	7	83			
8	6	78			
9	2	84			
10	4	86			

연습문제

1. 공분산과 상관계수가 제공하는 정보의 특성을 설명하라.

2. 다음은 X와 Y에 대한 실험결과이다.

X	22	35	45	26	39	19	32	38	54	64
Y	289	616	818	317	672	252	384	356	571	542

(1) 표본상관계수를 계산하라.
(2) $\alpha=0.05$에서 귀무가설 $\rho=0$를 검정하라.

3. 다음은 부산공업(주)의 작업자 중 표본으로 추출된 7명에 대한 1년간 무단결근일수와 월평균생산량을 조사한 표이다.

결근일수	3	2	4	2	1	6	3
생 산 량	45	88	82	93	90	70	83

(1) 산점도를 그려라.
(2) 두 변수 사이의 공분산을 구하고 그 의미를 설명하라.
(3) 표본상관계수를 구하고 그 의미를 설명하라.
(4) 두 변수 사이에 상관관계가 존재하는지를 $\alpha=0.05$에서 검정하라.

4. 운동선수의 승리에 관한 심리연구를 위하여 월드컵에 출전한 축구선수로부터 다음과 같은 자료를 얻었다.

감성지수(x)	6	7	5	21	13	5	13	14	18
활력지수(y)	28	23	29	22	20	19	28	19	20

(1) 산점도를 그려라.
(2) 표본상관계수를 구하라.

5. 오성전자 인사부는 종업원 7명을 랜덤하게 선정하여 근무연수와 근무평가를 조사한 결과 다음과 같은 결과를 얻었다.

사 원	1	2	3	4	5	6	7
근무연수	2	3	6	8	1	7	5
근무평가	4	7	9	12	2	10	9

(1) 두 변수 사이의 공분산을 계산하라.

(2) 두 변수 사이의 상관계수를 계산하라.

6. 다음은 영동전자의 제품의 불량률(X, 백분율)과 매출액(Y, 억원)의 관계를 조사한 결과이다.

X	3	6	4	8	4	9	2
Y	21	14	18	10	17	9	22

(1) 표본상관계수를 계산하라.

(2) $\alpha=0.01$에서 귀무가설 $\rho=0$를 검정하라.

7. 한강대학 경영학부 졸업생 중 6명을 랜덤하게 추출하여 학점과 첫직장의 근무연수를 조사한 결과 다음과 같았다.

학 점	3.8	2.7	3.4	3.0	2.6	3.3
근무연수	4.2	1.2	4.7	3.7	2.4	4.1

(1) 산점도를 그려라.

(2) 두 변수간의 표본상관계수를 구하라.

제 15장

단순회귀분석

15.1 단순회귀분석의 모형

회귀분석은 두 개의 변수 x, y가 주어진 경우에 한 변수 x로부터 다른 변수 y를 예측하거나, 두 변수 x, y 사이의 관계를 규명하는 하나의 방법이다. 예를 들면, 광고비(x)에 따라 제품의 매출액(y)이 어떻게 변하는가를 예측하거나, 비료의 양(x)과 수확량(y)은 어떤 관계에 놓여 있는지를 설명하는 것이 회귀분석의 주요 내용이다. 이때 광고비나 비료의 양과 같은 변수 x는 보통 실험하는 사람이 통제할 수 있으므로 독립변수(independent variable)라 하고, 매출액이나 수확량 등과 같은 변수 y는 독립변수와 오차에 의해 결정되므로 종속변수(dependent variable) 또는 반응변수(response variable)라 한다. 이 장에서는 독립변수가 하나이고 독립변수 x와 종속변수 y의 관계가 직선인 단순회귀모형만을 다루기로 한다.

단순회귀분석의 모형은 하나의 독립변수에 대하여 종속변수는 분산이 동일한 정규분포를 이루고 있으며, 종속변수의 평균은 선형관계에 있다고 가정한다. 예를 들어 광고비와 매출액이 다음과 같은 선형관계에 있다고 가정하자. 광고비를 전혀 지출하지 않으면 평균 1억원의 매출이 발생하며, 이후 광고비를 지출하면 광고비 지출액의 평균 5배의 매출액이 증가한다. 즉 1천만원의 광고비를 지출하면 평균매출액은 1억5천만원(1억원+1천만원×5), 2천만원을 지출

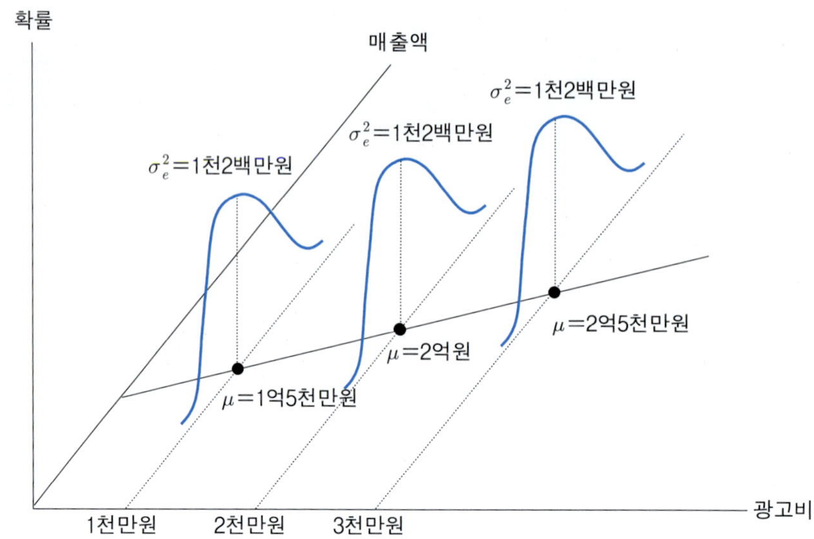

그림 15.1
광고비와 매출액의 회귀모형

하면 평균매출액은 2억원(1억원+2천만원×5), 3천만원을 지출하면 평균매출액은 2억5천만원(1억원+3천만원×5)이 되는 것이다. 이때 광고비는 독립변수가 되며 매출액은 종속변수가 된다.

광고비가 1천만원 지출되었다고 해서 반드시 매출액이 1억5천만원이 되는 것은 아니다. 1억4천만원이 될 수도 있고 혹은 1억6천만원이 될 수도 있으며 그 외의 매출액이 나타날 수도 있다. 그래서 종속변수를 확률적 변수라 하는 것이다. 매출액은 1억5천만원을 평균으로 하는 정규분포의 형태로 나타난다. 마찬가지 방식으로 광고비가 2천만원 지출될 때에는 매출액은 2억원을 평균으로 하는 정규분포의 형태로 나타나며, 3천만원 지출될 때에는 매출액은 2억5천만원을 평균으로 하는 정규분포의 형태로 나타난다. 여기서 또 하나 주목해야 할 것은 정규분포가 모두 동일한 분산값을 지닌다는 것이다. 예를 들어 광고비가 1천만원일 때의 매출액의 분산이 1천2백만원이라면 광고비가 2천만원일 때의 매출액의 분산도 1천2백만원, 광고비가 3천만원일 때의 매출액의 분산도 1천2백만원이다.

이러한 과정을 일반화하여 보자. 광고비를 x_i라고 하고 이때 나타날 수 있는 매출액을 y_i라고 한다면 $y_i=1억+5x_i+\epsilon_i$로 표현할 수 있다. 광고비가 x_i

일 때 평균매출액이 1억+5x_i이므로, y_i는 평균이 1억+5x_i, 분산이 1천2백만원인 정규분포를 이룬다. 즉 $y_i \sim N$(1억+5x_i, 1천2백만)이다.

ϵ_i는 실제 매출액 y_i와 평균매출액 1억+5x_i의 차이로서 이를 오차항이라 한다. ϵ_i는 평균이 0이고 분산이 1천2백만원인 정규분포를 따르며 이는 모든 광고비 x_i에서 동일한 분포를 이룬다. 즉 $\epsilon_i \sim N$(0, 1천2백만)이다.

오차항이 발생하는 이유는 매출액의 변화는 광고비 이외에 다른 변수, 예컨대 제품의 품질, A/S수준 등도 영향을 미치기 때문에 발생하는 것이다. 오차항이 모든 광고비에서 동일한 분포를 이루는 이유는 광고비 이외의 변수가 광고비에 관계없이 고르게 영향을 미치기 때문이다. 한편 광고비가 x_i일 때의 오차항 ϵ_i와 광고비가 x_j일 때의 오차항 ϵ_j는 서로 독립이다. 다시 말하면 ϵ_i와 ϵ_j의 상관계수는 0이다.

y_i=1억+5x_i+ϵ_j는 광고비가 x_i인 상황에서 나타날 수 있는 매출액이 모집단의 변수를 나타낸 것이다. 1억은 y축에 대한 절편이며, 5는 광고비에 대한 매출액의 기울기이다. 즉, 광고비를 1단위 증가시키면 매출액이 5단위만큼 증가할 것으로 기대된다는 것을 의미한다. 1억과 5는 모집단의 모수로서, 우리가 알지 못하는 값이며, 일반적으로 β_0, β_1로 표현한다. 이와 같이 볼 때, 독립변수가 하나인 회귀모형은 다음과 같이 표현된다.

$$y_i = \beta_0 + \beta_1 x_i + \epsilon_i,\ i = 1, 2, \cdots, n$$

β_0 : 회귀직선의 절편

β_1 : 회귀직선의 기울기

x_i : 독립변수 x의 i번째 관측값

y_i : 종속변수 y의 i번째 관측값이며 평균이 $\beta_0 + \beta_1 x_i$이고, 분산이 σ_ϵ^2인 정규분포를 따른다. 즉,

$$y_i \sim N((\beta_0 + \beta_1 x_i),\ \sigma_\epsilon^2)$$

ϵ_i : y_i와 $\beta_0 + \beta_1 x_i$의 차이를 나타내며 오차라고 부른다. ϵ_i들은 서로 독립이다. 또한 평균이 0이고, 분산이 σ_ϵ^2인 정규분포를 따른다. 즉,

$$\epsilon_i \sim N(0, \sigma_\epsilon^2)$$

독립변수 x_i하에서 종속변수의 기대값은 $E(y_i | x_i)$인데 이들은 $\beta_0 + \beta_1 x_i$선상에서 위치한다. 즉 $E(y_i | x_i) = \beta_0 + \beta_1 x_i$이며 이를 모회귀선이라 한다. 여

그림 15.2
회귀직선의 모형

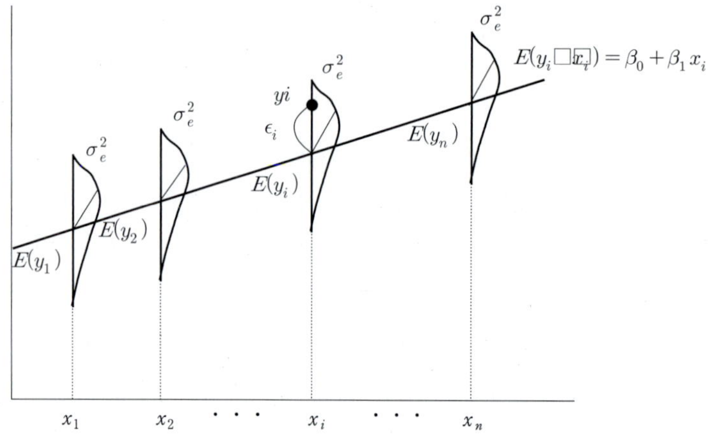

기서 β_0과 β_1은 미지의 모수이므로 표본을 이용해서 추정한다. 위의 광고비와 매출액의 예에서 볼 때, 과연 광고비와 매출액이 어떠한 1차함수를 이루고 있는지, 즉 β_0과 β_1이 어떤 값인지는 표본으로 추정할 수밖에 없다. 왜냐하면 광고비와 매출액의 모집단은 사실상 존재하지 않기 때문이다. 특정 광고비하에서의 매출액의 기대값이 전체적으로 $\beta_0+\beta_1 x_i$ 직선상에 존재할 것이라는 가정을 할 뿐 실제로 모집단이 존재하는 것은 아니다. 따라서 현실로 나타난 몇 개의 표본으로 β_0과 β_1을 추정할 따름이다.

[그림 15.3]은 모회귀선과 추정회귀선의 관계를 나타낸 것이다. 모회귀선과 그에 따른 매출액의 분포가 다음과 같은데 실제로 추출된 표본은 (x_1, y_1), (x_2, y_2), ⋯, (x_6, y_6)이다. 그림에서와 같이 실제로 모집단이 존재한다면 가가의 정규분포에 해당하는 모든 점들이 있어야 하나 현실은 그렇지 못하다. 따라서 모회귀선이 이띠한 형태인가는 알 수가 없고 다만 현실로 나타난 몇 개의 점들을 이용하여 추정회귀선을 구하고 이것이 어느 정도의 신뢰도로서 모회귀선에 근사할 것이라는 추정을 할 뿐이다.

표본에 의한 추정회귀모형은 $\hat{y}_i=b_0+b_1 x_i$로 표현한다. β_0의 추정량으로 b_0 그리고 β_1의 추정량으로 b_1을 사용한다.

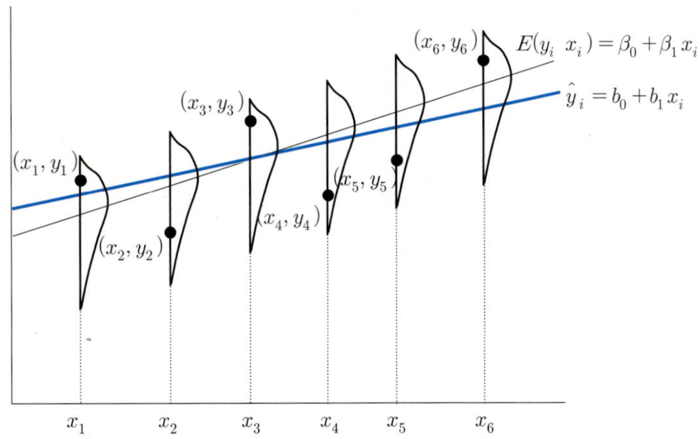

그림 15.3
모회귀선과 추정회귀선

15.2 회귀선의 추정

전술한 바와 같이 회귀모형은 $y_i = \beta_0 + \beta_1 x_i + \epsilon_i, (\epsilon_i \sim N(0, \sigma_\epsilon^2))$이며 표본으로 선정된 몇 개의 점을 이용하여 β_0, β_1을 추정해야 한다. 그림에서와 같이 표본으로 선정된 점을 $(x_1, y_1), (x_2, y_2), \cdots, (x_n, y_n)$이라 하자. 독립변수가 x_i일 때 종속변수 y_i와 [그림 15.4]에서와 같이 그려진 직선에 의하여 예측된 값은 $\hat{y}_i = b_0 + b_1 x_i$가 된다. 이때 실제 관측값 y_i와 예측값 $b_0 + b_1 x_i$의 차를 편차라 하고, n개 편차의 제곱합을 D라 하면,

$$D = \sum_{i=1}^{n} (y_i - (b_0 + b_1 x_i))^2$$

이다. 이 편차의 제곱합을 최소로 하는 직선을 찾는 것이 추정의 과제라 할 수 있을 것이다. 따라서 편차의 제곱합을 최소화시키기 위해 가장 널리 사용되는 것이 최소자승법(least square method) 또는 최소제곱법이다. 즉, 최소제곱법은 D가 최소가 되도록 하는 b_0과 b_1을 구하는 것이다. 따라서 b_0과 b_1을 각각 β_0과

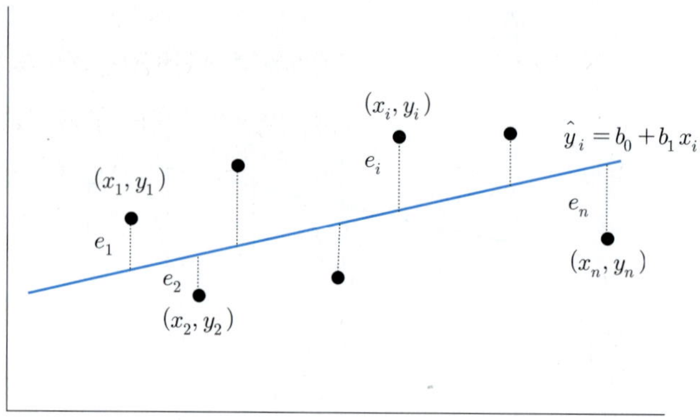

그림 15.4
회귀직선의 잔차

β_1의 최소제곱추정량(least square estimator)이라 하고 최소제곱법에 의해 추정된 직선은

$$\hat{y} = b_0 + b_1 x$$

이고 이를 추정회귀직선이라 한다. b_0과 b_1을 구하는 공식은 다음과 같다.

$$b_1 = \frac{\sum_{i=1}^{n}(x_i - \overline{x})(y_i - \overline{y})}{\sum_{i=1}^{n}(x_i - \overline{x})^2} = \frac{\sum_{i=1}^{n} x_i y_i - n\overline{x}\overline{y}}{\sum_{i=1}^{n} x_i^2 - n\overline{x}^2}$$

$$b_0 = \overline{y} - b_1 \overline{x}$$

예측값 : $\hat{y}_i = b_0 + b_1 x_i$

예제 15.1

다음은 서울기계(주)의 한 부서에서 지난 15개월 동안 조업도와 전력소비량의 관계를 조사한 것이다. 이 자료에 근거하여 회귀선을 추정하라.

조업도(x)	전력소비량(y)	x^2	y^2	xy
80	720	6,400	518,400	57,600
60	530	3,600	280,900	31,800
40	450	1,600	202,500	18,000
95	900	9,025	810,000	85,500
90	880	8,100	774,400	79,200
90	1,000	8,100	1,000,000	90,000
90	980	8,100	960,400	88,200
100	1,100	10,000	1,210,000	110,000
120	1,280	14,400	1,638,400	153,600
110	1,250	12,100	1,562,500	137,500
80	780	6,400	608,400	62,400
140	1,440	19,600	2,073,600	201,600
90	990	8,100	980,100	89,100
100	1,020	10,000	1,040,400	102,000
150	1,540	22,500	2,371,600	231,000
1,435	14,860	148,025	16,031,600	1,537,500

풀이 —

$$\bar{x}=\frac{1,435}{15}=96 \quad \bar{y}=\frac{14,860}{15}=991$$

$$b_1=\frac{\sum_{i=1}^{n}x_iy_i-n\bar{x}\bar{y}}{\sum_{i=1}^{n}x_i^2-n\bar{x}^2}=\frac{1,537,500-15\times96\times991}{148,025-15\times96^2}=\frac{110,460}{9,785}=11.29$$

$$b_0=\bar{y}-b_1\bar{x}=991-11.29\times96=-92.84$$

$$\hat{y}_i=b_0+b_1x_i=-92.84+11.29x_i$$

■ 엑셀2007을 이용한 회귀선 추정

예제 15.1을 엑셀을 이용하여 회귀선을 추정하여 보자. 엑셀에서 회귀선을 추정하는 방법은 함수를 이용하는 방법과 분석도구에서 “회귀분석”을 이용하는 2가지 방법이 있다. 본 예에서는 함수를 이용하는 방법을 이용하여 추정하여 본다. 함수에는 기울기를 추정하는 SLOPE와 절편을 추정하는 INTERCEPT가 있다. 다음의 엑셀화면에서와 같이 A열에 조업도 B열에 전력소비량을 입력하고 각각의 함수를 실행한다. 초기 화면에서 종속변수(B열) 및 독립변수(A열)를 캡처한 후 [확인] 버튼을 클릭하면 실행이 완료된다. 함수 실행 결과 절편은 -41.44, 기울기는 10.787로 추정되어, 풀이의 값과 약간의 차이를 보이고 있는데 이는 소수점 처리에 의한 것이다.

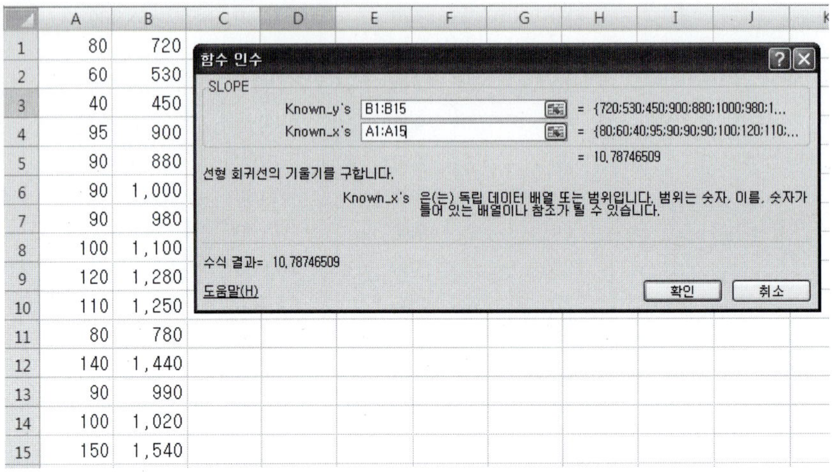

15.3 회귀선의 정도

독립변수와 종속변수에 대한 데이터가 주어지면 최소자승법에 의해 회귀직선을 추정할 수 있다. 그런데 추정된 회귀직선이 독립변수와 종속변수 간의 관계를 얼마나 정확하게 설명할 수 있는가 하는 정보도 중요하다. 관측값이 추정된 회귀직선을 중심으로 매우 가깝게 위치한다면 추정된 회귀직선이 관측값을 잘 설명함으로써 설명력이 매우 높다고 할 것이며, 반대로 관측값이 추정된 회귀직선으로부터 멀리 떨어져 있다면 설명력이 좋지 않다고 할 것이다. 회귀직선의 설명력을 나타내는 것을 회귀선의 정도(precision)라 하며 이에는 추정의 표준오차와 결정계수가 있다. 추정된 회귀직선 주위에 흩어져 있는 정도를 나타내는 추정치의 표준오차로 측정하거나 추정된 회귀직선이 종속변수의 변동을 얼마나 잘 설명하여 주는가를 결정계수로 측정한다.

1. 오차의 표준오차

먼저 관측값 y_i와 예측값 $\hat{y}_i$의 차를 잔차(residual)라 하고 e_i로 표기한다. 즉,

$$e_i = y_i - \hat{y}_i = y_i - (b_0 + b_1 x_i)$$

잔차의 성질 중 대표적인 것으로는 "잔차의 합은 항상 0이다"라는 것이 있다.

> 잔차 : $e_i = y_i - \hat{y}_i = y_i - (b_0 + b_1 x_i)$
>
> 잔차의 합은 항상 0이다. 즉, $\sum_{i=1}^{n} e_i = 0$

또한 잔차의 제곱합을 잔차제곱합(SSE)이라 하며 그 계산과정은 다음과 같다.

$$SSE = \sum_{i=1}^{n} e_i^2 = \sum_{i=1}^{n} (y_i - b_0 - b_1 x_i)^2$$

> 잔차제곱합 : $SSE = \sum_{i=1}^{n} e_i^2 = \sum_{i=1}^{n} (y_i - b_0 - b_1 x_i)^2$

오차의 분산 σ_ϵ^2의 추정량으로 잔차제곱합 SSE를 $n-2$로 나눈 값을 사용한다. 이렇게 정의된 σ_ϵ^2의 추정량을 s_ϵ^2으로 표시하는데, 이를 평균제곱오차(mean square error) 또는 MSE로 표기하기도 한다.

> 오차의 분산 σ_ϵ^2의 추정량 : $s_\epsilon^2 = MSE = \dfrac{SSE}{n-2}$

일반적으로 표본분산에서는 제곱합을 $n-1$로 나누지만 오차분산의 추정량에서는 $n-2$로 나눈다. 그 이유는 $n-2$가 SSE의 자유도이기 때문인데

SSE의 구조를 살펴보면 b_0과 b_1 2개를 추정하였으므로 선형제약조건의 수가 2개 있으므로, 오차분산의 추정량의 자유도는 관측값의 수 n에서 2를 뺀 것이라고 생각하면 된다.

오차의 표준편차의 추정량 또는 표준오차는

$$s_\epsilon = \sqrt{\frac{SSE}{n-2}}$$

이며 s_ϵ가 작으면 작을수록 관측값이 추정된 회귀식으로부터 가깝게 위치한다는 것이며, 반대로 크면 표본이 추정된 회귀식으로부터 멀리 떨어져 있다는 것을 의미한다. 다시 말해서 s_ϵ가 작으면 추정된 회귀식의 정도(precision)가 높아서 추정된 회귀직선이 독립변수와 종속변수의 통계적 관계를 잘 설명한다는 것을 의미하고, s_ϵ가 크면 추정된 회귀식의 정도가 낮아서 설명하지 못한다는 것을 의미한다.

예제 15.2

다음의 데이터를 가지고 각각의 s_ϵ를 계산하여 보자. [그림 15.5]는 $y=10+2x$를 중심으로 +2, −2만큼 번갈아 떨어져 있는 표본이고, [그림 15.6]은 +6, −6만큼 번갈아 떨어져 있는 표본이다. [그림 15.7]은 $y=10+5x$를 중심으로 +2, −2만큼 번갈아 떨어져 있는 표본이다.

그림 15.5
표본 : $y=10+2x(\pm 2)$

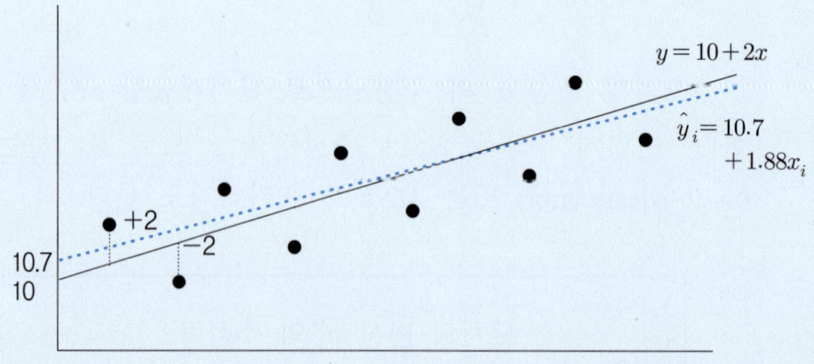

X	1	2	3	4	5	6	7	8	9	10
Y	14	12	18	16	22	20	26	24	30	28

그림 15.6

표본 :

$y=10+2x(\pm 6)$

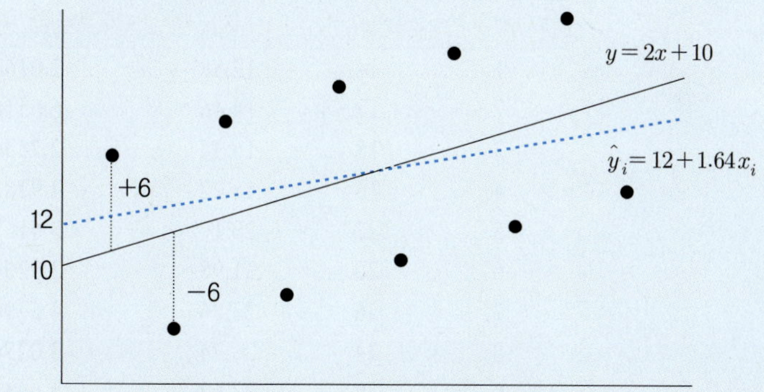

X	1	2	3	4	5	6	7	8	9	10
Y	18	8	22	12	26	16	30	20	34	24

그림 15.7

표본 :

$y=10+5x(\pm 2)$

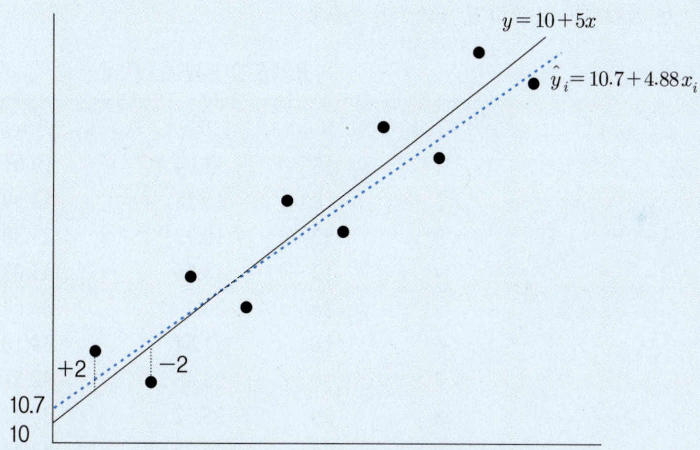

X	1	2	3	4	5	6	7	8	9	10
Y	17	18	27	28	37	38	47	48	57	58

풀이 —

[그림 15.5]의 자료에 따라 회귀직선을 추정하면 $\hat{y}_i=10.7+1.88x_i$ 가 되고 이를 바탕으로 SSE를 계산하면 38.804가 된다.

〈표 15.1〉 SSE의 계산 1

x_i	y_i	$\hat{y}_i$	$e_i^2=(y_i-\hat{y}_i)^2$
1	14	12.58	2.0164
2	12	14.46	6.0516
3	18	16.34	2.7556
4	16	18.22	4.9284
5	22	20.1	3.61
6	20	21.98	3.9204
7	26	23.86	4.5796
8	24	25.74	3.0276
9	30	27.62	5.6644
10	28	29.5	2.25
			38.804

$$s_\epsilon^2=\frac{SSE}{n-2}=\frac{38.804}{10-2}=4.85,\quad s_\epsilon=\sqrt{4.85}=2.20$$

[그림 15.6]의 자료에 따라 회귀직선을 추정하면 $\hat{y}_i=12+1.64x_i$ 가 되고 이를 바탕으로 SSE를 계산하면 349.1이 된다.

〈표 15.2〉 SSE의 계산 2

x_i	y_i	$\hat{y}_i$	$e_i^2=(y_i-\hat{y}_i)^2$
1	18	13.64	19.01
2	8	15.28	52.998
3	22	16.92	25.806
4	12	18.56	43.034
5	26	20.2	33.64
6	16	21.84	34.106
7	30	23.48	42.51
8	20	25.12	26.214
9	34	26.76	52.418
10	24	28.4	19.36
			349.1

$$s_\epsilon^2=\frac{SSE}{n-2}=\frac{349.1}{10-2}=43.64,\quad s_\epsilon=\sqrt{43.64}=6.61$$

계산에서 보는 바와 같이 [그림 15.5]의 s_ϵ는 2.20, 그리고 [그림 15.6]의 s_ϵ는 6.61이다. 다시 말해서 [그림 15.5]가 [그림 15.6]보다 s_ϵ가 작아 추정된 회귀식의 정도가 높으므로 설명력이 더 크다고 말할 수 있다.

한편 [그림 15.7]의 자료에 따라 회귀직선을 추정하면 $\hat{y}_i = 10.7 + 4.88x_i$가 되고 이를 바탕으로 SSE를 계산하면 38.804가 되는데 이는 [그림 15.5]와 동일하다.

〈표 15.3〉 SSE의 계산 3

x_i	y_i	$\hat{y}_i$	$e_i^2 = (y_i - \hat{y}_i)^2$
1	17	15.58	2.0164
2	18	20.46	6.0516
3	27	25.34	2.7556
4	28	30.22	4.9284
5	37	35.1	3.61
6	38	39.98	3.9204
7	47	44.86	4.5796
8	48	49.74	3.0276
9	57	54.62	5.6644
10	58	59.5	2.25
			38.804

$$s_\epsilon^2 = \frac{SSE}{n-2} = \frac{38.804}{10-2} = 4.85,\ \ s_\epsilon = \sqrt{4.85} = 2.20$$

[그림 15.7]의 s_ϵ는 2.20으로서 [그림 15.5]의 s_ϵ와 동일하게 나타났다. 두 그림의 회귀직선의 기울기는 달라도 회귀직선으로부터 떨어져 있는 크기가 동일하기 때문에 s_ϵ가 동일하게 나타난 것이며 따라서 두 회귀직선의 정도가 동일하다고 보는 것이다. 앞서 설명하였듯이 모집단에서의 오차 ϵ_i는 평균이 0이고 분산이 σ^2인 정규분포를 이룬다. 즉 $\epsilon_i \sim N(0, \sigma_\epsilon^2)$이다. σ_ϵ^2이 알려져 있지 않은 경우 s_ϵ^2을 대용한다. 즉 s_ϵ^2은 σ_ϵ^2의 점추정량이다.

2. 결정계수

추정의 표준오차는 회귀직선으로부터 떨어져 있는 정도를 평균으로 나타낸 수치다. 앞에서 설명한 바와 같이 [그림 15.5]의 표준오차와 [그림 15.7]의 표준오차가 동일하게 나타났다. 추정의 표준오차가 동일하다고 해서 설명력이 과연 동일하다고 말할 수 있을까? [그림 15.5]에서의 추정회귀직선이 $\hat{y}_i = 10.7 + 1.88x_i$이고 [그림 15.7]에서의 추정회귀직선이 $\hat{y}_i = 10.7 + 4.88x_i$이다. 즉 [그림 15.5]

의 경우는 x가 1단위 증가할 때 y는 1.88단위 증가하고, [그림 15.7]의 경우 x가 1단위 증가할 때 y는 4.88단위 증가한다. [그림 15.5]와 [그림 15.7]이 회귀직선으로부터 떨어져 있는 거리가 동일하기 때문에 추정의 표준오차가 동일하게 나타났다. 그러나 회귀직선으로부터 떨어져 있는 절대거리는 동일하더라도 그 상대적 비율은 [그림 15.5]가 높다. 예를 들어 만원짜리를 100원 할인하는 것과 천원짜리를 100원 할인하는 것은 그 할인액의 절대값은 같다 하더라도, 할인율로 볼 때에는 천원짜리는 할인율이 10%이고 만원짜리는 할인율이 1%이므로 천원짜리가 할인율이 더 크다. 따라서 추정의 표준오차만으로는 회귀직선의 정도를 정확히 나타낼 수는 없다. 이를 보완하는 개념이 결정계수(coefficient of determination)이다.

다음의 [그림 15.8]로 설명하여 보자. 특정의 관찰치 y_i에서 y_i의 평균인 $\overline{y}$까지의 차이$(y_i-\overline{y})$를 총편차라 한다. 총편차는 y_i와 $\hat{y}_i$의 차이$(y_i-\hat{y}_i)$와 $\hat{y}_i$와 $\overline{y}$의 차이$(\hat{y}_i-\overline{y})$의 합으로 이루어진다. 이때 $(y_i-\hat{y}_i)$는 잔차 e_i로서 추정회귀식으로는 설명이 되지 않는 편차이고, $(\hat{y}_i-\overline{y})$는 추정된 회귀식에 의해 설명이 되는 편차이다. 즉 $(\hat{y}_i-\overline{y})$는 $(b_0+b_1x_i)$에서 $(b_0+b_1\overline{x})$를 차감한 것으로 $b_1(x_i-\overline{x})$이며 이는 회귀식에 의해 설명되는 편차이다. 이를 정리하면 다음의 식과 같으며 또한 이들에 대한 제곱합도 성립한다.

그림 15.8
총편차의 분해

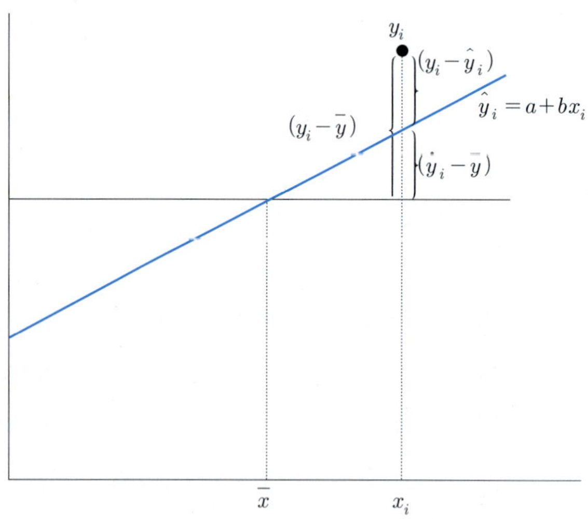

$$(y_i - \bar{y}) = (y_i - \hat{y}_i) + (\hat{y}_i - \bar{y})$$
$$\sum (y_i - \bar{y})^2 = \sum (y_i - \hat{y}_i)^2 + \sum (\hat{y}_i - \bar{y})^2$$
$$SST = SSE + SSR$$

여기서 $\sum (y_i - \bar{y})^2$는 총변동 또는 총제곱합으로서 SST(total sum squares)로 표기하고, $\sum (y_i - \hat{y}_i)^2$는 회귀식에 의해 설명이 안되는 잔차제곱합으로서 SSE(residual sum squares)로 표기하며, $\sum (\hat{y}_i - \bar{y})^2$는 회귀식에 의해 설명할 수 있는 회귀제곱합으로서 SSR(regression sum squares)이라 표기한다. 이 식을 양변에 SST로 나누면 다음과 같다.

$$1 = \frac{SSR}{SST} + \frac{SSE}{SST}$$

$\frac{SSR}{SST}$은 총변동 중에서 회귀직선으로 설명될 수 있는 회귀제곱합의 비율이고 $\frac{SSE}{SST}$는 총변동 중에서 회귀직선으로 설명될 수 없는 잔차제곱합의 비율이다. 따라서 $\frac{SSR}{SST}$의 값이 1에 가까우면 총변동 SST에서 회귀제곱합 SSR이 차지하는 부분이 큰 경우로서 회귀직선이 관측결과를 잘 설명할 수 있다는 것이며, $\frac{SSR}{SST}$의 값이 0에 가까우면 회귀직선이 관측결과를 설명하는 데 별로 도움이 되지 않음을 알 수 있다. $\frac{SSR}{SST}$을 결정계수 또는 회귀모형의 기여율이라 하며 R^2으로 표현한다.

결정계수 : $R^2 = \frac{SSR}{SST} = 1 - \frac{SSE}{SST}$

위의 식으로부터 결정계수의 값은 항상 0과 1 사이의 수임을 알 수 있다. 또한 결정계수 R^2은 표본상관계수의 제곱이다. 즉,

$$R^2 = (r)^2 = \left(\frac{s_{xy}^2}{s_{xx} \cdot s_{yy}} \right)^2$$
$$= \frac{\left(\sum_{i=1}^{n} x_i y_i - n\bar{x}\,\bar{y} \right)^2}{\left(\sum_{i=1}^{n} x_i^2 - n\bar{x}^2 \right)\left(\sum_{i=1}^{n} y_i^2 - n\bar{y}^2 \right)}$$

이러한 관계로부터 결정계수 R^2의 값이 1에 가까운 경우 산점도에서 관측값들이 추정회귀직선 부근에 가깝게 몰려 있음을 뜻하게 되고, 따라서 추정된 회귀직선이 관측값을 잘 설명해 준다고 할 수 있다.

예제 15.3

표준오차가 동일하다 하더라도 회귀직선의 기울기에 따라 결정계수가 달라질 수 있다. 앞에서 설명한 데이터로 설명하여 보자.

풀이 —

[그림 15.5]의 회귀직선은 $\hat{y}_i = 10.7 + 1.88x_i$이며 기울기는 1.88이고 SSE와 SST는 각각 38.804와 330이다.

〈표 15.4〉 SST와 SSE의 계산 1

x_i	y_i	$\hat{y}_i$	$e_i^2 = (y_i - \hat{y}_i)^2$	$(y_i - \bar{y})^2$
1	14	12.58	2.0164	49
2	12	14.46	6.0516	81
3	18	16.34	2.7556	9
4	16	18.22	4.9284	25
5	22	20.1	3.61	1
6	20	21.98	3.9204	1
7	26	23.86	4.5796	25
8	24	25.74	3.0276	9
9	30	27.62	5.6644	81
10	28	29.5	2.25	49
			38.804	330

$$R^2 = 1 - \frac{SSE}{SST} = 1 - \frac{38.804}{330} = 0.882$$

[그림 15.7]의 회귀직선은 $\hat{y}_i = 10.7 + 4.88x_i$이며 기울기는 4.88이고 SSE와 SST는 각각 38.804와 2,002.5이다.

〈표 15.5〉 SSE와 SST의 계산 2

x_i	y_i	$\hat{y}_i$	$e_i^2=(y_i-\hat{y}_i)^2$	$(y_i-\bar{y})^2$
1	17	15.58	2.0164	420.25
2	18	20.46	6.0516	380.25
3	27	25.34	2.7556	110.25
4	28	30.22	4.9284	90.25
5	37	35.1	3.61	0.25
6	38	39.98	3.9204	0.25
7	47	44.86	4.5796	90.25
8	48	49.74	3.0276	110.25
9	57	54.62	5.6644	380.25
10	58	59.5	2.25	420.25
			38.804	2,002.5

$$R^2=1-\frac{SSE}{SST}=1-\frac{38.804}{2,002.5}=0.981$$

이상에서 보는 바와 같이 [그림 15.5]와 [그림 15.7]은 추정의 표준오차가 동일하나, 결정계수는 [그림 15.5]가 0.882이고 [그림 15.7]은 0.981을 나타내고 있다. 따라서 결정계수로 본다면 [그림 15.7]의 회귀직선이 [그림 15.5]의 회귀직선보다 설명력이 더 높다고 할 수 있다.

15.4 회귀분석의 검정

15.3절에서 설명한 결정계수(R^2)로서 추정된 회귀식이 얼마나 설명력이 있는가를 알 수 있다. 추정된 회귀식이 과연 유의한가에 대해서는 어떻게 검정할 것인가? 예를 들어 추정된 회귀식의 결정계수가 만약 0.9가 나왔다면 당연히 유의하다고 할 것이나, 만약 0.3이 나왔다면 이를 두고 과연 이 회귀식이 의미 있는 것인가를 검정하는 것은 간단한 문제가 아니다. 이에 대한 문제를 해결하기 위해서 회귀분석의 검정을 공부해 보자.

회귀분석의 검정은 회귀식에 대한 가설검정과 회귀계수에 대한 가설검정으로 구분된다. 회귀식에 대한 가설검정은 회귀식 전체에 대한 유의성을 판정하는 것이고, 회귀계수에 대한 가설검정은 해당 회귀계수 자체에 대한 유의성을 판정하는 것이다. 단순회귀분석에서는 회귀계수가 오직 1개이기 때문에 회귀식에 대한 가설검정과 회귀계수에 대한 가설검정이 동일한 의미를 지니나, 중회귀분석에서는 회귀계수가 2개 이상이므로 회귀식에 대한 가설검정과 회귀계수에 대한 가설검정이 동일한 의미를 지니지 않는다. 즉 중회귀분석에서의 회귀식에 대한 가설검정은 계수 전체를 포함한 회귀식의 유의성에 대한 가설검정이고, 회귀계수에 대한 가설검정은 개별 회귀계수 자체의 유의성에 대한 가설검정이다.

1. 회귀식에 대한 가설검정(분산분석)

회귀식에 대한 가설검정은 회귀식에 의해 설명된 부분(SSR)과 회귀식에 의해 설명되지 않는 부분(SSE)을 기초로 하여 실시한다. 앞에서 총변동은 회귀제곱합과 잔차제곱합으로 분할될 수 있음을 배웠다. 즉,

$$SST = SSE + SSR$$

먼저 SST와 SSR은 다음 공식에 의해 계산한다.

$$SST = \sum (y_i - \bar{y})^2$$
$$SSR = \sum (\hat{y}_i - \bar{y})^2$$

그리고 SSE는 다음 공식으로 구하면 간편하다.

$$SSE = SST - SSR$$

또한 각 제곱합의 자유도의 분할을 생각해 보자. SST의 자유도는 $n-1$이다. 자료의 개수는 n인데 표본평균 $\bar{y}$를 추정함으로써 자유도 한 개를 잃어버렸기 때문이다. SSR의 자유도는 1인데, 일반적으로 SSR의 자유도는 독립변수의 개수라고 생각하는 것이 편할 것이다. 그리고 앞에서 이야기했듯이 SSE의 자유도는 $n-2$이다. 따라서 이를 정리하면 다음과 같다.

총변동의 자유도 : $\phi_T = n-1$
회귀제곱합의 자유도 : $\phi_R=1$
잔차제곱합의 자유도 : $\phi_R = \phi_T - \phi_R = n-2$

실험계획법에서 배웠듯이 제곱합을 이에 대응하는 자유도로 나눈 것을 평균제곱(mean square)이라 한다. 따라서 회귀평균제곱(MSR)은

$$MSR = \frac{SSR}{1} = SSR$$

이고 잔차평균제곱(MSE)은 앞에서도 배웠듯이

$$MSE = \frac{SSE}{n-2}$$

이다. 표본자료가 회귀직선에 잘 적합되었는지를 검정하기 위해서 다음과 같은 가설을 설정한다.

$$H_0 : \beta_1 = 0 \quad \text{v.s.} \quad H_1 : \beta_1 \neq 0$$

이 가설에 대한 검정통계량은 회귀제곱평균 MSR과 잔차제곱평균 MSE의 비율인

$$F_0 = \frac{MSR}{MSE}$$

인데 F_0는 귀무가설 H_0가 참인 경우에는 자유도가 $(1, n-2)$인 F-분포를 따른다. 즉,

$$F_0 = \frac{MSR}{MSE} \sim F(1, n-2)$$

회귀직선이 유의(significant)한 경우, 즉 $\beta_1 \neq 0$인 경우 SSR이 커질 것으로 기대되고, 따라서 회귀제곱합이 잔차제곱합보다 상대적으로 클 것으로 기대되기 때문에 귀무가설 $H_0 : \beta_1 = 0$의 유의수준 α일 때의 기각역은 다음과 같다.

$$F_0 \geq F_\alpha(1, n-2)$$

위에서 설명한 제곱합, 자유도 및 제곱평균을 하나의 표로 작성한 것이 〈표 15.6〉의 분산분석표이다.

〈표 15.6〉 분산분석표

요인	제곱합	자유도	평균제곱	F-값
회귀	$SSR=\sum(\hat{y}_i-\bar{y})^2$	1	$MSR=SSR/1$	$\frac{MSR}{MSE}$
잔차	$SSE=\sum(y_i-\hat{y}_i)^2$	$n-2$	$MSE=SSE/(n-2)$	
합계	$SST=\sum(y_i-\bar{y})^2$	$n-1$		

회귀식의 가설검정의 절차는 다음과 같다.

① 가설의 설정

$H_0 : \beta_1=0$(또는 H_0 : 회귀직선이 유의하지 않다)

$H_1 : \beta_1 \neq 0$(또는 H_1 : 회귀직선이 유의하다)

② 유의수준 α의 설정

③ 귀무가설 기각역 설정

$F_0 \geq F_\alpha(1, n-2)$

④ 분산분석표의 작성

⑤ 결론

예제 15.4

본문 15.3절의 [그림 15.5]와 [그림 15.6]에 대한 회귀직선의 가설검정을 $\alpha=0.05$ 수준에서 실시하라.

풀이 —

1) [그림 15.5]의 경우

$SST=330$

$SSR=291.116$

$SSE=SST-SSR=38.804$

① 가설의 설정

H_0 : 회귀식이 유의하지 않다.

H_1 : 회귀식이 유의하다.

② $\alpha=0.05$

③ 귀무가설의 기각역 설정

$F_0 \geq F_{0.05}(1,\ 8)=5.32$

④ 분산분석표의 작성

요인	제곱합	자유도	평균제곱	F_0 값
회귀	$SSR=291.116$	1	$MSR=291.116$	$\frac{MSR}{MSE}=60.1$
잔차	$SSE=38.804$	8	$MSE=4.851$	
합계	$SST=330$	9		

⑤ 결론 : $F_0=60.1 \geq 5.32$ 대립가설 채택

즉, 추정한 회귀직선이 유의하다. 또는 회귀직선의 기울기가 0은 아니다

2) [그림 15.6]의 경우

$SST=570$

$SSR=220.9$

$SSE=SST-SSE=349.1$

① 가설의 설정

H_0 : 회귀식이 유의하지 않다.

H_1 : 회귀식이 유의하다.

② $\alpha=0.05$

③ 귀무가설의 기각역 설정

$F_0 \geq F_{0.05}(1,\ 8)=5.32$

④ 통계량 계산

요인	제곱합	자유도	평균제곱	F_0 값
회귀	$SSR=220.9$	1	$MSR=220.9$	$\frac{MSR}{MSE}=5.06$
잔차	$SSE=349.1$	8	$MSE=43.638$	
합계	$SST=570$	9		

⑤ 결론 : $F_0=5.05<5.32$ 귀무가설을 기각할 수 없다.

즉, 추정한 회귀직선이 유의하지 않다. 또는 회귀직선의 기울기가 0이다.

2. 회귀계수 β_1에 대한 추정

단순회귀직선의 기울기 β_1의 추정량은

$$b_1 = \frac{\sum_{i=1}^{n}(x_i - \overline{x})(y_i - \overline{y})}{\sum_{i=1}^{n}(x_i - \overline{x})^2}$$

이다. b_1은 종속변수 y_i들의 함수이므로 b_1의 값은 표본에 따라 달라지므로 표본분포를 갖는다. 회귀계수 b_1은 평균이 β_1이고 분산이 $\frac{\sigma^2}{\Sigma(x_i - \overline{x})^2}$인 정규분포를 따른다고 알려져 있다. 오차의 분산 σ_ϵ^2가 알려져 있지 않을 때에는 σ_ϵ^2 대신에 $s_\epsilon^2 = \frac{SSE}{n-2} = MSE$를 대입하여 사용한다. 그 결과로

$$\frac{(b_1 - \beta_1)}{\sqrt{\frac{s_\epsilon^2}{\Sigma(x_i - \overline{x})^2}}} = \frac{(b_1 - \beta_1)}{\sqrt{\frac{MSE}{\Sigma(x_i - \overline{x})^2}}} \sim t(n-2)$$

이 성립한다. 이러한 성질을 이용하여 β_1의 $100(1-\alpha)\%$ 신뢰구간을 구하면 다음과 같다.

$$b_1 \pm t_{\alpha/2}(n-2)\sqrt{\frac{MSE}{\Sigma(x_i - \overline{x})^2}}$$

귀무가설 $H_0 : \beta_1 = 0$을 검정하기 위한 절차를 살펴보면, 먼저 $(b_1 - \beta_1)/\sqrt{\frac{MSE}{\Sigma(x_i - \overline{x})^2}}$이 자유도가 $n-2$인 t-분포를 따르기 때문에 귀무가설 H_0가 참일 때의 검정통계량은 다음과 같다.

$$t_0 = \frac{b_1}{\sqrt{\frac{MSE}{\Sigma(x_i - \overline{x})^2}}}$$

따라서 유의수준 α이고 대립가설 $H_1 : \beta_1 \neq 0$인 경우의 기각역은 다음과 같다.

$$t_0 \leq -t_{\alpha/2}(n-2) \text{ 또는 } t_0 \geq t_{\alpha/2}(n-2)$$

예제 15.5

[그림 15.5]와 [그림 15.6]에 대한 회귀계수에 대하여 가설검정을 $\alpha=0.05$ 수준에서 실시하라.

풀이 ―

1) [그림 15.5]의 경우

$b_1=1.88$, $MSE=4.851$, $\Sigma(x_i-\bar{x})^2=82.45$이므로

$$\sqrt{\frac{MSE}{\Sigma(x_i-\bar{x})^2}}=\sqrt{\frac{4.851}{82.45}}=0.24$$

① 가설의 설정

$H_0 : \beta_1=0$ 대 $H_1 : \beta_1 \neq 0$

② $\alpha=0.05$

③ 귀무가설의 기각역 : $t_0 \leq -t_{0.025}(8)=-2.306$ 또는 $t_0 \geq t_{0.025}(8)=2.306$

④ $t_0=\dfrac{b_1}{\sqrt{\dfrac{MSE}{\Sigma(x_i-\bar{x})^2}}}=\dfrac{1.88}{0.24}=7.83$

⑤ 결론 : $t_0=7.83 \geq 2.306$. 그러므로 귀무가설을 기각한다. 즉, $\beta_1 \neq 0$이 성립한다. 회귀직선의 기울기가 0은 아니므로 추정한 회귀직선이 유의하다.

2) [그림 15.6]의 경우

$b_1=1.64$, $MSE=43.638$, $\Sigma(x_i-\bar{x})^2=82.45$이므로

$$\sqrt{\frac{MSE}{\sum(x_i-\bar{x})^2}}=\sqrt{\frac{43.638}{82.45}}=0.73$$

① 가설의 설정

$H_0 : \beta_1=0$ 대 $H_1 : \beta_1 \neq 0$

② $\alpha=0.05$

③ 귀무가설의 기각역 : $t_0 \leq -t_{0.025}(8)=-2.306$ 또는 $t_0 \geq t_{0.025}(8)=2.306$

④ $t_0=\dfrac{b_1}{\sqrt{\dfrac{MSE}{\Sigma(x_i-\bar{x})^2}}}=\dfrac{1.64}{0.73}=2.24$

⑤ 결론 : $-2.306 < t_0 = 2.24 < 2.306$. 그러므로 귀무가설을 기각할 수 없다. 즉, $\beta_1 = 0$이 성립한다. 회귀직선의 기울기가 0이므로 추정한 회귀직선은 유의하지 않다.

15.5 모형의 타당성

앞에서 배운 단순회귀분석은 독립변수 x와 종속변수 y 간에는 ① 직선관계가 성립하고 ② 오차 ϵ의 분포는 $N(0, \sigma_\epsilon^2)$이며 ③ 오차항은 서로 독립이라는 가정에 기초하고 있다. 그러나 사회, 자연과학 등의 대부분의 분야에서 변수간의 관계는 경험적으로 주어지므로 위의 가정들에 대한 검토가 이루어져야 한다. 모형의 타당성 검사방법으로는 잔차의 검토와 적합결여검정이 있으나 본 교재에서는 잔차의 검토만 공부하기로 한다.

앞에서 배운 바와 같이 잔차의 정의는 관측값과 예측값의 차이이다. 즉,

$$e_i = y_i - \hat{y}_i, \ i = 1, 2, \cdots, n$$

잔차는 최소제곱법에 의해 추정된 회귀모형에 의해 설명될 수 없는 변동에 대한 모든 정보를 포함하고 있다. 잔차의 정의와 오차의 정의를 다시 살펴보면,

$$\text{잔차 : } e_i = y_i - b_0 - b_1 x_i$$
$$\text{오차 : } \epsilon_i = y_i - \beta_0 - \beta_1 x_i$$

이다. 회귀모형이 성립하여 b_0이 β_0의 올바른 추정량이고, b_1이 β_1의 올바른 추정량이라면, 잔차 e_i는 오차항 ϵ_i의 추정량이 될 것이다. 오차항 ϵ_i는 $N(0, \sigma_\epsilon^2)$을 따르므로, 만약 가정된 회귀모형이 성립한다면 잔차에 대한 그림을 그려보았을 때, 0을 중심으로 랜덤하게 나타날 것을 기대할 수 있을 것이다. 즉, 잔차를 그려보아 회귀모형에 대한 가정의 사실 여부를 판정할 수 있는 것이다. 잔차에 관한 산점도 몇 가지를 소개한다.

1. (x_i, e_i)의 산점도

$(x_i,\ e_i)$의 산점도를 통하여 가정된 회귀직선이 적절한 것인지 그리고 등분산성의 가정이 성립하는지를 알 수 있다. $(x_i,\ e_i)$의 산점도는 [그림 15.9]와 같이 x_i를 가로축에, e_i를 세로축에 배치하여 그린 그림이다. [그림 15.9(a)]는 잔차값들이 x_i 값의 대소와 관계없이 0을 중심으로 랜덤하게 분포하고 있음을 알 수 있다. 즉, 회귀모형에 대한 가정들이 타당하다고 할 수 있다. [그림 15.9(b)]는 x_i값이 증가함에 따라 잔차값들의 분포폭이 점점 더 커지는 경향을 띠고 있다. 따라서 등분산성의 가정을 의심할 수 있으며, 이 경우에는 자료를 변환하거나 가중회귀직선을 적합시켜야 한다. [그림 15.9(c)]는 x_i값이 증가함에 따라 잔차값들이 증가하다가 감소하는 경향을 띠고 있다. 따라서 가정된 회귀선이 부적당하며 이차곡선식이나 다른 비선형모형이 고려되어야 한다.

그림 15.9
(x_i, e_i)의 산점도

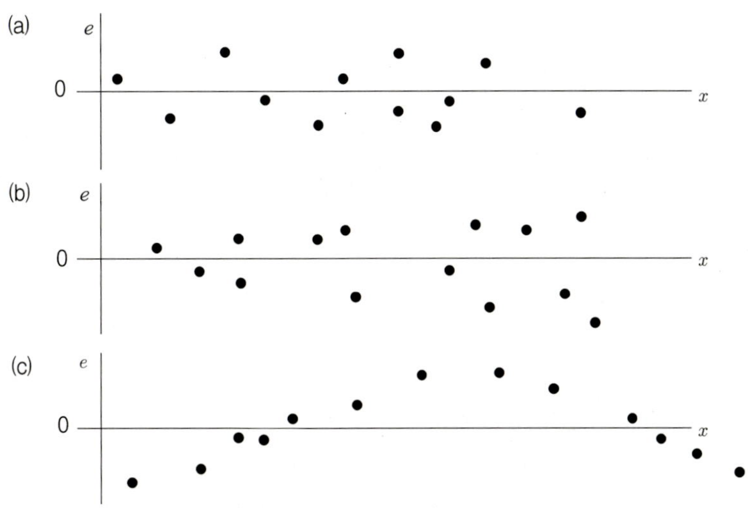

2. $(\hat{y}_i, e_i)$의 산점도

$(\hat{y}_i,\ e_i)$의 산점도를 통하여서도 가정된 회귀직선이 적절한 것인지 그리고 등분산성의 가정이 성립하는지를 알 수 있다. 잔차와 예측값 $\hat{y}_i$의 산점도도

$(x_i,\ e_i)$의 산점도와 동일한 방법으로 그릴 수 있고 또한 해석한다.

3. (i, e_i)의 산점도

(i, e_i)의 산점도는 오차 ϵ_i들이 서로 독립이라는 가정에 대한 타당성을 검토할 수 있는 그림이다. 독립성의 결여는 경영학과 경제학의 응용분야에서 주로 발생하는데 이러한 분야에서는 일반적으로 자료가 시간순서로 발생하기 때문이다. [그림 15.10]은 시험이 진행됨에 따라 잔차값들이 높은 값을 갖다가 점차 낮은 값을 갖는 형태를 보여주고 있다. 즉, 연속하는 잔차 e_{i-1}, e_i 사이에는 서로 양의 상관관계가 있음을 알 수 있으므로 오차들은 서로 독립이 아님을 알 수 있다.

그림 15.10
$(i\ ,\ e_i)$의 산점도

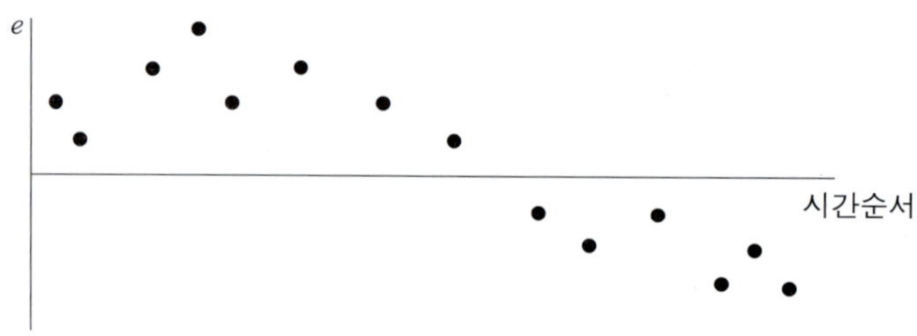

■ **엑셀2007을 이용한 단순회귀분석**

분석도구의 "회귀분석"은 지금까지 다룬 회귀선의 절편 및 기울기 추정, 회귀선의 표준오차, 결정계수, 회귀식에 대한 검정, 회귀계수에 대한 검정, 산점도 등을 동시에 실행한다. 예제 15.2의 그림 15.5, 15.6 및 15.7에 대해 분석도구 "회귀분석"을 실행하는 방법, 절차 그리고 실행결과의 해석을 다루어 보자.

다음의 엑셀화면은 그림 15.5의 데이터에 대한 "회귀분석" 절차를 나타낸 것이다. A열에 독립변수값, B열에 종속변수값을 입력하고 메뉴에서 [데이터> 데이터분석> 회귀분석]을 실행하면 우측과 같은 입력 초기화면이 나타난다. Y축 입력범위 및 X축 입력범위에 해당 데이터를 캡처하고 출력범위를 입력한 다음 옵션사항인 잔차, 표준

잔차 및 잔차도를 선택한 다음 [확인] 버튼을 클릭하면 실행이 완료된다.

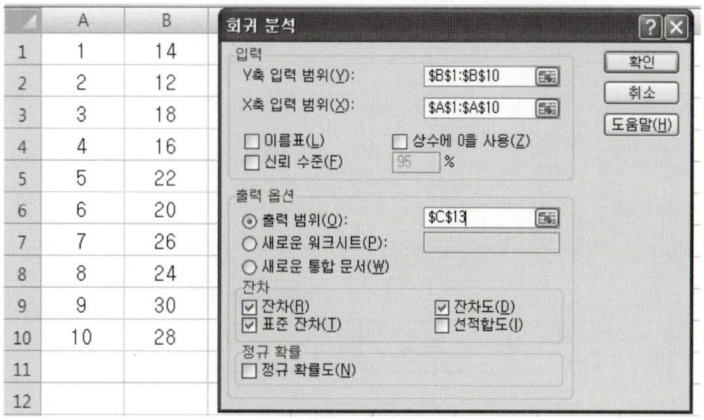

다음의 엑셀화면은 앞에서 설명한 절차로 "회귀분석"을 실행한 결과이다. 요약출력은 앞에서 다룬 결정계수, 표준오차 등의 정보를 제공하고 있다. 다중상관계수는 결정계수의 제곱근 값이다. 분산분석은 회귀식에 대한 검정결과로서 회귀와 잔차에 대한 제곱합, 제곱평균 그리고 이들에 대한 F-값 및 F-값의 유의값 등을 제공하고 있다. 본 모형의 유의값은 5.48E-5로 나타났다. 일반적으로 유의값이 0.01 이하이면 매우 유의하다고 평가된다는 것을 고려한다면 이 회귀식은 매우 유의한 것으로 평가될 수 있다. 즉 회귀식이 모형으로 매우 적합하다는 것을 알려주고 있다.

분산분석 아래에는 모형의 절편과 회귀계수에 대한 추정치, 표준오차, t-값, P-값, 그리고 각 추정치의 구간추정값을 제공하고 있다. 본 회귀식의 절편의 추정값은 10.67, 회귀계수의 추정값은 1.88이며, 추정값의 P-값은 각각 0.000103, 5.48E-5로 매우 유의적인 것으로 나타났다. 잔차출력에는 예측치($\hat{y}_i$), 실측치(y_i)와 예측치($\hat{y}_i$)의 차이인 잔차(e_i), 잔차(e_i)를 표준오차(s_e)로 표준화한 표준잔차가 제공되어 있다. X1 잔차도는 앞에서 다룬 (x_i, e_i) 산점도를 의미한다. 그림에 의하면 x_i가 증가하면 양의 잔차는 증가하나 음의 잔차는 감소하는 것으로 나타났다.

요약 출력

회귀분석 통계량	
다중 상관계수	0.939394
결정계수	0.882461
조정된 결정계수	0.867769
표준 오차	2.201928
관측수	10

분산 분석

	자유도	제곱합	제곱 평균	F 비	유의한 F
회귀	1	291.2121	291.2121	60.0625	5.48E-05
잔차	8	38.78788	4.848485		
계	9	330			

	계수	표준 오차	t 통계량	P-값	하위 95%	상위 95%	하위 95.0%	상위 95.0%
Y 절편	10.66667	1.504203	7.091242	0.000103	7.197969	14.13536	7.197969	14.13536
X 1	1.878788	0.242424	7.75	5.48E-05	1.319757	2.437819	1.319757	2.437819

잔차 출력

관측수	Y 예측치	잔차	표준 잔차
1	12.54545	1.454545	0.700649
2	14.42424	-2.42424	-1.16775
3	16.30303	1.69697	0.817424
4	18.18182	-2.18182	-1.05097
5	20.06061	1.939394	0.934199
6	21.93939	-1.93939	-0.9342
7	23.81818	2.181818	1.050974
8	25.69697	-1.69697	-0.81742
9	27.57576	2.424242	1.167748
10	29.45455	-1.45455	-0.70065

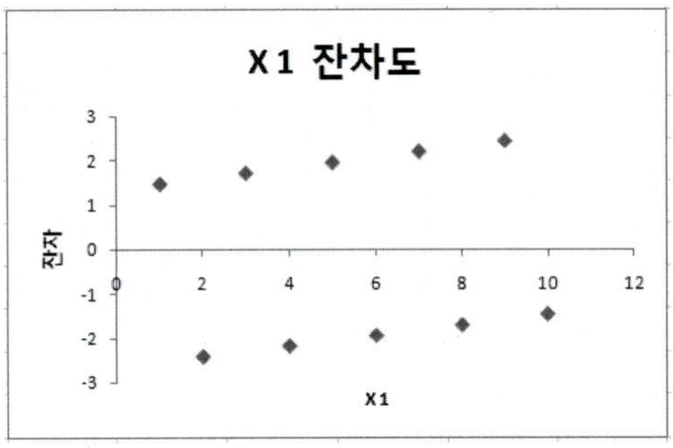

연습문제

1. 다음은 과거 몇 년 동안의 한강백화점의 한달 광고비(x)와 매출액(y) 중 10달을 랜덤하게 추출하여 조사한 자료이다.

(단위 : 백만원)

x	4.5	6.2	7.3	8.6	6.8	7.2	9.4	9.6	10.0	12.6
y	90	110	182	210	124	172	220	242	255	285

(1) 추정회귀식을 구하라.
(2) 결정계수를 구하라.

2. 소비자연구소에서는 아파트 거주자의 평수(X)와 월평균외식비(Y)의 관계를 조사하기 위하여 랜덤하게 10가구를 채택하여 조사하여 다음과 같은 자료를 얻었다.

(단위 : 평, 만원)

X	32	48	54	26	33	46	58	36	24	18
Y	12	21	28	10	14	20	30	14	9	6

(1) 최소제곱법에 의해 회귀식을 추정하라.
(2) 추정된 회귀식에 따라 70평 소유자의 월평균외식비를 추정하라.
(3) 결정계수를 구하라.

3. 다음은 최근 1년간 극동생명의 생명보험에 가입한 고객 중 10명을 랜덤하게 추출하여 월수입(X)과 보험가입금액(Y)을 조사한 자료이다.

(단위 : 만원)

X	160	125	137	300	203	405	520	372	260	350
Y	3100	2200	2400	5100	3800	6200	7400	5400	5800	5600

(1) 회귀선을 추정하라.
(2) 회귀선의 유의성을 유의수준 5%에서 검정하라.
(3) 잔차를 계산하라.

4. 어떤 두 변수간의 관계를 실험하였더니 다음과 같이 관찰되었다고 하자.

x	1	2	3	4	5	6	7	8	9	10
y	4	6	7	9	12	10	14	15	12	18

(1) 최소제곱법으로 b_0과 b_1을 구하라.

(2) $x=12$일 때, y 값을 추정하라.

5. 두 변수 x, y를 실험하여 25개의 데이터를 얻었고 이를 바탕으로 다음과 같은 수치가 계산되었다. 다음 수치를 이용하여 회귀식을 추정하라.

$$\sum x=142,\ \sum y=1{,}264,\ \sum x^2=1{,}412,\ \sum y^2=68{,}440,\ \sum xy=9{,}412$$

6. 다음은 한강대학 경영학부 학생 중 10명을 랜덤하게 추출하여 회계원리 성적(x)과 경영통계학 성적(y)을 조사한 것이다.

x	56	75	87	94	88	93	84	73	92	68
y	63	72	84	88	91	85	87	71	90	64

(1) 회귀선을 추정하라.

(2) 기울기 β_1의 95% 신뢰구간을 구하라.

(3) R^2을 계산하라.

7. 다음은 평택전자의 지난 10개월간 월매출액과 당월말 1주당 주가를 조사한 자료이다.

(단위 : 억원, 천원)

매출액(x)	84	78	69	92	90	95	97	90	75	68
1주당 가격(y)	52	62	48	85	66	102	82	74	57	42

(1) 매출액을 독립변수로 주가를 종속변수로 하는 회귀방정식을 추정하라.

(2) 매출액 회귀계수에 대한 유의성을 검정하라.

(3) 다음달 매출액은 100억원으로 예상된다. 예상 주가는 얼마가 되겠는가?

(4) 결정계수를 구하라.

8. 두 변수의 자료로부터 계산된 통계량들의 값이 다음과 같다고 할 때, 추정회귀직선을 구하라.

$$n=16, \quad \bar{x}=42.6, \quad \bar{y}=34.8$$
$$S_{xx}=8.2, \quad S_{xy}=5.4, \quad S_{yy}=6.8$$

9. 다음은 서울 소재 음식점 중 랜덤하게 10곳을 추출하여 주차장 면적과 매출액을 조사한 것이다.

(단위 : ㎡, 백만원)

주차면적(x)	32	46	54	60	68	73	81	96	57
매 출 액(y)	5	12	19	14	22	26	31	39	22

(1) 주차면적과 매출액 간의 회귀방정식을 구하라.
(2) SSE를 계산하라.
(3) 기울기 β_1의 95% 신뢰구간을 구하라.

10. 다음의 자료를 이용하여 답하라.

x	0	1	6	3	5	2	4
y	4	3	0	2	1	3	1

(1) b_0과 b_1을 구하라. 또한, 오차분산 σ^2을 추정하라.
(2) 유의수준 $\alpha=0.01$에서 가설 $H_0 : \beta_1=0$ 대 $H_1 : \beta_1 \neq 0$을 검정하라.
(3) 기울기 β_1에 대한 90% 신뢰구간을 구하라.

11. 다음의 자료를 이용하여 아래의 각 문항에 답하라.

$$n=10,\ \Sigma x=375,\ \Sigma y=164,\ \Sigma x^2=15{,}685,\ \Sigma y^2=3{,}278,\ \Sigma xy=7{,}114$$

(1) 추정회귀직선을 구하라.
(2) 변수 x와 y 사이의 표본상관계수를 계산하라.

12. 최근 형성된 신도시에서 이루어진 주택거래 중 랜덤하게 추출된 8주택의 기준시가(x)와 매매금액(y)이 다음과 같다고 한다.

(단위 : 만원)

x	100.7	93.5	81.5	91.6	112.4	71.4	124.0	85.2
y	107.2	98.2	86.1	88.2	110.0	72.4	163.1	91.1

(1) 추정회귀직선식을 구하라.

(2) 회귀직선의 기울기 β_1에 대한 95% 신뢰구간을 구하라.

(3) 유의수준 $\alpha=0.05$에서 가설 $H_0 : \beta_1=0$ 대 $H_1 : \beta_1 \neq 0$을 검정하라.

13. 다음은 어떤 변수 x, y에 관한 실험결과이다.

x	10	4	13	2	5	13	22	24	15	22	12
y	12	5	14	2	7	12	21	28	17	24	13

(1) 회귀식을 구하라.

(2) SSE는 얼마인가?

(3) 결정계수를 구하라.

(4) 유의수준 $\alpha=0.01$에서 가설 $H_0 : \beta_1=0$ 대 $H_1 : \beta_1 \neq 0$을 검정하라.

제 16장

다중회귀분석

16.1 다중회귀분석의 모형

단순회귀분석이 1개의 독립변수와 1개의 종속변수 간의 선형관계를 분석하는 데 반하여 다중회귀분석은 2개 이상의 독립변수와 1개의 종속변수 간의 선형관계를 분석한다. 앞장의 예에서 제품의 매출액(종속변수)과 광고비(독립변수) 간의 선형관계를 살펴보았다. 제품의 광고비가 증가하면 매출액도 일반적으로 증가한다. 그러나 제품의 매출액이 광고비에만 의존하지는 않는다. 매출액을 결정하는 변수에는 광고비는 물론 회사의 자산규모, 회사의 신뢰도, 제품의 품질 등 여러 가지 변수가 매출액을 결정한다.

앞장의 매출액과 광고비의 선형관계모형에서 광고비를 x_i라 하고 이때 나타날 수 있는 매출액을 y_i라고 한다면 $y_i = 1억 + 5x_i + \epsilon_i$로 표현하며 y_i는 평균이 $1억 + 5x_i$, 분산이 1천2백만원인 정규분포를 이룬다고 하였다. 즉 $\epsilon_i \sim N(0,$ 1천2백만)이다. ϵ_i는 광고비로는 설명할 수 없는 다른 변수들, 예를 들어 회사의 자산규모, 회사의 신뢰도, 제품의 품질 등에 의해 설명될 수 있는 부분이다. 따라서 이와 같은 변수들을 추가시켜서 회귀모형을 설정하면 설명되지 않았던 부분이 설명되어 ϵ_i의 크기가 작아질 것이며 이에 따라 ϵ_i의 분산의 크기도 작아질 것이다. ϵ_i가 작아진다는 것은 회귀선의 설명력이 그만큼 올라간다는 것을 의미한다. 이것이 바로 다중회귀분석을 하는 이유다.

종속변수 y를 설명하는 독립변수 x_1, x_2, ⋯ x_k가 있다고 할 때, 다중회귀분석의 모집단회귀모형은 다음과 같이 정의된다. 독립변수가 추가된 것 이외에는 단순회귀분석의 모집단회귀모형과 모든 가정이 동일하다.

$$y_i = \beta_0 + \beta_1 x_{1i} + \beta_2 x_{2i} + \cdots \ \beta_k x_{ki} + \epsilon_i$$

β_0 : 모집단의 절편

β_1, β_1, ⋯ β_k : 모집단 각 변수의 기울기

x_{1i}, x_{2i}, ⋯ x_{ki} : k개의 독립변수의 i번째 관측값

y_i : 종속변수 y의 i번째 관측값이며 평균이 $\beta_0 + \beta_1 x_{1i} + \beta_2 x_{2i} + \cdots + \beta_k x_{ki}$이고, 분산이 σ_ϵ^2인 정규분포를 따른다. 즉,

$$y_i \sim N((\beta_0 + \beta_1 x_{1i} + \beta_2 x_{2i} + \cdots + \beta_k x_{ki}),\ \sigma_\epsilon^2)$$

ϵ_i : y_i와 $\beta_0 + \beta_1 x_{1i} + \beta_2 x_{2i} + \cdots + \beta_k x_{ki}$의 차이. 오차라고 부르며, ϵ_i들은 서로 독립이다. 또한 평균이 0이고, 분산이 σ_ϵ^2인 정규분포를 따른다. 즉,

$$\epsilon_i \sim N(0,\ \sigma_\epsilon^2)$$

모집단으로부터 추출된 n개의 표본을 (x_{11}, x_{21}, ⋯ x_{k1}, y_1), (x_{12}, x_{22}, ⋯ x_{k2}, y_2), ⋯ (x_{1n}, x_{2n}, ⋯ x_{kn}, y_n)이라 할 때, 표본회귀모형은 다음과 같이 추정된다.

$$\hat{y}_i = b_0 + b_1 x_{1i} + b_2 x_{2i} + \cdots + b_k x_{ki}$$

이 역시 독립변수가 추가된 것 이외에는 단순회귀분석의 표본회귀모형과 동일하다. 추출된 n개의 관측값을 이용하여 회귀선의 기울기와 절편을 추정한다.

16.2 회귀선의 추정과 정도

1. 회귀선의 추정

단순회귀분석의 회귀선의 추정과 마찬가지로 다중회귀분석의 회귀선의 추정 역시 최소제곱법을 이용하여 회귀계수를 추정한다. 편의상 2개의 독립변수 즉 x_1, x_2만 있다고 가정하고 이 모집단으로부터 추출된 표본이 (x_{11}, x_{21}, y_1), (x_{12}, x_{22}, y_2), $\cdots$ (x_{1n}, x_{2n}, y_n)이라 할 때, β_0, β_1, β_2의 최소제곱추정량을 각각 b_0, b_1, b_2라고 하자. 이때 b_0, b_1, b_2의 계산식은 다음과 같다.

$$b_1 = \frac{\Sigma(x_{1i}-\overline{x_1})(y_i-\overline{y})\Sigma(x_{2i}-\overline{x_2})^2 - \Sigma(x_{1i}-\overline{x_1})(y_i-\overline{y})\Sigma(x_{1i}-\overline{x_1})(x_{2i}-\overline{x_2})}{\Sigma(x_{1i}-\overline{x_1})^2\Sigma(x_{2i}-\overline{x_2})^2-(\Sigma(x_{1i}-\overline{x_1})(x_{2i}-\overline{x_2}))^2}$$

$$b_2 = \frac{\Sigma(x_{2i}-\overline{x_2})(y_i-\overline{y})\Sigma(x_{1i}-\overline{x_1})^2 - \Sigma(x_{1i}-\overline{x_1})(y_i-\overline{y})\Sigma(x_{1i}-\overline{x_1})(x_{2i}-\overline{x_2})}{\Sigma(x_{1i}-\overline{x_1})^2\Sigma(x_{2i}-\overline{x_2})^2-\Sigma((x_{1i}-\overline{x_1})(x_{2i}-\overline{x_2}))^2}$$

$$b_0 = \overline{y} - b_1\overline{x_1} - b_2\overline{x_2}$$

따라서 추정된 회귀모형은 다음과 같다.

$$\hat{y}_i = b_0 + b_1 x_{1i} + b_2 x_{2i}$$

예제 16.1

다음의 자료를 이용하여 회귀식을 추정하여 보자. 유치원 아동 10명을 대상으로 암기력(x_1)과 창의력(x_2)이 발표력(y)에 얼마나 영향을 미치는가를 실험하여 다음과 같은 결과를 얻었다. 이러한 실험결과에 따른 회귀식을 추정하여 보자.

대상	y_i	x_{1i}	x_{2i}
1	9	3	2
2	12	6	3
3	16	9	5
4	8	8	4
5	5	5	2
6	9	4	6
7	8	3	3
8	14	8	5
9	15	5	4
10	24	9	6

풀이 —

위 자료를 근거로 다음과 같은 표를 작성한다.

대상	y_i	x_{1i}	x_{2i}	$y_i-\overline{y}$	$x_{1i}-\overline{x_1}$	$x_{2i}-\overline{x_2}$	$(x_{1i}-\overline{x_1})^2$	$(x_{2i}-\overline{x_2})^2$
1	9	3	2	−3	−3	−2	9	4
2	12	6	3	0	0	−1	0	1
3	16	9	5	4	3	1	9	1
4	8	8	4	−4	2	0	4	0
5	5	5	2	−7	−1	−2	1	4
6	9	4	6	−3	−2	2	4	4
7	8	3	3	−4	−3	−1	9	1
8	14	8	5	2	2	1	4	1
9	15	5	4	3	−1	0	1	0
10	24	9	6	12	3	2	9	4
계							50	20

대상	$(x_{1i}-\overline{x_1})(x_{2i}-\overline{x_2})$	$(x_{1i}-\overline{x_1})(y_i-\overline{y})$	$(x_{2i}-\overline{x_2})(y_i-\overline{y})$
1	6	9	6
2	0	0	0
3	3	12	4
4	0	−8	0
5	2	7	14
6	−4	6	−6
7	3	12	4
8	2	4	2
9	0	−3	0
10	6	36	24
계	18	75	48

표의 자료를 이용하여 각각의 계수를 계산하면 다음과 같다.

$$b_1=\frac{75\times 20-48\times 18}{50\times 20-18^2}=0.94$$

$$b_2=\frac{48\times 50-75\times 18}{50\times 20-18^2}=1.53$$

$$b_0=\overline{y}-b_1\overline{x}_1-b_2\overline{x}_2=12-0.94\times 6-1.53\times 4=0.24$$

결론적으로 추정회귀식은 $\hat{y_i}=0.24+0.94\,x_{1i}+1.53x_{2i}$ 가 된다.

지금까지 독립변수가 2개인 경우의 표본회귀식을 추정하는 과정을 살펴보았다. 표본의 수가 10개밖에 안되고 또한 독립변수의 수가 2개밖에 되지 않는데도 계산과정이 매우 복잡하다. 독립변수의 수가 3개 이상 되고 또한 표본의 수가 많아지면 계산과정이 더욱 복잡해진다. 따라서 많은 경우 통계패키지나 혹은 엑셀프로그램을 활용하여 회귀식을 추정한다. 이후의 분석은 주로 엑셀프로그램을 활용하기로 한다.

2. 회귀선의 정도

(1) 오차의 표준오차

다중회귀분석에서의 오차의 표준오차 역시 독립변수가 추가된 것 이외에는 단순회귀분석에서의 오차의 표준오차의 추정방법과 동일하다.

관측값 y_i와 예측값 $\hat{y_i}$의 차가 잔차이므로

$$e_i = y_i - \hat{y_i} = y_i - (b_0 + b_1x_{1i} + b_2x_{2i} + \cdots + b_kx_{ki})$$

따라서 잔차제곱합은

$$SSE = \sum_{i=1}^{n} e_i^2 = \sum_{i=1}^{n} (y_i - b_0 - b_1x_{1i} - b_2x_{2i} - \cdots - b_kx_{ki})^2$$

이다. 그리고 회귀모형에서 독립변수의 수가 k개이므로 $(k+1)$개의 모수를 추정하였다. 따라서 SSE의 자유도는 관측값의 수 n에서 $(k+1)$을 뺀 것, 즉 $n-k-1$이 된다. 그러므로 잔차평균제곱 MSE는 다음과 같다.

$$MSE = s_\epsilon^2 = \frac{SSE}{n-k-1}$$

따라서 오차의 표준오차의 추정량은 다음과 같다.

$$s_\epsilon = \sqrt{\frac{SSE}{n-k-1}}$$

예제 16.2

예제 16.1의 자료를 이용하여 오차의 표준오차의 추정값을 계산하여라.

풀이 —

다음과 같은 표를 작성한다.

대상	y_i	x_{1i}	x_{2i}	$\hat{y}_i$	e_i	e_i^2
1	9	3	2	6.59	2.41	5.81
2	12	6	3	10.41	1.59	2.53
3	16	9	5	15.23	0.77	0.59
4	8	8	4	13.29	−5.29	27.98
5	5	5	2	8.47	−3.47	12.04
6	9	4	6	11.53	−2.53	6.40
7	8	3	3	7.59	0.41	0.17
8	14	8	5	14.29	−0.29	0.08
9	15	5	4	10.47	4.53	20.52
10	24	9	6	16.23	7.77	60.37
SSE						136.50

$$s_e = \sqrt{\frac{SSE}{n-k-1}} = \sqrt{\frac{136.5}{10-2-1}} = 4.42$$

(2) 결정계수

다중회귀분석의 결정계수도 단순회귀분석의 결정계수와 마찬가지로 다음과 같이 계산한다.

$$R^2 = \frac{SSR}{SST} = 1 - \frac{SSE}{SST}$$

위에서 $SST = SSR + SSE$가 성립하고 단순회귀에서와 동일하게 SST는 총변동, SSR은 회귀제곱합, SSE는 잔차제곱합이다. 또한 SST의 자유도 $\phi_T = n-1$, SSR의 자유도 $\phi_R = k$, SSE의 자유도 $\phi_E = n-k-1$이다.

예제 16.3

(예제 16.2 계속)

예제 16.1의 자료를 이용하여 R^2의 값을 계산하여라.

풀이 —

$$SST=\sum_{i=1}^{n}(y_i-\bar{y})^2=272$$

$$SSR=\sum_{i=1}^{n}(\hat{y}_i-\bar{y})^2=135.5$$

$$SSE=SST-SSR=272-135.5=136.5$$

그러므로 결정계수의 값은 다음과 같다.

$$R^2=1-\frac{SSE}{SST}=1-\frac{136.50}{272}=0.498$$

16.3 회귀분석의 검정

단순회귀분석에서와 마찬가지로 다중회귀분석의 검정에는 회귀식 전체에 대한 가설검정과 각각의 회귀계수에 대한 가설검정으로 구분된다. 단순회귀분석에서 회귀식에 대한 가설검정은 회귀계수가 1개이기 때문에 회귀식에 대한 가설검정이 곧 회귀계수에 대한 가설검정이었다. 그러나 다중회귀분석의 가설검정은 회귀계수가 2개 이상이기 때문에 반드시 회귀식에 대한 가설검정이 곧바로 각각의 회귀계수에 대한 가설검정과 일치하지는 않는다. 즉 회귀식 전체가 유의하다 하더라도 개별 회귀계수는 유의하지 않을 수도 있다. 예를 들어 독립변수 x_1과 종속변수 y는 상관관계가 높아서 회귀식이 매우 유의하게 나타났는데 종속변수 y와 상관관계가 거의 없는 독립변수 x_2가 변수로 추가되어 회귀식을 이룬다면 독립변수 x_1로 인해 회귀식 자체는 여전히 유의하겠지만 독립변수 x_2의 계수는 유의하게 나타나지 않는다. 결국 도움이 되지 않는 변수만 추가한 결과가 된 것이다.

1. 회귀식에 대한 가설검정(분산분석)

다중회귀분석에서의 회귀식이 유의한가를 검정하기 위한 가설은 다음과 같다.

$H_0 : \beta_1 = \beta_2 = \cdots \beta_k = 0$ 또는 H_0 : 회귀선이 유의하지 않다.
H_1 : 모든 β_i가 0은 아니다. 또는 H_1 : 회귀선이 유의하다.

단순회귀분석의 회귀식에 대한 가설검정과 마찬가지로 다중회귀분석의 회귀식에 대한 가설검정은 SSR의 평균 즉 MSR과 SSE의 평균 즉 MSE의 비율로 검정을 한다. SSR에 대한 자유도는 회귀계수의 수 즉 k이고 SSE에 대한 자유도는 전술한 바와 같이 $(n-k-1)$이므로 MSR은 SSR/k이 되고 MSE는 $SSE/(n-k-1)$가 된다. 이들의 비율 즉 $\frac{MSR}{MSE}$은 귀무가설 H_0가 참일 때, 자유도가 $(k, (n-k-1))$인 F-분포를 이룬다. 즉,

$$F_0 = \frac{MSR}{MSE} \sim F(k, n-k-1)$$

그러므로 유의수준 α인 경우의 기각역은 다음과 같다.

$$F_0 \geq F_\alpha(k, (n-k-1))$$

앞에서 설명한 바와 같이 다중회귀분석에서 회귀식에 대한 가설검정은 회귀식 자체에 대한 유의성을 검정하는 것이다. 회귀식이 유의성을 가지려면 독립변수 전체가 유의할 경우도 있지만 때로는 1개의 독립변수만 유의해도 회귀식이 유의성을 가질 수 있다. 따라서 대립가설을 "회귀선이 유의하다" 또는 "모든 β_i가 0은 아니다"라고 설정하는 것은 타당하다고 볼 수 있다.

예제 16.4

다음은 대전전자 주식회사 직원의 근무월수(x_1), 지능지수(x_2) 그리고 업무능력(y)의 관계를 조사한 자료이다. 이 자료에 따라 회귀식을 구하고 그 회귀선이 유의한지를 유의수준 $\alpha=0.05$에서 검정하라.

x_1	x_2	y	x_1	x_2	y
8	128	443	7	137	452
24	98	406	25	148	614
9	90	360	8	128	497
37	99	453	31	119	497
5	143	469	9	128	456
12	105	403	33	134	493
18	98	426	7	129	501
4	116	423	14	132	535
17	141	499	3	95	394
24	132	553	28	134	541

풀이 —

엑셀프로그램을 이용하여 F-검정을 하여 다음과 같은 결과가 나왔다.

회귀분석 통계량

다중 상관계수	0.884116
결정계수	0.781662
조정된 결정계수	0.755975
표준오차	30.54992
관측수	20

분산분석

	자유도	제곱합	제곱평균	F-비	유의한 F
회귀	2	56,801.26	28,400.63	30.43042	2.41E-06
잔차	17	15,866.05	933.2973		
계	19	72,667.32			

결정계수 및 조정된 결정계수가 모두 0.75 이상으로 회귀식의 설명력이 매우 높은 것으로 나타났다. F-검정 결과를 살펴보면 F_0값이 30.43이고 $F_{0.05}(2,\ 17)=3.59$이므로, 즉,

$$F_0=30.43 \geq F_{0.05}(2,\ 17)=3.59$$

이므로 귀무가설 H_0를 기각한다. 그러므로 추정한 회귀선은 유의하다고 결론내린다.

그런데 통계처리를 하는 대부분의 응용프로그램에서는 지금까지 우리가 배운 방법으로 검정을 실시하지 않고 다음과 같은 방법으로 검정한다.

① 귀무가설과 대립가설을 설정한다.
② 유의수준 α를 설정한다.
③ 검정통계량을 설정한 후 그 값을 계산한다(③까지는 전과 동일하다).
④ p-값 또는 유의한 F-값(만약 t-검정이면, 유의한 t-값)을 이미 설정한 유의수준 α와 비교한다. 그래서 만약, p-값 또는 유의한 F-값이 유의수준 α보다 작으면 귀무가설 H_0를 기각한다. 반대로 p-값 또는 유의한 F-값이 유의수준 α보다 크면 귀무가설 H_0를 기각할 수 없다. 즉, 만약 'p-값 또는 유의한 F-값 < 유의수준 α'이면, 귀무가설 H_0를 기각하고, 'p-값 또는 유의한 F-값 > 유의수준 α'이면, 귀무가설 H_0를 기각하지 못한다.

따라서 위 예제에서 p-값은 2.41E-06이므로 $\alpha=0.05$보다 작으므로 추정된 회귀직선은 매우 유의한 것으로 나타났다. 즉, 귀무가설 H_0를 기각한다.

2. 회귀계수에 대한 가설검정(t-검정)

앞에서 배운 바와 같이 회귀식 전체가 유의하더라도 개별 회귀계수는 때에 따라서 유의하지 못할 경우가 있다. 다중회귀분석의 경우 1단계로 회귀식 전체에 대한 유의성을 검정한 다음 2단계로 개별 회귀계수에 대하여 유의성을 검정한다. 만약 1단계에서 회귀식 전체에 대한 유의성이 없다고 판정되면 회귀계수에 대한 가설검정은 의미가 없다. 1단계에서 회귀식 전체에 대하여 유의성이 있다고 판정되는 경우에만 개별 회귀계수 각각에 대한 유의성 검정을 하게 되는데, 이때 개별 회귀계수가 유의성이 없다라고 판정되면 그 독립변수는 회귀식에서 제외한다. 회귀식 전체에 대하여 유의성이 있는데도 불구하고 특정 회귀계수가 유의성이 없다면 회귀식을 설명하는 데 도움이 되지 않는 독립변수가 추가된 것이므로 이러한 변수를 제외하고 다시 회귀계수를 추정하는 것이 좋다.

회귀계수 b_j에 대한 가설검정은 단순회귀분석에서 한 방법과 동일하다. 추정된 회귀계수 b_j와 관련된 분포는 자유도가 $(n-k-1)$인 t-분포이다. 또한, 가설은 다음과 같이 설정한다.

$H_0 : \beta_j = 0$ 또는 H_0 : 회귀계수 β_j는 유의하지 않다.
$H_1 : \beta_j \neq 0$ 또는 H_1 : 회귀계수 β_j는 유의하다.

일반적으로 다중회귀분석에서 회귀식에 대한 검정이나 회귀계수에 대한 검정은 그 계산과정이 너무 복잡하므로 통계처리프로그램을 이용한다. 따라서 자세한 검정과정은 생략하고 통계처리프로그램을 이용하여 검정하는 방법만 살펴보도록 하자.

예제 16.5

(예제 16.4 계속)

전술한 **예제 16.4**의 자료를 이용하여 개별 회귀계수에 대한 유의성을 $\alpha=0.05$에서 검정하라.

풀이 —

엑셀프로그램을 이용하여 t-검정을 하여 다음과 같은 결과가 나왔다.

	계수	표준오차	t-통계량	p-값
y 절편	104.4095	49.08248	2.127225	0.048338
x_1	2.327027	0.658204	3.535418	0.002541
x_2	2.701061	0.390723	6.912978	2.51E-06

① β_1에 대한 검정 : 'p-값=0.0025 ≤ 유의수준 $\alpha=0.05$'이므로 귀무가설 H_0를 기각한다. 즉, 회귀계수 β_1은 0이 아니라고 할 수 있으므로 독립변수 x_1이 종속변수 y를 잘 설명하고 있음을 알 수 있다.

② β_2에 대한 검정 : 'p-값=2.51E-06 ≤ 유의수준 $\alpha=0.05$'이므로 귀무가설 H_0를 기각한다. 즉, 회귀계수 β_2는 0이 아니라고 할 수 있으므로 독립변수 x_2가 종속변수 y를 잘 설명하고 있음을 알 수 있다.

결론적으로 근무월수(x_1)와 지능지수(x_2)가 업무능력(y)을 잘 설명하고 있음을 알 수 있다.

예제 16.6

앞에서 예로 든 대전전자 주식회사는 근무월수 대신 초과근무시간(x_1), 지능지수(x_2) 그리고 업무능력(y)의 관계를 다시 조사하여 다음과 같은 자료를 얻었다. 과연 초과근무시간을 설명변수로 채택할 것인가를 유의수준 $\alpha=0.1$에서 검정하라.

x_1	x_2	y	x_1	x_2	y
97	128	443	45	137	452
72	98	406	136	148	614
41	90	360	127	128	497
178	99	453	58	119	497
74	143	469	143	128	456
143	105	403	192	134	493
60	98	426	152	129	501
137	116	423	6	132	535
56	141	499	8	95	394
94	132	553	176	134	541

풀이 —

① 회귀식에 대한 검정(F-검정)

회귀분석 통계량

다중 상관계수	0.79563
결정계수	0.633028
조정된 결정계수	0.589854
표준오차	39.60608
관측수	20

분산분석

	자유도	제곱합	제곱평균	F-비	유의한 F
회귀	2	46,000.42	23,000.21	14.6625	0.000199
잔차	17	26,666.9	1,568.641		
계	19	72,667.32			

'유의한 F-값$=0.000199 \le$ 유의수준 $\alpha=0.1$'이므로 회귀식이 매우 유의하다.

② 개별 회귀계수에 대한 유의성 검정(t-검정)

	계수	표준오차	t-통계량	p-값
y 절편	137.3368	62.38291	2.201513	0.0418
x_1	0.12183	0.1641	0.742415	0.467971
x_2	2.639446	0.517176	5.103572	8.83E-05

지능지수(x_2)의 회귀계수 β_2의 p-값은 8.83E-05로서 유의수준 $\alpha=0.1$보다 훨씬 작으므로 귀무가설 H_0를 기각하며 회귀계수 β_2는 매우 유의함을 알 수 있다. 즉, 지능지수(x_2)는 업무능력(y)을 잘 설명하는 변수임을 알 수 있다. 그러나 초과근무시간(x_1)의 p-값은 0.467971로서 이는 유의수준 $\alpha=0.1$보다 훨씬 크므로 귀무가설 H_0를 기각할 수 없으며 회귀계수 β_1은 유의하지 않다는 것을 알 수 있다. 즉, 초과근무시간(x_1)은 업무능력(y)을 잘 설명하지 못하는 변수임을 알 수 있다. 따라서 초과근무시간(x_1)은 회귀식에서 제외하고 다시 회귀선을 추정하는 것이 바람직하다.

③ 초과근무시간(x_1)을 제외한 회귀식의 유의성 검정

회귀분석 통계량

다중 상관계수	0.788118
결정계수	0.621129
조정된 결정계수	0.600081
표준오차	39.10918
관측수	20

분산분석

	자유도	제곱합	제곱평균	F-비	유의한 F
회귀	1	45,135.81	45,135.81	29.50964	3.68E-05
잔차	18	27,531.5	1,529.528		
계	19	72,667.32			

결정계수는 x_1을 제외했을 경우의 결정계수의 값은 0.621129로서, x_1을 포함했을 경우의 0.633028보다 작다. 일반적으로 결정계수는 어떠한 독립변수이든 독립변수를 회귀식에 추가하면 일단 결정계수의 값은 높아지는 단점이 있다. 이러한 단점을 극복하기 위해 만든 통계량이 "조정된 결정계수"이다. "조정된 결정계수"의 값은 추가된 독립변수가 유의하지 않으면 그 값이 감소한다. 즉, 이 예제에서도 x_1을 제외했을 경우의 "조정된 결정계수"의 값은 0.600081이고 x_1을 포함했을 경우

의 값이 0.589854로서 x_1을 제외하는 경우의 값이 더 커졌음을 알 수 있다. 지능지수(x_2)의 회귀계수 β_2의 유의한 F-값은 3.68E-05로서 유의수준 $\alpha=0.1$보다 훨씬 작으므로 귀무가설 H_0를 기각할 수 있으며 회귀계수 β_2는 역시 매우 유의함을 알 수 있다. 결론적으로 초과근무일수(x_1)는 업무능력(y)을 유의하게 설명하지 못하므로 회귀식의 독립변수에서 제외되어야 한다.

■ 엑셀2007을 이용한 다중회귀분석

예제 16.6을 엑셀의 분석도구 "회귀분석"을 이용하여 검정하여 보자. 다음의 엑셀화면은 메뉴에서 [데이터 > 데이터분석 > 회귀분석]을 실행하여 나타난 초기 입력화면이다. 독립변수가 2개 이상이라는 것을 제외하고는 제15장에서 설명한 단순회귀분석의 처리절차와 동일하다. 다음과 같은 초기 입력화면에서 종속변수(업무능력)와 독립변수(초과근무시간, 지능지수)의 데이터 범위를 입력한다. 이때 옵션에서 이름표를 선택하면 변수명도 데이터 범위에 포함한다. 신뢰수준은 추정치에 대한 신뢰구간을 선택하는 것인데 선택하지 않으면 95% 신뢰수준이 디폴트로 제공된다. 본 예에서는 99%로 입력한다. 잔차는 제15장의 설명과 동일하다.

	A	B	C
1	초과근무시간	지능지수	업무능력
2	97	128	443
3	72	98	406
4	41	90	360
5	178	99	453
6	74	143	469
7	143	105	403
8	60	98	426
9	137	116	423
10	56	141	499
11	94	132	553
12	45	137	452
13	136	148	614
14	127	128	497
15	58	119	497
16	143	128	456
17	192	134	493
18	152	129	501
19	6	132	535
20	8	95	394
21	176	134	541

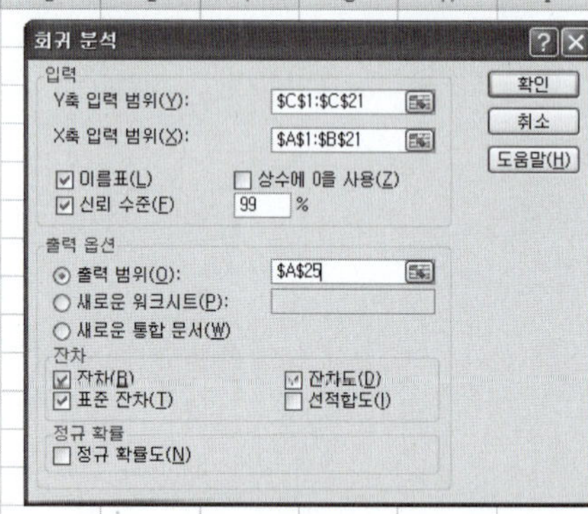

다음은 다중회귀분석을 실행한 결과이다. 요약출력 및 분산분석의 내용은 제15장의 예와 동일하다. 분석결과를 요약하면, 초과근무시간의 계수값은 0.12이나 p-값이

0.47이므로 유의하지 않고, 지능지수의 계수값은 2.65이며 p-값이 8.6E-05로 매우 유의한다. 회귀계수 검정에서 변수명이 직접 사용되었는데 이는 초기 입력화면 옵션에서 이름표를 선택했기 때문이다. 회귀계수 구간추정에서 95%와 99%가 제공되었는데 이 역시 초기 입력화면 옵션에서 99%를 선택했기 때문이다. 이밖에 잔차출력 및 잔차도가 제공되었으나 제15장의 단순회귀분석과 동일한 내용이므로 생략한다.

요약 출력

회귀분석 통계량	
다중 상관계수	0.796157641
결정계수	0.633866989
조정된 결정계수	0.590792517
표준 오차	39.60059233
관측수	20

분산 분석

	자유도	제곱합	제곱 평균	F 비	유의한 F
회귀	2	46154.23248	23077.12	14.71561	0.000195
잔차	17	26659.51752	1568.207		
계	19	72813.75			

	계수	표준 오차	t 통계량	P-값	하위 95%	상위 95%	하위 99.0%	상위 99.0%
Y 절편	136.7698809	62.37427842	2.192729	0.042528	5.171658	268.3681	-44.0052	317.5449
초과근무시간	0.120328184	0.164076937	0.733364	0.473329	-0.22584	0.4665	-0.3552	0.595861
지능지수	2.645664608	0.517104678	5.116304	8.6E-05	1.554669	3.73666	1.146976	4.144353

연습문제

1. 천안물산(주) 인력개발부는 자사 종업원의 적성, 학력 그리고 근무연수가 인사고과점수와 어떤 관계가 있는가를 알아보기 위해 전 종업원 중 25명을 랜덤하게 추출하여 조사한 결과 다음과 같은 회귀식과 통계량들이 나왔다.

x_1 = 적성, x_2 = 학력, x_3 = 근무연수

그리고 각 작업자가 한 달 동안 완성한 작업량(y)에 위 변수들이 미치는 영향을 조사하기 위하여 회귀분석을 실시하였다. 그 결과는 다음과 같다.

$$\hat{y} = 23 + 2.15x_1 + 1.21x_2 + 0.08x_3$$
$$(0.0022) \quad (0.016) \quad (0.42)$$

괄호 안의 숫자는 각 회귀계수의 p-값이다. SST는 128 그리고 SSE는 26이다.

(1) $\alpha = 0.01$에서 각각의 회귀계수들을 검정하라.

(2) R^2은 얼마인가?

2. 군산제철(주)의 공장장은 월 전기소비량의 구조를 알아보기 위해 다음의 표와 같이 전기소비량(y), 작업인원(x_1), 작업일수(x_2), 생산량(x_3)에 관한 자료를 얻었다.

전기소비량 (만㎞/h)	철강생산량 (만톤)	작업일수 (일)	인 력 (천명)
2.4	36	26	22
3.0	49	24	11
2.8	48	29	24
2.7	40	27	23
2.6	37	27	14
2.0	22	26	17
2.3	17	27	21
2.5	14	25	27
3.3	56	26	21
1.8	33	19	9
3.0	23	30	14

(1) 3가지 독립변수를 모두 포함하는 회귀식을 구하고 그에 대한 R^2을 계산하라.
(2) $\alpha = 0.05$에서 각각의 회귀계수들을 검정하라.

3. 논산백화점의 인사부는 최근 몇 년간 퇴사한 직원 중 14명을 랜덤하게 추출하여 근무연수(y), 나이(x_1) 그리고 적성(x_2)을 조사하여 다음과 같은 결과를 얻었다.

y 근무기간(달)	x_1 나이(세)	x_2 적성(점)
28	25	62
22	27	52
38	38	78
62	48	98
13	18	36
46	42	84
23	21	56
69	45	92
48	35	80
25	45	45
19	21	32
18	19	24
126	54	93
25	26	48

(1) 최근 퇴직한 사원의 평균 근무기간은 얼마인가?
(2) 근무연수를 종속변수로 하는 회귀식을 추정하라.
(3) 나이와 적성 중 근무연수에 더 많은 영향을 미치는 변수는 무엇인가?
(4) $\alpha = 0.05$에서 회귀식을 검정하라.

4. 백두경영연구소에서는 한국기업의 매출액에 영향을 미치는 변수를 조사하고자 전국의 기업을 대상으로 15개 기업을 랜덤하게 추출하여 광고비, 접대비 그리고 매출액을 각각 조사하여 다음 표와 같은 결과를 얻었다.

(단위 : 천만원, 백만원, 10억원)

기 업	광고비(x_1)	접대비(x_2)	매출액(y)
1	13	16	28
2	7	9	19
3	11	12	24
4	7	6	12
5	8	13	19
6	12	11	25
7	5	4	10
8	7	9	18
9	10	9	21
10	7	6	16
11	9	11	16
12	6	7	17
13	12	13	26
14	6	8	17
15	14	12	30

(1) 회귀식을 추정하라.

(2) R^2을 구하라.

(3) $\alpha=0.01$ 수준에서 회귀식을 검정하라.

(4) $\alpha=0.01$ 수준에서 각각의 회귀계수를 검정하라.

5. 종속변수(y)와 독립변수 x_1, x_2의 값이 다음과 같다. 물음에 답하라.

y_i	x_{1i}	x_{2i}
13	3	3
15	3	5
14	6	7
19	10	5
20	11	6
16	4	7
15	5	6
18	7	4
14	5	5
18	8	6
12	4	2
22	12	7

(1) 회귀선을 추정하라.
(2) $\alpha=0.05$ 수준에서 회귀식을 검정하라.
(3) $\alpha=0.01$ 수준에서 각각의 변수에 대해 검정하라.
(4) R^2을 계산하라.

6. 한강전자에서는 중간관리층의 경영능력을 제고시키기 위해 6주간의 단기경영자 프로그램이 개설되어 있는 A대학과 B대학에 위탁교육을 시키고 있다. 일반적으로 알려진 바로는 A대학의 경영자과정은 전통적 경영학을 중심으로 강의하고 B대학은 정보기술을 위주로 하는 신경영기법을 중심으로 강의한다고 알려져 있다. 한강전자는 두 대학의 평가점수와 한강전자 자체의 인사고과와의 관계를 알아보고자 두 교육과정을 모두 이수한 12명을 대상으로 조사한바 다음과 같은 결과를 얻었다.

A대학(x_1)	B대학(x_2)	인사고과(y)
71	37	80
74	40	91
59	41	72
69	36	75
61	34	74
88	47	98
83	45	95
69	40	82
76	43	90
70	37	79
90	38	98
72	39	78

(1) 회귀식을 추정하라.
(2) 회귀식 전체에 대한 적정성을 $\alpha=0.05$ 수준에서 검정하라.
(3) 각각의 회귀계수에 대하여 $\alpha=0.05$ 수준에서 검정하라.

제 17장

비모수통계분석

17.1 서 론

이제까지 우리가 다루었던 통계분석은 모집단이 특정한 분포(일반적으로 정규분포)를 따른다는 가정하에 이루어졌으며 이를 모수통계분석이라 한다. 이러한 가정이 있었기에 표본으로부터 구한 각종 통계량이 Z-분포, t-분포, χ^2-분포, 혹은 F-분포를 이루며, 이에 따라 모수에 대한 구간추정과 가설검정을 할 수 있었다. 많은 자연현상과 사회현상이 정규분포를 따르기는 하지만 그렇지 않은 경우도 있다. 만약 모집단이 정규분포를 이루지 않는다면 지금까지 한 모수통계분석이 아무런 의미가 없을 수가 있다. 또한 모집단에 대한 정보가 전혀 없는 경우도 있다. 이러한 경우에 사용하는 것이 비모수통계분석이다. 비모수통계분석이란 모집단의 분포를 가정하지 않고 표본을 분석하는 통계기법으로 확률변수에 대한 가정을 하지 않을 때, 이에 대한 통계분석을 하고자 할 때 유용하게 이용될 수 있다.

비모수통계분석은 모집단의 분포에 대한 최소한의 가정만 필요로 하기 때문에 모수통계분석이 다룰 수 없는 분야를 다룰 수 있다. 일반적으로 모수통계분석은 관측값이 양적자료인 경우에 주로 실시하지만 비모수통계분석은 양적자료는 물론 순위자료 나아가 명목자료까지도 분석할 수 있다. 비모수통계분석의 장점은 다음과 같다.

첫째, 모집단의 분포에 대해 최소한의 가정만을 필요로 한다.
둘째, 비교적 간단하고 신속하게 분석할 수 있다.
셋째, 명목자료 혹은 순위자료인 경우에도 분석이 가능하다.
넷째, 데이터의 크기가 매우 작은 경우에도 분석이 가능하다.

17.2 범주형 데이터분석(χ^2-검정)

범주형 데이터란 특정 기준에 따라 데이터를 분류한 것이다. 예를 들어 주사위를 던져서 각 면이 동일한 확률로 나타나는가를 분석한다든지 또는 도시별 연령분포가 동일한가를 분석하는 경우가 이에 해당한다. 전자는 범주의 분류기준이 주사위의 면이라는 단일기준이기 때문에 이를 단일범주 데이터분석이라 하고, 후자는 범주의 분류기준이 도시와 연령이라는 복수기준이기 때문에 이를 복수범주 데이터분석이라 한다.

범주형 데이터분석은 관측도수와 기대도수의 차이의 제곱을 기대도수로 나눈 값의 합을 검정통계량으로 하며 이 검정통계량은 χ^2-분포를 이룬다. 따라서 범주형 데이터분석은 χ^2-분포를 이용하여 분석한다. 단일범주 데이터분석과 복수범주 데이터분석은 자유도만 다를 뿐 모든 분석과정이 동일하다.

1. 단일범주 데이터분석

이 절에서는 자료가 몇 개의 범주에 대한 관측도수 형태로 주어지는 경우를 다루고자 한다. 여기에서의 관심사는 각 범주에서의 기대비율이 실제 자료에 잘 적합되는지를 살펴보고자 하는 것이다. 따라서 이러한 형태의 가설검정을 적합도 검정(goodness-of-fit test)이라 한다.

크기가 n인 표본을 k개의 범주로 분류할 때, 각 범주의 관측도수를 n_1, n_2, $\cdots$, n_k라 하자. 그리고 각 범주에 대응되는 모집단의 비율을 p_1, p_2, $\cdots$, p_k라 할 때, 각 범주의 이론비율(기대비율)이 p_{i0}, $i=1, 2, \cdots, k$임을 확인하고자 한다. 이러한 경우의 귀무가설은 다음과 같다.

$$H_0 : p_1 = p_{10},\ p_2 = p_{20}, \cdots, p_k = p_{k0}$$

따라서 귀무가설 H_0이 참일 때, 범주 i의 기대도수(E_i)는 표본의 크기 n에 귀무가설에서 제시한 범주 i의 비율인 p_{i0}을 곱한 것이 된다. 즉, $E_i = n \times p_{i0}$, $i=1, 2, \cdots, k$이다. 이를 정리하면 〈표 17.1〉과 같다.

〈표 17.1〉 범주별 관측도수와 귀무가설이 참일 때의 기대도수

범 주	1	2	…	4	합 계
관측도수 O_i	n_1	n_2	…	n_k	n
기대도수 E_i	$n \times p_{10}$	$n \times p_{20}$	…	$n \times p_{k0}$	n

위 표에서 실제로 관측된 도수를 관측도수라 하고 O_i로 표기한다. 또 귀무가설이 참일 때, 기대되는 도수를 기대도수라 하고 E_i로 표기한다.

만약, 귀무가설이 사실이면 〈표 17.1〉에서 관측도수와 기대도수의 차이가 적을 것으로 기대되며, 귀무가설이 거짓이면 관측도수와 기대도수의 차이가 크게 될 것으로 기대된다. 따라서 두 도수의 차이가 크면 귀무가설을 기각하게 될 가능성이 커질 것이다. 이러한 사실을 이용하여 칼 피어슨(Karl Pearson)은 다음과 같은 검정통계량을 제안하였다.

$$\chi^2 = \sum_{i=1}^{k} \frac{(O_i - E_i)^2}{E_i} = \sum_{i=1}^{k} \frac{(n_i - np_{i0})^2}{np_{i0}}$$

그런데 이 검정통계량은 표본의 크기가 크고 귀무가설이 참인 경우에, 자유도가 (범주의 개수)$-1=k-1$인 χ^2-분포를 따른다고 알려져 있으며 피어슨의 χ^2-적합도 검정이라고 불린다.

피어슨의 χ^2-적합도 검정 : 각 범주의 확률에 대한 가설이

$$H_0 : p_1 = p_{10},\ p_2 = p_{20},\ \cdots,\ p_k = p_{k0}$$

인 경우, 귀무가설의 검정통계량은 다음과 같다.

$$\chi_0^2 = \sum_{i=1}^{k} \frac{(O_i - E_i)^2}{E_i} = \sum_{i=1}^{k} \frac{(n_i - np_{i0})^2}{np_{i0}}$$

이 검정통계량의 분포는 표본의 크기가 크고 귀무가설이 참인 경우에, 자유도가 (범주의 개수)$-1 = k-1$인 χ^2-분포를 따른다. 따라서 유의수준 α에 대한 기각역은 다음과 같다.

$$R : \chi_0^2 \geq \chi_\alpha^2(k-1)$$

예제 17.1

주사위의 모든 눈금이 동일한 확률로 나타나는가를 실험한다고 하자. 총 72회를 던져 1이 16회, 2가 8회, 3이 14회, 4가 12회, 5가 10회 그리고 6이 12회가 나왔다고 할 때, 주사위의 모든 눈금이 동일한 확률로 나타나는가를 유의수준 $\alpha=0.05$에서 검정하여라.

풀이 —

주사위의 모든 눈금이 동일한 확률로 나타나는가를 검정하고자 하므로 귀무가설 H_0을 다음과 같이 설정할 수 있다.

$$H_0 : p_1 = p_2 = \cdots = p_6 = \frac{1}{6}$$

따라서 귀무가설 H_0이 참일 때, 주사위 눈금이 i가 나오는 경우의 기대도수는 표본의 크기 $n=72$에 귀무가설에서 제시한 주사위 눈금 i의 비율인 1/6을 곱하여 12가 된다. 이를 정리하면 〈표 17.2〉와 같다.

〈표 17.2〉 주사위의 관측도수와 기대도수

주사위 눈금	1	2	3	4	5	6
O_i	16	8	14	12	10	12
E_i	12	12	12	12	12	12

검정통계량의 값을 계산하면 다음과 같다.

$$\chi_0^2 = \sum_{i=1}^{6} \frac{(O_i - E_i)^2}{E_i} = \frac{(16-12)^2}{12} + \frac{(8-12)^2}{12} + \frac{(14-12)^2}{12} + \frac{(12-12)^2}{12} + \frac{(10-12)^2}{12}$$

$$+\frac{(12-12)^2}{12}=3.33$$

그리고 범주의 개수가 6이므로 자유도는 $6-1=5$이고, 유의수준 $\alpha=0.05$이므로 기각역은 다음과 같다.

$$R: \chi_0^2 \geq \chi_\alpha^2(k-1)=\chi_{0.05}^2(5)=11.07$$

$\chi_0^2=3.33<\chi_{0.05}^2(5)=11.07$이므로 귀무가설을 기각할 수 없다. 즉 이 주사위의 각 눈금이 나올 확률이 모두 동일하다고 판정한다.

2. 복수범주 데이터분석

복수범주 데이터분석에는 몇 개의 범주로 분류된 두 개 이상의 독립된 표본에 대해 실시하는 동질성검정과 하나의 표본을 두 가지 특성에 따라 분류하고 두 특성이 서로 독립인지를 검정하는 독립성검정이 있다.

(1) 동질성검정

각 모집단으로부터 미리 결정된 수만큼의 표본을 추출하여 각 관측값을 범주별로 분류한다고 하자. 이러한 자료를 표로 정리하면 이차원 분할표가 되는데, 하나는 모집단의 특성에 따라 분류하고 또 다른 하나의 특성은 조사하고자 하는 관측값에 따라 분류한다. 이 시험의 목적은 모집단들이 각 범주에 대하여 모두 동일한 확률을 갖는지를 알아보고자 하는 것이다. 즉, 각 모집단들이 서로 동질적인지를 검정하고자 하는 것이다.

서울, 부산, 인천 그리고 광주 등 4개 도시의 연령별 인구분포가 동일한지를 검정한다고 하자. 서울에서 400명, 부산에서 300명, 인천에서 200명 그리고 광주에서 100명을 랜덤하게 추출하여 4개 도시의 연령별 인구분포가 동일한지를 검정하려고 한다. 조사한 결과 〈표 17.3〉과 같은 관측도수가 나왔다고 가정하자.

이때 각 도시에서 얻어진 연령별 인구분포는 4개의 도시(모집단)에서 얻어진 4개의 독립된 표본자료라 생각할 수 있다. 각 경우에 대응되는 모집단의 비율이 〈표 17.4〉와 같다고 하자. 이와 같이 비율로 나타내면 4개 도시의 연령별 인구분포가 동일하다는 가설을 다음과 같이 표현할 수 있다.

$$H_0 : p_{11} = p_{21} = p_{31} = p_{41},\ p_{12} = p_{22} = p_{32} = p_{42},\ p_{13} = p_{23} = p_{33} = p_{43}$$

이와 같이 독립된 4개 그룹이 각 범주별로 동일한 형태를 보이는가를 검정하는 것을 동일성검정 또는 동질성검정(homogeneity test)이라고 한다.

〈표 17.3〉 4개 도시별 인구분포표

	30세 미만	30세 이상 50세 미만	50세 이상	표본의 크기
서 울	$210(O_{11})$	$115(O_{12})$	$75(O_{13})$	$400(T_{1\cdot})$
부 산	$130(O_{21})$	$105(O_{22})$	$65(O_{23})$	$300(T_{2\cdot})$
인 천	$105(O_{31})$	$55(O_{32})$	$20(O_{33})$	$200(T_{3\cdot})$
광 주	$55(O_{41})$	$25(O_{42})$	$20(O_{43})$	$100(T_{4\cdot})$
합 계	$500(T_{\cdot 1})$	$300(T_{\cdot 2})$	$200(T_{\cdot 3})$	$1,000(T)$

〈표 17.4〉 4개 도시별 인구비율

	30세 미만	30세 이상 50세 미만	50세 이상	합 계
서 울	p_{11}	p_{12}	p_{13}	1
부 산	p_{21}	p_{22}	p_{23}	1
인 천	p_{31}	p_{32}	p_{33}	1
광 주	p_{41}	p_{42}	p_{43}	1

만약, 귀무가설 H_0이 성립하여, $p_{11} = p_{21} = p_{31} = p_{41} = p_{\cdot 1}$, $p_{12} = p_{22} = p_{32} = p_{42} = p_{\cdot 2}$, $p_{13} = p_{23} = p_{33} = p_{43} = p_{\cdot 3}$이라 한다면, 각 도시의 범주별 기대도수는 표본의 크기를 각 확률에 곱한 것이 될 것이다. 즉, 서울시의 각 인구별 기대도수는 $400 \times p_{\cdot 1}$, $400 \times p_{\cdot 2}$, $400 \times p_{\cdot 3}$이 되고, 부산시의 각 인구별 기대도수는 $300 \times p_{\cdot 1}$, $300 \times p_{\cdot 2}$, $300 \times p_{\cdot 3}$, 인천시의 각 인구별 기대도수는 $200 \times p_{\cdot 1}$, $200 \times p_{\cdot 2}$, $200 \times p_{\cdot 3}$, 광주시의 각 인구별 기대도수는 $100 \times p_{\cdot 1}$, $100 \times p_{\cdot 2}$, $100 \times p_{\cdot 3}$이 된다. 그러나 $p_{\cdot 1}$, $p_{\cdot 2}$, $p_{\cdot 3}$의 값이 귀무가설 H_0에 주어지지 않았으므로, 먼저 표본에서 $p_{\cdot 1}$, $p_{\cdot 2}$, $p_{\cdot 3}$의 값을 추정한 다음에 표본의 크기(400, 300, 200 또는 100)를 곱하여 기대도수를 구한다. 각 연령별 인구비율 $p_{\cdot 1}$, $p_{\cdot 2}$, $p_{\cdot 3}$은 다음과 같은 방법으로 추정한다.

30세 미만의 비율 : $\hat{p}_{\cdot 1} = \dfrac{\text{30세 미만의 합}(T_{\cdot 1})}{\text{총표본의 크기}(T)} = \dfrac{500}{1,000} = 0.5$

30세 이상 50세 미만의 비율 :

$$\hat{p}_{\cdot 2} = \frac{\text{30세 이상 50세 미만의 합}(T_{\cdot 2})}{\text{총표본의 크기}(T)} = \frac{300}{1,000} = 0.3$$

50세 이상의 비율 : $\hat{p}_{\cdot 3} = \dfrac{\text{50세 이상의 합}(T_{\cdot 3})}{\text{총표본의 크기}(T)} = \dfrac{200}{1,000} = 0.2$

따라서 서울시의 경우 각 인구별 기대도수를 구해보면 다음과 같다.

30세 미만 인구의 기대도수 : $E_{11} = 400 \times 0.5 = 200$
30세 이상 50세 미만 인구의 기대도수 : $E_{12} = 400 \times 0.3 = 120$
50세 이상 인구의 기대도수 : $E_{13} = 400 \times 0.2 = 80$

마찬가지 방법으로 부산, 인천 그리고 광주의 연령별 인구의 기대도수도 계산할 수 있다. 위에서 귀무가설이 성립할 때, 기대도수의 추정방법을 정리하면 다음과 같다.

$$\text{칸의 추정기대도수}(E_{ij}) = \frac{\text{칸이 속한 행의 합계} \times \text{칸이 속한 열의 합계}}{\text{전체 합계}} = \frac{T_{i\cdot} \times T_{\cdot j}}{T}$$

각 칸의 기대도수를 계산하여 정리한 것이 〈표 17.5〉이다.

〈표 17.5〉 4개 도시별 연령별 기대도수

	30세 미만	30세 이상 50세 미만	50세 이상	합 계
서 울	200	120	80	400
부 산	150	90	60	300
인 천	100	60	40	200
광 주	50	30	20	100
합 계	500	300	200	1,000

동질성검정에 대한 검정통계량은 다음과 같이 계산한다.

$$\chi_0^2 = \sum_{i=1}^{r}\sum_{j=1}^{c}\frac{(O_{ij}-E_{ij})^2}{E_{ij}}$$

r은 행의 수 그리고 c는 열의 수를 나타낸다. 이때 $\sum_{i=1}^{r}\sum_{j=1}^{c}\frac{(O_{ij}-E_{ij})^2}{E_{ij}}$은 자유도가 $(r-1)(c-1)$인 χ^2-분포를 이룬다. 즉,

$$\sum_{i=1}^{r}\sum_{j=1}^{c}\frac{(O_{ij}-E_{ij})^2}{E_{ij}} \sim \chi^2((r-1)(c-1))$$

따라서 귀무가설 $H_0: p_{11}=p_{21}=\cdots=p_{r1},\ p_{12}=p_{22}=\cdots=p_{r2},\ \cdots,\ p_{1c}=p_{2c}=\cdots=p_{rc}$이고, 유의수준 α인 경우의 기각역은 다음과 같다.

$$\chi_0^2 > \chi_\alpha^2((r-1)(c-1))$$

위에서 예로 든 도시별 연령분포의 경우 r=4, c=3이므로 자유도는 (4−1)·(3−1)=6이다. 한편 검정통계량의 값은 다음과 같다.

$$\begin{aligned}\chi_0^2 &= \sum_{i=1}^{c}\sum_{j=1}^{r}\frac{(O_{ij}-E_{ij})^2}{E_{ij}} \\ &= \frac{(210-200)^2}{200}+\frac{(115-120)^2}{120}+\cdots+\frac{(20-20)^2}{20}=8.60\end{aligned}$$

또한 귀무가설과 대립가설은 다음과 같이 설정한다.

귀무가설 H_0: $p_{11}=p_{21}=p_{31}=p_{41},\ p_{12}=p_{22}=p_{32}=p_{42},$
$p_{13}=p_{23}=p_{33}=p_{43}$

또는 H_0: 도시별 연령분포의 차이가 없다.

대립가설 H_1: 도시별 연령분포의 차이가 있다.

그리고 유의수준을 α=0.05라 하면 기각역은 다음과 같다.

$$\chi_0^2 \geq \chi_{0.05}^2(6)=12.59$$

따라서 $\chi_0^2=8.6<\chi_{0.05}^2(6)=12.59$이므로 귀무가설을 기각할 수 없다. 즉 각 도시의 연령별 인구분포는 동일하다고 결론을 내린다.

> 동질성검정 :
>
> H_0 : $p_{11}=p_{21}=\cdots=p_{r1},\ p_{12}=p_{22}=\cdots=p_{r2},\cdots,\ p_{1c}=p_{2c}=\cdots=p_{rc}$
>
> H_1 : H_0이 사실이 아니다.
>
> 인 경우, 귀무가설의 검정통계량은 다음과 같다.
>
> $$\chi_0^2=\sum_{i=1}^{r}\sum_{j=1}^{c}\frac{(O_{ij}-E_{ij})^2}{E_{ij}}$$
>
> 이 검정통계량은 귀무가설이 참인 경우에, 자유도가 $(r-1)(c-1)$인 χ^2-분포를 따른다. 여기서,
>
> $$\text{칸의 추정기대도수}(E_{ij})=\frac{\text{칸이 속한 행의 합계}\times\text{칸이 속한 열의 합계}}{\text{전체 합계}}$$
>
> 따라서 유의수준 α에 대한 기각역은 다음과 같다.
>
> $$R:\ \chi_0^2\geq\chi_\alpha^2((r-1)(c-1))$$

(2) 독립성검정

하나의 표본을 랜덤하게 뽑아 그 표본으로부터 두 가지 특성을 동시에 관찰하고 이 표본을 두 가지의 특성에 따라 분류한다고 하자. 이러한 경우는 동질성검정과 달리 두 특성 중 어느 쪽 합도 고정되어 있지 않다. 예를 들면, 1,000명의 성인을 랜덤하게 추출한 후 정당의 선호도와 이념성향을 조사하여 〈표 17.6〉과 같은 결과를 얻었다고 하자.

〈표 17.6〉 정당선호도와 이념성향에 대한 분할표

	진보적	중도적	보수적	합 계
A정당	$276(O_{11})$	$166(O_{12})$	$128(O_{13})$	$570(T_{1.})$
B정당	$128(O_{21})$	$134(O_{22})$	$168(O_{23})$	$430(T_{2.})$
합 계	$404(T_{.1})$	$300(T_{.2})$	$296(T_{.3})$	$1{,}000(T)$

이러한 분할표는 두 특성이 서로 독립인지 조사하고자 할 때 사용한다. 즉, 정당에 대한 지지도와 이념성향 간에 서로 독립인지 아니면 서로 어떤 연

관이 있는지를 조사하고자 하는 것이다.

〈표 17.7〉 분할표에서 각 칸의 확률

	진보(L)	중도(M)	보수(R)	합 계
A정당	p_{AL}	p_{AM}	p_{AR}	p_A
B정당	p_{BL}	p_{BM}	p_{BR}	p_B
합 계	p_L	p_M	p_R	1

정당지지도와 이념성향이 서로 독립이라면, 두 특성의 결합확률이 각각의 주변확률의 곱과 같다는 것을 의미하므로, 다음이 성립해야 한다.

$$p_{AL} = p_A \times p_L,\ p_{AM} = p_A \times p_M,\ p_{AR} = p_A \times p_R$$

$$p_{BL} = p_B \times p_L,\ p_{BM} = p_B \times p_M,\ p_{BR} = p_B \times p_R$$

따라서 두 특성이 독립이라는 것을 나타내는 귀무가설은 다음과 같이 표현할 수 있다.

H_0 : 각 칸의 확률은 그 칸이 속한 열의 합 확률과 행의 합 확률의 곱이다.
또는 H_0 : 모든 (i, j)에 대하여 $p_{ij} = p_i \times p_j$

χ^2-검정을 하기 위해서는 각 칸의 기대도수를 계산하여야 한다. 각 칸의 기대도수는 표본의 수 T에 각 칸의 확률을 곱하여 얻어진다. 예를 들면, A정당 지지자이면서 진보성향인 범주의 기대도수는 $1{,}000 \times p_{AL}$이다. 만약 귀무가설이 맞다면, $1{,}000 \times p_{AL} - 1{,}000 \times p_A \times p_L$이 성립한다. 마찬가지 방법으로 귀무가설이 성립하는 경우에 각 칸의 기대도수를 구하면 다음과 같다.

A정당 지지자이면서 진보성향인 범주의 기대도수$= 1{,}000 \times p_A \times p_L$
B정당 지지자이면서 진보성향인 범주의 기대도수$= 1{,}000 \times p_B \times p_L$
A정당 지지자이면서 중도성향인 범주의 기대도수$= 1{,}000 \times p_A \times p_M$
B정당 지지자이면서 중도성향인 범주의 기대도수$= 1{,}000 \times p_B \times p_M$
A정당 지지자이면서 보수성향인 범주의 기대도수$= 1{,}000 \times p_A \times p_R$
B정당 지지자이면서 보수성향인 범주의 기대도수$= 1{,}000 \times p_B \times p_R$

그런데 우리는 p_A, p_B, p_L, p_M, p_R과 같은 확률의 값을 알지 못하므로 이를 분할표에서 추정하여야 한다. A정당지지자의 비율 p_A의 추정값은 전체 표본에서 A정당 지지자의 비율, 즉 $\frac{570}{1,000}=0.570$이 될 것이다. 그리고 진보성향의 비율 p_L의 추정값은 전체 표본에서 진보성향의 비율 $\frac{404}{1,000}=0.404$이다. 따라서 귀무가설이 성립할 때, A정당 지지자이면서 진보성향인 범주의 기대도수는 $1,000\times\frac{570}{1,000}\times\frac{404}{1,000}=\frac{570\times404}{1,000}=230.28$이다. 마찬가지 방법으로 각 칸의 추정기대도수를 구할 수 있는데 이를 식으로 정리하면 다음과 같다.

$$\text{칸의 추정기대도수}(E_{ij})=\frac{\text{칸이 속한 행의 합계}\times\text{칸이 속한 열의 합계}}{\text{전체 합계}}=\frac{T_{i\cdot}\times T_{\cdot j}}{T}$$

위의 분할표의 각 칸의 기대도수는 〈표 17.8〉에 나와 있다.

〈표 17.8〉 정당선호도와 이념성향에 대한 기대도수

	진보적	중도적	보수적	합 계
A정당	230.28	171.00	168.72	570
B정당	173.72	129.00	127.28	430
합 계	404	300	296	1,000

이때 검정통계량은

$$\chi_0^2=\sum_{i=1}^{r}\sum_{j=1}^{c}\frac{(O_{ij}-E_{ij})^2}{E_{ij}}$$

으로 주어지고 이는 자유도가 $(r-1)(c-1)$인 χ^2-분포를 이룬다. 즉,

$$\sum_{i=1}^{r}\sum_{j=1}^{c}\frac{(O_{ij}-E_{ij})^2}{E_{ij}}\sim\chi^2((r-1)(c-1))$$

따라서 귀무가설 H_0 : 모든 (i, j)에 대하여 $p_{ij}=p_i\times p_j$이고, 유의수준 α인 경우의 기각역은 다음과 같다.

$$\chi_0^2\geq\chi_\alpha^2((r-1)(c-1))$$

위에서 예를 든 정당선호도과 이념성향에 대한 검정을 유의수준 $\alpha=0.05$에서 실시해 보자. 먼저 가설을 설정하면 다음과 같다.

H_0 : 정당선호도와 이념성향은 서로 독립이다.
H_1 : H_0은 사실이 아니다.

자유도가 $(2-1)(3-1)=2$이고, 유의수준이 $\alpha=0.05$이므로 기각역은 다음과 같다.

$$\chi_0^2 \geq \chi_{0.05}^2(2)=5.991$$

χ^2-검정통계량의 값을 계산하면,

$$\chi_0^2=\frac{(276-230.28)^2}{230.28}+\frac{(166-171)^2}{171}+\cdots+\frac{(168-127.28)^2}{127.28}$$
$$=44.306$$

따라서 $\chi_0^2=44.306\geq \chi_{0.05}^2(2)=5.991$이므로 귀무가설을 기각한다. 즉 정당선호도과 이념성향은 서로 관련이 있다고 할 수 있다.

독립성검정 :

H_0 : 모든 (i, j)에 대하여 $p_{ij}=p_i \times p_j$
H_1 : H_0이 사실이 아니다.

인 경우, 귀무가설의 검정통계량은 다음과 같다.

$$\chi_0^2=\sum_{i=1}^{r}\sum_{j=1}^{c}\frac{(O_{ij}-E_{ij})^2}{E_{ij}}$$

이 검정통계량은 귀무가설이 참인 경우에, 자유도가 $(r-1)(c-1)$인 χ^2-분포를 따른다. 여기서,

$$\text{칸의 추정기대도수}(E_{ij})=\frac{\text{칸이 속한 행의 합계}\times\text{칸이 속한 열의 합계}}{\text{전체 합계}}$$

따라서 유의수준 α에 대한 기각역은 다음과 같다.

$$R : \chi_0^2 \geq \chi_\alpha^2((r-1)(c-1))$$

이상에서 살펴본 바를 결론적으로 말하면 독립성검정은 동질성검정과 기대도수 구하는 법, 검정통계량, 자유도, 기각역이 모두 동일하고 단지 검정하고자 하는 가설이 달라서 검정결과에 대한 해석만이 다를 뿐이다.

17.3 윌콕슨 순위합검정

두 모집단의 평균에 관한 검정이나 두 처리효과의 비교와 같은 문제를 두 모집단의 비교문제라고 하며, 두 모집단(또는 처리)의 비교문제에서 대표적인 비모수적 방법이 윌콕슨 순위합검정이다.

먼저 비모수적 방법에서 자주 사용되는 도구로 부호(sign)와 순위(rank)가 있다. 부호는 일반적으로 관측값이 0보다 크면 1, 작으면 0으로 나타내며, 순위는 관측값을 크기순서대로 나열할 때 가장 작은 관측값의 순위는 1, 두 번째로 작은 관측값의 순위는 2로 주어진다. 예를 들어 5개의 관측값

$$X_1=5,\ X_2=3,\ X_3=-2,\ X_4=-4,\ X_5=2$$

에 대하여, X_i의 부호를 S_i, 순위를 R_i라고 하면,

$$S_1=1,\ S_2=1,\ S_3=0,\ S_4=0,\ S_5=1,$$
$$R_1=5,\ R_2=4,\ R_3=2,\ R_4=1,\ R_5=3$$

이 된다.

두 모집단 A와 B를 비교하기 위하여, 모집단 A에서 n_A개의 표본을 추출하고 모집단 B에서 n_B개의 표본을 추출한다고 하자. 즉,

$$X_1,\ X_2,\ \cdots,\ X_{n_A}:\ \text{모집단 } A\text{에서 추출한 표본}$$
$$Y_1,\ Y_2,\ \cdots,\ Y_{n_B}:\ \text{모집단 } B\text{에서 추출한 표본}$$

이라 하자. 이때 두 모집단의 분포형태는 동일하며, 모집단 A의 분포는 모집단 B의 분포를 Δ 만큼 평행이동한 분포라 하자. 이를 그림으로 나타낸 것이 [그림 17.1]과 같다.

그림 17.1
모집단 A와
모집단 B의 관계

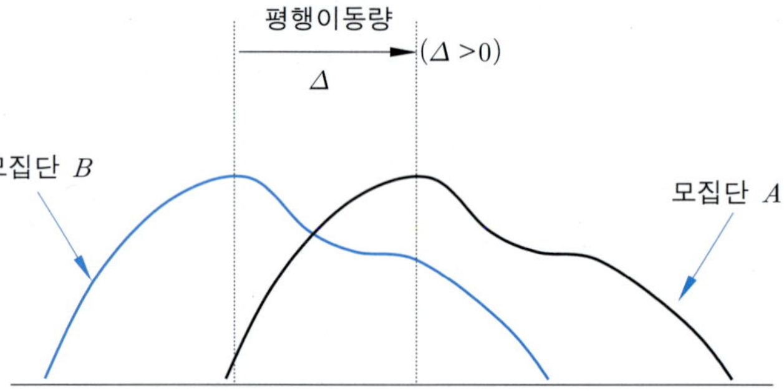

여기에서 Δ는 두 모집단의 위치의 차이로 $\Delta=0$인 경우에는 모집단 A와 모집단 B의 분포가 같다는 것을 뜻하며, $\Delta > 0$인 경우에는 모집단 A의 중심위치가 모집단 B의 중심위치보다 크다는 것을 뜻한다. 마찬가지로 $\Delta < 0$와 $\Delta \neq 0$의 의미를 이해할 수 있을 것이다.

이때, 두 모집단의 위치에 차이가 있다고 할 수 있는가를 검정하려고 한다고 하자. 이를 검정하기 위해서는 다음과 같이 가설을 세울 수 있다.

① $H_0 : \Delta=0,\ H_1 : \Delta > 0$
② $H_0 : \Delta=0,\ H_1 : \Delta < 0$
③ $H_0 : \Delta=0,\ H_1 : \Delta \neq 0$

이 가설들을 검정하기 위한 윌콕슨 순위합검정의 기본개념은 다음과 같다. 먼저 모집단 A의 n_A개 표본과 모집단 B의 n_B개 표본을 섞은 표본을 혼합표본(combined sample)이라 하며, 혼합표본에서 모집단 A에 속한 표본의 순위를 살펴보자. 만약 H_0이 참이라면, 두 모집단이 동일하므로 혼합표본에서 모집단 A의 표본의 순위와 모집단 B의 표본의 순위가 서로 비슷할 가능성이 높을 것이다. 만약 대립가설 $H_1 : \Delta > 0$이 성립하는 경우라면, 모집단 A의 표본의 순위가 모집단 B의 표본의 순위보다 크게 되는 경향을 가질 것이다. 따라서 혼합표본에서 모집단 A에 속한 표본의 순위합이 크면 클수록 대립가설 $H_1 : \Delta > 0$을 지지하는 근거가 될 것이다. 이때 R_i를 다음과 같이 정의하면

R_i =모집단 A와 모집단 B의 혼합표본에서 X_i의 순위
(단, 동점인 경우에는 해당 순위의 평균을 사용한다)

윌콕슨 순위합검정통계량은 다음과 같이 정의된다.

> 윌콕슨 순위합검정통계량 :
>
> $$W = \sum_{i=1}^{n_A} R_i$$
>
> 여기서, R_i =모집단 A와 모집단 B의 혼합표본에서 X_i의 순위

순위합검정통계량 W를 이용하여 검정하기 위해서는 귀무가설 H_0 : $\Delta = 0$이 성립하는 경우에, W의 분포를 먼저 알아야 한다. 예를 들어, $n_A=2$, $n_B=3$인 경우에 H_0이 참일 때, W의 분포를 구해보자. 귀무가설이 참이면 모집단 A와 모집단 B의 분포가 동일하므로,

$$\{X_1,\ X_2,\ Y_1,\ Y_2,\ Y_3\}$$

는 하나의 모집단에서 추출된 크기가 5인 표본이라고 할 수 있다. 이 5개의 표본의 관측값을 $\{x_1,\ x_2,\ y_1,\ y_2,\ y_3\}$이라 하고 이 관측값들을 크기순으로 나열하는 방법은 모두 10가지이다. 이들 10가지 방법에 대한 W의 값과 확률을 표로 나타내면 〈표 17.9〉와 같다. H_0하에서 모집단 A와 B의 분포는 동일하므로 각 나열방법의 확률은 모두 0.1로 동일하다.

〈표 17.9〉 관측값의 나열방법과 W의 값

관측값 나열방법	W의 값	확 률
$x\ x\ y\ y\ y$	3	0.1
$x\ y\ x\ y\ y$	4	0.1
$x\ y\ y\ x\ y$	5	0.1
$x\ y\ y\ y\ x$	6	0.1
$y\ x\ x\ y\ y$	5	0.1
$y\ x\ y\ x\ y$	6	0.1
$y\ x\ y\ y\ x$	7	0.1
$y\ y\ x\ x\ y$	7	0.1
$y\ y\ x\ y\ x$	8	0.1
$y\ y\ y\ x\ x$	9	0.1

〈표 17.9〉로부터 H_0하에서 W의 분포를 구하면 〈표 17.10〉과 같다. 〈표 17.10〉은 $n_A=2$, $n_B=3$인 경우의 W의 분포이다.

〈표 17.10〉 $n_A=2$, $n_B=3$인 경우 H_0하에서 W의 분포

W의 값(w)	3	4	5	6	7	8	9	합계
확률 $P[W=w]$	0.1	0.1	0.2	0.2	0.2	0.1	0.1	1.0

그러므로 $n_A=2$, $n_B=3$일 때 유의수준 $\alpha=0.1$에서의 기각역은 $R : W \geq 9$로 주어진다.

순위합 W의 분포를 구하는 방법은 표본의 크기 $n(=n_A+n_B)$이 커짐에 따라 매우 복잡해지므로 부록의 〈표 7〉을 이용하는 것이 편리하며 대표본인 경우에는 정규근사를 이용한다. 일반적으로 순위합 W의 분포를 결정하는 방법을 간략하게 알아보면, 먼저 W가 최소값을 갖는 경우는 $n(=n_A+n_B)$개의 표본 중에서 모집단 A의 표본 n_A개가 1부터 n_A까지의 순위를 차지하는 경우로서, W의 최소값은 $1+2+\cdots+n_A=n_A(n_A+1)/2$이 된다. 최대값을 갖는 경우는 모집단 A의 표본 n_A개가 n_B+1부터 n_B+n_A까지의 순위를 차지하는 경우로서, W의 최대값은 $(n_B+1)+(n_B+2)+\cdots+(n_B+n_A)=n_A(2n_B+n_A+1)/2$이다. 또한 W는 최소값과 최대값의 중간인 $n_A(n_A+n_B+1)/2$을 기준으로 대칭인 분포를 갖는다. 그러므로 분포의 중심 $n_A(n_A+n_B+1)/2$로부터 같은 거리만큼 떨어져 있는 두 값 w와 $w^*(w^*<w)$에 대해 $P[W \geq w]=P[W \leq w^*]=p$가 성립한다. 부록의 〈표 7〉에서는 $n_A \leq n_B \leq 10$인 경우에 H_0하에서 W의 확률분포가 주어져 있다(일반적으로 모집단 A의 표본의 수 n_A가 모집단 B의 표본의 수 n_B보나 삭다고 가정한다). 즉, W의 오른쪽 꼬리에 대한 확률 $P[W \geq w]$의 값과 왼쪽 꼬리에 대한 확률 $P[W \leq w]$의 값이 부록의 〈표 7〉에 수록되어 있다.

예를 들어 하나의 모집단에서는 4개, 다른 모집단에서는 7개를 추출했을 때, W의 값이 14보다 작거나 같고 34보다 크거나 같은 확률을 구하는 경우를 고려해 보자. $n_A=4$, $n_B=7$이고 $w^*=14$, $w=34$이므로 $P[W \geq 34]=P[W \leq 14]=0.036$임을 알 수 있다.

따라서 부록의 〈표 7〉 순위합 통계량의 분포표로부터 윌콕슨 순위합검정의 기각역을 구할 수 있다. 윌콕슨 순위합검정법을 요약하면 다음과 같다.

윌콕슨 순위합검정법 :

$X_1, X_2, \cdots, X_{n_A}, Y_1, Y_2, \cdots, Y_{n_B}$을 모집단 A, B에서 추출한 서로 독립인 표본이라고 할 때($n_A \leq n_B$),

$$H_0 : \Delta = 0 \text{(두 모집단의 분포가 같다)}$$

을 검정하기 위한 윌콕슨 순위합검정통계량은

W = 두 모집단 A와 B의 혼합표본에서 모집단 A에서 추출된 표본의 순위합

으로 정의되고, 대립가설에 대한 기각역은 다음과 같이 주어진다.

① $H_1 : \Delta > 0$일 때, $W \geq w_\alpha$

여기서 w_α는 $P[W \geq w] \leq \alpha$를 만족하는 최소의 w값이다.

② $H_1 : \Delta < 0$일 때, $W \leq w_\alpha^*$

여기서 w_α^*는 $P[W \leq w] \leq \alpha$를 만족하는 최대의 w값이다.

③ $H_1 : \Delta \neq 0$일 때, $W \geq w_{\alpha/2}$ 또는 $W \leq w_{\alpha/2}^*$

여기서 $w_{\alpha/2}$과 $w_{\alpha/2}^*$는 각각 $P[W \geq w] = P[W \leq w^*] \leq \alpha/2$를 만족하는 최소의 w값과 최대의 w^*값이다.

예제 17.2

두 종류의 담배 A와 B를 선택하고 각 담배의 니코틴 함유량을 측정하였더니 다음과 같았다.

A담배	2.58	2.74	2.82		
B담배	2.79	3.12	2.65	3.05	3.35

이 자료를 이용하여 유의수준 $\alpha=0.05$에서 담배 A의 니코틴 함유량이 담배 B보다 작은지를 검정하여라.

풀이 —

검정하고자 하는 가설은 다음과 같다.

$H_0 : \Delta=0$(담배 A와 B의 니코틴 함유량이 같다)

$H_1 : \Delta<0$(담배 A의 니코틴 함유량이 담배 B보다 작다)

먼저 혼합표본을 만들고 각 표본의 순위값을 구한 후 검정통계량 W의 값을 구한다.

혼합표본의 순서배열	2.58	2.65	2.74	2.79	2.82	3.05	3.12	3.35
순 위	1	2	3	4	5	6	7	8
담배의 종류	A	B	A	B	A	B	B	B

따라서 윌콕슨 순위합통계량 W의 값을 구하면,

$$W=1+3+5=9$$

이고, $n_A=3, n_B=5$이므로 부록 〈표 7〉의 윌콕슨 순위합통계량 W의 분포표로부터 $P[W\leq 8]=0.071$과 $P[W\leq 7]=0.036$임을 알 수 있다. 따라서 유의수준 $\alpha=0.05$보다 작은 확률은 0.036이므로 기각역은 R : $W\leq 7$이다. 그러므로 $W=9>7$이므로 유의수준 $\alpha=0.05$에서 H_0를 기각할 수 없다. 즉, 담배 A와 B의 니코틴 함유량이 같다고 할 수 있다.

n_A와 n_B의 값이 너무 커서 부록 〈표 7〉의 분포표를 이용할 수 없는 경우에는 순위합 통계량 W의 분포가 다음과 같은 정규분포에 근사한다는 성질을 이용한다.

> 윌콕슨 순위합 검정통계량 W의 정규근사 :
> 귀무가설 H_0 : $\Delta=0$이 참일 때,
>
> $$E[W]=\frac{n_A(n_A+n_B+1)}{2}, \quad Var[W]=\frac{n_An_B(n_A+n_B+1)}{12}$$
>
> 이며, n_A와 n_B가 클 경우에
>
> $$Z=\frac{W-E[W]}{\sqrt{\mathrm{Var}[W]}}$$
>
> 는 근사적으로 표준정규분포 $N(0,\ 1)$을 따른다.

예제 17.3

예제 17.2의 자료를 이용하여 W의 정규근사에 의한 검정을 시행하여라.

풀이 ―

예제 17.2에서 $n_A=3, n_B=5, W=9$이며, W의 평균과 분산은 다음과 같다.

$$E[W]=\frac{n_A(n_A+n_B+1)}{2}=\frac{3(3+5+1)}{2}=13.5$$

$$\text{Var}[W]=\frac{n_An_B(n_A+n_B+1)}{12}=\frac{3\times5(3+5+1)}{12}=11.25$$

따라서 Z의 값을 계산하면

$$Z=\frac{W-E[W]}{\sqrt{\text{Var}[W]}}=\frac{9-13.5}{\sqrt{11.25}}=-1.34$$

$\alpha=0.05$이므로 기각역은 $R: Z\le-1.64$이다. 따라서 $Z=-1.34>-1.64$이므로 H_0을 기각할 수 없으므로 담배 A와 B의 니코틴 함유량이 같다고 할 수 있다. 비록 n_A와 n_B가 크지 않지만 **예제 17.2**의 순위합검정의 결과와 동일함을 알 수 있다.

17.4 짝비교

하나의 조사대상에 대하여 2개의 변수를 측정하여 이들 변수간의 관계를 비교하는 것을 10.4절에서 배운 바와 같이 짝비교라 한다. 예를 들면 각각의 소비자에 대하여 2개 회사의 제품에 대한 평가점수를 측정하여 비교한다든지, 또는 각각의 제품에 대하여 2개 도시에서의 가격을 측정하여 비교한다든지 등을 짝비교라 한다. 여기에는 부호검정(sign test)과 윌콕슨 부호순위검정이 있다. 부호검정은 짝지워진 두 표본의 차이의 부호를 이용하여 검정을 하며, 윌콕슨 부호순위검정은 짝지워진 두 표본의 차이의 순위를 이용하여 검정을 한다. 모수통계의 짝비교에 대해서는 이미 제10장에서 다룬 바 있는데 10장에서는 짝지워진 두 표본의 차이가 정규분포를 이룬다는 가정하에 두 모집단에 대한 차이를 검정하였다. 그러나 여기서 다룰 부호검정이나 윌콕슨 부호순위검정에서는 모집단 분포에 대해서 연속성 및 대칭성 등과 같은 일반적인 가정 이외에는 어떠한 가정도 필요로 하지 않는다.

1. 부호검정

하나의 조사대상에 대하여 2개의 변수를 측정하여 그 차의 부호의 개수를 가지고 두 모집단의 동질성을 판단한다. 〈표 17.11〉에서와 같이 경쟁관계에 있는 A회사와 K회사의 제품에 대하여 소비자 22명을 대상으로 두 제품의 선호도를 조사하였다고 하자. 선호도는 5점 척도로 측정되었고 A에서 K를 차감하여 그 부호만 조사하였다.

(A−K)의 결과 +가 13개이고 −가 7개이며 0이 2개이다. A제품과 K제품의 선호도의 차이가 없다면 각각의 표본에 대하여 + 또는 −가 나타날 확률은 0.5가 되며 전체적으로는 $p=0.5$인 이항분포를 이룬다. 위의 조사에서 0이 나온 2개를 제외한 수는 20이며 이것이 전체 시행횟수 n이 된다. B가 +부호의 개수와 −부호의 개수 중에서 큰 것을 값으로 갖는다고 하면, B는 n이 20이고, p가 0.5인 이항분포를 따른다. 이 예에서 $B=13$이다.

〈표 17.11〉 두 제품에 대한 선호도

소비자	제품 A	제품 K	부호(A−K)	소비자	제품 A	제품 K	부호(A−K)
1	2	1	+	12	1	1	0
2	3	2	+	13	4	3	+
3	5	2	+	14	1	4	−
4	1	2	−	15	4	0	+
5	1	2	−	16	3	2	+
6	2	2	0	17	4	3	+
7	4	3	+	18	3	2	+
8	1	4	−	19	2	0	+
9	5	0	+	20	5	0	+
10	3	1	+	21	2	3	−
11	2	3	−	22	1	4	−

(1) 표본의 크기가 작은 경우

표본의 크기가 큰 경우에는 11.2절에서 배운 바와 같이 정규분포를 이용하여 Z-검정을 실시한다. 그러나 위의 예제처럼 표본의 크기가 작은 경우에는 이항분포를 이용하여 기각역을 구한다. 우선 이 예제에서 귀무가설은 H_0 : "A제품과 K제품의 선호도가 같다"이고 대립가설은 H_1 : "A제품의 선호도가 K제품보다 높다"일 때 유의수준 $\alpha=0.05$인 경우를 생각해 보자.

이때 기각역은 $R : B > b$의 형태를 가질 것이다. 유의수준이란 제1종 오류를 범할 최대 확률이므로 귀무가설이 성립할 때 b는 다음을 만족시키는 최소의 정수이다.

$$B \sim B(n, p) = B(20,\ 0.5)\text{일 때, } P(B > b) \le \alpha = 0.05$$

따라서 $n = 20$, $\alpha = 0.05$인 경우

$$P(B \ge 14) = 0.0577$$
$$P(B \ge 15) = 0.0207$$

이므로 기각역은

$$R : B \ge 15$$

이고, 이때, 실제 유의수준은 문제에서 제시한 0.05보다 작은 0.0207이다. 위의 예에서 $B = 13$이므로 기각역에 포함되지 않음을 알 수 있다. 즉 A제품과 K제품의 선호도가 같다고 할 수 있다. 윌콕슨 순위합검정에서 보았듯이 이항분포와 같은 이산형 분포에서의 검정은 일반적으로 제시된 유의수준 α보다 작은 유의수준을 갖는다. b_α가 $P(B \ge b) \le \alpha$를 만족시키는 최소의 b값이라면 다음과 같이 부호검정을 실시한다.

> 부호검정(sign test) : 표본의 크기가 작은 경우
>
> H_0 : "두 모집단이 동질적이다"
>
> 인 경우, 귀무가설의 검정통계량은 다음과 같다.
>
> $B = \{D_1, D_2, \cdots, D_n$ 중 0보다 큰 값의 개수$\}$
>
> 여기서 $D_1, D_2, \cdots, D_n$은 두 모집단에서 관측한 짝표본(X_i, Y_i)의 차이 $D_i = X_i - Y_i$를 의미하며, $D_i = X_i - Y_i = 0$인 경우는 없다고 가정한다. 이때 검정통계량은 귀무가설이 참인 경우에, $B(n, 0.5)$분포를 따른다. 각 대립가설에 대하여 유의수준 α에 대한 기각역은 다음과 같다.
>
> H_1 : "모집단 1이 모집단 2보다 크다"인 경우, $R : B \ge b_\alpha$
>
> H_1 : "모집단 1과 모집단 2가 같지 않다"인 경우,
>
> $R : B \ge b_{\alpha/2}$ 또는 $B \le n - b_{\alpha/2}$
>
> H_1 : "모집단 1이 모집단 2보다 작다"인 경우, $R : B \le n - b_\alpha$
>
> 이때, $P(B \ge b) \le \alpha$를 만족시키는 최소의 b값이다.

(2) 표본의 크기가 큰 경우

표본의 크기가 큰 경우에는 11.2절에서 배운 바와 같이 이항분포가 정규분포에 근사한다는 점을 이용하여 Z-검정을 실시한다. 제11장에서 다루었듯이 모비율이 p이고 시행횟수가 n인 이항분포에서, 표본비율 $\hat{p}$는 평균이 p, 그리고 분산이 $\frac{p(1-p)}{n}$인 정규분포에 근사한다. 즉 $\hat{p} \approx N\left(p, \frac{p(1-p)}{n}\right)$이다.

> 부호검정(sign test): 표본의 크기가 큰 경우
>
> H_0: "두 모집단이 동질적이다"
>
> 인 경우, 귀무가설의 검정통계량은 다음과 같다.
>
> $$Z=\frac{\hat{p}-p}{\sqrt{p(1-p)/n}}$$
>
> 이때 검정통계량은 귀무가설이 참인 경우에, 표준정규분포 $N(0,\ 1)$을 따른다. 각 대립가설에 대하여 유의수준 α에 대한 기각역은 다음과 같다.
>
> H_1: "모집단 1이 모집단 2보다 크다"인 경우, $R: Z \geq z_\alpha$
>
> H_1: "모집단 1과 모집단 2가 같지 않다"인 경우,
>
> $R: Z \leq -z_{\alpha/2}$ 혹은 $R: Z \geq z_{\alpha/2}$
>
> H_1: "모집단 1이 모집단 2보다 작다"인 경우, $R: Z \leq -z_\alpha$

위의 예제에서 모비율 $p=0.5$이고 $n=20$이기 때문에 표본비율의 분산은 $\frac{p(1-p)}{n}=0.0125$이고 표준편차는 $\sqrt{\frac{p(1-p)}{n}}=0.1118$이다. 다음은 위의 예제를 부호검정의 절차에 따라 검정을 한 결과이다.

$$\hat{p}=\frac{13}{20}=0.65,\ \hat{p}\text{ 의 표준편차}=\sqrt{\frac{0.5(1-0.5)}{20}}=0.1118$$

① $H_0: p=0.5$(두 제품의 선호도는 같다)

$H_1: p>0.5$(A제품의 선호도가 K제품보다 높다)

② $\alpha=0.05$

③ H_0의 기각역 : $Z \geq z_{0.05}=1.64$

④ $Z=\frac{0.65-0.50}{0.1118}=1.34$

⑤ $Z=1.34<z_{0.05}=1.64$이므로 귀무가설을 기각할 수 없다. 즉 두 제품의 선호도에는 유의한 차이가 없다.

이 부호검정은 짝지어진 표본 외에도 표본이 하나인 경우에 한 모집단의 평균이나 중앙값을 검정하는 경우에도 적용될 수 있다. 다음 예제를 살펴보자.

예제 17.4

어느 작은 지방도시의 가구당 연간소득을 알아보기 위하여 10가구의 소득을 조사하였다.

(단위 : 만원)

4700	3600	3350	2800	3200	3300	3400	2850	3800	3100

이 자료로부터 연간소득이 3,500만원 미만이라고 할 수 있는지 유의수준 $\alpha=0.05$에서 부호검정을 실시하여라.

풀이 —

θ를 소득의 중앙값이라 하면, 검정하고자 하는 가설은 다음과 같이 세울 수 있다.

$$H_0 : \theta=3{,}500 \text{ 대 } H_1 : \theta<3{,}500$$

귀무가설하에서 검정통계량의 분포는

$$B=3{,}500\text{보다 작은 관측값의 개수} \sim B(10,\ 0.5)$$

이며 $P[X \geq 8]=0.0547$과 $P[X \geq 9]=0.0107$이므로 기각역은

$$R : B \geq 9$$

임을 알 수 있다. 이 자료로부터 검정통계량의 값을 구하면 다음 표에 의하여 $B=7$이다.

번 호	1	2	3	4	5	6	7	8	9	10
$X_i-3{,}500$	1,200	100	−150	−700	−300	−200	−100	−650	300	−400
부 호	+	+	−	−	−	−	−	−	+	−

따라서 $B=7\leq 9$이므로 유의수준 $\alpha=0.05$에서 귀무가설 H_0를 기각할 수 없다.

2. 윌콕슨 부호순위검정

전술한 부호검정은 두 모집단으로 관측한 짝표본(X_i, Y_i)의 차이의 크기는 고려하지 않고 단지 부호만을 다룬다는 점에서 이분법으로 측정될 수 있는 대상을 조사할 때 간편하게 사용할 수 있는 기법이다. 그러나 조사대상 크기도 측정될 수 있다면 구태여 정보의 손실을 감수하면서까지 부호검정을 할 필요는 없다. 표본의 차이의 부호뿐만 아니라 그 크기까지도 고려한 검정이 윌콕슨 부호순위검정이다.

〈표 17.12〉의 자료를 이용하여 윌콕슨 부호순위검정을 해보자. 설날과 추석 중 어느 날의 지출액이 더 큰가를 알아보기 위해 12가구에 대해 조사하여 다음과 같은 결과를 얻었다.

설날에 지출되는 비용(X_i)과 추석에 지출되는 비용(Y_i)의 차를 D_i라 할 때, 모수통계에서는 D_i가 t-분포를 따르므로 t-검정을 실시하였다. 윌콕슨 부호순위검정에서는 D_i가 연속적이며 중앙값에 대하여 대칭적인 분포를 이룬다고 가정한다. D_i의 절대값, 즉 $|D_i|$에 오름차순으로 순위를 매기고(절대값 순위), 여기에 차이에 대한 부호를 부여하여(부호순위), 이 중에서 양의 부호값을 합한 것을 W^+라 하고 이를 검정통계량으로 설정한다. 즉,

〈표 17.12〉 지출액 차이 조사 (단위 : 만원)

가구	설날(X)	추석(Y)	$D=X-Y$	절대값 순위	부호순위
1	52	42	10	3	3
2	88	89	−1	1	−1
3	117	20	97	12	12
4	48	69	−21	8	−8
5	25	89	−64	10	−10
6	51	40	11	4	4
7	108	68	40	9	9
8	87	73	14	5	5
9	99	20	79	11	11
10	87	91	−4	2	−2
11	47	32	15	6	6
12	51	31	20	7	7

$$W^+ = \{D_1, D_2, \cdots, D_n \text{ 중 0보다 큰 경우의 } |D_i| \text{의 순위합}\}$$

만약, 동일한 값을 갖는 경우에는 평균순위를 사용한다. 위의 예제에서는 검정통계량의 값이

$$W^+ = 3+12+4+9+5+11+6+7=57$$

만약 모든 가구에 있어서 설날의 지출액이 추석의 지출액보다 크다면 부호는 모두 +이므로 W^+값은 $1+2+\cdots+12=78$이 될 것이며, 그 반대의 경우는 부호가 모두 −이므로 W^+값은 0이 될 것이다. 한편 설날과 추석의 지출액이 동일하다면 W^+값은 $39\left(=\dfrac{(0+78)}{2}\right)$에 근사할 것이다. 따라서 W^+값이 너무 크거나 혹은 너무 작으면 두 모집단의 분포가 다르다는 것을 의미한다. 즉 W^+값이 너무 작으면 설날의 지출액이 추석의 지출액보다 작다는 것을 의미하고 W^+값이 너무 크면 설날의 지출액이 추석의 지출액보다 크다는 것을 의미한다. 이를 각각 최소임계치, 최대임계치라 하는데 이는 표본의 수와 유의수준에 따라 결정된다(부록 〈표 8〉 참조).

일반적으로 W^+의 분포는 표본의 수 n에 따라 다르며 일반적인 형태는 존재하지 않는다. 그러나 W^+분포의 특징을 간략히 살펴보면, W^+의 값은 $D_1, D_2, \cdots, D_n$ 중 0보다 큰 경우의 $|D_i|$의 순위합이므로 $D_1, D_2, \cdots, D_n$의 값이 모두 0보다 작은 경우에는 W^+의 값이 0이다. 즉, W^+가 가질 수 있는 최소값은 0이다. 반대로, $D_1, D_2, \cdots, D_n$의 값이 모두 0보다 큰 경우에는 W^+의 값은 $1+2+\cdots+n=n(n+1)/2$가 된다. 즉, W^+가 가질 수 있는 최대값은 $n(n+1)/2$이다. 그리고 H_0하에서 W^+의 분포는 대칭이므로 그 중심은 최소값 0과 최대값 $n(n+1)/2$의 중간지점인 $n(n+1)/4$이 된다. 그러므로 분포의 중심 $n(n+1)/4$로부터 같은 거리만큼 떨어져 있는 두 값 w와 $w^*(w^* < w)$에 대해 $P[W^+ \geq w] = P[W^+ \leq w^*] = p$가 성립한다. 부록의 〈표 8〉에는 $n \leq 15$이고 $p=0.1$ 근처 또는 $p \leq 0.1$인 경우의 w, w^*에 대한 확률값들이 주어져 있다. 이 표를 이용하여 다음과 같이 윌콕슨의 부호순위검정을 실시한다.

월콕슨의 부호순위검정(Wilcoxon's signed rank test) :

H_0 : "두 모집단이 동질적이다"

인 경우, 귀무가설의 검정통계량은 다음과 같다.

$W^+ = \{D_1, D_2, \cdots, D_n$ 중 0보다 큰 경우의 $|D_i|$의 순위합$\}$

각 대립가설에 대하여 유의수준 α에 대한 기각역은 다음과 같다.

H_1 : "모집단 1이 모집단 2보다 크다"인 경우, $R : W^+ \ge w_\alpha$

H_1 : "모집단 1과 모집단 2가 같지 않다"인 경우,

$R : W^+ \ge w_{\alpha/2}$ 또는 $W^+ \le w^*_{\alpha/2}$

H_1 : "모집단 1이 모집단 2보다 작다"인 경우, $R : W^+ \le w^*_\alpha$

이때 w_α는 $P(W^+ \ge w) \le \alpha$를 만족하는 최소의 w값이며, w^*_α는 $P(W^+ \le w^*) \le \alpha$를 만족하는 최대의 w^*값으로 표본의 수 n과 유의수준 α에 의해 결정되며, 부록 〈표 8〉에 나와 있다. 참고로 $w_\alpha + w^*_\alpha = n(n+1)/2$을 만족시킨다.

부록 〈표 8〉에 의하면 표본 수 $n=12$, 유의수준 $\alpha=0.05$에서 최소임계치는 17, 최대임계치는 61이므로 검정통계량 W^+의 값 57은 임계치 사이에 있으므로 귀무가설을 기각할 수 없다. 즉, 두 명절의 지출액은 동일하다고 판정한다.

월콕슨의 부호순위검정은 부호검정과 동일하게 짝지어진 표본 이외에도 표본이 하나인 경우에 한 모집단의 평균이나 중앙값을 검정하는 경우에도 적용될 수 있다. 다음 예제를 살펴보자.

예제 17.5

예제 17.4의 자료를 이용하여 유의수준 $\alpha=0.05$에서 월콕슨의 부호순위검정을 실시하여라.

풀이 —

검정하고자 하는 가설은

$$H_0 : \theta = 1,500 \text{ 대 } H_1 : \theta < 1,500$$

이므로 기각역은 $R : W^+ \le w^*_\alpha$ 형태를 갖는다. 유의수준 $\alpha=0.05$이고 $P(W^+ \le 11) = 0.053$이고 $P(W^+ \le 10) = 0.042$이므로 기각역은

$$R : W^{+} \leq 10$$

이다. 또한, 윌콕슨의 부호순위검정통계량을 구하면

번 호	1	2	3	4	5	6	7	8	9	10
$X_i-1{,}500$	1,200	100	−150	−700	−300	−200	−100	−650	300	−400
절대값 순 위	10	1.5	3	9	5.5	4	1.5	8	5.5	7
부 호	+	+	−	−	−	−	−	−	+	−
부호순위	10	1.5	−3	−9	−5.5	−4	−1.5	−8	5.5	−7

$W^{+}=10+1.5+5.5=17$이다. 따라서 $W^{+}=17>10$이므로 유의수준 $\alpha=0.05$에서 귀무가설 H_0를 기각할 수 없다. 즉, 부호검정의 결과와 일치함을 알 수 있다.

17.5 순위상관 검정(Spearman 상관분석)

제14장에서 다룬 상관분석은 확률변수가 양적 자료값을 갖는 두 확률변수간의 연관관계를 다룬 것이다. 그런데 만약 자료가 순위만을 나타낸 것이라면 상관계수는 어떻게 측정할 것인가? 순위자료를 갖는 변수들의 상관계수를 측정한 것을 순위상관계수 또는 스피어만 상관계수라 하는데, 그 계산절차는 다음과 같다.

10명의 고등학생을 대상으로 영어시험과 체력장을 실시하여 각 분야별로 순위를 부여한 결과 다음과 같았다고 하자. 이때 영어시험 성적의 순위를 X, 체력장 성적의 순위를 Y라고 하자.

〈표 17.13〉 영어시험과 체력장

학생	X	Y	$D=X-Y$	D^2
1	3	3	0	0
2	5	4	1	1
3	8	2	6	36
4	4	5	−1	1
5	6	9	−3	9
6	2	1	1	1
7	1	7	−6	36
8	9	6	3	9
9	7	8	−1	1
10	10	10	0	0
				94

순위상관계수 ρ_S의 추정량은 다음과 같이 계산된다.

$$\widehat{\rho_S}=1-\frac{6\sum D^2}{n(n^2-1)}$$

따라서 영어시험과 체력장의 순위상관계수 ρ_S의 추정값은 다음과 같다.

$$\widehat{\rho_S}=1-\frac{6(94)}{10(10^2-1)}=1-0.570=0.430$$

만약 영어시험과 체력장의 순위가 동일하다면 $D_i=X_i-Y_i=0,\ i=1,\ 2,\ \cdots,\ n$이므로 $\sum D^2=0$이 되어 순위상관계수 $\rho_S=1$이 된다. 한편 영어시험과 체력장이 완전한 역순위관계가 성립된다면, 즉 $(X,\ Y)$쌍의 값은 $(1,\ n)$, $(2,\ n-1)$, $\cdots$, $(n,\ 1)$과 같은 값을 갖게 되므로 $D_i=X_i-Y_i=n-2i+1,\ i=1,\ 2,\ \cdots,\ n$이 성립하므로 $\sum D^2=\frac{1}{3}n(n-1)^2$이 되므로, $\frac{6\sum D^2}{n(n^2-1)}$은 -2가 되어 순위상관계수 $\rho_S=-1$이 된다. 즉 피어슨 상관계수와 마찬가지로 스피어만 상관계수의 값 역시 $-1\le\rho_S\le1$이다.

순위상관계수에 대한 검정은 다음과 같이 실시한다.

순위상관계수에 대한 검정 : 귀무가설이

$H_0 : \rho_S = 0$

인 경우, 귀무가설의 검정통계량은 다음과 같다.

$$t_0 = \hat{\rho}_S \sqrt{\frac{n-2}{1-\hat{\rho}_S^2}}$$

이때 검정통계량은 귀무가설이 참인 경우에, 자유도가 $(n-2)$인 t-분포를 따른다. 각 대립가설에 대하여 유의수준 α에 대한 기각역역은 다음과 같다.

$H_1 : \rho_S > 0$인 경우, $R : t_0 \geq t_\alpha$

$H_1 : \rho_S \neq 0$인 경우, $R : t_0 \geq t_{\alpha/2}$ 또는 $t_0 \leq -t_{\alpha/2}$

$H_1 : \rho_S < 0$인 경우, $R : t_0 \leq -t_\alpha$

위의 예에서 귀무가설과 대립가설을 다음과 같이 설정한다.

$H_0 : \rho_S = 0$(영어성적과 체력장성적은 관계가 없다)

$H_1 : \rho_S \neq 0$(영어성적과 체력장성적은 관계가 있다)

5%의 유의수준에서 가설검정을 실시하면 귀무가설의 기각역은 자유도가 $(10-2)=8$이므로 다음과 같이 주어진다.

$$t_0 \leq -t_{0.025} = -2.306 \text{ 또는 } t_0 \geq t_{0.025} = 2.306$$

$\rho_S = 0.430$이므로 검정통계량의 값은 다음과 같다.

$$t_0 = \hat{\rho}_S \sqrt{\frac{n-2}{1-\hat{\rho}_S^2}}\, t = 0.43\sqrt{\frac{10-2}{1-0.43^2}} = 1.347$$

따라서 검정통계량 $t_0 = 1.347$이 기각역에 포함되지 않으므로 귀무가설을 기각할 수 없다. 즉 영어성적과 체력장성적은 관계가 없다고 결론을 내린다.

연습문제

1. 다음 문장을 읽고 옳으면 'O'표, 틀리면 '×'표를 한 후 틀린 곳을 지적하라.

(1) 비모수검정의 장점 중 하나는 단지 순위만을 사용한다는 점이다.

(2) 부호검정은 이항분포를 이용하지만, 표본수가 클 때에는 t-분포를 사용한다.

(3) 윌콕슨 순위합검정은 두 표본의 수가 반드시 같아야 한다.

(4) 비모수검정은 모수검정보다 더 효율적이다.

2. 어떤 제약회사에서는 기존의 혈압치료제보다 효과가 좋은 새로운 치료제를 개발하였다고 한다. 이를 검정하기 위하여 7명의 혈압환자를 대상으로 두 가지 약을 복용시킨 후 혈압을 관찰한 자료가 다음과 같다고 한다.

환 자	기존 약	신약
1	140	136
2	144	144
3	152	155
4	158	152
5	160	148
6	162	155
7	180	173

(1) 이 자료를 통하여 볼 때, 새로운 혈압치료제가 기존의 혈압치료제보다 효과가 좋다고 할 수 있는지 유의수준 5%로 부호검정을 실시하라.

(2) 유의수준 5%로 윌콕슨 부호순위검정을 실시하라.

3. 다음은 경영학과 학생들의 통계학 중간고사 및 기말고사 점수이다. 중간고사와 기말고사의 점수분포가 동일한지를 유의수준 5%로 검정하라.

A	72	54	62	78	89		
B	75	65	70	73	82	87	93

4. 어떤 회사에서 직원들의 생산능률을 향상시키기 위하여 일련의 복지정책을 실시하였다. 실시 전후의 생산효과를 12명의 직원에 대하여 관찰한 결과 다음의 자료를 얻었다.

직 원	실시 전	실시 후
1	76	80
2	72	75
3	54	68
4	25	42
5	80	80
6	76	91
7	63	70
8	82	88
9	94	90
10	72	81
11	33	39
12	90	93

(1) 생산능률이 향상되었는지를 유의수준 5%로 부호검정을 실시하라.

(2) 유의수준 5%로 윌콕슨 부호순위검정을 실시하라.

5. 정부에서는 식당은 반드시 금연석을 마련해야 한다는 정책에 대한 국민여론을 알아보기 위해 설문조사를 실시하였다. 다음은 랜덤추출된 500명의 자료를 요약한 것이다.

찬성여부 \ 외식횟수	거의 매일	일주일에 1번	한달에 1번	거의 없음
법안에 찬성	98	119	69	27
법안에 반대	76	68	32	11

이 법안에 찬성하는 사람의 비율은 외식횟수와는 관계없이 동일하다는 귀무가설을 유의수준 5%에서 검정하라.

6. 어린이의 비만은 그 부모의 비만과는 밀접한 관련이 있다는 가설이 있다. 이 가설이 옳은지 알아보기 위해 300가정을 랜덤추출하여 얻은 결과가 다음과 같다.

자식의 비만 여부	부모의 비만 여부	
	예	아니오
예	140	71
아니오	58	31

위의 가설이 옳은지를 유의수준 5%에서 검정하라.

7. 식이요법과 운동이 심장병치료에 미치는 영향을 조사하기 위하여 심장병 환자 100명을 랜덤하게 선택하여 50명을 실험집단으로 하여 정기적인 운동과 채소 저지방 식이요법을 시행하고 나머지 50명은 대조집단으로 하여 통상적인 운동과 보통의 저지방 식이요법을 시행하였다. 일정 기간이 지난 후 동맥경화의 정도의 변화를 측정하였다.

	악 화	변화 없음	개 선	합 계
실험집단	4	9	37	50
대조집단	9	27	14	50

두 집단간에 동맥경화의 정도에 차이가 있는지를 유의수준 0.05로 검정하라.

8. 어느 대학에서 새로운 입시제도에 대한 반응을 알아보기 위해 교수 200명, 대학직원 250명 그리고 학생 400명을 대상으로 조사하였다.

	찬 성	무응답	반 대	합 계
교 수	36	42	122	200
대학직원	44	77	129	250
학 생	106	178	116	400

각 집단간에 새 입시제도에 대한 호응도가 차이가 있는지를 유의수준 5%에서 검정하라.

9. 어느 커피제조회사에서는 자사 제품의 카페인 함량이 5.5㎎ 이하라고 주장하고 있다. 이를 검정하기 위하여 그 회사의 커피 10개를 랜덤추출하여 그 성분을 조사해 보니 카페인 함량이 다음과 같았다.

4.9	3.9	5.3	4.9	5.5	5.6	5.4	4.9	4.6	4.5

(1) 유의수준 $\alpha = 0.05$로 커피회사의 주장이 타당하다고 할 수 있는지 부호검정을 실시하라.

(2) 유의수준 $\alpha = 0.05$로 커피회사의 주장이 타당하다고 할 수 있는지 윌콕슨의 부호순위검정을 실시하라.

연습문제 해답

제 2 장 표와 그림을 이용한 자료의 정리

2.1 • 질적자료 : (3), (4), (7), (8), (9)
• 양적자료 : (1), (2), (5), (6), (10)

2.2 (1) 질적자료

(2) ① 막대그래프

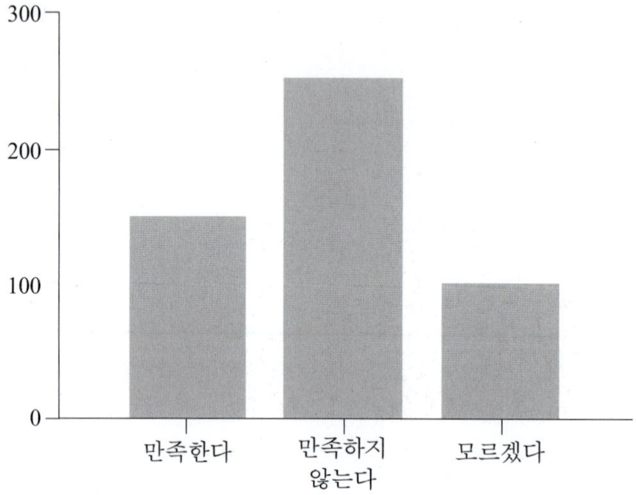

② 원형그래프

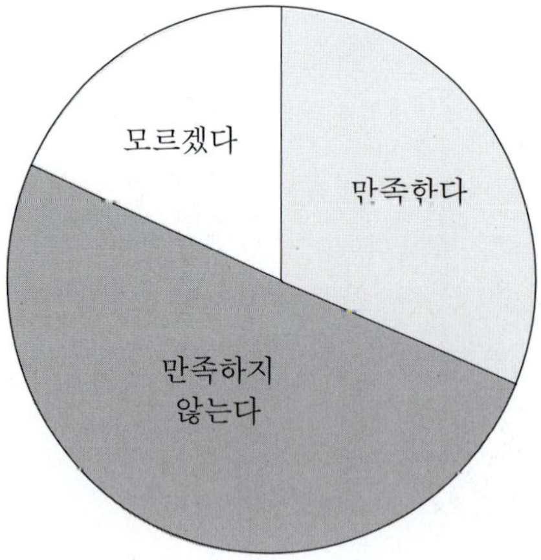

2.3 (1) 양적자료

(2) 막대그래프

(3) ① 도수분포표

자동차 대수	도 수	상대도수
0	4	0.08
1	27	0.54
2	15	0.30
3	3	0.06
4	1	0.02
합 계	50	1.00

② 막대그래프

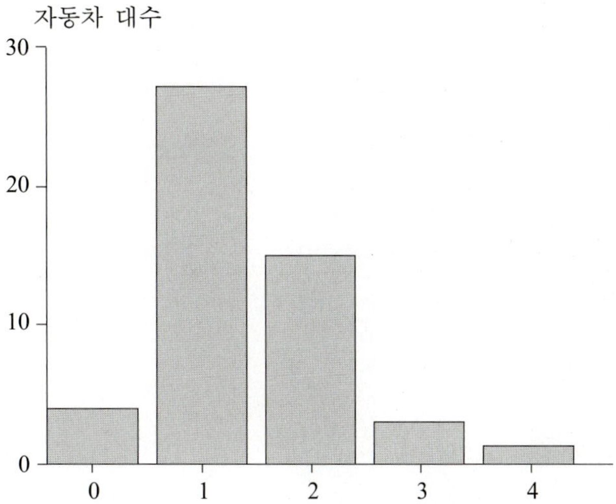

2.4 ① 도수분포표

의 견	도 수	상대도수
1. 전적으로 동의한다	14	0.28
2. 약간 동의한다	13	0.26
3. 약간 반대한다	7	0.14
4. 전적으로 반대한다	16	0.32
합 계	50	1.00

② 원형그래프

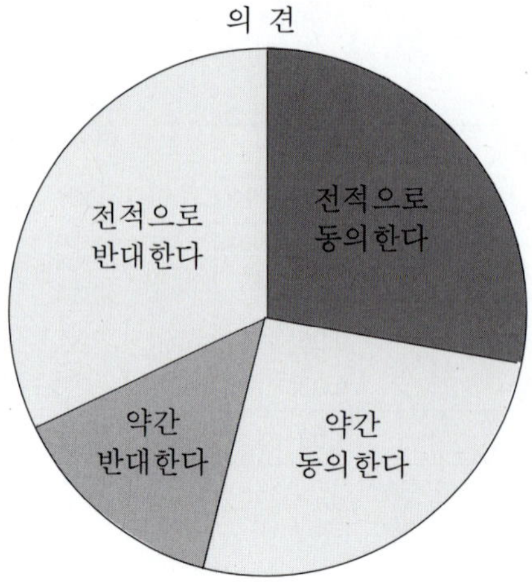

③ 막대그래프

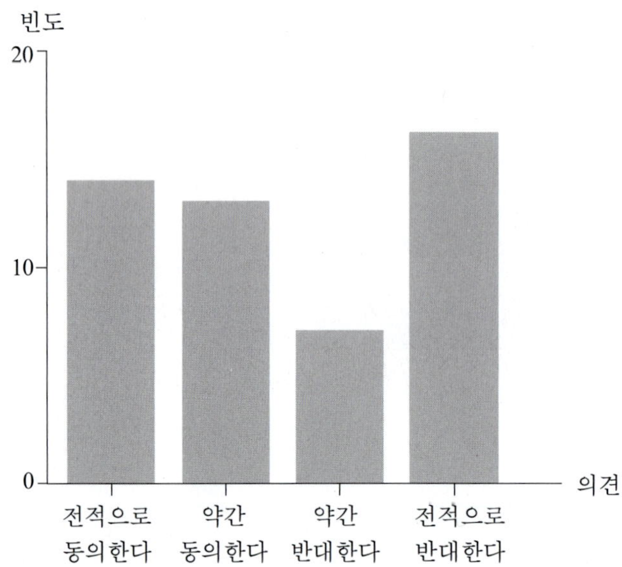

2.5 (1) 최소값=147, 최대값=186이므로 범위=186−147=39
계급의 수가 5이고 자료의 최소단위가 1이므로
계급의 폭=39÷5=7.80≒8.00이다.
첫 번째 계급의 시작점=147−0.5×1=146.5
두 번째 계급의 시작점=146.5+8=154.5

키의 계급	도 수	상대도수
146.5～154.5	3	0.075
154.5～162.5	5	0.125
162.5～170.5	16	0.400
170.5～178.5	10	0.250
178.5～186.5	6	0.150
합 계	40	1.00

(2) 히스토그램

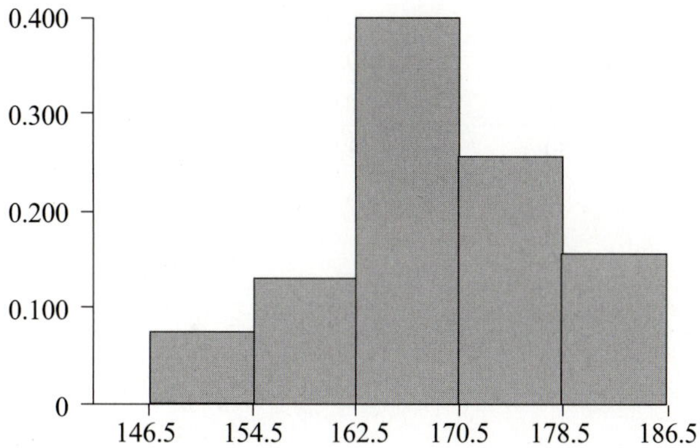

(3) 상대도수다각형

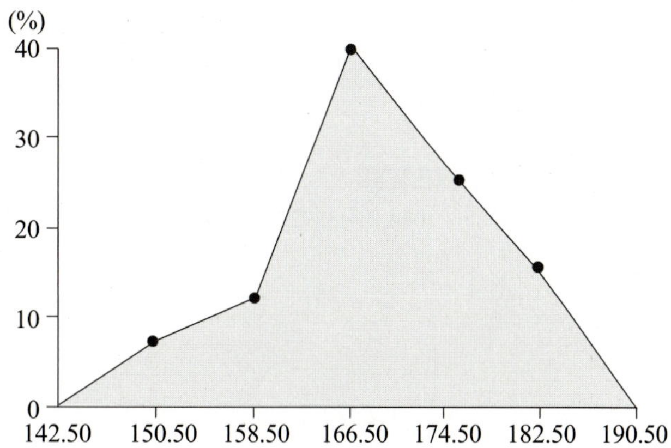

(4) 생략

(5) 생략

2.6 (1) 최소값=77, 최대값=5163이므로 범위=5163−77=5086

계급의 수가 6이고 자료의 최소단위가 1이므로

계급의 폭=5086÷6=847.67≒848

첫 번째 계급의 시작점=77−0.5×1=76.5

두 번째 계급의 시작점=76.5+848=924.5

매출액의 계급	도 수	상대도수
76.5∼ 924.5	25	0.833
924.5∼1772.5	2	0.067
1772.5∼2620.5	1	0.033
2620.5∼3468.5	1	0.033
3468.5∼4316.5	0	0.000
4316.5∼5164.5	1	0.033
합 계	30	1.00

(2) 히스토그램

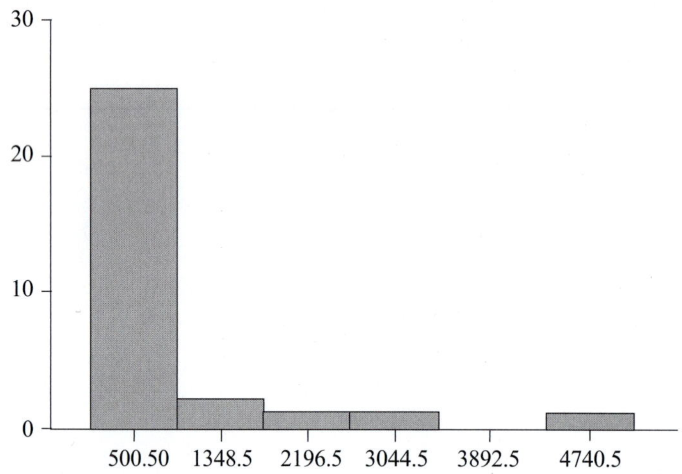

(3) 83.3%

(4) 생략

2.7 (1) 도수분포표

사고유형	도 수	상대도수
추락사고	330	0.289
화 상	260	0.228
열 사 병	220	0.193
타 박 상	200	0.175
부 주 의	40	0.035
기 타	90	0.079
합 계	1,140	1.00

(2) ① 원형그래프

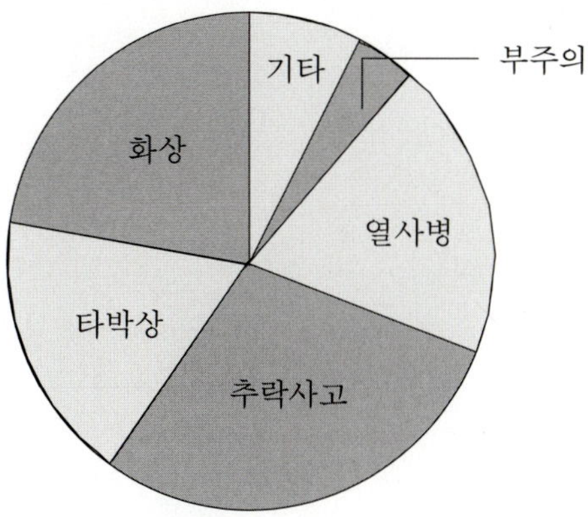

② 막대그래프

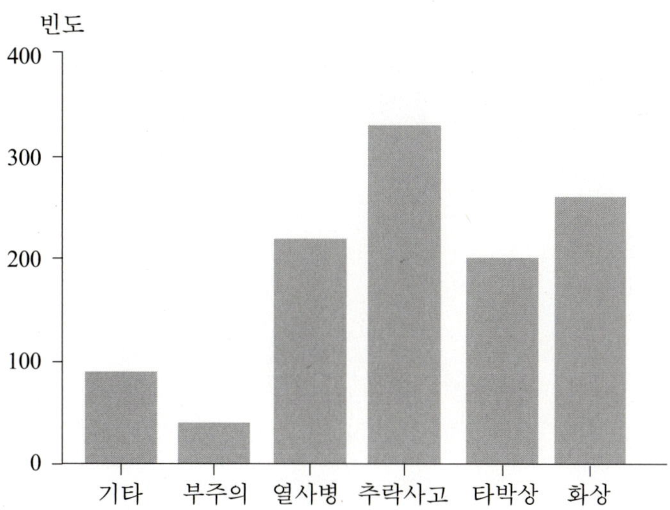

(3) 생략

2.8 (1) ① 원형그래프

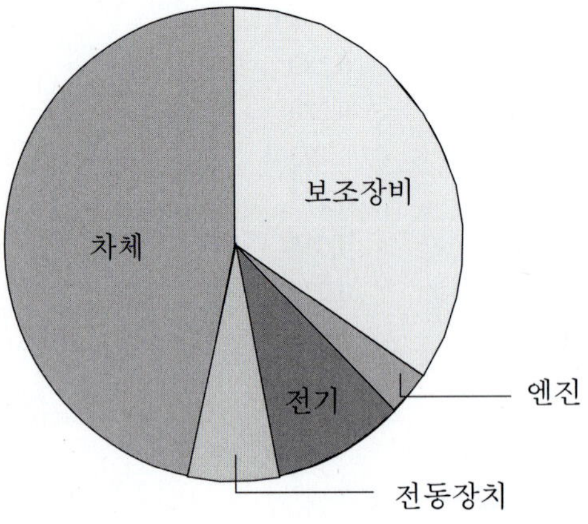

② 막대그래프

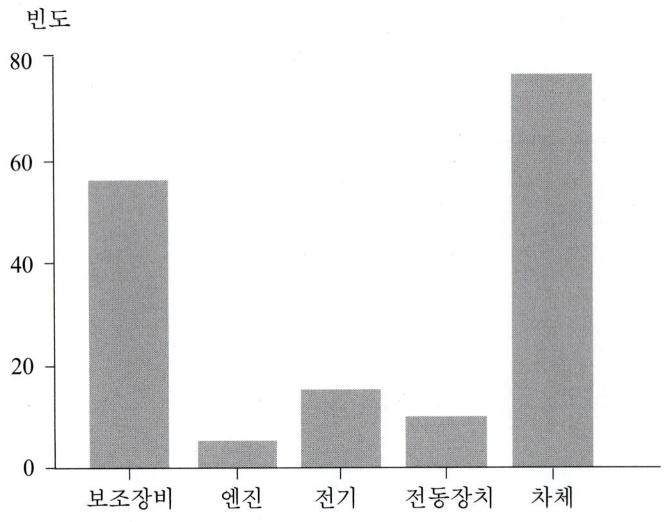

(2) 파레토그림

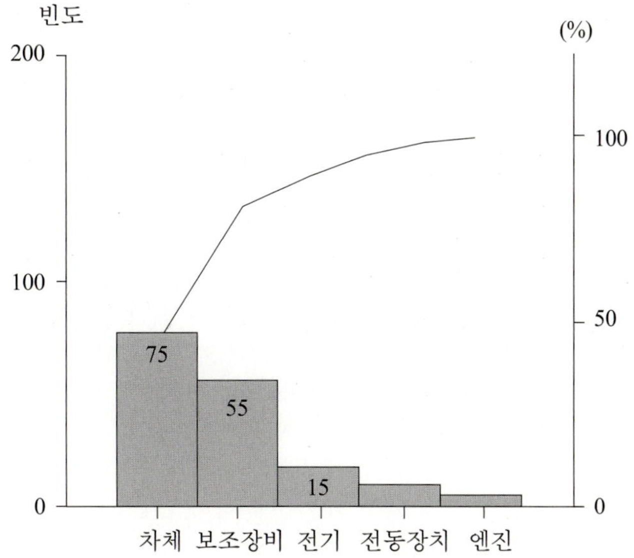

2.9 히스토그램과 같은 그래프를 그릴 때, 173 미만 계급과, 173~181계급에 거의 모든 자료가 집중되어 학생들의 신장의 분포를 명확하게 이해하기 어렵다.

2.10 (1) 최소값=6, 최대값=108이므로 범위=108−6=102
자료의 최소단위가 1이고 첫 번째 계급의 상한값은 15.5로 설정하자.
또한 55−15=40이므로 계급의 폭을 13으로 설정할 수 있다.

진료대기시간(분)의 계급	도 수	상대도수
~15.5	6	0.12
15.5~28.5	13	0.26
28.5~41.5	11	0.22
41.5~54.5	10	0.20
54.5~67.5	5	0.10
67.5~80.5	3	0.06
80.5~93.5	1	0.02
93.5~106.5	0	0.00
106.5~119.5	1	0.02
합 계	50	1.00

(2) 생략

(3) 생략

제 3 장 수치를 이용한 자료의 정리

3.1 ○ : (2), (3), (7)

× : (1), (4), (5), (6)

3.2 (1) 생략

(2)

순위	1	2	3.5	3.5	5	6	7.5	7.5	9	10	11	12	13.5	13.5	15.5	15.5	18	18	18	20
값	50	54	60	60	63	64	70	70	72	75	78	81	82	82	84	84	90	90	90	92

자료의 개수는 20, 합이 1,491이므로 평균=1,491/20=74.55

크기순으로 정렬했을 때, 10번째 값=75, 11번째 값=78이므로

중앙값=(75+78)/2=76.5

(3) ① 상자그림 생략

② 사분위수범위

5번째 값=63, 6번째 값-64이므로

제1사분위수는 $Q_1=(63+64)/2=63.5$

15번째 값=84, 16번째 값=84이므로 제1사분위수는 $Q_3=84$

그러므로 사분위수범위 $IQR=Q_3-Q_1=84-63.5=20.5$

(4) ① 표본분산$=\{(50-74.55)^2+(54-74.55)^2+\cdots+(92-74.55)^2\}\ /\ (20-1)$

$=163.42$

② 표본표준편차$=\sqrt{163.42}=12.78$

3.3 (1) 평균=7.4, 분산=18.3

(2) 평균=20, 분산=19.33

(3) 평균=6.67, 분산=26.67

3.4 (1) 평균=192.65, 표준편차=42.57

(2) z-점수$-(x-\bar{x})/s=(220-192.65)/42.57=0.64$

3.5 (1) 각 계급의 대표값은 0.5, 1.5, 2.5, 4.5, 6.5, 7.5이므로

표본평균$=(0.5\times2+1.5\times5+2.5\times10+4.5\times8+6.5\times6+7.5\times2)/33$

$=3.74$

표본표준편차$=\sqrt{\{(0.5-3.74)^2\times2+(1.5-3.74)^2\times5+\cdots+(7.5-3.74)^2\times2\}/(33-1)}$

$=2.09$

(2) 자료의 개수가 33이므로 중앙값은 17번째 크기를 갖는 값이다.

따라서 중앙값=2.5

아래쪽 17개 자료의 중앙은 9번째 값이므로 $Q_1=2.5$

위쪽 17개 자료의 중앙은 25번째 값이므로 $Q_3=4.5$

3.6 (1) 표본평균=2.45

자료의 개수가 11이므로 중앙값은 6번째 크기를 갖는 값이다.

따라서 중앙값=1.5

(2) 중앙값

3.7 (1) 표본평균=778.125

자료의 개수가 8이므로 중앙값은 4번째 크기를 갖는 값과 5번째 크기를 갖는 값의 평균이다. 따라서 중앙값=(275+375)/2=325

(2) 중앙값. 자료의 개수가 작고 극단값이 있는 경우에는 표본평균보다 중앙값이 중심위치를 잘 측정한다.

3.8 (1) A회사. A회사의 임금은 평균이 크고 중앙값이 작으므로 오른쪽으로 꼬리가 긴 분포를 갖는다. 따라서 능력이 있는 사람은 오른쪽 꼬리부분의 임금을 받을 수 있으므로 A회사가 더 나을 것이다.

(2) B회사. B회사의 임금은 평균과 중앙값이 별로 차이가 없고 중앙값이 약간 크므로 왼쪽으로 꼬리가 약간 긴 분포를 갖는다. 따라서 능력이 평범한 사람은 중앙부분의 임금을 받을 가능성이 크므로 B회사가 더 나을 것이다.

3.9 (1) 평균=1.76

편차=값−평균 :

값	2.5	1.5	1.8	1.3	1.7	합
편차	2.5−1.76=0.74	1.5−1.76=−0.26	1.8−1.76=0.04	1.3−1.76=−0.46	1.7−1.76=−0.06	0

(2) 분산=0.208, 표준편차=0.456

3.10 (1) 자료의 개수가 40이므로 중앙값은 20번째 크기를 갖는 값과 21번째 크기를 갖는 값의 평균이다. 따라서 중앙값=(105+111)/2=108

Q_1은 10번째 크기를 갖는 값과 11번째 크기를 갖는 값의 평균이므로

$Q_1=(65+68)/2=66.5$

Q_3은 30번째 크기를 갖는 값과 31번째 크기를 갖는 값의 평균이므로

$Q_3=(152+154)/2=153$

사분위수범위 $IQR=Q_3-Q_1=153.0-66.5=86.5$

(2) 제30백분위수 : 자료의 개수가 40이므로 제30백분위수보다 작은 자료의 수는 40×0.30=12개이고 제30백분위수보다 큰 자료의 수는 40×0.70=28개이므로 제30백분위수는 12번째와

13번째 자료값의 중앙값이다.
따라서 제30백분위수=(70+72)/2=71
제20백분위수 : 제20백분위수보다 작은 자료의 수는
40×0.20=8개이고 제20백분위수보다 큰 자료의 수는 40×0.80=32개이므로 제20백분위수는 8번째와 9번째 자료값의 중앙값이다.
따라서 제30백분위수=(63+63)/2=63

3.11 (1) 생략
(2) 생략

3.12 (1) z-점수$=(x-\bar{x})/s=(450-590)/210=-0.67$
(2) z-점수$=(x-310)/60=2.4$이므로 $x=310+60\times2.4=454$

3.13

성 별	선호종목				소 계
	야 구	농 구	배 구	축 구	
남 성	0.100	0.050	0.067	0.116	0.333
여 성	0.217	0.133	0.100	0.217	0.667
소 계	0.317	0.183	0.167	0.333	1.000

3.14 (1)

성 별	멀미의 정도(강도)				합 계
	안 함	약하게 함	보통으로 함	심하게 함	
신 약	64	52	25	7	148
가짜약	28	47	49	28	152
합 계	92	99	74	35	300

(2)

성 별	멀미의 정도(강도)				합 계
	안 함	약하게 함	보통으로 함	심하게 함	
신 약	0.213	0.173	0.083	0.024	0.493
가짜약	0.093	0.157	0.164	0.093	0.507
합 계	0.306	0.330	0.247	0.117	1.000

(3) 신약의 효과가 있을 것으로 추정된다.

3.15 (1)

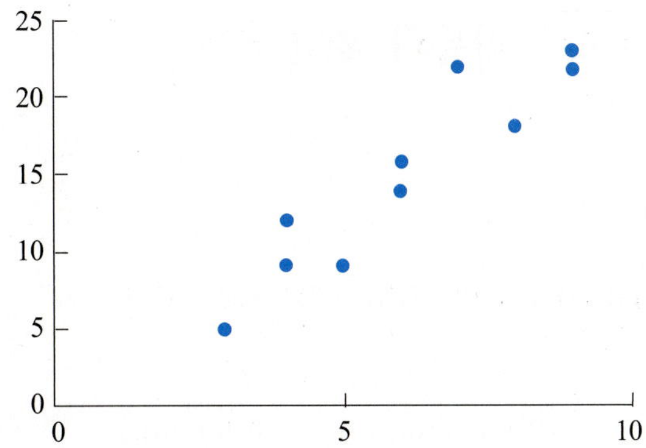

(2) 종업원수와 매출액의 상관계수=0.93

3.16 (1)

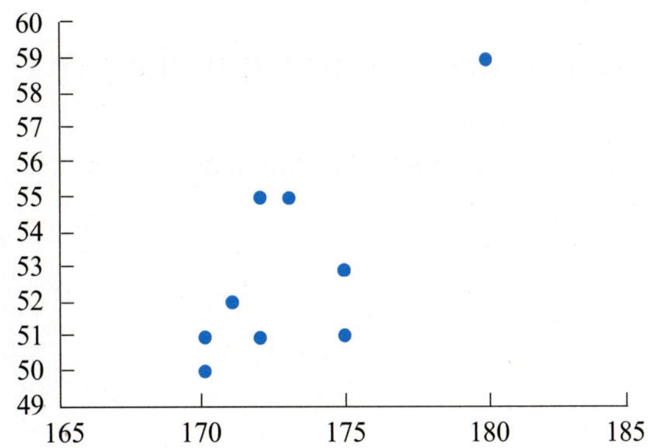

(2) 신장과 몸무게의 상관계수=0.75

3.17 (1)−(b)

(2)−(c)

(3)−(a)

제 4 장 확률과 확률분포

4.1 (1) ○, (2) ×, (3) ○, (4) ×

4.2 (1) 표본공간 S={TTT, TTH, THT, HTT, THH, HTH, HHT, HHH}
(2) 0.75

4.3 (1) (g) (2) (a) (3) (f) (4) (e) (5) (b) (6) (c), (d)

4.4 (1) 3/20=0.15
(2) 10/20=0.50

4.5 (1) 표본공간 S={TTT, TTH, THT, HTT, THH, HTH, HHT, HHH}이므로,
2/8=0.25
(2) A가 지불하는 경우는 A={HTT, THH}이므로, 2/8=0.25

4.6 (1) 10/30=0.33
(2) (10+2)/30=0.40
(3) (30−6)/30=0.80

4.7 (1) 생략
(2) $A \cup B$={(a), (b), (c), (d)}, $A \cap B$={(c), (d)}
(3) 배반이 아니다.
(4) $P(A \cap B)=0.5$, $P(A)=0.75$, $P(B)=0.75$이므로 $P(A \cap B) \neq P(A) \cdot P(B)$
따라서, 서로 독립이 아니다.

4.8 (1) 1−0.35=0.65
(2) 0.15
(3) 0.15+0.40=0.55

4.9 (1) $P(B \mid A)=P(A \cap B)/P(A)=0.20/0.50=0.40$
(2) $P(A^C \cap B)=0.40$이므로, $P(B \mid A^C)=P(A^C \cap B)/P(A^C)=0.40/0.50=0.80$

4.10 (1) 4/10=0.40
(2) 4/10×3/9+6/10×4/9=0.40
(3) $P(A \cap B)=0.40 \times 0.33 \neq P(A) \cdot P(B)=0.40 \times 0.40$
∴ 독립이 아니다.

4.11 (1) A={여성의 학력이 대졸이상이다}, B_1={25세 이전에 결혼한 여성이다},

B_2={25세 이후에 결혼한 여성이다}이면,

$P(B_1)=0.35,\ P(A \mid B_1)=0.40,\ P(B_2)=0.65,\ P(A \mid B_2)=0.70$이므로

$P(A)=P(B_1)\cdot P(A \mid B_1)+P(B_2)\cdot P(A \mid B_2)=0.35\cdot 0.40+0.65\cdot 0.70$

$=0.140+0.455=0.595$

(2) $P(B_2 \mid A)=P(B_2\cap A)/P(A)=P(B_2)\cdot P(A \mid B_2)/P(A)$

$=0.65\cdot 0.7/0.595=0.76471$

4.12 A={흡연하는 학생이다}, B_1={경영학과 남학생이다}, B_2={경영학과 여학생이다}이면,

$P(B_1)=0.60,\ P(A \mid B_1)=0.40,\ P(B_2)=0.40,\ P(A \mid B_2)=0.10$이므로

(1) $P(A)=P(B_1)\cdot P(A \mid B_1)+P(B_2)\cdot P(A \mid B_2)$

$=0.60\cdot 0.40+0.40\cdot 0.10=0.28$

(2) $P(B_1 \mid A)=P(B_1\cap A)/P(A)=P(B_1)\cdot P(A \mid B_1)/P(A)$

$=0.60\cdot 0.40/0.28=0.86$

(3) $P(B_2 \mid A)=P(B_2\cap A)/P(A)=P(B_2)\cdot P(A \mid B_2)/P(A)$

$=0.40\cdot 0.10/0.28=0.14$

4.13
- 이산확률분포 : (1), (3), (6), (7)
- 연속확률분포 : (2), (4), (5), (8)

4.14 (1) 0.35

(2) $E[X]=0\times 0.25+1\times 0.15+2\times 0.35+3\times 0.20+4\times 0.05=1.65$

(3) $\text{Var}(X)=(0-1.65)^2\times 0.25+(1-1.65)^2\times 0.15+(2-1.65)^2\times 0.35$

$+(3-1.65)^2\times 0.20+(4-1.65)^2\times 0.05$

$=1.4275$

$\text{SD}(X)=1.195$

4.15 (1)

x	-2	-1	0	1	2
$p(x)$	0.2	0.2	0.2	0.2	0.2

(2)

y	0	1	4
$p(y)$	0.2	0.4	0.4

(3) $E[Y]=0\times 0.2+1\times 0.4+4\times 0.4=2.0$

(4) $\text{Var}(Y)=(0-2.0)^2\times 0.2+(1-2.0)^2\times 0.4+(4-2.0)^2\times 0.4=2.8$

$\text{SD}(Y)=\sqrt{\text{Var}(Y)}=\sqrt{2.8}=1.67$

4.16 $E[X]=200\times0.1+(-30)\times0.9=-7$(만원)

4.17 기대보상액$=100\times0.005=0.5$(만원)$=5,000$원

기대이익$=6,000-5,000=1,000$원

4.18 (1)

x	0	1	2	3
$p(x)$	0.125	0.375	0.375	0.125

(2) $E[X]=0\times0.125+1\times0.375+2\times0.375+3\times0.125=1.50$

$$\mathrm{Var}(X)=(0-1.5)^2\times0.125+(1-1.5)^2\times0.375+(2-1.5)^2\times0.375+(3-1.5)^2\times0.125=0.75$$

4.19 $P(X=0)=0.9\times0.85=0.765$

$P(X=1)=0.1\times0.85+0.9\times0.15=0.085+0.135=0.220$

$P(X=2)=0.1\times0.15=0.015$

x	0	1	2
$p(x)$	0.765	0.220	0.015

4.20

$$P(Y=0)=\frac{1}{2}\times\frac{90}{100}\times\frac{89}{99}+\frac{1}{2}\times\frac{68}{80}\times\frac{67}{79}=0.405+0.360=0.765$$

$$P(Y=1)=\frac{1}{2}\times\left\{\frac{90}{100}\times\frac{10}{99}+\frac{10}{100}\times\frac{90}{99}\right\}+\frac{1}{2}\times\left\{\frac{68}{80}\times\frac{12}{79}+\frac{12}{80}\times\frac{68}{79}\right\}=0.091+0.129=0.220$$

$$P(Y=2)=\frac{1}{2}\times\frac{10}{100}\times\frac{9}{99}+\frac{1}{2}\times\frac{12}{80}\times\frac{11}{79}=0.005+0.010=0.015$$

y	0	1	2
$p(y)$	0.765	0.220	0.015

4.21 X가 취할 수 있는 값=0, 1, 2

Y가 취할 수 있는 값=0, 1, 2

(1) $P(X=0, Y=0)=\frac{4}{36}$, $P(X=1, Y=0)=\frac{8}{36}$, $P(X=2, Y=0)=\frac{4}{36}$

$P(X=0, Y=1)=\frac{4}{36}$, $P(X=1, Y=1)=\frac{8}{36}$, $P(X=2, Y=1)=\frac{4}{36}$

$P(X=0, Y=2)=\frac{1}{36}$, $P(X=1, Y=2)=\frac{2}{36}$, $P(X=2, Y=2)=\frac{1}{36}$

y \ x	0	1	2
0	$\frac{4}{36}$	$\frac{8}{36}$	$\frac{4}{36}$
1	$\frac{4}{36}$	$\frac{8}{36}$	$\frac{4}{36}$
2	$\frac{1}{36}$	$\frac{2}{36}$	$\frac{1}{36}$

(2)

x	0	1	2
$p(x)$	$\frac{9}{36}$	$\frac{18}{36}$	$\frac{9}{36}$

y	0	1	2
$p(y)$	$\frac{16}{36}$	$\frac{16}{36}$	$\frac{4}{36}$

(3) $E[X]=0\times\frac{9}{36}+1\times\frac{18}{36}+2\times\frac{9}{36}=1$

$E[Y]=0\times\frac{16}{36}+1\times\frac{16}{36}+2\times\frac{4}{36}=0.67$

$\mathrm{Var}(X)=(0-1)^2\times\frac{9}{36}+(1-1)^2\times\frac{18}{36}+(2-1)^2\times\frac{9}{36}=0.50$

$\mathrm{Var}(Y)=(0-0.67)^2\times\frac{16}{36}+(1-0.67)^2\times\frac{16}{36}+(2-0.67)^2\times\frac{4}{36}=0.44$

$E[XY]=1\times1\times\frac{8}{36}+1\times2\times\frac{2}{36}+2\times1\times\frac{4}{36}+2\times2\times\frac{1}{36}=0.67$

$\mathrm{Cov}(X,Y)=0.67-1\times0.67=0$

$\mathrm{Corr}(X,Y)=\frac{0}{\sqrt{1}\times\sqrt{0.50}}=0$

(4) $\mathrm{Cov}(X,Y)$ 또는 $\mathrm{Corr}(X,Y)$가 0이므로 독립이다.

4.22 (1)

x	1	2	3
$p(x)$	$\frac{7}{20}$	$\frac{5}{20}$	$\frac{8}{20}$

y	0	5	10
$p(y)$	$\frac{6}{20}$	$\frac{8}{20}$	$\frac{6}{20}$

(2) $E[X]=1\times\frac{7}{20}+2\times\frac{5}{20}+3\times\frac{8}{20}=2.05$

$E[Y]=0\times\frac{6}{20}+5\times\frac{8}{20}+10\times\frac{6}{20}=5.00$

$\mathrm{Var}(X)=(1-2.05)^2\times\frac{7}{20}+(2-2.05)^2\times\frac{5}{20}+(3-2.05)^2\times\frac{8}{20}=0.7475$

$\mathrm{Var}(Y)=(0-5.0)^2\times\frac{6}{20}+(5-5.0)^2\times\frac{8}{20}+(10-5.0)^2\times\frac{6}{20}=15.00$

(3) $E[XY]=1\times5\times\frac{3}{20}+1\times10\times\frac{2}{20}+2\times5\times\frac{1}{20}+2\times10\times\frac{3}{20}+3\times5\times\frac{4}{20}$

$+3\times10\times\frac{1}{20}=9.75$

$\mathrm{Cov}(X,Y)=9.75-2.05\times5.00=-0.5$

$\mathrm{Corr}(X,Y)=\frac{-0.5}{\sqrt{0.7475}\times\sqrt{15.00}}=-0.1493$

(4) $P(X=0, Y=0)=\frac{2}{20}!=P(X=0)\cdot P(Y=0)=\frac{7}{20}\times\frac{6}{20}$이므로

X와 Y는 서로 독립이 아니다.

4.23

x_2 \ x_1	0	1	2
0	0.25	0.20	0.05
1	0.20	0.16	0.04
2	0.05	0.04	0.01

4.24

(1)

x	0	1	2	3
$p(x)$	0.10	0.30	0.45	0.15

y	0	1	2
$p(y)$	0.20	0.50	0.30

(2) $E[X]=0\times0.10+1\times0.30+2\times0.45+3\times0.15=1.65$

$E[Y]=0\times0.20+1\times0.50+2\times0.30=1.10$

$\mathrm{Var}(X)=(0-1.65)^2\times0.10+(1-1.65)^2\times0.30+(2-1.65)^2\times0.45+(3-1.65)^2\times0.15$
$=0.7275$

$\mathrm{Var}(Y)=(0-1.10)^2\times0.2+(1-1.10)^2\times0.5+(2-1.10)^2\times0.3=0.490$

(3) $E[XY]=1\times1\times0.10+1\times2\times0.15+2\times1\times0.25+2\times2\times0.10+3\times1\times0.10+3\times2\times0.05$
$=1.90$

$\mathrm{Cov}(X,Y)=1.90-1.65\times1.100=0.085$

$$\text{Corr}(X,\ Y)=\frac{0.085}{\sqrt{0.7275}\times\sqrt{0.49}}=0.142$$

(4) $P(X=0,\ Y=0)=0.05\neq P(X=0)\cdot P(Y=0)=0.10\times0.20$이므로 X와 Y는 서로 독립이 아니다.

제 5 장 이산확률분포

5.1 (1) 베르누이시행이다.
(2) 베르누이시행이 아니다.
(3) 베르누이시행이다.
(4) 베르누이시행이 아니다.

5.2 (1) 베르누이시행이 아니다.
(2) 베르누이시행이다. 성공확률 $p=0.20$
(3) 베르누이시행이 아니다.
(4) 베르누이시행이다. 성공확률 $p=0.20$

5.3 (1) 베르누이시행이다. 성공확률 $p=0.40$
(2) 베르누이시행이 아니다.

5.4

$$P(X=0)=\binom{5}{0}\times0.4^0\times0.6^5=0.0778$$

$$P(X=1)=\binom{5}{1}\times0.4^1\times0.6^4=0.2592$$

$$P(X=2)=\binom{5}{2}\times0.4^2\times0.6^3=0.3456$$

$$P(X=3)=\binom{5}{3}\times0.4^3\times0.6^2=0.2304$$

$$P(X=4)=\binom{5}{4}\times0.4^4\times0.6^1=0.0768$$

$$P(X=5)=\binom{5}{5}\times0.4^5\times0.6^0=0.0102$$

x	0	1	2	3	4	5
$p(x)$	0.0778	0.2592	0.3456	0.2304	0.0768	0.0102

5.5 (1) 0.9130 (2) 0.0870 (3) 0.3072

5.6 (1) $0.25^3=0.016$

(2) 베르누이시행은 서로 독립이므로 (1)의 답과 동일하다, 즉 $0.25^3=0.016$

(3) $0.25\times0.75\times0.75=0.141$

5.7 $n=15$, $p=0.90$인 이항분포이므로, 이항분포확률분포표에서 찾아보면,

$P(X\geq13)=1-P(X\leq12)=1-0.184=0.816$

5.8 $n=20$, $p=0.2$인 이항분포이므로,

(1) $P(X=6)={}_{20}C_6\times(0.2)^6\times(0.8)^{14}=0.109$

(2) $P(X\leq4)=0.630$

(3) $E(X)=np=20\times0.2=4$

(4) $\text{Var}(X)=np(1-p)=20\times0.2\times0.8=3.2$

5.9 $n=12$, $p=0.30$인 이항분포이므로,

(1) $P(X\geq4)=1-P(X\leq3)=1-0.493=0.507$

(2) $E(X)=np=12\times0.30=3.6$

(3) $\text{Var}(X)=np(1-p)=12\times0.30\times0.70=2.52$

5.10 $n=20$, $p=0.80$인 이항분포이므로,

(1) $P(X=15)=P(X\leq15)-P(X\leq14)=0.370-0.196=0.174$

(2) 6명이 사망했으므로 14명이 생존할 확률을 구하면,

$P(X=14)=P(X\leq14)-P(X\leq13)=0.196-0.087=0.109$

(3) $P(8\leq X\leq15)=P(X\leq15)-P(X\leq7)=0.370-0.000=0.370$

(4) $E(X)=np=20\times0.80=16$

(5) $\text{Var}(X)=np(1-p)=20\times0.80\times0.20=3.2$

$\text{SD}(X)=\sqrt{np(1-p)}=\sqrt{20\times0.80\times0.20}=\sqrt{3.2}=1.79$

5.11 (1) $P(X=2)=P(X\leq2)-P(X\leq1)=0.423-0.199=0.224$

(2) $P(3\leq X\leq7)=P(X\leq7)-P(X\leq2)=0.949-0.238=0.711$

(3) $P(X>2)=1-P(X\leq2)=1-0.986=0.014$

5.12 $m=3$인 포아송분포를 따르므로,

(1) $P(X=0)=0.05$

(2) $P(2\leq X\leq4)=P(X\leq4)-P(X\leq1)=0.815-0.199=0.616$

5.13 $m=1.2$인 포아송분포를 따르므로,

(1) $P(X\leq1)=0.663$

(2) $P(1 \le X \le 3) = P(X \le 3) - P(X=0) = 0.966 - 0.301 = 0.665$

(3) $P(X \ge 2) = 1 - P(X \le 1) = 1 - 0.663 = 0.337$

5.14 $m=1.8$인 포아송분포를 따르므로,

(1) $P(X=0) = 0.165$

(2) $P(X \le 2) = 0.731$

5.15 $n=100,\ p=0.04$인 이항분포는 평균이 $np=100 \times 0.04 = 4$인 포아송분포에 근사하므로,

$P(X \ge 5) = 1 - P(X \le 4) = 1 - 0.629 = 0.371$

5.16 $n=20,\ p=0.05$인 이항분포에서 구한 확률,

$P(X \ge 1) = 1 - P(X \le 0) = 1 - 0.358 = 0.642$

평균이 $np = 20 \times 0.05 = 1$인 포아송분포에 근사하므로,

$P(X \ge 1) = 1 - P(X \le 0) = 1 - 0.368 = 0.632$

결론 : 이항확률과 포아송 근사확률의 차이는 $0.642 - 0.632 = 0.01$이다.

제 6 장 연속확률분포

6.1 ○ : (3), (4), (5)

× : (1), (2), (6)

6.2 (1) $Z = \dfrac{X-10}{4}$ (2) $Z = \dfrac{X-200}{15}$ (3) $Z = \dfrac{X-800}{\sqrt{180}}$

6.3 $X \sim N(85,\ 100)$이므로,

(1) $P(X \le 75) = P\left(\dfrac{X-85}{10} \le \dfrac{75-85}{10}\right) = P(Z \le -1.0) = 0.1587$

(2) $P(75 \le X \le 90) = P\left(\dfrac{75-85}{10} \le \dfrac{X-85}{10} \le \dfrac{90-85}{10}\right) = P(-1.0 \le Z \le 0.5)$

$= 1 - P(Z \le -1.0) - P(Z \ge 0.5) = 1 - 0.1587 - 0.3085 = 0.5328$

(3) $P(70 \le X \le 85) = P\left(\dfrac{70-85}{10} \le \dfrac{X-85}{10} \le \dfrac{85-85}{10}\right) = P(-1.5 \le Z \le 0.0)$

$= P(0.0 \le Z \le 1.5) = 0.5 - P(Z \ge 1.5) = 0.5 - 0.0668 = 0.4332$

(4) $P(X\geq 85)=P\left(\frac{X-85}{10}\geq\frac{85-85}{10}\right)=P(Z\geq 0.0)=0.50$

(5) $P(X\geq 77.5)=P\left(\frac{X-85}{10}\geq\frac{77.5-85}{10}\right)=P(Z\geq -0.75)$

$=1-P(Z\geq 0.75)=1-0.2266=0.7734$

(6) $P(70\leq X\leq 88)=P\left(\frac{70-85}{10}\leq\frac{X-85}{10}\leq\frac{88-85}{10}\right)=P(-1.5\leq Z\leq 0.3)$

$=1-P(Z\geq 0.3)-P(Z\geq 1.5)=1.0-0.3821-0.0668=0.5511$

6.4 $X\sim N(80,\ 81)$이므로,

(1) $P(X\leq a)=1-P(X\geq a)=0.0764$이므로 $P(X\geq a)=0.9236$

$a=-1.43$

(2) $P(X\geq b)=0.1788$이므로, $b=0.92$

(3) -0.253

(4) 0.524

6.5 (1) $P(0\leq Z\leq z)=0.3869=0.5-P(Z\geq z)$이므로 $P(Z\geq z)=0.1131$ $\therefore z=1.21$

(2) $P(z\leq Z\leq 1.58)=1-P(Z\geq 1.58)-P(Z\geq -z)=0.6104$이므로

$P(Z\geq -z)=0.3325$, 따라서 $-z=0.433$ $\therefore z=-0.433$

(3) $P(Z\leq z)=0.25$이므로 $P(Z\geq -z)=0.25$ 따라서 $-z=0.675$ $\therefore z=-0.675$

(4) $P(Z\geq z)=0.1230$ $\therefore z=1.16$

6.6 $X\sim N(52,\ 36)$이므로,

(1) $P(X\leq 60)=P\left(\frac{X-52}{6}\leq\frac{60-52}{6}\right)=P(Z\leq 1.33)=1-P(Z>1.33)$

$=1-0.0918=0.9082$

(2) $P(X\leq a)=P\left(Z\leq\frac{a-52}{6}\right)\geq 0.95$이므로, $P\left(Z>\frac{a-52}{6}\right)<0.05$를 만족시키는

$\frac{a-52}{6}$의 값은 1.65, 즉 $\frac{a-52}{6}=1.65$ $\therefore a=61.9$

6.7 $X\sim N(600,\ 400)$이므로,

(1) $P(X\geq 570)=P\left(\frac{X-600}{20}\geq\frac{570-600}{20}\right)=P(Z\geq -1.5)=1-P(Z>1.5)$

$=0.9332$

(2) $P(610\leq X\leq 630)=P\left(\frac{610-600}{20}\leq Z\leq\frac{630-600}{20}\right)=P(0.5\leq Z\leq 1.5)$

$=P(Z>0.5)-P(Z>1.5)=0.3085-0.0668=0.2417$

6.8 $X \sim N(85,\ 36)$이므로,

(1) $P(76 \le X \le 91) = P\left(\frac{76-85}{6} \le Z \le \frac{91-85}{6}\right) = P(-1.5 \le Z \le 1.0)$

$= 1 - P(Z \ge 1.0) - P(Z \ge 1.5) = 1 - 0.1587 - 0.0668 = 0.7745$

(2) $P(X \ge a) = P\left(Z \ge \frac{a-85}{6}\right) \le 0.15$이므로, $\frac{a-85}{6}$의 값은 1.036이다. 따라서

$\frac{a-85}{6} = 1.036 \quad \therefore a = 91.216$

6.9 $X \sim N(80,\ 16)$이므로,

$P(X \ge a) = P\left(Z \ge \frac{a-80}{4}\right) \le 0.75$이므로, $\frac{a-80}{4}$의 값은 -0.675이다. 따라서

$\frac{a-80}{4} = -0.675 \quad \therefore a = 77.3$

6.10 $X \sim N(200,\ 100)$이므로,

$P(X \ge 208) = P\left(Z \ge \frac{208-200}{10}\right) = P(Z \ge 0.8) = 0.2119$

6.11 $n = 25,\ p = 0.6$인 이항분포이므로,

(1) $P(X = 15) = P(X \le 15) - P(X \le 14) = 0.575 - 0.414 = 0.161$

(2) $P(11 \le X \le 18) = P(X \le 18) - P(X \le 10) = 0.926 - 0.034 = 0.892$

(3) $P(11 < X < 18) = P(12 \le X \le 17) = P(X \le 17) - P(X \le 11)$

$= 0.846 - 0.078 = 0.768$

(4) $E(X) = np = 25 \times 0.6 = 15,\ \mathrm{Var}(X) = np(1-p) = 25 \times 0.6 \times 0.4 = 6.0$이므로 X는 근사적으로 평균이 15, 분산이 6.0인 정규분포를 따른다.

$P(X = 15) = P(14.5 \le X < 15.5) = P\left(\frac{14.5-15}{2.45} \le Z < \frac{15.5-15}{2.45}\right)$

$= P(-0.204 \le Z < 0.204) = 2 \times (0.5 - P(Z > 0.204)) = 2 \times 0.0809$

$= 0.1618$

$P(11 \le X \le 18) = P(10.5 \le X \le 18.5) = P\left(\frac{10.5-15}{2.45} \le Z < \frac{18.5-15}{2.45}\right)$

$= P(-1.84 \le Z < 1.43) = 1 - P(Z \ge 1.43) - P(Z \ge 1.84)$

$= 1 - 0.0764 - 0.0329 = 0.8907$

$P(11 < X < 18) = P(12 \le X \le 17) = P(11.5 \le X < 17.5)$

$= P\left(\frac{11.5-15}{2.45} \le Z < \frac{17.5-15}{2.45}\right)$

$= P(-1.43 \le Z < 1.02) = 1 - P(Z \ge 1.43) - P(Z \ge 1.02)$

$= 1 - 0.0764 - 0.1539 = 0.7697$

6.12 $n=100$, $p=0.5$인 이항분포에서 평균은 50, 분산은 25이므로, $X \simeq N(50, 25)$

(1) $P(X \geq 54) = P\left(Z \geq \dfrac{53.5-50}{5}\right) = P(Z \geq 0.7) = 0.2420$

(2) $P(X < 48) = P(X \leq 47) = P\left(Z < \dfrac{47.5-50}{5}\right) = P(Z \leftarrow 0.5) = P(Z \geq 0.5)$

$= 0.3085$

(3) $P(47 < X \leq 53) = P(X \leq 47) = P\left(\dfrac{47.5-50}{5} \leq Z < \dfrac{53.5-50}{5}\right)$

$= P(-0.5 \leq Z \leq 0.7) = 1 - P(Z \geq 0.5 - P(Z \geq 0.7)$

$= 1 - 0.3085 - 0.2420 = 0.4495$

(4) $P(55 \leq X < 58) = P\left(\dfrac{54.5-50}{5} \leq Z < \dfrac{57.5-50}{5}\right)$

$= P(0.9 \leq Z \leq 1.5) = P(Z \geq 0.9) - P(Z \geq 1.5)$

$= 0.1841 - 0.0668 = 0.1173$

6.13 $n=600$, $p=0.2$인 이항분포에서 평균은 120, 분산은 96이므로, $X \simeq N(120, 96)$. 공항에 나온 사람이 모두 탑승하는 것은 예약자 600명 중 100명 이상이 공항에 나오지 않는 경우이므로

$P(X \geq 100) = P\left(Z > \dfrac{99.5-120}{9.8}\right) = P(Z \geq -2.09) = 1 - P(Z > 2.09)$

$= 1 - 0.0183 = 0.9817$

6.14 $n=400$, $p=0.03$인 이항분포에서 평균은 12, 분산은 11.64이므로, $X \simeq N(12, 11.64)$

(1) $P(X \geq 10) = P\left(Z > \dfrac{9.5-12}{3.41}\right) = P(Z \geq -0.73) = 1 - P(Z > 0.73)$

$= 1 - 0.2327 = 0.7673$

(2) $P(X = 8) = P(7.5 \leq X < 8.5) = P\left(\dfrac{7.5-12}{3.41} \leq Z < \dfrac{8.5-12}{3.41}\right)$

$= P(Z \geq 1.03) - P(Z \geq 1.32)$

$= 0.1515 - 0.0934$

$= 0.0581$

(3) $P(X < 8) = P(X < 7.5) = P\left(Z < \dfrac{7.5-12}{3.46}\right) = P(Z < -1.32) = P(Z \geq 1.32)$

$= 0.0934$

6.15 $n=2{,}000$, $p=0.08$인 이항분포에서 평균은 160, 분산은 147.2이므로,
$X \simeq N(160, 147.2)$

(1) $P(X < 120) = P(X < 119.5) = P\left(Z < \dfrac{119.5-160}{12.13}\right)$

$$= P(Z < -3.34) = P(Z \geq 3.34) = 0.0004$$

(2) $P(X \geq 200) = P(X \geq 199.5) = P\left(Z \geq \dfrac{199.5-160}{12.13}\right) = P(Z \geq 3.26) = 0.0006$

제 7 장 표본분포

7.1 ○ : (2), (3), (5), (6), (7)

× : (1), (4)

7.2 (1) 모집단 : 어느 대학졸업생 전체

모 수 : 어느 대학졸업생 중 실업자의 수

통계량 : 1,000명 중 150명

(2) 모집단 : 어느 아파트단지 가구 전체

모 수 : 어느 아파트단지 가구 중 애완견을 기르는 가구의 수

통계량 : 500가구 중 150가구

7.3 (1) 학생회 간부들이 학생들을 대표한다고 할 수 없기 때문에

(2) 12월 한 달의 소비행태가 1년 전체의 소비행태를 대표한다고 할 수 없기 때문에

(3) 사립초등학교 6학년 여학생들이 전체 초등학교 6학년 여학생들의 생각을 대표한다고 할 수 없기 때문에

7.4 (1)

번 호	1	2	3	4	5	6	7	8	9
표 본	(1, 1)	(1, 3)	(1, 5)	(3, 1)	(3, 3)	(3, 5)	(5, 1)	(5, 3)	(5, 5)
평 균	1.0	2.0	3.0	2.0	3.0	4.0	3.0	4.0	5.0
분 산	0.0	2.0	8.0	2.0	0.0	2.0	8.0	2.0	0.0

(2) $\overline{X}$의 분포

$\overline{x}$	1.0	2.0	3.0	4.0	5.0
$p(\overline{x})$	$\frac{1}{9}$	$\frac{2}{9}$	$\frac{3}{9}$	$\frac{2}{9}$	$\frac{1}{9}$

7.5 사과상자의 위, 중간, 아래 부분에서 골고루 추출하지 않았으므로 사과를 랜덤하게 추출했다고 볼 수 없다.

7.6 (1) $n=36$이므로 $E(\overline{X})=100$, $\mathrm{sd}(\overline{X})=\frac{4}{3}$

(2) $n=100$이므로 $E(\overline{X})=100$, $\mathrm{sd}(\overline{X})=\frac{4}{5}$

7.7 $X \sim N(505,\ 100)$이므로,

(1) $P(X \leq 500)=P\left(Z \leq \frac{500-505}{10}\right)=P(Z \leq -0.5)=P(Z \geq 0.5)=0.3085$

(2) $n=16$이므로, $\overline{X} \sim N(505,\ 2.5^2)$

$P(\overline{X} \leq 502)=P\left(Z \leq \frac{502-505}{2.5}\right)=P(Z \leq -1.2)=P(Z \geq 1.2)=0.1151$

(3) 과자의 평균무게를 a라 할 때, $P(\overline{X} \leq 500) \leq 0.05$이 성립해야 한다.

$P(\overline{X} \leq 500)=P\left(Z \leq \frac{500-a}{2.5}\right)=P\left(Z \geq \frac{a-500}{2.5}\right) \leq 0.05$

$\frac{a-500}{2.5}=1.645$, 즉 $a=504.1125$

∴ 과자의 평균무게를 504.1125g 이상으로 유지해야 한다. 즉, 현재 과자의 평균무게 505g을 조정할 필요가 없다.

7.8 $X \sim N(250,\ 50^2)$이므로,

(1) $n=100$이므로, $\overline{X} \sim N(250,\ 5^2)$

(2) $P(\overline{X}>260)=P\left(Z>\frac{260-250}{5}\right)=P(Z>2.0)=0.0228$

7.9 $X \sim N(175,\ 14^2)$이고 $n=49$이므로, $\overline{X} \sim N(175,\ 2^2)$

$P(\overline{X}>178)=P\left(Z>\frac{178-175}{2}\right)=P(Z>1.5)=0.0668$

7.10 $X \sim N(500,\ 100^2)$이고 $n=100$이므로, $\overline{X} \sim N(500,\ 10^2)$

$P(490 \leq X \leq 515)=P\left(\frac{490-500}{10} \leq Z \leq \frac{515-500}{10}\right)=P(-1.0 \leq Z \leq 1.5)$

$=1-P(Z \geq 1.5)-P(Z \geq 1.0)=1-0.0668-0.1587=0.7745$

7.11 $X \sim N(2,\ 0.6^2)$이고 $n=36$이므로, $\overline{X} \sim N(2,\ 0.1^2)$

$P(1.85 \leq X \leq 2.10)=P\left(\frac{1.85-2.00}{0.1} \leq Z \leq \frac{2.10-2.00}{0.1}\right)=P(-1.5 \leq Z \leq 1.0)$

$=1-P(Z \geq 1.5)-P(Z \geq 1.0)=1-0.0668-0.1587=0.7745$

7.12 (1) 1.895 (2) −2.086 (3) −2.602 (4) 1.363 (5) −1.708
(6) 0.05 (7) 0.09 (8) 2.131 (9) −2.718

7.13 (1) 15.51 (2) 33.41 (3) 41.64 (4) 0.05 (5) 0.875
(6) 0.99

제 8 장 통계적 추론

8.1 ○ : (1), (2), (3), (6), (7)
× : (4), (5), (8)

8.2 $\frac{X_1+X_2+X_3}{3}$이 불편추정량이면서 분산이 작아서 정도(precision)도 높다.

8.3 왕복표 구입비율의 추정량 : $\hat{p}=\frac{40}{200}=0.2$

$\hat{p}$의 표준오차 : $\mathrm{se}(\hat{p})=\mathrm{sd}(\hat{p})=\sqrt{\frac{0.2\times0.8}{200}}=0.028$

8.4 $n=100,\ \bar{x}=160,\ s=12$이므로, 표준오차$=\frac{12}{\sqrt{100}}=1.2$

8.5 귀무가설 H_0 : 서울 강남·서초 지역 입시생의 평균성적이 전체 평균보다 높지 않다.
대립가설 H_1 : 서울 강남·서초 지역 입시생의 평균성적이 전체 평균보다 높다.

8.6 귀무가설 H_0 : 담배 개피당 니코틴 함유량이 0.8mg 이하이다.
대립가설 H_1 : 담배 개피당 니코틴 함유량이 0.8mg 이상이다.

8.7 귀무가설 H_0 : 새 자동차의 시내 주행거리가 1리터당 18km이다.
대립가설 H_1 : 새 자동차의 시내 주행거리가 1리터당 18km 이하이다.

제 9 장 모평균에 관한 추정

9.1 $\bar{x}=680,\ \sigma=58,\ n=36,\ z_{0.025}=1.96$

$\bar{x} \pm z_{a/2} \times \frac{\sigma}{\sqrt{n}}$

$=680 \pm 1.96 \times \frac{58}{\sqrt{36}}$

$=680 \pm 18.95$

9.2 $\bar{x}=56{,}840,\ s=18{,}540,\ n=100,\ z_{0.025}=1.96$

$\bar{x} \pm z_{a/2} \times \frac{s}{\sqrt{n}}$

$=56{,}840 \pm 1.96 \times \frac{18{,}540}{\sqrt{100}}$

$=56{,}840 \pm 3{,}633.84$

9.3 $\bar{x}=34{,}225,\ s=13{,}881,\ n=8,\ t_{0.005}(7)=3.499$

$\bar{x} \pm t_{a/2}(n-1)\frac{s}{\sqrt{n}}$

$=34{,}225 \pm 3.499 \times \frac{13{,}881}{\sqrt{8}}$

$=34{,}225 \pm 17{,}172.12$

9.4 $\bar{x}=6.4,\ s=1.8,\ n=25,\ t_{0.05}(24)=1.711$

$\bar{x} \pm t_{a/2}(n-1)\frac{s}{\sqrt{n}}$

$-6.4 \pm 1.711 \times \frac{1.8}{\sqrt{25}}$

$=6.4 \pm 0.616$

9.5 $\bar{x}=78.6,\ s=6,\ n=36,\ z_{0.05}=1.64$

$\bar{x} \pm z_{a/2} \times \frac{s}{\sqrt{n}}$

$=78.6 \pm 1.64 \times \frac{6}{\sqrt{36}}$

$=78.6 \pm 1.64$

9.6 $\bar{x}=35.13,\ s=4.12,\ n=8,\ t_{0.025}(7)=2.365,\ t_{0.005}(7)=3.499$

① 95% 신뢰구간

$$35.13 \pm 2.365 \times \frac{4.12}{\sqrt{8}}$$
$$=35.13 \pm 2.365 \times 1.46$$
$$=35.13 \pm 3.45$$

② 99% 신뢰구간

$$35.13 \pm 3.499 \times \frac{4.12}{\sqrt{8}}$$
$$=35.13 \pm 3.499 \times 1.46$$
$$=35.13 \pm 5.11$$

9.7 $\bar{x}=65,\ s=12,\ n=36,\ z_{0.05}=1.64$

$$65 \pm 1.64 \times \frac{12}{\sqrt{36}}$$
$$=65 \pm 1.64 \times 2$$
$$=65 \pm 3.28$$

9.8 $\bar{x}=15,\ s=6,\ n=180,\ z_{0.025}=1.96$

$$15 \pm 1.96 \times \frac{6}{\sqrt{180}}$$
$$=15 \pm 1.96 \times 0.45$$
$$=15 \pm 0.88$$

9.9 $\bar{x}=201.4,\ s=3.31,\ n=10,\ t_{0.005}(9)=3.25$

$$201.4 \pm 3.25 \times \frac{3.31}{\sqrt{10}}$$
$$=201.4 \pm 3.25 \times 1.05$$
$$=201.4 \pm 3.41$$

9.10 $\bar{x}=135,\ s=15,\ n=50,\ z_{0.05}=1.64$

$$135 \pm 1.64 \times \frac{15}{\sqrt{50}}$$
$$=135 \pm 1.64 \times 2.12$$
$$=135 \pm 3.48$$

9.11 $\bar{x}=16.2,\ s=1.8,\ n=24,\ t_{0.025}(23)=2.069$

$$16.2 \pm 2.069 \times \frac{1.8}{\sqrt{24}}$$
$$=16.2 \pm 2.069 \times 0.37$$
$$=16.2 \pm 0.77$$

9.12 $\bar{x}_1-\bar{x}_2=10.87$

$$\sqrt{\frac{s_1^2}{n_1}+\frac{s_2^2}{n_2}}=\sqrt{\frac{6.84^2}{60}+\frac{4.32^2}{80}}=1$$
$$z_{0.025}=1.96$$
$$10.87 \pm 1.96 \times 1$$
$$=10.87 \pm 1.96$$

9.13 $\bar{x}_1-\bar{x}_2=-11.6$

$$\sqrt{\frac{8.1^2}{100}+\frac{8.8^2}{120}}=1.14$$
$$z_{0.005}=2.57$$
$$-11.6 \pm 2.57 \times 1.14$$
$$=-11.6 \pm 2.93$$

9.14 $\bar{x}_1-\bar{x}_2=8$

$$\sqrt{\frac{10^2}{42}+\frac{16^2}{36}}=3.08$$
$$z_{0.025}=1.96$$
$$8 \pm 1.96 \times 3.08$$
$$=8 \pm 6.04$$

9.15 $\bar{x}_1-\bar{x}_2=-7$

$$\sqrt{\frac{6.2^2}{36}+\frac{7.4^2}{36}}=1.61$$
$$z_{0.025}=1.96$$
$$-7 \pm 1.96 \times 1.61$$
$$=-7 \pm 3.16$$

9.16 $\bar{x}_1 - \bar{x}_2 = -9.2$

$$\sqrt{\frac{5.4^2}{22} + \frac{5.8^2}{25}} = 1.63$$

$z_{0.005} = 2.57$

$$-9.2 \pm 2.57 \times 1.63$$
$$= -9.2 \pm 4.19$$

9.17 $\bar{x}_1 - \bar{x}_2 = -8.13$

$$\sqrt{\frac{3.64^2}{49} + \frac{4.56^2}{64}} = 0.77$$

$z_{0.025} = 1.96$

$$-8.13 \pm 1.96 \times 0.77$$
$$= -8.13 \pm 1.51$$

제10장 모평균에 대한 가설검정

10.1
① $H_0 : \mu = 18$
   $H_1 : \mu \neq 18$
② $\alpha = 0.10$
③ 기각역 : $Z < -1.64$, $Z > 1.64$
④ $Z = \dfrac{17.8 - 18}{0.5/\sqrt{25}} = \dfrac{-0.2}{0.1} = -2$
⑤ $Z = -2 < -1.64$ $\therefore$ H_0 기각

10.2
① $H_0 : \mu = 65{,}000$
   $H_1 : \mu \neq 65{,}000$
② $\alpha = 0.05$
③ 기각역 : $t < -2.131$, $t > 2.131$
④ $t = \dfrac{62{,}500 - 65{,}000}{1{,}500/\sqrt{16}} = -6.67$
⑤ $t = -6.67 < -2.131$ $\therefore$ H_0 기각

10.3 ① $H_0 : \mu=16$

$H_1 : \mu > 16$

② $\alpha = 0.01$

③ 기각역 : $t > 2.602$

④ $t = \dfrac{18.5-16}{1.4/\sqrt{16}} = \dfrac{2.5}{0.35} = 7.14$

⑤ $t = 7.14 > 2.602$ ∴ H_0 기각

10.4 ① $H_0 : \mu=10$

$H_1 : \mu < 10$

② $\alpha = 0.01$

③ 기각역 : $t < -2.718$

④ $t = \dfrac{9.97-10}{0.31/\sqrt{12}} = \dfrac{-0.03}{0.09} = -0.33$

⑤ $t = -0.33 > -2.718$ ∴ H_0 채택

10.5 ① $H_0 : \mu=17.6$

$H_1 : \mu < 17.6$

② $\alpha=0.01$

③ 기각역 : $Z < -2.33$

④ $Z = \dfrac{15-17.6}{1.2/\sqrt{36}} = \dfrac{-2.6}{0.2} = -13$

⑤ $Z = -13 < -2.33$ ∴ H_0 기각

10.6 ① $H_0 : \mu=1{,}000$

$H_1 : \mu > 1{,}000$

② $\alpha=0.05$

③ 기각역 : $Z > 1.64$

④ $Z = \dfrac{1{,}030-1{,}000}{140/\sqrt{49}} = \dfrac{30}{20} = 1.5$

⑤ $Z = 1.5 < 1.64$ ∴ H_0 채택

10.7 ① $H_0 : \mu=12$

$H_1 : \mu \neq 12$

② $\alpha=0.05$

③ 기각역 : $t < -2.365$, $t > 2.365$

④ $t=\dfrac{10.38-12}{3.74/\sqrt{8}}=\dfrac{-1.62}{1.32}=-1.23$

⑤ $t=-1.23>-2.365$ ∴ H_0 채택

10.8 ① $H_0 : \mu=1.69$

$H_1 : \mu>1.69$

② $\alpha=0.01$

③ 기각역 : $t>2.821$

④ $t=\dfrac{1.84-1.69}{0.68/\sqrt{10}}=\dfrac{0.15}{0.22}=0.68$

⑤ $t=0.68<2.821$ ∴ H_0 채택

10.9 ① $H_0 : \mu=1.2$

$H_1 : \mu>1.2$

② $\alpha=0.01$

③ 기각역 : $t>2.492$

④ $t=\dfrac{1.35-1.2}{0.25/\sqrt{25}}=\dfrac{0.15}{0.05}=3$

⑤ $t=3>2.492$ ∴ H_0 기각

10.10 ① $H_0 : \mu_1=\mu_2$

$H_1 : \mu_1<\mu_2$

② $\alpha=0.01$

③ 기각역 : $Z<-2.33$

④ $Z=\dfrac{72-79}{\sqrt{\dfrac{6^2}{45}+\dfrac{5^2}{60}}}=\dfrac{-7}{1.11}=-6.31$

⑤ $Z=-6.31<-2.33$ ∴ H_0 기각

10.11 ① $H_0 : \mu_1=\mu_2$

$H_1 : \mu_1>\mu_2$

② $\alpha=0.10$

③ 기각역 : $Z>1.28$

④ $Z=\dfrac{3.42-3.28}{\sqrt{\dfrac{0.6^2}{36}+\dfrac{0.8^2}{49}}}=\dfrac{0.14}{0.14}=1$

⑤ $Z=1<1.28$ ∴ H_0 채택

10.12 ① $H_0 : \mu_1 = \mu_2$

$H_1 : \mu_1 < \mu_2$

② $\alpha = 0.05$

③ 기각역 : $t < -1.796$

④ $t = \dfrac{\overline{X}_1 - \overline{X}_2}{s_P\sqrt{\dfrac{1}{7} + \dfrac{1}{6}}} = \dfrac{10.67 - 11.22}{0.54} = -1.02$

$\overline{x}_1 = 10.67,\ \overline{x}_2 = 11.22$

$s_1 = 0.54,\ s_2 = 0.53$

$s_P\sqrt{\dfrac{0.54^2 \times (7-1) + 0.53^2 \times (6-1)}{13-2}} = 0.54$

⑤ $t = -1.02 > -1.796$ $\therefore$ H_0 채택

10.13 ① $H_0 : \mu_1 = \mu_2$

$H_1 : \mu_1 < \mu_2$

② $\alpha = 0.01$

③ 기각역 : $Z < -2.33$

④ $Z = \dfrac{75 - 81}{\sqrt{\dfrac{18^2}{36} + \dfrac{14^2}{49}}} = \dfrac{-6}{3.61} = -1.66$

⑤ $Z = -1.66 > -2.33$ $\therefore$ H_0 채택

10.14 ① $H_0 = \mu_1 = \mu_2$

$H_1 = \mu_1 > \mu_2$

② $\alpha = 0.10$

③ 기각역 : $Z > 1.28$

④ $Z = \dfrac{82 - 77}{\sqrt{\dfrac{12^2}{40} + \dfrac{10^2}{50}}} = \dfrac{5}{2.37} = 2.11$

⑤ $Z = 2.11 > 1.28$ $\therefore$ H_0 기각

10.15 (1) 차이가 있는지 검정

① $H_0 : \mu_1 = \mu_2$

$H_1 : \mu_1 \neq \mu_2$

② $\alpha = 0.05$

③ 기각역 : $Z < -1.96,\ Z > 1.96$

④ $Z = \dfrac{72-76}{\sqrt{\dfrac{8^2}{60}+\dfrac{6^2}{50}}} = \dfrac{-4}{1.34} = -2.99$

⑤ $Z=-2.99 < -1.96$ $\therefore$ H_0 기각

(2) 자율적 교육이 나은지 검정

① $H_0 : \mu_1 = \mu_2$

$H_1 : \mu_1 < \mu_2$

② $\alpha = 0.05$

③ 기각역 : $Z < -1.64$

④ $Z = \dfrac{72-76}{\sqrt{\dfrac{8^2}{60}+\dfrac{6^2}{50}}} = -2.99$

⑤ $Z = -2.99 < -1.64$ $\therefore$ H_0 기각

10.16 $\overline{D} = 4.1$

$s_D = 3.6$

① $H_0 : \delta_0 = 0$

$H_1 : \delta_0 > 0$

② $\alpha = 0.05$

③ 기각역 : $t > t_{0.05}(9) = 1.833$

④ $t = \dfrac{\overline{D}-\delta_0}{s_D/\sqrt{n}} = \dfrac{4.1-0}{3.6/\sqrt{10}} = 3.60$

⑤ $t = 3.60 > 1.833$ $\therefore$ H_0 기각

10.17 $\overline{D} = 2.90$

$s_D = 3.28$

① $H_0 : \delta_0 = 0$

$H_1 : \delta_0 > 0$

② $\alpha = 0.05$

③ 기각역 : $t > t_{0.05}(9) = 1.833$

④ $t = \dfrac{\overline{D}-\delta_0}{s_D/\sqrt{n}} = \dfrac{2.90-0}{3.28/\sqrt{10}} = 2.79$

⑤ $t = 2.79 > 1.833$ $\therefore$ H_0 기각

제11장 모비율에 대한 추정과 가설검정

11.1

$\hat{p} = \frac{48}{150} = 0.32$

$s_{\hat{p}} = \sqrt{\frac{0.32(0.68)}{150}} = 0.038$

$z_{0.025} = 1.96,\ z_{0.005} = 2.57$

① 95% 신뢰구간

$0.32 \pm 1.96 \times 0.038$

$= 0.32 \pm 0.074$

② 99% 신뢰구간

$0.32 \pm 2.57 \times 0.038$

$= 0.32 \pm 0.098$

11.2

$\hat{p} = \frac{150}{200} = 0.75$

$s_{\hat{p}} = \sqrt{\frac{0.75(0.25)}{200}} = 0.031$

$z_{0.025} = 1.96$

신뢰구간 : $0.75 \pm 1.96 \times 0.031$

$= 0.75 \pm 0.061$

11.3

$\hat{p} = \frac{102}{300} = 0.34$

$s_{\hat{p}} = \sqrt{\frac{0.34(0.66)}{300}} = 0.027$

$z_{0.025} = 1.96$

신뢰구간 : $0.34 \pm 1.96 \times 0.027$

$= 0.34 \pm 0.053$

11.4

1990년 찬성률 : $\hat{p}_1 = \frac{125}{300} = 0.42$

2000년 찬성률 : $\hat{p}_2 = \frac{118}{250} = 0.47$

$s_{(\hat{p}_1 - \hat{p}_2)} = \sqrt{\frac{0.42(0.58)}{300} + \frac{0.47(0.53)}{250}} = 0.043$

$s_{\hat{p}_1} = \sqrt{\dfrac{0.42(0.58)}{300}} = 0.028$

$s_{\hat{p}_2} = \sqrt{\dfrac{0.47(0.53)}{250}} = 0.032$

$z_{0.025} = 1.96$

① 1990년의 신뢰구간

$0.42 \pm 1.96 \times 0.028 = 0.42 \pm 0.055$

② 2000년의 신뢰구간

$0.47 \pm 1.96 \times 0.032 = 0.47 \pm 0.063$

③ 차이에 대한 신뢰구간

$(0.47 - 0.42) \pm 1.96 \times 0.043 = 0.05 \pm 0.084$

11.5

$\hat{p} = \dfrac{63}{250} = 0.25$

$s_{\hat{p}} = \sqrt{\dfrac{0.25(0.75)}{250}} = 0.027$

$z_{0.05} = 1.64$

신뢰구간 : $0.25 \pm 1.64 \times 0.027 = 0.25 \pm 0.044$

11.6

도시지역 : $\hat{p}_1 = \dfrac{120}{200} = 0.60$

농촌지역 : $\hat{p}_2 = \dfrac{78}{150} = 0.52$

$s_{\hat{p}_1} = \sqrt{\dfrac{0.6(0.4)}{200}} = 0.035$

$s_{\hat{p}_2} = \sqrt{\dfrac{0.52(0.48)}{150}} = 0.041$

$s_{(\hat{p}_1 - \hat{p}_2)} = \sqrt{\dfrac{0.6(0.4)}{200} + \dfrac{0.52(0.48)}{150}} = 0.054$

$z_{0.025} = 1.96$

① 도시지역 신뢰구간

$0.6 \pm 1.96 \times 0.035 = 0.6 \pm 0.069$

② 농촌지역 신뢰구간

$0.52 \pm 1.96 \times 0.041 = 0.52 \pm 0.080$

③ 두 지역 차이에 대한 신뢰구간

$(0.60 - 052) \pm 1.96 \times 0.054 = 0.08 \pm 0.106$

11.7

서울 : $\hat{p}_1 = \dfrac{150}{200} = 0.75$

부산 : $\hat{p}_2 = \frac{100}{200} = 0.50$

$s_{(\hat{p}_1 - \hat{p}_2)} = \sqrt{\frac{0.75(0.25)}{200} + \frac{0.5(0.5)}{200}} = 0.047$

$z_{0.05} = 1.64$

두 지역 차이에 대한 신뢰구간 : $(0.75 - 0.50) \pm 1.64 \times 0.047 = 0.25 \pm 0.077$

11.8 $\hat{p} = \frac{13}{380} = 0.034$

$s_{\hat{p}} = \sqrt{\frac{0.034(0.966)}{380}} = 0.009$

$z_{0.025} = 1.96$

신뢰구간 : $0.034 \pm 1.96 \times 0.009 = 0.034 \pm 0.018$

11.9 $\hat{p}_1 = 0.12 \quad n_1 = 200$

$\hat{p}_2 = 0.14 \quad n_2 = 100$

$\hat{p}_0 = \frac{24+14}{200+100} = 0.13$

$s_{(\hat{p}_1 - \hat{p}_2)} = \sqrt{\frac{0.13 \times 0.87}{200} + \frac{0.13 \times 0.87}{100}} = 0.041$

① $H_0 : p_1 - p_2 = 0$

$H_1 : p_1 - p_2 > 0$

② $\alpha = 0.05$

③ 기각역 $Z > z_{0.05} = 1.64$

④ $Z = \frac{\hat{p}_1 - \hat{p}_2}{s_{(\hat{p}_1 - \hat{p}_2)}} = \frac{-0.02}{0.041} = -0.48$

⑤ $Z = -0.48 < z_{0.05} = 1.64 \quad \therefore H_0$ 채택

11.10 $p - 0.18$

$\hat{p} = \frac{88}{400} = 0.22$

$s_p = \sqrt{\frac{0.18(0.82)}{400}} = 0.0192$

① $H_0 : p = 0.18$

$H_1 : p \neq 0.18$

② $\alpha = 0.05$

③ 기각역 : $Z > z_{0.025} = 1.96$

또는 $Z < -z_{0.025} = -1.96$

④ $Z=\frac{\hat{p}-p}{s_p}=\frac{0.22-0.18}{0.0192}=2.08$

⑤ $Z=2.08>1.96$ $\therefore$ H_0 기각

11.11 $\hat{p}_1=\frac{1,432}{2,200}=0.65$

$\hat{p}_2=\frac{1,982}{4,500}=0.44$

$\hat{p}_0=\frac{1,432+1,982}{2,200+4,500}=0.51$

$s_{(\hat{p}_1-\hat{p}_2)}=\sqrt{0.51(0.49)\left(\frac{1}{2,200}+\frac{1}{4,500}\right)}=0.013$

① $H_0 : p_1 = p_2$

$H_1 : p_1 > p_2$

② $\alpha=0.05$

③ 기각역 : $Z>z_{0.05}=1.64$

④ $Z=\frac{\hat{p}_1-\hat{p}_2}{s_{(\hat{p}_1-\hat{p}_2)}}=\frac{0.65-0.44}{0.013}=16.15$

⑤ $Z=16.15>1.64$ $\therefore$ H_0 기각

11.12 $p=0.32$

$\hat{p}=\frac{444}{1,200}=0.37$

$s_{\hat{p}}=\sqrt{\frac{0.32(0.68)}{1,200}}=0.013$

① $H_0 : p=0.32$

$H_1 : p>0.32$

② $\alpha=0.05$

③ 기각역 : $Z>z_{0.05}=1.64$

④ $Z=\frac{\hat{p}-p}{s_p}=\frac{0.37-0.32}{0.013}=3.85$

⑤ $Z=3.85>z_{0.05}=1.64$ $\therefore$ H_0 기각

11.13 $\hat{p}_1=\frac{38}{200}=0.19$

$\hat{p}_2=\frac{28}{120}=0.23$

$\hat{p}_0 = \frac{66}{200+120} = 0.21$

$s_{(\hat{p}_1 - \hat{p}_2)} = \sqrt{0.21(0.79)\left(\frac{1}{200} + \frac{1}{120}\right)} = 0.047$

① $H_0 : p_1 = p_2$

$H_1 : p_1 < p_2$

② $\alpha = 0.01$

③ 기각역 : $Z < -z_{0.01} = -2.33$

④ $Z = \frac{\hat{p}_1 - \hat{p}_2}{s_{(\hat{p}_1 - \hat{p}_2)}} = \frac{-0.04}{0.047} = -0.85$

⑤ $Z = -0.85 > -z_{0.005} = -2.33$ $\therefore$ H_0 채택

11.14 $p = 0.35$

$\hat{p} = \frac{147}{350} = 0.42$

$s_{\hat{p}} = \sqrt{\frac{0.35(0.65)}{350}} = 0.025$

① $H_0 : p = 0.35$

$H_1 : p < 0.35$

② $\alpha = 0.01$

③ 기각역 : $Z < -z_{0.01} = -2.33$

④ $Z = \frac{\hat{p} - p}{s_{\hat{p}}} = \frac{0.42 - 0.35}{0.025} = 2.69$

⑤ $Z = 2.69 > -2.33$ $\therefore$ H_0 채택

11.15 $\hat{p}_1 = \frac{22}{150} = 0.147$

$\hat{p}_2 = \frac{14}{90} = 0.156$

$\hat{p}_0 = \frac{22+14}{150+90} = 0.15$

$s_{(\hat{p}_1 - \hat{p}_2)} = \sqrt{0.15(0.85)\left(\frac{1}{150} + \frac{1}{90}\right)} = 0.048$

① $H_0 : p_1 = p_2$

$H_1 : p_1 > p_2$

② $\alpha = 0.01$

③ 기각역 : $Z > z_{0.01} = 2.33$

④ $Z=\dfrac{0.147-0.156}{0.048}=0.188$

⑤ $Z=0.188<z_{0.01}=2.33$ $\therefore H_0$ 채택

11.16 (1) $\hat{p}_1=\dfrac{48}{120}=0.40$

$\hat{p}_2=\dfrac{64}{150}=0.43$

$s_{(\hat{p}_1-\hat{p}_2)}=\sqrt{\dfrac{0.4(0.6)}{120}+\dfrac{0.43(0.57)}{150}}=0.06$

$z_{0.025}=1.96$

신뢰구간 : $(0.40-0.43)\pm1.96\times0.06=-0.03\pm0.1176$

(2) ① $H_0: p_1=p_2$

$H_1: p_1\neq p_2$

② $\alpha=0.05$

③ 기각역 : $Z>1.96$, $Z<-1.96$

④ $\hat{p}_0=\dfrac{48+64}{120+150}=0.41$

$s_{\hat{p}_0}=\sqrt{0.41(0.59)\left(\dfrac{1}{120}+\dfrac{1}{150}\right)}=0.06$

$Z=\dfrac{0.40-0.43}{0.06}=-0.5$

⑤ $-1.96<Z=-0.5<1.96$ $\therefore H_0$ 채택

제12장 모분산에 대한 추정과 가설검정

12.1 $s^2=28$, $df=25-1=24$

$\alpha=0.05$, $\chi^2_{0.025}(24)=39.36$, $\chi^2_{0.975}(24)=12.40$

신뢰구간 : $\left(\dfrac{24\times28}{39.36}, \dfrac{24\times28}{12.40}\right)=(17.07, 54.19)$

12.2 확률변수 : 표준정규분포의 확률변수 Z의 제곱, 즉 Z^2의 합

분포형태 : 확률변수가 0 이상의 값을 갖고 왼쪽으로 치우친 형태

12.3 $s^2 = 81,\ df = 29$

$\alpha = 0.05,\ \chi^2{}_{0.025}(29) = 45.72,\ \chi^2{}_{0.975}(29) = 16.04$

신뢰구간 : $\left(\dfrac{81\times 29}{45.72},\ \dfrac{81\times 29}{16.04}\right) = (51.38,\ 146.44)$

12.4 확률변수 : $F = \dfrac{V_1/k_1}{V_2/k_2}$

($V_1,\ V_2$: χ^2분포의 변수, $k_1,\ k_2$: 자유도)

분포형태 : 확률변수가 0 이상의 값을 갖고 왼쪽으로 치우친 형태

12.5 (1) $F_{0.05}(12,\ 6) = 4.00$

(2) $F_{0.01}(9,\ 4) = 14.66$

(3) $F_{0.1}(13,\ 8) = 2.50$

12.6 $s^2 = 18,\ df = 24$

① $H_0 : \sigma^2 = 12$

$H_1 : \sigma^2 > 12$

② $\alpha = 0.05$

③ 기각역 : $\chi^2 > \chi^2{}_{(0.05)}(24) = 36.42$

④ $\chi^2 = \dfrac{(n-1)s^2}{\sigma^2} = \dfrac{24 \cdot 18}{12} = 36$

⑤ $\chi^2 = 36 < 36.42$ $\therefore H_0$ 채택

12.7 $s^2 = 0.24,\ df = 9$

① $H_0 : \sigma^2 = 0.22$

$H_1 : \sigma^2 < 0.22$

② $\alpha = 0.05$

③ 기각역 : $\chi^2 < \chi^2{}_{0.95}(9) = 3.33$

④ $\chi^2 = \dfrac{0.24\times 9}{0.22} = 9.82$

⑤ $\chi^2 = 9.82 > 3.33$ $\therefore H_0$ 채택

12.8 $s^2 = 19,\ df = 15$

① $H_0 : \sigma^2 = 22$

$H_1 : \sigma^2 < 22$

② $\alpha = 0.05$

③ 기각역 : $\chi^2 < \chi^2_{0.95}(15)=7.26$

④ $\chi^2=\dfrac{19\times 15}{22}=12.95$

⑤ $\chi^2=12.95 > 7.26$ $\therefore H_0$ 채택

12.9 $s^2=126,\ df=24$

① $H_0 : \sigma^2=120$

$H_1 : \sigma^2 > 120$

② $\alpha=0.05$

③ 기각역 : $\chi^2 > \chi^2_{0.05}(24)=36.42$

④ $\chi^2=\dfrac{126\times 24}{120}=25.2$

⑤ $\chi^2=25.2 < 36.42$ $\therefore H_0$ 채택

12.10 $s^2=34.77,\ df=9$

① $H_0 : \sigma^2=25$

$H_1 : \sigma^2 > 25$

② $\alpha=0.01$

③ 기각역 : $\chi^2 > \chi^2_{0.01}(9) = 21.67$

④ $\chi^2 =\dfrac{34.77\times 9}{25}=12.52$

⑤ $\chi^2 = 12.52 < 21.67$ $\therefore H_0$ 채택

12.11 $s^2=29,\ df=11$

① $H_0 : \sigma^2=26$

$H_1 : \sigma^2 > 26$

② $\alpha=0.05$

③ 기각역 : $\chi^2 > \chi^2_{0.05}(11)=19.68$

④ $\chi^2 =\dfrac{29\times 11}{26}= 12.27$

⑤ $\chi^2 = 12.27 < 19.68$ $\therefore H_0$ 채택

12.12 ① $H_0 : \sigma_1{}^2= \sigma_2{}^2$

$H_1 : \sigma_1{}^2 > \sigma_2{}^2$

② $\alpha = 0.05$

③ 기각역 : $F>F_{0.05}(9,\ 9) =3.18$

④ $F = \frac{s_1{}^2}{s_2{}^2} = \frac{16.27}{35.82} = 0.45$

⑤ $F = 0.45 < 3.18$ $\therefore H_0$ 채택

12.13 ① $H_0 : \sigma_1{}^2 = \sigma_2{}^2$

$H_1 : \sigma_1{}^2 < \sigma_2{}^2$

② $\alpha = 0.05$

③ 기각역 : $F < F_{0.95}(99,\ 99) = 0.72^*$

④ $F = \frac{s_1{}^2}{s_2{}^2} = \frac{52}{68} = 0.76$

⑤ $F = 0.76 > 0.72$ $\therefore H_0$ 채택

* 표에 없으므로 EXCEL에서 구한다.

12.14 ① $H_0 : \sigma_1{}^2 = \sigma_2{}^2$

$H_1 : \sigma_1{}^2 > \sigma_2{}^2$

② $\alpha = 0.05$

③ 기각역 : $F > F_{0.05}(15,\ 24) = 2.11$

④ $F = \frac{s_1{}^2}{s_2{}^2} = \frac{25}{18} = 1.39$

⑤ $F = 1.39 < 2.11$ $\therefore H_0$ 채택

12.15 ① $H_0 : \sigma_1{}^2 = \sigma_2{}^2$

$H_1 : \sigma_1{}^2 \neq \sigma_2{}^2$

② $\alpha = 0.05$

③ 기각역 : $F > F_{0.025}(29,\ 24) = 2.22^*$

또는 $F < F_{0.075}(29,\ 24) = \frac{1}{F_{0.025}(24,\ 29)} = 0.46$

④ $F = \frac{s_1{}^2}{s_2{}^2} = \frac{2{,}500}{4{,}900} = 0.51$

⑤ $F = 0.51 > 0.46$ $\therefore H_0$ 채택

* 표에 없기 때문에 EXCEL에서 구한다.

12.16 ① $H_0 : \sigma_1{}^2 = \sigma_2{}^2$

$H_1 : \sigma_1{}^2 < \sigma_2{}^2$

② $\alpha = 0.10$

③ 기각역 : $F < F_{0.90}(15,\ 24) = 0.53$

④ $F = \dfrac{{s_1}^2}{{s_2}^2} = \dfrac{240}{280} = 0.86$

⑤ $F = 0.86 > 0.53$ $\quad\therefore H_1$ 채택

12.17 ① $H_0 : {\sigma_1}^2 = {\sigma_2}^2$

$H_1 : {\sigma_1}^2 > {\sigma_2}^2$

② $\alpha = 0.01$

③ 기각역 : $F > F_{0.01}(15,\ 19) = 3.15^*$

④ $F = \dfrac{{s_1}^2}{{s_2}^2} = \dfrac{10.2}{9.4} = 1.09$

⑤ $F = 1.09 < 3.15$ $\quad\therefore H_0$ 채택

* 표에 없기 때문에 EXCEL에서 구한다.

제13장 분산분석

13.1 ① $H_0 : \mu_1 = \mu_2 = \mu_3 = \mu_4$

H_1 : 모든 평균이 동일하지는 않다.

② $\alpha = 0.05$

③ 기각역 : $F > 3.24$

④ $F = 8.30$

⑤ $F = 8.30 > 3.24$ $\quad\therefore H_0$ 기각

13.2 (1) 분산분석표

요 인	제곱합	자유도	제곱평균	
처 리	16.466	2	8.233	$F = 10.96$
잔 차	20.277	27	0.751	
계	36.743	29		

(2) ① $H_0 : \mu_1 = \mu_2 = \mu_3$

H_1 : 모든 평균이 동일하지는 않다.

② $\alpha = 0.05$
③ 기각역 : $F > 3.35$
④ $F = 10.96$
⑤ $F = 10.96 > 3.35$ $\therefore H_0$ 기각

13.3 ① $H_0 : \mu_1 = \mu_2 = \mu_3 = \mu_4$
H_1 : 모든 평균이 동일하지는 않다.
② $\alpha = 0.05$
③ 기각역 : $F > 3.29$
④ $F = 0.33$
⑤ $F = 0.33 < 3.29$ $\therefore H_0$ 채택

13.4 (1) 분산분석표

요 인	제곱합	자유도	제곱평균	
처 리	123.5	2	61.75	$F = 11.4$
잔 차	48.75	9	5.417	
계	172.25	11		

(2) ① $H_0 : \mu_1 = \mu_2 = \mu_3$
H_1 : 평균이 동일하지 않다.
② $\alpha = 0.05$
③ 기각역 : $F > 4.26$
④ $F = 11.4$
⑤ $F = 11.4 > 4.26$ $\therefore H_0$ 기각

13.5 (1) $\bar{x} = \dfrac{35.6 \times 12 + 44.8 \times 10 + 29.6 \times 14}{36} = 35.8$

$SSA = 12(35.6 - 35.8)^2 + 10(44.8 - 35.8)^2 + 14(29.6 - 35.8)^2 = 1{,}348.64$

$SSE = 18.4 \times 11 + 20.4 \times 9 + 15.8 \times 13 = 591.4$

요 인	제곱합	자유도	제곱평균	
처 리	1,348.64	2	674.32	$F = 37.63$
잔 차	591.4	33	17.92	
계		35		

(2) ① $H_0 : \mu_1 = \mu_2 = \mu_3$
H_1 : 평균이 동일하지 않다.
② $\alpha = 0.01$

③ 기각역 : $F > F_{0.01}(2,\ 33) = 5.31^*$

④ $F = 37.63$

⑤ $F = 37.63 > 5.31 \quad \therefore H_0$ 기각

* 표에 없으므로 EXCEL에서 구한다.

13.6 ① $H_0 : \mu_1 = \mu_2 = \mu_3$

H_1 : 평균이 동일하지 않다.

② $\alpha = 0.01$

③ 기각역 : $F > 6.93$

④ $F = 3.49$

⑤ $F = 3.49 < 6.93 \quad \therefore H_0$ 채택

13.7 (1) 분산분석표

요 인	제곱합	자유도	제곱평균	
처 리 잔 차	348.92 1,259.6	2 24	174.46 52.48	$F = 3.32$
계	1,608.52	26		

(2) ① $H_0 : \alpha_1 = \alpha_2 = \alpha_3 = \alpha_4 = 0$

H_1 : 모든 α가 0은 아니다.

② $\alpha = 0.05$

③ 기각역 : $F > 3.40$

④ $F = 3.32$

⑤ $F = 3.32 < 3.40 \quad \therefore H_0$ 채택

13.8 ① $H_0 : \beta_1 = \beta_2 = \beta_3 = 0$

② H_1 : 모든 β가 0은 아니다.

③ 기각역 : $F > 3.89$

④ $F = 7.5$

⑤ $F = 7.5 > 3.89 \quad \therefore H_0$ 기각

13.9 (1) 분산분석표

요 인	제곱합	자유도	제곱평균	F강도
학 력	25.6	3	8.53	1.26
성 별	76.9	1	76.9	11.4
상호작용	78.2	3	26.1	3.86
잔 차	216.4	32	6.76	
계	397.1	39		

(2) ① $H_0 : \mu_1 = \mu_2 = \mu_3 = \mu_4$

H_1 : 평균이 동일하지 않다.

② $\alpha = 0.05$

③ 기각역 : $F > F_{0.05}(3,\ 32) = 2.90^*$

④ $F = 3.79$

⑤ $F = 3.79 > 2.90$ $\therefore H_0$ 기각

(3) ① $H_0 : \mu_1 = \mu_2$

H_1 : 평균이 동일하지 않다.

② $\alpha = 0.05$

③ 기각역 : $F > F_{0.05}(1,\ 32) = 4.15^*$

④ $F = 3.79$

⑤ $F = 3.79 < 4.15$ $\therefore H_0$ 채택

(4) ① H_0 : 모든$(\alpha\beta)_{ij} = 0$

H_1 : 모든$(\alpha\beta)_{ij}$가 0은 아니다.

② $\alpha = 0.05$

③ 기각역 : $F > F_{0.05}(3,\ 32) = 2.90^*$

④ $F = 3.86$

⑤ $F = 3.86 > 2.90$ $\therefore H_0$ 기각

* 표에 없으므로 EXCEL에서 구한다.

제14장 상관분석

14.1 공 분 산 : 공분산의 부호 → 양의 선형관계 또는 음의 선형관계
공분산의 절대값 → 절대값이 크면 선형관계가 크고, 작으면 선형관계가 작다.
상관계수 : 선형관계의 상대적 정도

14.2 (1) $r=0.63$

(2) ① $H_0=\rho=0$

$H_1=\rho\neq0$

② $\alpha=0.05$

③ 기각역 : $t>t_{0.025}(8)=2.31$

또는 $t<-t_{0.025}(8)=-2.31$

④ $t=\dfrac{r}{\sqrt{\dfrac{1-r^2}{n-2}}}=\dfrac{0.63}{\sqrt{\dfrac{1-0.40}{10-2}}}=2.33$

⑤ $t=2.33>2.31$ $\therefore H_0$ 기각

14.3 (1) 생략

(2) $COV(X,\ Y)=-9.86$

(3) $r=-0.42$

(4) ① $H_0=\rho=0$

$H_1=\rho\neq0$

② $\alpha=0.05$

③ 기각역 : $t>t_{0.025}(5)=2.57$

또는 $t<-t_{0.025}(5)=-2.57$

④ $t=\dfrac{r}{\sqrt{\dfrac{1-r^2}{n-2}}}=\dfrac{-0.42}{\sqrt{\dfrac{1-0.18}{5}}}=-1.04$

⑤ $-2.57\leq t=-1.04\leq 2.57$ $\therefore H_0$ 기각

14.4 (1) 생략

(2) $r=-0.39$

14.5 (1) $COV(X,\ Y)=7.67$

(2) $r=0.97$

14.6 (1) $r = -0.99$

(2) ① $H_0 = \rho = 0$

$H_1 = \rho \neq 0$

② $\alpha = 0.01$

③ 기각역 : $t > t_{0.005}(5) = 4.03$

또는 $t < -t_{0.005}(5) = -4.03$

④ $t = \dfrac{r}{\sqrt{\dfrac{1-r^2}{n-2}}} = -15.7$

⑤ $t = -15.7 < -4.03$ ∴ H_0 기각

14.7 (1) 생략

(2) $r = 0.81$

제15장 단순회귀분석

15.1 (1) $y = -35.35 + 27.29x$

(2) 0.92

15.2 (1) $y = -5.88 + 0.59x$

(2) $y = -5.88 + 0.59(70) = 35.42$

(3) 0.97

15.3 (1) $y = 1112.6 + 12.67x$

(2) ① $H_0 : \beta_1 = 0$

$H_1 : \beta_1 \neq 0$

② $\alpha = 0.05$

③ 기각역 : $F > F_{0.05}(1,\ 8) = 5.32$

④ $F = 71.9$

⑤ $F = 71.9 > 5.32$ ∴ H_0 기각

(3) 생략

15.4 (1) $b_0=3.33$

$b_1=1.34$

(2) $y=3.33+1.34(12)=19.41$

15.5

$$b_1=\frac{\sum x_iy_i-n\bar{x}\,\bar{y}}{\sum x_i^2-n\bar{x}^2}$$

$$=\frac{9{,}412-25\left(\frac{142}{25}\right)\left(\frac{1{,}264}{25}\right)}{1{,}412-25\left(\frac{142}{25}\right)^2}$$

$=3.69$

$b_0=\bar{y}-b_1\bar{x}$

$$=\frac{1{,}264}{25}-3.69\left(\frac{142}{25}\right)$$

$=50.56-20.96$

$=29.60$

$y=29.60+3.69x$

15.6 (1) $y=14.05+0.81x$

(2) $0.56\le\beta_1\le 10.06$

(3) $R^2=0.87$

15.7 (1) $y=-61.12+1.53x$

(2) ① $H_0:\beta_1=0$

$H_1:\beta_1\neq 0$

② $\alpha=0.05$

③ 기각역 : $t>t_{0.025}(8)=2.306$

또는 : $t<-t_{0.025}(8)=-2.306$

④ $t=4.99$

⑤ $t=4.99>2.306$ $\therefore H_0$ 기각

(3) $y=-61.12+1.53(100)=91.88$

(4) $R^2=0.757$

15.8

$$b_1=\frac{\sum x_iy_i-n\bar{x}\bar{y}}{\sum x_i^2-n\bar{x}^2}$$

$$=\frac{S^2xy}{S^2xx}=\frac{(5.4)^2}{(8.2)^2}=0.43$$

$$b_0=\bar{y}-b_1\bar{x}=34.8-0.43(42.6)=16.48$$

$$y=16.48+0.43x$$

15.9 (1) $y=-11.56+0.52x$

(2) $SSE=2.86$

(3) $0.39 \le \beta_1 \le 0.64$

15.10 (1) $b_0=3.93$

$b_1=-0.64$

$\hat{\sigma}^2=0.086$

(2) ① $H_0 : \beta_1 = 0$

$H_1 : \beta_1 \ne 0$

② $\alpha=0.01$

③ 기각역 : $t > t_{0.005}(5) = 4.032$

또는 $t < -t_{0.005}(5)=-4.032$

④ $t=-11.619$

⑤ $t=-11.619 < -4.032$ $\therefore H_0$ 기각

(3) $-0.754 \le \beta_1 \le -0.531$

15.11

(1) $$b_1=\frac{\sum xy-n\bar{x}\bar{y}}{\sum x^2-n\bar{x}^2}$$

$$=\frac{7{,}114-10\left(\frac{375}{10}\right)\cdot\left(\frac{164}{10}\right)}{15{,}685-10\left(\frac{375}{10}\right)^2}=0.59$$

$$b_0=\bar{y}-b_1\bar{x}=\left(\frac{164}{10}\right)-0.59\left(\frac{375}{10}\right)=5.73$$

(2) $$r_{xy}=\frac{S_{xy}^2}{S_{xx}\cdot S_{yy}}=\frac{964}{40.28\times 24.26}=0.97$$

$$S_{xy}^2=\sum x_i y_i-n\bar{x}\bar{y}$$

$$=7{,}114-10(37.5)(16.4)=964$$

$$S_{xx}=\sqrt{\sum x_i^2-n\bar{x}^2}$$

$$=\sqrt{15{,}685-10\left(\frac{375}{10}\right)^2}=40.28$$

$$S_{yy}=\sqrt{\sum y_i^2-n\bar{y}^2}$$

$$= \sqrt{3{,}278 - 10\left(\frac{164}{10}\right)^2} = 24.26$$

15.12 (1) $y = -39.37 + 1.49x$

(2) $0.86 \le \beta_1 \le 2.11$

(3) ① $H_0 : \beta_1 = 0$

$H_1 : \beta_1 \neq 0$

② $\alpha = 0.05$

③ 기각역 : $t > t_{0.025}(6) = 2.447$

또는 $t < -t_{0.025}(6) = -2.447$

④ $t = 5.82$

⑤ $t = 5.82 > 2.447$ $\therefore H_0$ 기각

15.13 (1) $y = 0.58 + 1.05x$

(2) $SSE = 1.51$

(3) $R^2 = 0.97$

(4) ① $H_0 : \beta_1 = 0$

② 기각역 : $t > t_{0.005}(9) = 3.25$

또는 $t < t_{0.005}(9) = -3.25$

③ $t = 16.48$

④ $t = 16.48 > 3.25$ $\therefore H_0$ 기각

제16장 다중회귀분석

16.1 (1) β_1 검정 : $p = 0.0022 < 0.01$ $\therefore H_0$ 기각

β_2 검정 : $p = 0.016 > 0.01$ $\therefore H_0$ 채택

β_3 검정 : $p = 0.42 > 0.01$ $\therefore H_0$ 채택

(2) $R^2 = \frac{SSR}{SST} = 1 - \frac{SSE}{SST} = 1 - \frac{26}{128} = 0.80$

16.2 (1) $y = -0.33 + 0.19x_1 + 0.087x_2 + 0.0002x_3$

$R^2=0.635$

(2) ① β_1 p-값$=0.037<0.05$ ∴ H_0 기각

② β_2 p-값$=0.065>0.05$ ∴ H_0 채택

③ β_3 p-값$=0.099>0.05$ ∴ H_0 채택

16.3 (1) 33.14(개월)

(2) $y=-29.68+1.277x_1+0.438x_2$

(3) 나이

(4) ① H_0 : 회귀식이 유의하지 않다.

H_1 : 회귀식이 유의하다.

② $\alpha=0.05$

③ 기각역 : $F>F_{0.01}(2,\ 11)=7.21$

④ $F=12.84$

⑤ $F=12.84>7.21$ ∴ H_0 기각

16.4 (1) $y=2.63+1.45x_1+0.44x_2$

(2) $R^2=0.875$

(3) p-값$=3.79E-6<0.01$ ∴ H_0 기각

(4) ① β_1 p-값$=0.0012<0.01$ ∴ H_0 기각

② β_2 p-값$=0.012>0.01$ ∴ H_0 채택

※ $3.79E-6=3.79\times10^{-6}$을 의미한다.

16.5 (1) $y=9.38+0.82x_1+0.31x_2$

(2) p-값$=0.00024<0.05$ ∴ H_0 기각

(3) ① β_1 p-값$=0.00028<0.01$ ∴ H_0 기각

② β_2 p-값 $=0.295>0.01$ ∴ H_0 채택

(4) $R^2=0.84$

16.6 (1) $y=3.99+0.83x_1+0.49x_2$

(2) p-값 $=2.49E-5<0.05$ ∴ H_0 기각

(3) ① β_1 p-값$=8.64E-5<0.05$ ∴ H_0 기각

② β_2 p-값$=0.14>0.05$ ∴ H_0 채택

제17장 비모수통계분석

17.1 ○ : (2), (3)

× : (1), (4)

17.2 (1) 귀무가설 H_0 : 새 혈압치료제와 기존 치료제의 효과 차이가 없다.

대립가설 H_1 : 새 혈압치료제가 기존 치료제보다 효과가 좋다.

환자	기존 약	신약	부호 (기존 약−신약)	기존 약−신약	절대값 순위	부호순위
1	140	136	+	4	3	3
2	144	144	0	0	1	0
3	152	155	−	−3	2	−2
4	158	152	+	6	4	4
5	160	148	+	12	7	7
6	162	155	+	7	5.5	5.5
7	180	173	+	7	5.5	5.5

부호에서 +가 5개, −가 1개이므로 $n=6$이다. 그러므로 +부호의 개수 B의 분포는,

$B \sim B(6,\ 0.5)$. 따라서 $n=6$, $\alpha=0.05$인 경우

$$P(B \geq 5)=1-0.891=0.109,\ P(B \geq 6)=1-0.984=0.016$$

이므로 유의수준 $\alpha=0.05$에서의 기각역은 $R : B \geq 6$

따라서 $B=5$이므로 기각역에 포함되지 않는다. 즉, 귀무가설을 기각할 수 없으므로 기존 약과 신약의 효과 차이가 없다고 할 수 있다.

(2) 위 표에서, 검정통계량 $W^{+}=3+4+7+5.5+5.5=25$이고 부록 〈표 8〉에 의하면, 표본수 $n=7$, $\alpha=0.05$에서 최대임계값이 25임을 알 수 있다. 따라서 $W^{+}=25$는 최대임계값 25보다 크거나 같으므로 귀무가설을 기각할 수 있다.

17.3 귀무가설 H_0 : 중간고사와 기말고사 점수분포가 동일하다.

대립가설 H_1 : 중간고사와 기말고사 점수분포가 동일하지 않다.

혼합표본의 순위배열	54	62	65	70	72	73	75	78	82	87	89	93
순위	1	2	3	4	5	6	7	8	9	10	11	12
시험의 종류	A	A	B	B	A	B	B	A	B	B	A	B

따라서 윌콕슨 순위합 통계량 W_A의 값, $W_A=1+2+5+8+11=27$이고 $n_A=5$, $n_B=7$, $\alpha=0.05$

이므로, 부록 〈표 7〉에 의하면, 최대임계값은 45, 최소임계값은 20이다. 따라서 $W=27$은 최소임계값 21보다 크고 최대임계값 45보다 작으므로 귀무가설을 기각할 수 없다. 즉, 중간고사와 기말고사 점수분포가 동일하다고 할 수 있다.

17.4 귀무가설 H_0 : 복지정책 실시 전과 실시 후의 생산능률이 동일하다.
대립가설 H_1 : 복지정책 실시 전보다 실시 후의 생산능률이 더 높다.

직원	실시 전	실시 후	부호(전−후)	전−후	절대값 순위	부호순위
1	76	80	−	−4	4.5	−4.5
2	72	75	−	−3	2.5	−2.5
3	54	68	−	−14	10	−10
4	25	42	−	−17	12	−12
5	80	80	0	0	1	0
6	76	91	−	−15	11	−11
7	63	70	−	−7	8	−8
8	82	88	−	−6	6.5	−6.5
9	94	90	+	4	4.5	4.5
10	72	81	−	−9	9	−9
11	33	39	−	−6	6.5	−6.5
12	90	93	−	−3	2.5	−2.5

(1) 부호에서 +가 1개, −가 10개이므로 $n=11$이다. 그러므로 +부호의 개수 B의 분포는, $B \sim B(6,\ 0.5)$. 따라서 $n=11$, $\alpha=0.05$인 경우

$$P(B \leq 2) = 0.033,\ \ P(B \leq 3) = 0.113$$

이므로 기각역은 $R : B \leq 2$임을 알 수 있다.
따라서 $B=1$이므로 기각역에 포함된다. 즉, 귀무가설을 기각할 수 있으므로 복지정책 실시 전보다 실시 후의 생산능률이 더 높다고 할 수 있다.

(2) 위 표에 의하여, 검정통계량 $W^{+}=4.5$이고 부록 〈표 8〉에 의하면, 표본수 $n=12$, $\alpha=0.05$에서 최소임계값이 17임을 알 수 있다. 따라서 $W^{+}=4.5$는 최소임계값 17보다 작거나 같으므로 귀무가설을 기각할 수 있다.

17.5 귀무가설 H_0 : 법안에 찬성하는 사람의 비율은 외식횟수와 관계없이 동일하다.
대립가설 H_1 : 법안에 찬성하는 사람의 비율은 외식횟수와 관계없이 동일하지 않다.

외식횟수 / 찬성여부	거의 매일 (기대도수)	일주일에 1번 (기대도수)	한 달에 1번 (기대도수)	거의 없음 (기대도수)	합 계
법안에 찬성	98 (108.9)	119 (117.1)	69 (63.2)	27 (23.8)	313
법안에 반대	76 (65.1)	68 (69.9)	32 (37.8)	11 (14.2)	187
합 계	174	187	101	38	500

검정통계량의 값 :

$$\chi_0^2 = \frac{(98-108.9)^2}{108.9} + \frac{(119-117.1)^2}{117.1} + \cdots + \frac{(11-14.2)^2}{14.2} = 5.57$$

$r=2,\ c=4$이므로 자유도는 $1\times3=3$이고 $\alpha=0.05$이다.

따라서 기각역은 $R:\ \chi_0^2 > \chi_{0.05}^2(3)=7.81$

그러므로 $\chi_0^2 = 5.57 < \chi_{0.05}^2(3)=7.81$이므로 귀무가설을 기각할 수 없다. 즉, 법안에 찬성하는 사람의 비율은 외식횟수와 관계없이 동일하다고 할 수 있다.

17.6 귀무가설 H_0 : 어린이의 비만은 부모의 비만과 관련이 없다.

대립가설 H_1 : 어린이의 비만은 부모의 비만과 관련이 있다.

자식의 비만여부	부모의 비만여부		합 계
	예(기대도수)	아니오(기대도수)	
예	140(139.3)	71(71.7)	211
아니오	58(58.7)	31(30.3)	89
합 계	198	102	300

검정통계량의 값 :

$$\chi_0^2 = \frac{(140-139.3)^2}{139.3} + \cdots + \frac{(31-30.3)^2}{30.3} = 0.035$$

$r=2,\ c=2$이므로 자유도는 $1\times1=1$이고 $\alpha=0.05$이다.

따라서 기각역은 $R:\ \chi_0^2 > \chi_{0.05}^2(1)=3.84$

그러므로 $\chi_0^2 = 0.035 < \chi_{0.05}^2(1)=3.84$이므로 귀무가설을 기각할 수 없다. 즉, 어린이의 비만은 부모의 비만과 관련이 없다고 할 수 있다.

17.7 귀무가설 H_0 : 식이요법과 운동이 심장병에 영향을 미치지 않는다.

대립가설 H_1 : 식이요법과 운동이 심장병에 영향을 미친다.

	악화(기대도수)	변화 없음(기대도수)	개선(기대도수)	합 계
실험집단	4(6.5)	9(18)	37(25.5)	50
대조집단	9(6.5)	27(18)	14(25.5)	50
합 계	13	36	51	100

검정통계량의 값 :

$$\chi_0^2 = \frac{(4-6.5)^2}{6.5} + \cdots + \frac{(14-25.5)^2}{25.5} = 21.30$$

$r=2$, $c=3$이므로 자유도는 $1\times2=2$이고 $\alpha=0.05$이다.

따라서 기각역은 $R : \chi_0^2 > \chi_{0.05}^2(2) = 5.99$

그러므로 $\chi_0^2 = 21.30 > \chi_{0.05}^2(2) = 5.99$이므로 귀무가설을 기각할 수 있다. 즉, 식이요법과 운동이 심장병에 영향을 미친다고 할 수 있다.

17.8 귀무가설 H_0 : 교수, 대학직원, 학생 간에 새 입시제도에 대한 호응도가 차이가 없다.

대립가설 H_1 : 교수, 대학직원, 학생 간에 새 입시제도에 대한 호응도가 차이가 있다.

	찬성(기대도수)	무응답(기대도수)	반대(기대도수)	합 계
교 수	36(43.8)	42(69.9)	122(86.3)	200
대학직원	44(54.7)	77(87.3)	129(108.0)	250
학 생	106(87.5)	178(139.8)	116(172.7)	400
합 계	186	297	367	850

검정통계량의 값 :

$$\chi_0^2 = \frac{(36-43.8)^2}{43.8} + \cdots + \frac{(116-172.7)^2}{172.7} = 67.648$$

$r=3$, $c=3$이므로 자유도는 $2\times2=4$이고 $\alpha=0.05$이다.

따라서 기각역은 $R : \chi_0^2 > \chi_{0.05}^2(2) = 9.49$

그러므로 $\chi_0^2 = 67.648 > \chi_{0.05}^2(4) = 9.49$이므로 귀무가설을 기각할 수 있다. 즉, 교수, 대학직원, 학생 간에 새 입시제도에 대한 호응도가 차이가 있다고 할 수 있다.

17.9 귀무가설 H_0 : 커피의 카페인 함량이 5.5mg이하이다.

대립가설 H_1 : 커피의 카페인 함량이 5.5mg을 초과한다.

번호	1	2	3	4	5	6	7	8	9	10
$X_i-5.5$	−0.6	−1.6	−0.2	−0.6	0.0	0.1	−0.1	−0.6	−0.9	−1.0
부호	−	−	−	−	0	+	−	−	−	−
절대값 순위	6	10	4	6	1	2.5	2.5	6	8	9
부호순위	−6	−10	−4	−6	0	2.5	−2.5	−6	−8	−9

(1) 부호에서 +가 1개, −가 8개이므로 $n=9$이다. 그러므로 +부호의 개수 B의 분포는,
$B \sim B(9,\ 0.5)$. 따라서 $n=9$, $\alpha=0.05$인 경우
$P(B \geq 8) = 0.020$, $P(B \geq 7)=0.090$
이므로 기각역은 $R : B \geq 8$임을 알 수 있다.
따라서 $B=1$이므로 기각역에 포함되지 않는다. 즉, 귀무가설을 기각할 수 없으므로 커피의 카페인 함량이 5.5mg을 초과한다고 할 수 없다.

(2) 위 표에 의하여, 검정통계량 $W^+=2.5$이고 부록 〈표 8〉에 의하면, 표본수 $n=10$, $\alpha=0.05$에서 최소임계값이 45임을 알 수 있다. 따라서 $W^+=2.5$는 최대임계값 45보다 작거나 같으므로 귀무가설을 기각할 수 없다.

부 록

〈표 1〉 이항분포표

$$P[X \le c] = \sum_{x=0}^{c} \binom{n}{x} p^x (1-p)^{n-x}$$

		p										
	c	.05	.10	.20	.30	.40	.50	.60	.70	.80	.90	.95
$n=1$	0	.950	.900	.800	.700	.600	.500	.400	.300	.200	.100	.050
	1	1.000	1.000	1.000	1.000	1.000	1.000	1.000	1.000	1.000	1.000	1.000
$n=2$	0	.902	.810	.640	.490	.360	.250	.160	.090	.040	.010	.002
	1	.997	.990	.960	.910	.840	.750	.640	.510	.360	.190	.097
	2	1.000	1.000	1.000	1.000	1.000	1.000	1.000	1.000	1.000	1.000	1.000
$n=3$	0	.857	.729	.512	.343	.216	.125	.064	.027	.008	.001	.000
	1	.993	.972	.896	.784	.648	.500	.352	.216	.104	.028	.007
	2	1.000	.999	.992	.973	.936	.875	.784	.657	.488	.271	.143
	3	1.000	1.000	1.000	1.000	1.000	1.000	1.000	1.000	1.000	1.000	1.000
$n=4$	0	.815	.656	.410	.240	.130	.063	.026	.008	.002	.000	.000
	1	.986	.948	.819	.652	.475	.313	.179	.084	.027	.004	.000
	2	1.000	.996	.973	.916	.821	.688	.525	.348	.181	.052	.014
	3	1.000	1.000	.998	.992	.974	.938	.870	.760	.590	.344	.185
	4	1.000	1.000	1.000	1.000	1.000	1.000	1.000	1.000	1.000	1.000	1.000
$n=5$	0	.774	.590	.328	.168	.078	.031	.010	.002	.000	.000	.000
	1	.977	.919	.737	.528	.337	.188	.087	.031	.007	.000	.000
	2	.999	.991	.942	.837	.683	.500	.317	.163	.058	.009	.001
	3	1.000	1.000	.993	.969	.913	.813	.663	.472	.263	.081	.023
	4	1.000	1.000	1.000	.998	.990	.969	.922	.832	.672	.410	.226
	5	1.000	1.000	1.000	1.000	1.000	1.000	1.000	1.000	1.000	1.000	1.000
$n=6$	0	.735	.531	.262	.118	.047	.016	.004	.001	.000	.000	.000
	1	.967	.886	.655	.420	.233	.109	.041	.011	.002	.000	.000
	2	.998	.984	.901	.744	.544	.344	.179	.070	.017	.001	.000
	3	1.000	.999	.983	.930	.821	.656	456	.256	.099	.016	.002
	4	1.000	1.000	.998	.989	.959	.891	.767	.580	.345	.114	.033
	5	1.000	1.000	1.000	.999	.996	.984	.953	.882	.738	.469	.265
	6	1.000	1.000	1.000	1.000	1.000	1.000	1.000	1.000	1.000	1.000	1.000
$n=7$	0	.698	.478	.210	.082	.028	.008	.002	.000	.000	.000	.000
	1	.956	.850	.577	.329	.159	.063	.019	.004	.000	.000	.000
	2	.996	.974	.852	.647	.420	.227	.096	.029	.005	.000	.000
	3	1.000	.997	.967	.874	.710	.500	.290	.126	.033	.003	.000
	4	1.000	1.000	.995	.971	.904	.773	.580	.353	.148	.026	.004
	5	1.000	1.000	1.000	.996	.981	.938	.841	.671	.423	.150	.044
	6	1.000	1.000	1.000	1.000	.998	.992	.972	.918	.790	.522	.302
	7	1.000	1.000	1.000	1.000	1.000	1.000	1.000	1.000	1.000	1.000	1.000

〈표 1〉 (계속)

		p										
	c	.05	.10	.20	.30	.40	.50	.60	.70	.80	.90	.95
$n=8$	0	.663	.430	.168	.058	.017	.004	.001	.000	.000	.000	.000
	1	.943	.813	.503	.255	.106	.035	.009	.001	.000	.000	.000
	2	.994	.962	.797	.552	.315	.145	.050	.011	.001	.000	.000
	3	1.000	.995	.944	.806	.594	.363	.174	.058	.010	.000	.000
	4	1.000	1.000	.990	.942	.826	.637	.406	.194	.056	.005	.000
	5	1.000	1.000	.999	.989	.950	.855	.685	.448	.203	.038	.006
	6	1.000	1.000	1.000	.999	.991	.965	.894	.745	.497	.187	.057
	7	1.000	1.000	1.000	1.000	.999	.996	.983	.942	.832	.570	.337
	8	1.000	1.000	1.000	1.000	1.000	1.000	1.000	1.000	1.000	1.000	1.000
$n=9$	0	.630	.387	.134	.040	.010	.002	.000	.000	.000	.000	.000
	1	.929	.775	.436	.196	.071	.020	.004	.000	.000	.000	.000
	2	.992	.947	.738	.463	.232	.090	.025	.004	.000	.000	.000
	3	.999	.992	.914	.730	.483	.254	.099	.025	.003	.000	.000
	4	1.000	.999	.980	.901	.733	.500	.267	.099	.020	.001	.000
	5	1.000	1.000	.997	.975	.901	.746	.517	.270	.086	.008	.001
	6	1.000	1.000	1.000	.996	.975	.910	.768	.537	.262	.053	.008
	7	1.000	1.000	1.000	1.000	.996	.980	.929	.804	.564	.225	.071
	8	1.000	1.000	1.000	1.000	1.000	.998	.990	.960	.866	.613	.370
	9	1.000	1.000	1.000	1.000	1.000	1.000	1.000	1.000	1.000	1.000	1.000
$n=10$	0	.599	.349	.107	.028	.006	.001	.000	.000	.000	.000	.000
	1	.914	.736	.376	.149	.046	.011	.002	.000	.000	.000	.000
	2	.988	.930	.678	.383	.167	.055	.012	.002	.000	.000	.000
	3	.999	.987	.879	.650	.382	.172	.055	.011	.001	.000	.000
	4	1.000	.998	.967	.850	.633	.377	.166	.047	.006	.000	.000
	5	1.000	1.000	.994	.953	.834	.623	.367	.150	.033	.002	.000
	6	1.000	1.000	.999	.989	.945	.828	.618	.350	.121	.013	.001
	7	1.000	1.000	1.000	.998	.988	.945	.833	.617	.322	.070	.012
	8	1.000	1.000	1.000	1.000	.998	.989	.954	.851	.624	.264	.086
	9	1.000	1.000	1.000	1.000	1.000	.999	.994	.972	.893	.651	.401
	10	1.000	1.000	1.000	1.000	1.000	1.000	1.000	1.000	1.000	1.000	1.000
$n=11$	0	.569	.314	.086	.020	.004	.000	.000	.000	.000	.000	.000
	1	.898	.697	.322	.113	.030	.006	.001	.000	.000	.000	.000
	2	.985	.910	.617	.313	.119	.033	.006	.001	.000	.000	.000
	3	.998	.981	.839	.570	.296	.113	.029	.004	.000	.000	.000
	4	1.000	.997	.950	.790	.533	.274	.099	.022	.002	.000	.000
	5	1.000	1.000	.988	.922	.753	.500	.247	.078	.012	.000	.000
	6	1.000	1.000	.998	.978	.901	.726	.467	.210	.050	.003	.000
	7	1.000	1.000	1.000	.996	.971	.887	.704	.430	.161	.019	.002
	8	1.000	1.000	1.000	.999	.994	.967	.881	.687	.383	.090	.015
	9	1.000	1.000	1.000	1.000	.999	.994	.970	.887	.678	.303	.102
	10	1.000	1.000	1.000	1.000	1.000	1.000	.996	.980	.914	.686	.431
	11	1.000	1.000	1.000	1.000	1.000	1.000	1.000	1.000	1.000	1.000	1.000

〈표 1〉 (계속)

		p										
		.05	.10	.20	.30	.40	.50	.60	.70	.80	.90	.95
	c											
$n=12$	0	.540	.282	.069	.014	.002	.000	.000	.000	.000	.000	.000
	1	.882	.659	.275	.085	.020	.003	.000	.000	.000	.000	.000
	2	.980	.889	.558	.253	.083	.019	.003	.000	.000	.000	.000
	3	.998	.974	.795	.493	.225	.073	.015	.002	.000	.000	.000
	4	1.000	.996	.927	.724	.438	.194	.057	.009	.001	.000	.000
	5	1.000	.999	.981	.882	.665	.387	.158	.039	.004	.000	.000
	6	1.000	1.000	.996	.961	.842	.613	.335	.118	.019	.001	.000
	7	1.000	1.000	.999	.991	.943	.806	.562	.276	.073	.004	.000
	8	1.000	1.000	1.000	.998	.985	.927	.775	.507	.205	.026	.002
	9	1.000	1.000	1.000	1.000	.997	.981	.917	.747	.442	.111	.020
	10	1.000	1.000	1.000	1.000	1.000	.997	.980	.915	.725	.341	.118
	11	1.000	1.000	1.000	1.000	1.000	1.000	.998	.986	.931	.718	.460
	12	1.000	1.000	1.000	1.000	1.000	1.000	1.000	1.000	1.000	1.000	1.000
$n=13$	0	.513	.254	.055	.010	.001	.000	.000	.000	.000	.000	.000
	1	.865	.621	.234	.064	.013	.002	.000	.000	.000	.000	.000
	2	.975	.866	.502	.202	.058	.011	.001	.000	.000	.000	.000
	3	.997	.966	.747	.421	.169	.046	.008	.001	.000	.000	.000
	4	1.000	.994	.901	.654	.353	.133	.032	.004	.000	.000	.000
	5	1.000	.999	.970	.835	.574	.291	.098	.018	.001	.000	.000
	6	1.000	1.000	.993	.938	.771	.500	.229	.062	.007	.000	.000
	7	1.000	1.000	.999	.982	.902	.709	.426	.165	.030	.001	.000
	8	1.000	1.000	1.000	.996	.968	.867	.647	.346	.099	.006	.000
	9	1.000	1.000	1.000	.999	.992	.954	.831	.579	.253	.034	.003
	10	1.000	1.000	1.000	1.000	.999	.989	.942	.798	.498	.134	.025
	11	1.000	1.000	1.000	1.000	1.000	.998	.987	.936	.766	.379	.135
	12	1.000	1.000	1.000	1.000	1.000	1.000	.999	.990	.945	.746	.487
	13	1.000	1.000	1.000	1.000	1.000	1.000	1.000	1.000	1.000	1.000	1.000
$n=14$	0	.488	.229	.044	.007	.001	.000	.000	.000	.000	.000	.000
	1	.847	.585	.198	.047	.008	.001	.000	.000	.000	.000	.000
	2	.970	.842	.448	.161	.040	.006	.001	.000	.000	.000	.000
	3	.996	.956	.698	.355	.124	.029	.004	.000	.000	.000	.000
	4	1.000	.991	.870	.584	.279	.090	.018	.002	.000	.000	.000
	5	1.000	.999	.956	.781	.486	.212	.058	.008	.000	.000	.000
	6	1.000	1.000	.988	.907	.692	.395	.150	.031	.002	.000	.000
	7	1.000	1.000	.998	.969	.850	.605	.308	.093	.012	.000	.000
	8	1.000	1.000	1.000	.992	.942	.788	.514	.219	.044	.001	.000
	9	1.000	1.000	1.000	.998	.982	.910	.721	.416	.130	.009	.000
	10	1.000	1.000	1.000	1.000	.996	.971	.876	.645	.302	.044	.004
	11	1.000	1.000	1.000	1.000	.999	.994	.960	.839	.552	.158	.030
	12	1.000	1.000	1.000	1.000	1.000	.999	.992	.953	.802	.415	.153
	13	1.000	1.000	1.000	1.000	1.000	1.000	.999	.993	.956	.771	.512
	14	1.000	1.000	1.000	1.000	1.000	1.000	1.000	1.000	1.000	1.000	1.000

〈표 1〉 (계속)

		p										
		.05	.10	.20	.30	.40	.50	.60	.70	.80	.90	.95
	c											
$n=15$	0	.463	.206	.035	.005	.000	.000	.000	.000	.000	.000	.000
	1	.829	.549	.167	.035	.005	.000	.000	.000	.000	.000	.000
	2	.964	.816	.398	.127	.027	.004	.000	.000	.000	.000	.000
	3	.995	.944	.648	.297	.091	.018	.002	.000	.000	.000	.000
	4	.999	.987	.836	.515	.217	.059	.009	.001	.000	.000	.000
	5	1.000	.998	.939	.722	.403	.151	.034	.004	.000	.000	.000
	6	1.000	1.000	.982	.869	.610	.304	.095	.015	.001	.000	.000
	7	1.000	1.000	.996	.950	.787	.500	.213	.050	.004	.000	.000
	8	1.000	1.000	.999	.985	.905	.696	.390	.131	.018	.000	.000
	9	1.000	1.000	1.000	.996	.966	.849	.597	.278	.061	.002	.000
	10	1.000	1.000	1.000	.999	.991	.941	.783	.485	.164	.013	.001
	11	1.000	1.000	1.000	1.000	.998	.982	.909	.703	.352	.056	.005
	12	1.000	1.000	1.000	1.000	1.000	.996	.973	.873	.602	.184	.036
	13	1.000	1.000	1.000	1.000	1.000	1.000	.995	.965	.833	.451	.171
	14	1.000	1.000	1.000	1.000	1.000	1.000	1.000	.995	.965	.794	.537
	15	1.000	1.000	1.000	1.000	1.000	1.000	1.000	1.000	1.000	1.000	1.000
$n=16$	0	.440	.185	.028	.003	.000	.000	.000	.000	.000	.000	.000
	1	.811	.515	.141	.026	.003	.000	.000	.000	.000	.000	.000
	2	.957	.789	.352	.099	.018	.002	.000	.000	.000	.000	.000
	3	.993	.932	.598	.246	.065	.011	.001	.000	.000	.000	.000
	4	.999	.983	.798	.450	.167	.038	.005	.000	.000	.000	.000
	5	1.000	.997	.918	.660	.329	.105	.019	.002	.000	.000	.000
	6	1.000	.999	.973	.825	.527	.227	.058	.007	.000	.000	.000
	7	1.000	1.000	.993	.926	.716	.402	.142	.026	.001	.000	.000
	8	1.000	1.000	.999	.974	.858	.598	.284	.074	.007	.000	.000
	9	1.000	1.000	1.000	.993	.942	.773	.473	.175	.027	.001	.000
	10	1.000	1.000	1.000	.998	.981	.895	.671	.340	.082	.003	.000
	11	1.000	1.000	1.000	1.000	.995	.962	.833	.550	.202	.017	.001
	12	1.000	1.000	1.000	1.000	.999	.989	.935	.754	.402	.068	.007
	13	1.000	1.000	1.000	1.000	1.000	.998	.982	.901	.648	.211	.043
	14	1.000	1.000	1.000	1.000	1.000	1.000	.997	.974	.859	.485	.189
	15	1.000	1.000	1.000	1.000	1.000	1.000	1.000	.997	.972	.815	.560
	16	1.000	1.000	1.000	1.000	1.000	1.000	1.000	1.000	1.000	1.000	1.000

〈표 1〉 (계속)

		p										
	c	.05	.10	.20	.30	.40	.50	.60	.70	.80	.90	.95
$n=17$	0	.418	.167	.023	.002	.000	.000	.000	.000	.000	.000	.000
	1	.792	.482	.118	.019	.002	.000	.000	.000	.000	.000	.000
	2	.950	.762	.310	.077	.012	.001	.000	.000	.000	.000	.000
	3	.991	.917	.549	.202	.046	.006	.000	.000	.000	.000	.000
	4	.999	.978	.758	.389	.126	.025	.003	.000	.000	.000	.000
	5	1.000	.995	.894	.597	.264	.072	.011	.001	.000	.000	.000
	6	1.000	.999	.962	.775	.448	.166	.035	.003	.000	.000	.000
	7	1.000	1.000	.989	.895	.641	.315	.092	.013	.000	.000	.000
	8	1.000	1.000	.997	.960	.801	.500	.199	.040	.003	.000	.000
	9	1.000	1.000	1.000	.987	.908	.685	.359	.105	.011	.000	.000
	10	1.000	1.000	1.000	.997	.965	.834	.552	.225	.038	.001	.000
	11	1.000	1.000	1.000	.999	.989	.928	.736	.403	.106	.005	.000
	12	1.000	1.000	1.000	1.000	.997	.975	.874	.611	.242	.022	.001
	13	1.000	1.000	1.000	1.000	1.000	.994	.954	.798	.451	.083	.009
	14	1.000	1.000	1.000	1.000	1.000	.999	.988	.923	.690	.238	.050
	15	1.000	1.000	1.000	1.000	1.000	1.000	.998	.981	.882	.518	.208
	16	1.000	1.000	1.000	1.000	1.000	1.000	1.000	.998	.977	.833	.582
	17	1.000	1.000	1.000	1.000	1.000	1.000	1.000	1.000	1.000	1.000	1.000
$n=18$	0	.397	.150	.018	.002	.000	.000	.000	.000	.000	.000	.000
	1	.774	.450	.099	.014	.001	.000	.000	.000	.000	.000	.000
	2	.942	.734	.271	.060	.008	.001	.000	.000	.000	.000	.000
	3	.989	.902	.501	.165	.033	.004	.000	.000	.000	.000	.000
	4	.998	.972	.716	.333	.094	.015	.001	.000	.000	.000	.000
	5	1.000	.994	.867	.534	.209	.048	.006	.000	.000	.000	.000
	6	1.000	.999	.949	.722	.374	.119	.020	.001	.000	.000	.000
	7	1.000	1.000	.984	.859	.563	.240	.058	.006	.000	.000	.000
	8	1.000	1.000	.996	.940	.737	.407	.135	.021	.001	.000	.000
	9	1.000	1.000	.999	.979	.865	.593	.263	.060	.004	.000	.000
	10	1.000	1.000	1.000	.994	.942	.760	.437	.141	.016	.000	.000
	11	1.000	1.000	1.000	.999	.980	.881	.626	.278	.051	.001	.000
	12	1.000	1.000	1.000	1.000	.994	.952	.791	.466	.133	.006	.000
	13	1.000	1.000	1.000	1.000	.999	.985	.906	.667	.284	.028	.002
	14	1.000	1.000	1.000	1.000	1.000	.996	.967	.835	.499	.098	.011
	15	1.000	1.000	1.000	1.000	1.000	.999	.992	.940	.729	.266	.058
	16	1.000	1.000	1.000	1.000	1.000	1.000	.999	.986	.901	.550	.226
	17	1.000	1.000	1.000	1.000	1.000	1.000	1.000	.998	.982	.850	.603
	18	1.000	1.000	1.000	1.000	1.000	1.000	1.000	1.000	1.000	1.000	1.000

〈표 1〉(계속)

		p										
		.05	.10	.20	.30	.40	.50	.60	.70	.80	.90	.95
	c											
$n=19$	0	.377	.135	.014	.001	.000	.000	.000	.000	.000	.000	.000
	1	.755	.420	.083	.010	.001	.000	.000	.000	.000	.000	.000
	2	.933	.705	.237	.046	.005	.000	.000	.000	.000	.000	.000
	3	.987	.885	.455	.133	.023	.002	.000	.000	.000	.000	.000
	4	.998	.965	.673	.282	.070	.010	.001	.000	.000	.000	.000
	5	1.000	.991	.837	.474	.163	.032	.003	.000	.000	.000	.000
	6	1.000	.998	.932	.666	.308	.084	.012	.001	.000	.000	.000
	7	1.000	1.000	.977	.818	.488	.180	.035	.003	.000	.000	.000
	8	1.000	1.000	.993	.916	.667	.324	.088	.011	.000	.000	.000
	9	1.000	1.000	.998	.967	.814	.500	.186	.033	.002	.000	.000
	10	1.000	1.000	1.000	.989	.912	.676	.333	.084	.007	.000	.000
	11	1.000	1.000	1.000	.997	.965	.820	.512	.182	.023	.000	.000
	12	1.000	1.000	1.000	.999	.988	.916	.692	.334	.068	.002	.000
	13	1.000	1.000	1.000	1.000	.997	.968	.837	.526	.163	.009	.000
	14	1.000	1.000	1.000	1.000	.999	.990	.930	.718	.327	.035	.002
	15	1.000	1.000	1.000	1.000	1.000	.998	.977	.867	.545	.115	.013
	16	1.000	1.000	1.000	1.000	1.000	1.000	.995	.954	.763	.295	.067
	17	1.000	1.000	1.000	1.000	1.000	1.000	.999	.990	.917	.580	.245
	18	1.000	1.000	1.000	1.000	1.000	1.000	1.000	.999	.986	.865	.623
	19	1.000	1.000	1.000	1.000	1.000	1.000	1.000	1.000	1.000	1.000	1.000
$n=20$	0	.358	.122	.012	.001	.000	.000	.000	.000	.000	.000	.000
	1	.736	.392	.069	.008	.001	.000	.000	.000	.000	.000	.000
	2	.925	.677	.206	.035	.004	.000	.000	.000	.000	.000	.000
	3	.984	.867	.411	.107	.016	.001	.000	.000	.000	.000	.000
	4	.997	.957	.630	.238	.051	.006	.000	.000	.000	.000	.000
	5	1.000	.989	.804	.416	.126	.021	.002	.000	.000	.000	.000
	6	1.000	.998	.913	.608	.250	.058	.006	.000	.000	.000	.000
	7	1.000	1.000	.968	.772	.416	.132	.021	.001	.000	.000	.000
	8	1.000	1.000	.990	.887	.596	.252	.057	.005	.000	.000	.000
	9	1.000	1.000	.997	.952	.755	.412	.128	.017	.001	.000	.000
	10	1.000	1.000	.999	.983	.872	.588	.245	.048	.003	.000	.000
	11	1.000	1.000	1.000	.995	.943	.748	.404	.113	.010	.000	.000
	12	1.000	1.000	1.000	.999	.979	.868	.584	.228	.032	.000	.000
	13	1.000	1.000	1.000	1.000	.994	.942	.750	.392	.087	.002	.000
	14	1.000	1.000	1.000	1.000	.998	.979	.874	.584	.196	.011	.000
	15	1.000	1.000	1.000	1.000	1.000	.994	.949	.762	.370	.043	.003
	16	1.000	1.000	1.000	1.000	1.000	.999	.984	.893	.589	.133	.016
	17	1.000	1.000	1.000	1.000	1.000	1.000	.996	.965	.794	.323	.075
	18	1.000	1.000	1.000	1.000	1.000	1.000	.999	.992	.931	.608	.264
	19	1.000	1.000	1.000	1.000	1.000	1.000	1.000	.999	.988	.878	.642
	20	1.000	1.000	1.000	1.000	1.000	1.000	1.000	1.000	1.000	1.000	1.000

〈표 1〉 (계속)

		p										
		.05	.10	.20	.30	.40	.50	.60	.70	.80	.90	.95
	c											
$n=25$	0	.277	.072	.004	.000	.000	.000	.000	.000	.000	.000	.000
	1	.642	.271	.027	.002	.000	.000	.000	.000	.000	.000	.000
	2	.873	.537	.098	.009	.000	.000	.000	.000	.000	.000	.000
	3	.966	.764	.234	.033	.002	.000	.000	.000	.000	.000	.000
	4	.993	.902	.421	.090	.009	.000	.000	.000	.000	.000	.000
	5	.999	.967	.617	.193	.029	.002	.000	.000	.000	.000	.000
	6	1.000	.991	.780	.341	.074	.007	.000	.000	.000	.000	.000
	7	1.000	.998	.891	.512	.154	.022	.001	.000	.000	.000	.000
	8	1.000	1.000	.953	.677	.274	.054	.004	.000	.000	.000	.000
	9	1.000	1.000	.983	.811	.425	.115	.013	.000	.000	.000	.000
	10	1.000	1.000	.994	.902	.586	.212	.034	.002	.000	.000	.000
	11	1.000	1.000	.998	.956	.732	.345	.078	.006	.000	.000	.000
	12	1.000	1.000	1.000	.983	.846	.500	.154	.017	.000	.000	.000
	13	1.000	1.000	1.000	.994	.992	.655	.268	.044	.002	.000	.000
	14	1.000	1.000	1.000	.998	.966	.788	.414	.098	.006	.000	.000
	15	1.000	1.000	1.000	1.000	.987	.885	.575	.189	.017	.000	.000
	16	1.000	1.000	1.000	1.000	.996	.946	.726	.323	.047	.000	.000
	17	1.000	1.000	1.000	1.000	.999	.978	.846	.488	.109	.002	.000
	18	1.000	1.000	1.000	1.000	1.000	.993	.926	.659	.220	.009	.000
	19	1.000	1.000	1.000	1.000	1.000	.998	.971	.807	.383	.033	.001
	20	1.000	1.000	1.000	1.000	1.000	1.000	.991	.910	.579	.098	.007
	21	1.000	1.000	1.000	1.000	1.000	1.000	.998	.967	.766	.236	.034
	22	1.000	1.000	1.000	1.000	1.000	1.000	1.000	.991	.902	.463	.127
	23	1.000	1.000	1.000	1.000	1.000	1.000	1.000	.998	.973	.729	.358
	24	1.000	1.000	1.000	1.000	1.000	1.000	1.000	1.000	.996	.928	.723
	25	1.000	1.000	1.000	1.000	1.000	1.000	1.000	1.000	1.000	1.000	1.000

〈표 2〉 포아송분포표

$$P[X \leq c] = \sum_{x=0}^{c} \frac{e^{-m} m^x}{x!}$$

c \ m	.02	.04	.06	.08	.10	.15	.20	.25
0	980	961	942	923	905	861	819	779
1	1000	999	998	997	995	990	982	974
2		1000	1000	1000	1000	999	999	998
3						1000	1000	1000

c \ m	.30	.35	.40	.45	.50	.55	.60	.65
0	741	705	670	638	607	577	549	522
1	963	951	938	925	910	894	878	861
2	996	994	992	989	986	982	977	972
3	1000	1000	999	999	998	998	997	996
4			1000	1000	1000	1000	1000	999
5								1000

c \ m	.70	.75	.80	.85	.90	.95	1.0	1.1
0	497	472	449	427	407	387	368	333
1	844	827	809	791	772	754	736	699
2	966	959	953	945	937	929	920	900
3	994	993	991	989	987	984	981	974
4	999	999	999	998	998	997	996	995
5	1000	1000	1000	1000	1000	1000	999	999
6							1000	1000

c \ m	1.2	1.3	1.4	1.5	1.6	1.7	1.8	1.9
0	301	273	247	223	202	183	165	150
1	663	627	592	558	525	493	463	434
2	879	857	833	809	783	757	731	704
3	966	957	946	934	921	907	891	875
4	992	989	986	981	976	970	964	956
5	998	998	997	996	994	992	990	987
6	1000	1000	999	999	999	998	997	997
7			1000	1000	1000	1000	999	999
8							1000	1000

〈표 2〉 (계속)

c \ m	2.0	2.2	2.4	2.6	2.8	3.0	3.2	3.4
0	135	111	091	074	061	050	041	033
1	406	355	308	267	231	199	171	147
2	677	623	570	518	469	423	380	340
3	857	819	779	736	692	647	603	558
4	947	928	904	877	848	815	781	744
5	983	975	964	951	935	916	895	871
6	995	993	988	983	976	966	955	942
7	999	998	997	995	992	988	983	977
8	1000	1000	999	999	998	997	994	992
9			1000	1000	999	999	998	997
10					1000	1000	1000	999
11								1000

c \ m	3.6	3.8	4.0	4.2	4.4	4.6	4.8	5.0
0	027	022	018	015	012	010	008	007
1	126	107	092	078	066	056	048	040
2	303	269	238	210	185	163	143	125
3	515	473	433	395	359	326	294	265
4	706	668	629	590	551	513	476	440
5	844	816	785	753	720	686	651	616
6	927	909	889	867	844	818	791	762
7	969	960	949	936	921	905	887	867
8	988	984	979	972	964	955	944	932
9	996	994	992	989	985	980	975	968
10	999	998	997	996	994	992	990	986
11	1000	999	999	999	998	997	996	995
12		1000	1000	1000	999	999	999	998
13					1000	1000	1000	999
14								1000

〈표 2〉 (계속)

c \ m	5.2	5.4	5.6	5.8	6.0	6.2	6.4	6.6
0	006	005	004	003	002	002	002	001
1	034	029	024	021	017	015	012	010
2	109	095	082	072	062	054	046	040
3	238	213	191	170	151	134	119	105
4	406	373	342	313	285	259	235	213
5	581	546	512	478	446	414	384	355
6	732	702	670	638	606	574	542	511
7	845	822	797	771	744	716	687	658
8	918	903	886	867	847	826	803	780
9	960	951	941	929	916	902	886	869
10	982	977	972	965	957	949	939	927
11	993	990	988	984	980	975	969	963
12	997	996	995	993	991	989	986	982
13	999	999	998	997	996	995	994	992
14	1000	999	999	999	999	998	997	997
15		1000	1000	1000	999	999	999	999
16					1000	1000	1000	999
17								1000

c \ m	6.8	7.0	7.2	7.4	7.6	7.8	8.0	8.5
0	001	001	001	001	001	000	000	000
1	009	007	006	005	004	004	003	002
2	034	030	025	022	019	016	014	009
3	093	082	072	063	055	048	042	030
4	192	173	156	140	125	112	100	074
5	327	301	276	253	231	210	191	150
6	480	450	420	392	365	338	313	256
7	628	599	569	539	510	481	453	386
8	755	729	703	676	648	620	593	523
9	850	830	810	788	765	741	717	653
10	915	901	887	871	854	835	816	763
11	955	947	937	926	915	902	888	849
12	978	973	967	961	954	945	936	909
13	990	987	984	980	976	971	966	949
14	996	994	993	991	989	986	983	973
15	998	998	997	996	995	993	992	986
16	999	999	999	998	998	997	996	993
17	1000	1000	999	999	999	999	998	997
18			1000	1000	1000	1000	999	999
19							1000	999
20								1000

〈표 2〉 (계속)

c \ m	9.0	9.5	10.0	10.5	11.0	11.5	12.0	12.5
1	001	001	000	000	000	000	000	000
2	006	004	003	002	001	001	001	000
3	021	015	010	007	005	003	002	002
4	055	040	029	021	015	011	008	005
5	116	089	067	050	038	028	020	015
6	207	165	130	102	079	060	046	035
7	324	269	220	179	143	114	090	070
8	456	392	333	279	232	191	155	125
9	587	522	458	397	341	289	242	201
10	706	645	583	521	460	402	347	297
11	803	752	697	639	579	520	462	406
12	876	836	792	742	689	633	576	519
13	926	898	864	825	781	733	682	628
14	959	940	917	888	854	815	772	725
15	978	967	951	932	907	878	844	806
16	989	982	973	960	944	924	899	869
17	995	991	986	978	968	954	937	916
18	998	996	993	988	982	974	963	948
19	999	998	997	994	991	986	979	969
20	1000	999	998	997	995	992	988	983
21		1000	999	999	998	996	994	991
22			1000	999	999	998	997	995
23				1000	1000	999	999	998
24						1000	999	999
25							1000	999
26								1000

〈표 3〉 표준정규분포표

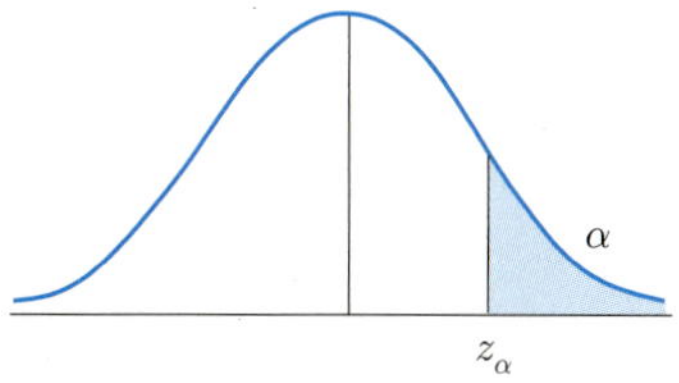

z	.00	.01	.02	.03	.04	.05	.06	.07	.08	.09
0.0	.5000	.4960	.4920	.4880	.4840	.4801	.4761	.4721	.4681	.4641
0.1	.4602	.4562	.4522	.4483	.4443	.4404	.4364	.4325	.4286	.4247
0.2	.4207	.4168	.4129	.4090	.4052	.4013	.3974	.3936	.3897	.3859
0.3	.3821	.3783	.3745	.3707	.3669	.3632	.3594	.3557	.3520	.3483
0.4	.3446	.3409	.3372	.3336	.3300	.3264	.3228	.3192	.3156	.3121
0.5	.3085	.3050	.3015	.2981	.2946	.2912	.2877	.2843	.2810	.2776
0.6	.2743	.2709	.2676	.2643	.2611	.2578	.2546	.2514	.2483	.2451
0.7	.2420	.2389	.2358	.2327	.2296	.2266	.2236	.2206	.2177	.2148
0.8	.2119	.2090	.2061	.2033	.2005	.1977	.1949	.1922	.1894	.1867
0.9	.1841	.1814	.1788	.1762	.1736	.1711	.1685	.1660	.1635	.1611
1.0	.1587	.1562	.1539	.1515	.1492	.1469	.1446	.1423	.1401	.1379
1.1	.1357	.1335	.1314	.1292	.1271	.1251	.1230	.1210	.1190	.1170
1.2	.1151	.1131	.1112	.1093	.1075	.1056	.1038	.1020	.1003	.0985
1.3	.0968	.0951	.0934	.0918	.0901	.0885	.0869	.0853	.0838	.0823
1.4	.0808	.0793	.0778	.0764	.0749	.0735	.0721	.0708	.0694	.0681
1.5	.0668	.0655	.0643	.0630	.0618	.0606	.0594	.0582	.0571	.0559
1.6	.0548	.0537	.0526	.0516	.0505	.0495	.0485	.0475	.0465	.0455
1.7	.0446	.0436	.0427	.0418	.0409	.0401	.0392	.0384	.0375	.0367
1.8	.0359	.0351	.0344	.0336	.0329	.0322	.0314	.0307	.0301	.0294
1.9	.0287	.0281	.0274	.0268	.0262	.0256	.0250	.0244	.0239	.0233
2.0	.0228	.0222	.0217	.0212	.0207	.0202	.0197	.0192	.0188	.0183
2.1	.0179	.0174	.0170	.0166	.0162	.0158	.0154	.0150	.0146	.0143
2.2	.0139	.0136	.0132	.0129	.0125	.0122	.0119	.0116	.0113	.0110
2.3	.0107	.0104	.0102	.0099	.0096	.0094	.0091	.0089	.0087	.0084
2.4	.0082	.0080	.0078	.0075	.0073	.0071	.0069	.0068	.0066	.0064
2.5	.0062	.0060	.0059	.0057	.0055	.0054	.0052	.0051	.0049	.0048
2.6	.0047	.0045	.0044	.0043	.0041	.0040	.0039	.0038	.0037	.0036
2.7	.0035	.0034	.0033	.0032	.0031	.0030	.0029	.0028	.0027	.0026
2.8	.0026	.0025	.0024	.0023	.0023	.0022	.0021	.0021	.0020	.0019
2.9	.0019	.0018	.0018	.0017	.0016	.0016	.0015	.0015	.0014	.0014
3.0	.0013	.0013	.0013	.0012	.0012	.0011	.0011	.0011	.0010	.0010
3.1	.0010	.0009	.0009	.0008	.0008	.0008	.0008	.0008	.0007	.0007
3.2	.0007	.0007	.0006	.0006	.0006	.0006	.0006	.0005	.0005	.0005
3.3	.0005	.0005	.0005	.0004	.0004	.0004	.0004	.0004	.0004	.0003
3.4	.0003	.0003	.0003	.0003	.0003	.0003	.0003	.0003	.0003	.0002

〈표 4〉 t-분포의 상위 α의 확률을 주는 값

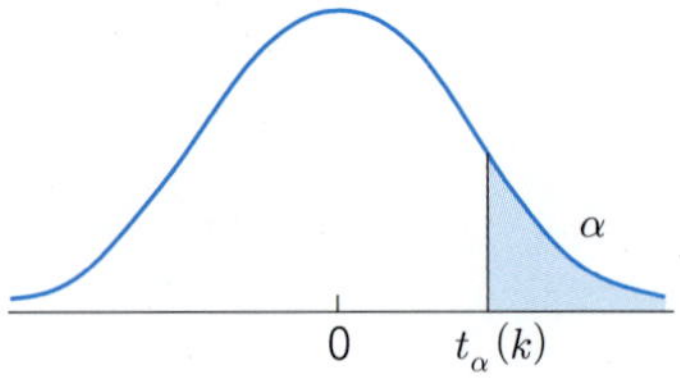

d.f. \ α	.25	.10	.05	.025	.01	.00833	.00625	.005
1	1.000	3.078	6.314	12.706	31.821	38.190	50.923	63.657
2	.816	1.886	2.920	4.303	6.965	7.649	8.860	9.925
3	.765	1.638	2.353	3.182	4.541	4.857	5.392	5.841
4	.741	1.533	2.132	2.776	3.747	3.961	4.315	4.604
5	.727	1.476	2.015	2.571	3.365	3.534	3.810	4.032
6	.718	1.440	1.943	2.447	3.143	3.287	3.521	3.707
7	.711	1.415	1.895	2.365	2.998	3.128	3.335	3.499
8	.706	1.397	1.860	2.306	2.896	3.016	3.206	3.355
9	.703	1.383	1.833	2.262	2.821	2.933	3.111	3.250
10	.700	1.372	1.812	2.228	2.764	2.870	3.038	3.169
11	.697	1.363	1.796	2.201	2.718	2.820	2.981	3.106
12	.695	1.356	1.782	2.179	2.681	2.779	2.934	3.055
13	.694	1.350	1.771	2.160	2.650	2.746	2.896	3.012
14	.692	1.345	1.761	2.145	2.624	2.718	2.864	2.977
15	.691	1.341	1.753	2.131	2.602	2.694	2.837	2.947
16	.690	1.337	1.746	2.120	2.583	2.673	2.813	2.921
17	.689	1.333	1.740	2.110	2.567	2.655	2.793	2.898
18	.688	1.330	1.734	2.101	2.552	2.639	2.775	2.878
19	.688	1.328	1.729	2.093	2.539	2.625	2.759	2.861
20	.687	1.325	1.725	2.086	2.528	2.613	2.744	2.845
21	.686	1.323	1.721	2.080	2.518	2.601	2.732	2.831
22	.686	1.321	1.717	2.074	2.508	2.591	2.720	2.819
23	.685	1.319	1.714	2.069	2.500	2.582	2.710	2.807
24	.685	1.318	1.711	2.064	2.492	2.574	2.700	2.797
25	.684	1.316	1.708	2.060	2.485	2.566	2.692	2.787
26	.684	1.315	1.706	2.056	2.479	2.559	2.684	2.779
27	.684	1.314	1.703	2.052	2.473	2.552	2.676	2.771
28	.683	1.313	1.701	2.048	2.467	2.546	2.669	2.763
29	.683	1.311	1.699	2.045	2.462	2.541	2.663	2.756
30	.683	1.310	1.697	2.042	2.457	2.536	2.657	2.750
40	.681	1.303	1.684	2.021	2.423	2.499	2.616	2.704
60	.679	1.296	1.671	2.000	2.390	2.463	2.575	2.660
120	.677	1.289	1.658	1.980	2.358	2.428	2.536	2.617
∞	.674	1.282	1.645	1.960	2.326	2.394	2.498	2.576

〈표 5〉 χ^2-분포의 상위 α 의 확률을 주는 값

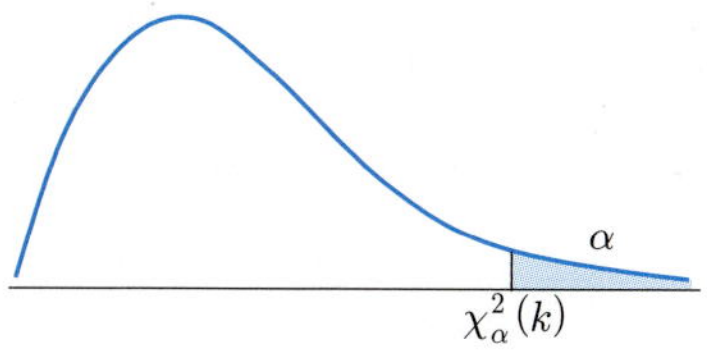

d.f. \ α	.99	.975	.95	.90	.50	.10	.05	.025	.01
1	.0002	.001	.004	.02	.45	2.71	3.84	5.02	6.63
2	.02	.05	.10	.21	1.39	4.61	5.99	7.38	9.21
3	.11	.22	.35	.58	2.37	6.25	7.81	9.35	11.34
4	.30	.48	.71	1.06	3.36	7.78	9.49	11.14	13.28
5	.55	.83	1.15	1.61	4.35	9.24	11.07	12.83	15.09
6	.87	1.24	1.64	2.20	5.35	10.64	12.59	14.45	16.81
7	1.24	1.69	2.17	2.83	6.35	12.02	14.07	16.01	18.48
8	1.65	2.18	2.73	3.49	7.34	13.36	15.51	17.53	20.09
9	2.09	2.70	3.33	4.17	8.34	14.68	16.92	19.02	21.67
10	2.56	3.24	3.94	4.87	9.34	15.99	18.31	20.48	23.21
11	3.05	3.81	4.57	5.58	10.34	17.28	19.68	21.92	24.72
12	3.57	4.40	5.23	6.30	11.34	18.55	21.03	23.34	26.22
13	4.11	5.01	5.89	7.04	12.34	19.81	22.36	24.74	27.69
14	4.66	5.62	6.57	7.79	13.34	21.06	23.68	26.12	29.14
15	5.23	6.26	7.26	8.55	14.34	22.31	25.00	27.49	30.58
16	5.81	6.90	7.96	9.31	15.34	23.54	26.30	28.85	32.00
17	6.41	7.56	8.67	10.09	16.34	24.77	27.59	30.19	33.41
18	7.01	8.23	9.39	10.86	17.34	25.99	28.87	31.53	34.81
19	7.63	8.90	10.12	11.65	18.34	27.20	30.14	32.85	36.19
20	8.26	9.59	10.85	12.44	19.34	28.41	31.41	34.17	37.57
21	8.90	10.28	11.59	13.24	20.34	29.62	32.67	35.48	38.93
22	9.54	10.98	12.34	14.04	21.34	30.81	33.92	36.78	40.29
23	10.20	11.69	13.09	14.85	22.34	32.01	35.17	38.08	41.64
24	10.86	12.40	13.85	15.66	23.34	33.20	36.42	39.36	42.98
25	11.52	13.11	14.61	16.47	24.34	34.38	37.65	40.65	44.31
26	12.20	13.84	15.38	17.29	25.34	35.56	38.89	41.92	45.64
27	12.88	14.57	16.15	18.11	26.34	36.74	40.11	43.19	46.96
28	13.56	15.30	16.93	18.94	27.34	37.92	41.34	44.46	48.28
29	14.26	16.04	17.71	19.77	28.34	39.09	42.56	45.72	49.59
30	14.95	16.78	18.49	20.60	29.34	40.26	43.77	46.98	50.89
40	22.16	24.42	26.51	29.05	39.34	51.81	55.76	59.34	63.69
50	29.71	32.35	34.76	37.69	49.33	63.17	67.50	71.42	76.15
60	37.48	40.47	43.19	46.46	59.33	74.40	79.08	83.30	88.38
70	45.44	48.75	51.74	55.33	69.33	85.53	90.53	95.02	100.43
80	53.54	57.15	60.39	64.28	79.33	96.58	101.88	106.63	112.33
90	61.75	65.64	69.13	73.29	89.33	107.57	113.15	118.14	124.12
100	70.06	74.22	77.93	82.36	99.33	118.50	124.34	129.56	135.81

〈표 6〉 F-분포의 상위 α 의 확률을 주는 값

$\alpha = 0.10$

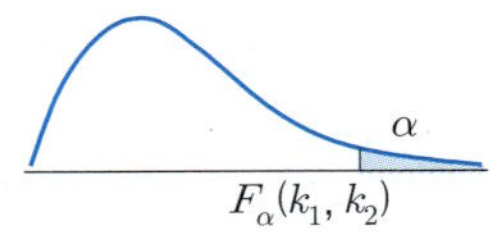

k_2 \ k_1	1	2	3	4	5	6	7	8	9	10	12	15	20	25	30	40	60
1	39.86	49.50	53.59	55.83	57.24	58.20	58.91	59.44	59.86	60.19	60.71	61.22	61.74	62.05	62.26	62.53	62.79
2	8.53	9.00	9.16	9.24	9.29	9.33	9.35	9.37	9.38	9.39	9.41	9.42	9.44	9.45	9.46	9.47	9.47
3	5.54	5.46	5.39	5.34	5.31	5.28	5.27	5.25	5.24	5.23	5.22	5.20	5.18	5.17	5.17	5.16	5.15
4	4.54	4.32	4.19	4.11	4.05	4.01	3.98	3.95	3.94	3.92	3.90	3.87	3.84	3.83	3.82	3.80	3.79
5	4.06	3.78	3.62	3.52	3.45	3.40	3.37	3.34	3.32	3.30	3.27	3.24	3.21	3.19	3.17	3.16	3.14
6	3.78	3.46	3.29	3.18	3.11	3.05	3.01	2.98	2.96	2.94	2.90	2.87	2.84	2.81	2.80	2.78	2.76
7	3.59	3.26	3.07	2.96	2.88	2.83	2.78	2.75	2.72	2.70	2.67	2.63	2.59	2.57	2.56	2.54	2.51
8	3.46	3.11	2.92	2.81	2.73	2.67	2.62	2.59	2.56	2.54	2.50	2.46	2.42	2.40	2.38	2.36	2.34
9	3.36	3.01	2.81	2.69	2.61	2.55	2.51	2.47	2.44	2.42	2.38	2.34	2.30	2.27	2.25	2.23	2.21
10	3.29	2.92	2.73	2.61	2.52	2.46	2.41	2.38	2.35	2.32	2.28	2.24	2.20	2.17	2.16	2.13	2.11
11	3.23	2.86	2.66	2.54	2.45	2.39	2.34	2.30	2.27	2.25	2.21	2.17	2.12	2.10	2.08	2.05	2.03
12	3.18	2.81	2.61	2.48	2.39	2.33	2.28	2.24	2.21	2.19	2.15	2.10	2.06	2.03	2.01	1.99	1.96
13	3.14	2.76	2.56	2.43	2.35	2.28	2.23	2.20	2.16	2.14	2.10	2.05	2.01	1.98	1.96	1.93	1.90
14	3.10	2.73	2.52	2.39	2.31	2.24	2.19	2.15	2.12	2.10	2.05	2.01	1.96	1.93	1.91	1.89	1.86
15	3.07	2.70	2.49	2.36	2.27	2.21	2.16	2.12	2.09	2.06	2.02	1.97	1.92	1.89	1.87	1.85	1.82
16	3.05	2.67	2.46	2.33	2.24	2.18	2.13	2.09	2.06	2.03	1.99	1.94	1.89	1.86	1.84	1.81	1.78
17	3.03	2.64	2.44	2.31	2.22	2.15	2.10	2.06	2.03	2.00	1.96	1.91	1.86	1.83	1.81	1.78	1.75
18	3.01	2.62	2.42	2.29	2.20	2.13	2.08	2.04	2.00	1.98	1.93	1.89	1.84	1.80	1.78	1.75	1.72
19	2.99	2.61	2.40	2.27	2.18	2.11	2.06	2.02	1.98	1.96	1.91	1.86	1.81	1.78	1.76	1.73	1.70
20	2.97	2.59	2.38	2.25	2.16	2.09	2.04	2.00	1.96	1.94	1.89	1.84	1.79	1.76	1.74	1.71	1.68
21	2.96	2.57	2.36	2.23	2.14	2.08	2.02	1.98	1.95	1.92	1.87	1.83	1.78	1.74	1.72	1.69	1.66
22	2.95	2.56	2.35	2.22	2.13	2.06	2.01	1.97	1.93	1.90	1.86	1.81	1.76	1.73	1.70	1.67	1.64
23	2.94	2.55	2.34	2.21	2.11	2.05	1.99	1.95	1.92	1.89	1.84	1.80	1.74	1.71	1.69	1.66	1.62
24	2.93	2.54	2.33	2.19	2.10	2.04	1.98	1.94	1.91	1.88	1.83	1.78	1.73	1.70	1.67	1.64	1.61
25	2.92	2.53	2.32	2.18	2.09	2.02	1.97	1.93	1.89	1.87	1.82	1.77	1.72	1.68	1.66	1.63	1.59
26	2.91	2.52	2.31	2.17	2.08	2.01	1.96	1.92	1.88	1.86	1.81	1.76	1.71	1.67	1.65	1.61	1.58
27	2.90	2.51	2.30	2.17	2.07	2.00	1.95	1.91	1.87	1.85	1.80	1.75	1.70	1.66	1.64	1.60	1.57
28	2.89	2.50	2.29	2.16	2.06	2.00	1.94	1.90	1.87	1.84	1.79	1.74	1.69	1.65	1.63	1.59	1.56
29	2.89	2.50	2.28	2.15	2.06	1.99	1.93	1.89	1.86	1.83	1.78	1.73	1.68	1.64	1.62	1.58	1.55
30	2.88	2.49	2.28	2.14	2.05	1.98	1.93	1.88	1.85	1.82	1.77	1.72	1.67	1.63	1.61	1.57	1.54
40	2.84	2.44	2.23	2.09	2.00	1.93	1.87	1.83	1.79	1.76	1.71	1.66	1.61	1.57	1.54	1.51	1.47
60	2.79	2.39	2.18	2.04	1.95	1.87	1.82	1.77	1.74	1.71	1.66	1.60	1.54	1.50	1.48	1.44	1.40
120	2.75	2.35	2.13	1.99	1.90	1.82	1.77	1.72	1.68	1.65	1.60	1.55	1.48	1.45	1.41	1.37	1.32
∞	2.71	2.30	2.08	1.94	1.85	1.77	1.72	1.67	1.63	1.60	1.55	1.49	1.42	1.38	1.34	1.30	1.24

〈표 6〉 (계속)

$\alpha = 0.05$

k_2 \ k_1	1	2	3	4	5	6	7	8	9	10	12	15	20	25	30	40	60
1	161.5	199.5	215.7	224.6	230.2	234.0	236.8	238.9	240.5	241.9	243.9	246.0	248.0	249.3	250.1	251.1	252.2
2	18.51	19.00	19.16	19.25	19.30	19.33	19.35	19.37	19.38	19.40	19.41	19.43	19.45	19.46	19.46	19.47	19.48
3	10.13	9.55	9.28	9.12	9.01	8.96	8.89	8.85	8.81	8.79	8.74	8.70	8.66	8.63	8.62	8.59	8.57
4	7.71	6.94	6.59	6.39	6.26	6.16	6.09	6.04	6.00	5.96	5.91	5.86	5.80	5.77	5.75	5.72	5.69
5	6.61	5.79	5.41	5.19	5.05	4.95	4.88	4.82	4.77	4.74	4.68	4.62	4.56	4.52	4.50	4.46	4.43
6	5.99	5.14	4.76	4.53	4.39	4.28	4.21	4.15	4.10	4.06	4.00	3.94	3.87	3.83	3.81	3.77	3.74
7	5.59	4.74	4.35	4.12	3.97	3.87	3.79	3.73	3.68	3.64	3.57	3.51	3.44	3.40	3.38	3.34	3.30
8	5.32	4.46	4.07	3.84	3.69	3.58	3.50	3.44	3.39	3.35	3.28	3.22	3.15	3.11	3.08	3.04	3.01
9	5.12	4.26	3.86	3.63	3.48	3.37	3.29	3.23	3.18	3.14	3.07	3.01	2.94	2.89	2.86	2.83	2.79
10	4.96	4.10	3.71	3.48	3.33	3.22	3.14	3.07	3.02	2.98	2.91	2.85	2.77	2.73	2.70	2.66	2.62
11	4.84	3.98	3.59	3.36	3.20	3.09	3.01	2.95	2.90	2.85	2.79	2.72	2.65	2.60	2.57	2.53	2.49
12	4.75	3.89	3.49	3.26	3.11	3.00	2.91	2.85	2.80	2.75	2.69	2.62	2.54	2.50	2.47	2.43	2.38
13	4.67	3.81	3.41	3.18	3.03	2.92	2.83	2.77	2.71	2.67	2.60	2.53	2.46	2.41	2.38	2.34	2.30
14	4.60	3.74	3.34	3.11	2.96	2.85	2.76	2.70	2.65	2.60	2.53	2.46	2.39	2.34	2.31	2.27	2.22
15	4.54	3.68	3.29	3.06	2.90	2.79	2.71	2.64	2.59	2.54	2.48	2.40	2.33	2.28	2.25	2.20	2.16
16	4.49	3.63	3.24	3.01	2.85	2.74	2.66	2.59	2.54	2.49	2.42	2.35	2.28	2.23	2.19	2.15	2.11
17	4.45	3.59	3.20	2.96	2.81	2.70	2.61	2.55	2.49	2.45	2.38	2.31	2.23	2.18	2.15	2.10	2.06
18	4.41	3.55	3.16	2.93	2.77	2.66	2.58	2.51	2.46	2.41	2.34	2.27	2.19	2.14	2.11	2.06	2.02
19	4.38	3.52	3.13	2.90	2.74	2.63	2.54	2.48	2.42	2.38	2.31	2.23	2.16	2.11	2.07	2.03	1.98
20	4.35	3.49	3.10	2.87	2.71	2.60	2.51	2.45	2.39	2.35	2.28	2.20	2.12	2.07	2.04	1.99	1.95
21	4.32	3.47	3.07	2.84	2.68	2.57	2.49	2.42	2.37	2.32	2.25	2.18	2.10	2.05	2.01	1.96	1.92
22	4.30	3.44	3.05	2.82	2.66	2.55	2.46	2.40	2.34	2.30	2.23	2.15	2.07	2.02	1.98	1.94	1.89
23	4.28	3.42	3.03	2.80	2.64	2.53	2.44	2.37	2.32	2.27	2.20	2.13	2.05	2.00	1.96	1.91	1.86
24	4.26	3.40	3.01	2.78	2.62	2.51	2.42	2.36	2.30	2.25	2.18	2.11	2.03	1.97	1.94	1.89	1.84
25	4.24	3.39	2.99	2.76	2.60	2.49	2.40	2.34	2.28	2.24	2.16	2.09	2.01	1.96	1.92	1.87	1.82
26	4.23	3.37	2.98	2.74	2.59	2.47	2.39	2.32	2.27	2.22	2.15	2.07	1.99	1.94	1.90	1.85	1.80
27	4.21	3.35	2.96	2.73	2.57	2.46	2.37	2.31	2.25	2.20	2.13	2.06	1.97	1.92	1.88	1.84	1.79
28	4.20	3.34	2.95	2.71	2.56	2.45	2.36	2.29	2.24	2.19	2.12	2.04	1.96	1.91	1.87	1.82	1.77
29	4.18	3.33	2.93	2.70	2.55	2.43	2.35	2.28	2.22	2.18	2.10	2.03	1.94	1.89	1.85	1.81	1.75
30	4.17	3.32	2.92	2.69	2.53	2.42	2.33	2.27	2.21	2.16	2.09	2.01	1.93	1.88	1.84	1.79	1.74
40	4.08	3.23	2.84	2.61	2.45	2.34	2.25	2.18	2.12	2.08	2.00	1.92	1.84	1.78	1.74	1.69	1.64
60	4.00	3.15	2.76	2.53	2.37	2.25	2.17	2.10	2.04	1.99	1.92	1.84	1.75	1.69	1.65	1.59	1.53
120	3.92	3.07	2.68	2.45	2.29	2.18	2.09	2.02	1.96	1.91	1.83	1.75	1.66	1.60	1.55	1.50	1.43
∞	3.84	3.00	2.61	2.37	2.21	2.10	2.01	1.94	1.88	1.83	1.75	1.67	1.57	1.51	1.46	1.39	1.32

〈표 7〉 순위합 검정통계량 W의 확률표

$$P[W \geq w] = P[W \leq w^*] = p$$

$n_A = 2$

n_B

3			4			5			6		
w	P	w^*	w	P	w^*	w	P	w^*	w	P	w^*
8	.200	4	10	.133	4	11	.190	5	13	.143	5
9	.100	3	11	.067	3	12	.095	4	14	.071	4
10	0	2	12	0	2	13	.048	3	15	.036	3
						14	0	2	16	0	2

7			8			9			10		
w	P	w^*	w	P	w^*	w	P	w^*	w	P	w^*
15	.111	5	16	.133	6	18	.109	6	19	.136	7
16	.056	4	17	.089	5	19	.073	5	20	.091	6
17	.028	3	18	.044	4	20	.036	4	21	.061	5
18	0	2	19	.022	3	21	.018	3	22	.030	4
			20	0	2	22	0	2	23	.015	3

$n_A = 3$

n_B

3			4			5			6		
w	P	w^*	w	P	w^*	w	P	w^*	w	P	w^*
13	.200	8	16	.114	8	18	.125	9	20	.131	10
14	.100	7	17	.057	7	19	.071	8	21	.083	9
15	.050	6	18	.029	6	20	.036	7	22	.048	8
16	0	5	19	0	5	21	.018	6	23	.024	7
						22	0	5	24	.012	6
									25	0	5

7			8			9			10		
w	P	w^*	w	P	w^*	w	P	w^*	w	P	w^*
20	.133	11	24	.139	12	27	.105	12	29	.108	13
23	.092	10	25	.097	11	28	.073	11	30	.080	12
24	.058	9	26	.067	10	29	.050	10	31	.056	11
25	.033	8	27	.042	9	30	.032	9	32	.038	10
26	.017	7	28	.024	8	31	.018	8	33	.024	9
27	.008	6	29	.012	7	32	.009	7	34	.014	8
28	0	5	30	.006	6				35	.007	7
			31	0	5						

〈표 7〉 (계속)

$n_A=4$

n_B

4			5			6			7		
w	P	w^*	w	P	w^*	w	P	w^*	w	P	w^*
22	.171	14	25	.143	15	28	.129	16	31	.115	17
23	.100	13	26	.095	14	29	.086	15	32	.082	16
24	.057	12	27	.056	13	30	.057	14	33	.055	15
25	.029	11	28	.032	12	31	.033	13	34	.036	14
26	.014	10	29	.016	11	32	.019	12	35	.021	13
27	0	9	30	.008	10	33	.010	11	36	.012	12
			31	0	9				37	.006	11

8			9			10		
w	P	w^*	w	P	w^*	w	P	w^*
34	.107	18	36	.130	20	39	.120	21
35	.077	17	37	.099	19	40	.094	20
36	.055	16	38	.074	18	41	.071	19
37	.036	15	39	.053	17	42	.053	18
38	.024	14	40	.038	16	43	.038	17
39	.014	13	41	.025	15	44	.027	16
40	.008	12	42	.017	14	45	.018	15
			43	.010	13	46	.012	14
						47	.007	13

$n_A=5$

n_B

5			6			7			8		
w	P	w^*	w	P	w^*	w	P	w^*	w	P	w^*
34	.111	21	37	.123	23	41	.101	24	44	.111	26
35	.075	20	38	.089	22	42	.074	23	45	.085	25
36	.048	19	39	.063	21	43	.053	22	46	.064	24
37	.028	18	40	.041	20	44	.037	21	47	.047	23
38	.016	17	41	.026	19	45	.024	20	48	.033	22
39	.008	16	42	.015	18	46	.015	19	49	.023	21
			43	.009	17	47	.009	18	50	.015	20
									51	.009	19

〈표 7〉 (계속)

9			10		
w	P	w^*	w	P	w^*
47	.120	28	51	.103	29
48	.095	27	52	.082	28
49	.073	26	53	.065	27
50	.056	25	54	.050	26
51	.041	24	55	.038	25
52	.030	23	56	.028	24
53	.021	22	57	.020	23
54	.014	21	58	.014	22
55	.009	20	59	.010	21

$n_A = 6$

n_B

6			7			8			9		
w	P	w^*	w	P	w^*	w	P	w^*	w	P	w^*
47	.120	31	51	.117	33	55	.114	35	59	.112	37
48	.090	30	52	.090	32	56	.091	34	60	.091	36
49	.066	29	53	.069	31	57	.071	33	61	.072	35
50	.047	28	54	.051	30	58	.054	32	62	.057	34
51	.032	27	55	.037	29	59	.041	31	63	.044	33
52	.021	26	56	.026	28	60	.030	30	64	.033	32
53	.013	25	57	.017	27	61	.021	29	65	.025	31
54	.008	24	58	.011	26	62	.015	28	66	.018	30
			59	.007	25	63	.010	27	67	.013	29
									68	.009	28

10		
w	P	w^*
63	.110	39
64	.090	38
65	.074	37
66	.059	36
67	.047	35
68	.036	34
69	.028	33
70	.021	32
71	.016	31
72	.011	30
73	.008	29

〈표 7〉 (계속)

$n_A=7$											
n_B											
7			8			9			10		
w	P	w^*	w	P	w^*	w	P	w^*	w	P	w^*
63	.104	42	67	.116	45	72	.105	47	76	.115	50
64	.082	41	68	.095	44	73	.087	46	77	.097	49
65	.064	40	69	.076	43	74	.071	45	78	.081	48
66	.049	39	70	.060	42	75	.057	44	79	.067	47
67	.036	38	71	.047	41	76	.045	43	80	.054	46
68	.027	37	72	.036	40	77	.036	42	81	.044	45
69	.019	36	73	.027	39	78	.027	41	82	.035	44
70	.013	35	74	.020	38	79	.021	40	83	.028	43
71	.009	34	75	.014	37	80	.016	39	84	.022	42
			76	.010	36	81	.011	38	85	.017	41
						82	.008	37	86	.012	40
									87	.009	39

$n_A=8$								
n_B								
8			9			10		
w	P	w^*	w	P	w^*	w	P	w^*
80	.117	56	86	.100	58	91	.102	61
81	.097	55	87	.084	57	92	.086	60
82	.080	54	88	.069	56	93	.073	59
83	.065	53	89	.057	55	94	.061	58
84	.052	52	90	.046	54	95	.051	57
85	.041	51	91	.037	53	96	.042	56
86	.032	50	92	.030	52	97	.034	55
87	.025	49	93	.023	51	98	.027	54
88	.019	48	94	.018	50	99	.022	53
89	.014	47	95	.014	49	100	.017	52
90	.010	46	96	.010	48	101	.013	51
						102	.010	50

〈표 8〉 부호순위 검정통계량 W^+의 확률표

$$P[W^+ \geq w] = P[W^+ \leq w^*] = p$$

n=3			n=4			n=5			n=6		
w	P	w^*	w	P	w^*	w	P	w^*	w	P	w^*
5	.250	1	8	.188	2	12	.156	3	17	.109	4
6	.125	0	9	.125	1	13	.094	2	18	.078	3
7	0		10	.062	0	14	.062	1	19	.047	2
			11	0		15	.031	0	20	.031	1
						16	0		21	.016	0
									22	0	

n=7			n=8			n=9			n=10		
w	P	w^*	w	P	w^*	w	P	w^*	w	P	w^*
22	.109	6	27	.125	9	34	.102	11	40	.116	15
23	.078	5	28	.098	8	35	.082	10	41	.097	14
24	.055	4	29	.074	7	36	.064	9	42	.080	13
25	.039	3	30	.055	6	37	.049	8	43	.065	12
26	.023	2	31	.039	5	38	.037	7	44	.053	11
27	.016	1	32	.027	4	39	.027	6	45	.042	10
28	.008	0	33	.020	3	40	.020	5	46	.032	9
			34	.012	2	41	.014	4	47	.024	8
			35	.008	1	42	.010	3	48	.019	7
									49	.014	6
									50	.010	5

n=11			n=12			n=13			n=14		
w	P	w^*	w	P	w^*	w	P	w^*	w	P	w^*
48	.103	18	56	.102	22	64	.108	27	73	.108	32
49	.087	17	57	.088	21	65	.095	26	74	.097	31
50	.074	16	58	.076	20	66	.084	25	75	.086	30
51	.062	15	59	.065	19	67	.073	24	76	.077	29
52	.051	14	60	.055	18	68	.064	23	77	.068	28
53	.042	13	61	.046	17	69	.055	22	78	.059	27
54	.034	12	62	.039	16	70	.047	21	79	.052	26
55	.027	11	63	.032	15	71	.040	20	80	.045	25
56	.021	10	64	.026	14	72	.034	19	81	.039	24
57	.016	9	65	.021	13	73	.029	18	82	.034	23
58	.012	8	66	.017	12	74	.024	17	83	.029	22
59	.009	7	67	.013	11	75	.020	16	84	.025	21
			68	.010	10	76	.016	15	85	.021	20
						77	.013	14	86	.018	19
						78	.011	13	87	.015	18
						79	.009	12	88	.012	17
									89	.010	16

〈표 8〉 (계속)

$n=15$					
w	P	w^*	w	P	w^*
83	.104	37	92	.036	28
84	.094	36	93	.032	27
85	.084	35	94	.028	26
86	.076	34	95	.024	25
87	.068	33	96	.021	24
88	.060	32	97	.018	23
89	.053	31	98	.015	22
90	.047	30	99	.013	21
91	.042	29	100	.011	20
			101	.009	19

찾아보기

저자약력

• 남 천 현

서울대학교 학사, 석사, 박사(경영학)
수원대학교 회계학과 교수
우석대학교 회계학과 교수 역임
KAIST 테크노경영대학원 겸직교수 역임
한국전산회계학회 회장
관리회계학회 부회장 역임
한국회계학회 회계정보시스템 분과위원장(4회 역임)
서울대, 고려대, 동국대, 숭실대, 광운대 대학원에서 ERP 회계정보시스템 강의

• 김 환 중

서울대학교 계산통계학과(이학사)
서울대학교 대학원 계산통계학과(이학 석사)
전북대학교 보건대학원(보건학 석사)
서울대학교 대학원 계산통계학과(이학 박사)
우석대학교 작업치료학과 교수
"감소평균잔여수명에 대한 지수성 검정법에 관한 연구" 외 다수

제 2 판
EXCEL을 이용한 **기초통계학**

2009년 8월 31일 제1판 1쇄 발행
2011년 2월 15일 제2판 1쇄 발행
2015년 2월 10일 제2판 3쇄 발행

저　　자 남천현 · 김환중
발 행 인 권　영　섭
발 행 처 (주)신　영　사

경기도 파주시 심학산로 12(서패동)

등　　록 : 1988. 5. 2 / 제406-1988-000020호

전　　화 : 031-946-2894(代)
F　A　X : 031-946-0799
e-mail : sys28945@naver.com
홈페이지 : http://www.shinyoungsa.co.kr

정가 27,000원　　ISBN 978-89-5501-339-9